高等教育规划教材

基于ARM Cortex-M4的单片机原理与实践

陈　朋　梁荣华　刘义鹏　等编著

机 械 工 业 出 版 社

本书以德州仪器公司的TM4C1294微处理器为蓝本，由浅入深地介绍了ARM Cortex-M4内部结构、特点及片上功能模块的工作原理、操作方法以及集成开发环境（Code Composer Studio，CCS）的使用方法。本书还阐述了TM4C1294微处理器系统外设、串行通信外设接口、模拟外设以及运动控制外设的功能特点、内部结构、初始化与配置以及寄存器映射与描述等。本书在最后介绍了基于TM4C12x和TM4C1294微处理器的综合应用实例，可使读者迅速掌握基于ARM Cortex-M4微处理器的应用技巧，并可向读者提供配套开发板。

本书既可以作为电子信息工程、自动化、电子科学与技术、通信工程、光电信息科学与工程、信息工程及相关专业的本专科生或研究生学习微处理器原理的教材，也可以作为相关专业技术人员的参考用书。本书注重知识点与实践相结合。

本书配套授课电子课件，需要的教师可登录www.cmpedu.com免费注册，审核通过后下载，或联系编辑索取（QQ：2850823885。电话：010-88379739）。

图书在版编目（CIP）数据

基于ARM Cortex-M4的单片机原理与实践/陈朋等编著.—北京：机械工业出版社，2018.9

高等教育规划教材

ISBN 978-7-111-60347-4

Ⅰ.①基… Ⅱ.①陈… Ⅲ.①单片微型计算机-高等学校-教材
Ⅳ.①TP368.1

中国版本图书馆CIP数据核字(2018)第150199号

机械工业出版社（北京市百万庄大街22号　邮政编码100037）
责任编辑：胡　静　　责任校对：张艳霞
责任印制：张　博
三河市宏达印刷有限公司印刷
2018年6月第1版·第1次印刷
184mm×260mm·18.25印张·446千字
0001-3000册
标准书号：ISBN 978-7-111-60347-4
定价：55.00元

前　言

当今，ARM 技术被广泛应用，领域涉及手机、数字机顶盒以及汽车制动系统和网络路由器等，并且迅速向传统的嵌入式领域渗透。全球 95%以上的手机以及超过四分之一的电子设备都在使用 ARM 技术。

近些年来，随着电子制造工艺的不断发展进步，ARM Cortex-M4 微处理器的成本也在不断降低，已经与 8 位和 16 位微处理器的成本处于同等水平。如今，越来越多的微处理器供应商提供基于 ARM 的微处理器，这些产品在外设、性能、内存大小、封装以及成本等方面具有越来越多的选择。其中，基于 ARM Cortex-M4 微处理器是由 ARM 专门开发的新型嵌入式处理器，用以满足有效且易于使用的控制和信号处理功能混合的数字信号控制市场。

本书基于 ARM Cortex-M4 内核的 TM4C1294 微处理器和 CCS（Code Composer Studio）集成开发环境详细介绍了 ARM Cortex-M4 原理与实践。

本书注重知识点与实践相结合。在概述 ARM Cortex-M4 微处理器资源后，介绍了 Cortex-M4F 微处理器的系统控制内容。之后介绍了 CCS 集成开发环境的使用，包括 CCS 工程的建立以及调试等。从第 4 章开始，在每一章节都会配有几个应用例程，供读者参考。所配的程序有的来自 TI 官方网站，作为基础巩固；有的来自编者项目开发中的实例，作为拓展提高。读者在每学习完一个外设模块后，都可以结合本书的应用例程，编写对应的应用程序，并在 Cortex-M4 开发板上调试，进而让读者在实际操作中掌握该外设模块的操作方法，真正实现理论与实践相结合。本书所附程序均已在 Cortex-M4 开发板上调试通过。

本书共 9 章，具体内容如下。

第 1 章绪论，从总体上介绍 ARM 体系，以及 Cortex 内核的分类及特点，然后重点阐述 ARM Cortex-M4 微处理器的特点以及 TI 公司的 Cortex-M4 芯片 TM4C1294。

第 2 章介绍 Cortex-M4F 微处理器的系统控制，包括系统控制相关信号的描述以及系统控制的功能概述。

第 3 章介绍 TI 公司集成开发环境 CCS 的基本知识及操作。

第 4 章介绍 TM4C1294 微处理器的内部存储器和外部扩展接口，包括整体功能框图，SRAM、ROM、Flash Memory 和 EEPROM 的功能描述和相关寄存器映射，最后介绍了外部总线扩展接口 EPI。

第 5 章重点阐述 TM4C1294 微处理器的系统外设，包括通用输入/输出端口（GPIO），通用定时器模块（GPTM），看门狗定时器（WDT）和微型直接存储器访问（μDMA）等模块的功能特点、内部结构、初始化与配置以及寄存器映射与描述。

第 6 章介绍 TM4C1294 微处理器的串行通信外设接口，包括通用异步接收/发送装置 UART、同步串行接口 SSI、I^2C 总线、CAN 总线、USB 总线和以太网控制器等模块的功能特点、内部结构、初始化与配置以及寄存器映射与描述。

第 7 章介绍 TM4C1294 微处理器的模拟外设，包括模拟比较器和模-数转换器（ADC）模块的功能特点、内部结构、初始化与配置以及寄存器映射与描述。

第 8 章介绍 TM4C1294 微处理器的运动控制外设，包括脉冲宽带调制（PWM）和正交编码接口（QEI）模块的功能特点、内部结构、初始化与配置以及寄存器映射与描述。

第 9 章介绍基于 TM4C12x 的应用实例，包括基于 TM4C123 Launchpad 的步进电动机驱动应用设计以及 Wi-Fi 应用，基于 TM4C1294 的加速度计重力感应游戏、音乐播放器设计以及贪吃蛇游戏。

参与本书编写工作的主要人员有陈朋、梁荣华和刘义鹏，最终方案的确定和本书的定稿工作由陈朋负责。德州仪器半导体技术（上海）有限公司王沁工程师负责第 9 章前 3 节内容的编写。浙江工业大学梅一珉、欧林林、邢科新、陈德富和禹鑫燚教师参加了本教材的试用，并提供了具体的修改意见。感谢浙江工业大学控制科学与工程学科对本书出版的支持。感谢机械工业出版社的编辑，他们在本书的创作与出版过程中提出了很多宝贵意见，使本书不断完善。

由于作者水平和实践能力有限，书中难免会存在不足和疏漏之处，恳请读者提出宝贵的意见，以便以后予以补充和修订。

本书在出版之前，已经作为讲义在编者学校本科学生中试用 3 年，融合编者多年工作经验和心得体会。本书的反馈邮箱为 chenpeng@ zjut. edu. cn，真诚希望得到来自读者的宝贵意见和建议。

编　者

目　　录

前言

第 1 章　绪论 …………………………… 1

1.1　ARM 体系概述 ……………………… 1

1.1.1　ARM 简介 ……………………… 1

1.1.2　ARM 架构的发展 ………………… 2

1.1.3　Cortex 内核分类 ………………… 3

1.2　ARM Cortex-M4 微处理器 ……… 4

1.2.1　ARM Cortex-M4 微处理器特点 …… 4

1.2.2　Cortex-M4 微处理器结构 ………… 5

1.2.3　Cortex-M4 微处理器的编程模式 … 8

1.2.4　Cortex-M4 微处理器的堆栈 ……… 8

1.2.5　Cortex-M4 微处理器的内核寄存器 …………………………… 8

1.2.6　Cortex-M4 微处理器的存储器映射 …………………………… 9

1.2.7　Cortex-M4 指令集 ……………… 10

1.2.8　Cortex-M4 的中断与异常处理 …… 11

1.3　TM4C1294 微处理器 ……………… 13

1.3.1　TM4C1294 微处理器概述 ……… 13

1.3.2　TM4C1294 微处理器结构 ……… 13

1.3.3　TM4C1294 微处理器性能特点 …… 15

1.4　思考与练习 ……………………… 16

第 2 章　Cortex-M4F 微处理器的系统控制模块 ……………………… 17

2.1　系统控制模块的相关信号描述 … 17

2.2　系统控制模块的功能概述 ……… 17

2.2.1　器件标识信息 ………………… 17

2.2.2　复位控制 ……………………… 18

2.2.3　NMI 控制 ……………………… 22

2.2.4　电源控制 ……………………… 23

2.2.5　时钟控制 ……………………… 23

2.2.6　工作模式控制 ………………… 27

2.2.7　系统初始化与配置 …………… 28

2.3　思考与练习 ……………………… 29

第 3 章　CCS 集成开发环境 …………… 30

3.1　集成开发环境 CCS ……………… 30

3.1.1　CCS 功能及特点 ……………… 30

3.1.2　安装 CCSv6 …………………… 31

3.1.3　启动 CCSv6 …………………… 32

3.1.4　新建 CCS 工程 ………………… 34

3.1.5　建立工程 ……………………… 41

3.1.6　基本调试功能 ………………… 42

3.1.7　使用观察窗口 ………………… 43

3.1.8　CCS 的其他基本操作 ………… 44

3.1.9　CCS 编程简介 ………………… 45

3.2　TivaWare 软件 …………………… 47

3.2.1　TivaWare 功能及特点 ………… 47

3.2.2　TivaWare 主要模块介绍 ……… 47

3.3　思考与练习 ……………………… 49

第 4 章　TM4C1294 微处理器内部存储器和外部扩展接口 ……………… 50

4.1　TM4C1294 片内存储器功能框图 ………………………………… 50

4.2　TM4C1294 片内存储器功能描述 ………………………………… 51

4.2.1　SRAM ………………………… 51

4.2.2　ROM …………………………… 52

4.2.3　Flash Memory ………………… 54

4.2.4　EEPROM ……………………… 60

4.3　TM4C1294 寄存器映射与描述 … 62

4.4　TM4C1294 外部总线扩展接口（EPI） …………………………… 64

4.4.1　EPI 功能与特点 ……………… 64

4.4.2　EPI 内部结构 ………………… 65

4.4.3　EPI 功能描述 ………………… 66

4.4.4　EPI 初始化与配置 …………… 68

4.4.5　EPI 寄存器映射 ……………… 77

4.4.6　EPI 应用例程 ………………… 78

4.5　思考与练习 ……………………… 85

第 5 章　TM4C1294 微处理器系统外设 …… 86

5.1 通用输入/输出端口（GPIO） … 86
5.1.1 GPIO 功能与特点 …… 86
5.1.2 GPIO 功能描述 …… 87
5.1.3 GPIO 初始化与配置 …… 91
5.1.4 GPIO 寄存器映射与描述 …… 92
5.1.5 GPIO 应用例程 …… 94
5.2 通用定时器模块（GPTM） …… 95
5.2.1 GPTM 功能与特点 …… 95
5.2.2 GPTM 内部结构 …… 96
5.2.3 GPTM 功能描述 …… 96
5.2.4 GPTM 初始化与配置 …… 104
5.2.5 GPTM 寄存器映射与描述 …… 106
5.2.6 GPTM 应用例程 …… 107
5.3 看门狗定时器（WDT） …… 108
5.3.1 WDT 功能与特点 …… 109
5.3.2 WDT 内部结构 …… 109
5.3.3 WDT 功能描述 …… 109
5.3.4 WDT 初始化与配置 …… 110
5.3.5 WDT 寄存器映射与描述 …… 111
5.3.6 WDT 应用例程 …… 111
5.4 微型直接存储器访问（μDMA） … 112
5.4.1 μDMA 控制器功能与特点 …… 112
5.4.2 μDMA 控制器内部结构 …… 113
5.4.3 μDMA 控制器功能描述 …… 113
5.4.4 μDMA 控制器初始化与配置 …… 121
5.4.5 μDMA 通道控制结构体 …… 125
5.4.6 μDMA 寄存器映射与描述 …… 125
5.4.7 μDMA 应用例程 …… 126
5.5 思考与练习 …… 127
第 6 章 TM4C1294 微处理器的串行通信外设接口 …… 128
6.1 通用异步收发器（UART） …… 128
6.1.1 UART 功能与特点 …… 128
6.1.2 UART 内部结构 …… 129
6.1.3 UART 功能描述 …… 130
6.1.4 UART 初始化与配置 …… 133
6.1.5 UART 寄存器映射与描述 …… 134
6.1.6 UART 应用例程 …… 135
6.2 四路同步串行接口（QSSI） … 135
6.2.1 QSSI 功能与特点 …… 136
6.2.2 QSSI 内部结构 …… 136
6.2.3 QSSI 功能描述 …… 136
6.2.4 QSSI 初始化与配置 …… 139
6.2.5 QSSI 寄存器映射与描述 …… 141
6.2.6 QSSI 应用例程 …… 142
6.3 I²C 总线 …… 142
6.3.1 I²C 功能与特点 …… 143
6.3.2 I²C 内部结构 …… 143
6.3.3 I²C 功能描述 …… 144
6.3.4 I²C 初始化与配置 …… 148
6.3.5 I²C 寄存器映射与描述 …… 150
6.3.6 I²C 应用例程 …… 151
6.4 CAN 总线 …… 152
6.4.1 CAN 功能与特点 …… 152
6.4.2 CAN 控制器内部结构 …… 152
6.4.3 CAN 功能描述 …… 153
6.4.4 CAN 初始化与配置 …… 159
6.4.5 CAN 寄存器映射与描述 …… 160
6.4.6 CAN 应用例程 …… 161
6.5 通用串行总线（USB） …… 162
6.5.1 USB 功能与特点 …… 163
6.5.2 USB 内部结构 …… 163
6.5.3 USB 功能描述 …… 164
6.5.4 USB 初始化与配置 …… 171
6.5.5 USB 寄存器映射与描述 …… 173
6.6 以太网控制器 …… 179
6.6.1 以太网控制器的功能与特点 …… 180
6.6.2 以太网控制器的内部结构 …… 180
6.6.3 以太网控制器的功能描述 …… 181
6.6.4 以太网控制器的初始化与配置 … 182
6.6.5 以太网控制器的寄存器映射与描述 …… 183
6.7 思考与练习 …… 186
第 7 章 TM4C1294 微处理器的模拟外设 …… 188
7.1 TM4C1294 微处理器的模拟比较器 …… 188
7.1.1 模拟比较器的内部结构 …… 188
7.1.2 模拟比较器的功能描述 …… 188
7.1.3 模拟比较器的内部参考电压编程 …… 188

7.1.4 模拟比较器的初始化与配置 …… 190
7.1.5 模拟比较器的寄存器映射与描述 …… 190
7.1.6 模拟比较器的应用例程 …… 191
7.2 TM4C1294 微处理器的模-数转换器(ADC) …… 191
7.2.1 ADC 功能与特点 …… 192
7.2.2 ADC 内部结构 …… 192
7.2.3 ADC 功能描述 …… 194
7.2.4 ADC 初始化与配置 …… 198
7.2.5 ADC 寄存器映射与描述 …… 199
7.2.6 ADC 的应用例程 …… 201
7.3 思考与练习 …… 203
第 8 章 TM4C1294 微处理器的运动控制外设 …… 204
8.1 脉冲宽度调制(PWM) …… 204
8.1.1 PWM 功能与特点 …… 204
8.1.2 PWM 内部结构 …… 205
8.1.3 PWM 功能描述 …… 206
8.1.4 PWM 初始化与配置 …… 209
8.1.5 PWM 寄存器映射 …… 210
8.1.6 PWM 应用例程 …… 212
8.2 正交编码器接口(QEI) …… 215
8.2.1 QEI 功能与特点 …… 215
8.2.2 QEI 内部结构 …… 215
8.2.3 QEI 功能描述 …… 216
8.2.4 QEI 初始化与配置 …… 218
8.2.5 QEI 寄存器映射与描述 …… 219
8.2.6 QEI 应用例程 …… 219
8.3 思考与练习 …… 220
第 9 章 基于 TM4C12x 的综合应用实例 …… 221
9.1 基于 TM4C123 LaunchPad 的硬件平台介绍 …… 221
9.1.1 硬件平台性能概述 …… 222
9.1.2 硬件平台功能模块介绍 …… 222
9.1.3 软件介绍 …… 228
9.2 基于 TM4C123 LaunchPad 的步进电动机驱动应用设计 …… 232
9.2.1 TM4C123GH6PM 微处理器介绍 …… 232
9.2.2 DRV8833 步进电动机驱动器 …… 232
9.2.3 系统硬件 …… 235
9.2.4 系统软件 …… 236
9.3 基于 TM4C1294 LaunchPad 的 Wi-Fi 应用 …… 240
9.3.1 TM4C1294 和 CC3100 介绍 …… 240
9.3.2 系统硬件 …… 242
9.3.3 系统软件 …… 244
9.4 基于 TM4C1294 的 AY-SCMP Kit 实验开发板硬件系统介绍 …… 250
9.4.1 系统组成和功能框图 …… 250
9.4.2 系统部分硬件资源 …… 250
9.5 基于 TM4C1294 和加速度计的重力感应游戏 …… 267
9.5.1 重力感应游戏概述 …… 267
9.5.2 系统软件 …… 268
9.5.3 实验结果展示 …… 270
9.6 基于 TM4C1294 的音乐播放器设计 …… 271
9.6.1 音乐播放器设计思路概述 …… 271
9.6.2 工作原理 …… 272
9.6.3 软件设计 …… 272
9.6.4 实验结果展示 …… 274
9.7 基于 TM4C1294 贪吃蛇游戏设计 …… 275
9.7.1 贪吃蛇游戏设计概述 …… 275
9.7.2 系统软件 …… 275
9.7.3 实验结果展示 …… 279
附录 …… 280
附录 A TM4C1294 引脚定义 …… 280
参考文献 …… 284

第1章　绪　　论

当今，ARM 技术被广泛应用，领域涉及手机、数字机顶盒以及汽车制动系统和网络路由器等，并且迅速向传统的嵌入式领域渗透。全球 95%以上的手机以及超过四分之一的电子设备都在使用 ARM 技术。

ARM Cortex-M4 微处理器是由 ARM 专门开发的新型嵌入式处理器，用以满足有效且易于使用的控制与信号处理功能混合的数字信号控制市场。

1.1　ARM 体系概述

ARM 是 Advanced RISC Machines 的缩写，有 3 个含义。

- 一个生产高级 RISC（精简指令集）微处理器的公司。
- 一种高级 RISC 的技术。
- 一类采用高级 RISC 的微处理器。

1.1.1　ARM 简介

1. ARM 公司

ARM 公司成立于 1990 年，总部位于英国剑桥，是全球领先的半导体知识产权（IP）提供商之一，它拥有 1700 多名员工，在全球设立了多个办事处，其中包括比利时、法国、印度、瑞典和美国的设计中心。

ARM 公司的商业模式主要是 IP 的设计和许可，它本身并不生产和销售实际的半导体芯片，而是向对这些 IP 设计有兴趣的公司和厂商授予 IP 许可证，同时收取 IP 的许可费用和生产芯片、晶片的版税。

对于每一个授权公司和厂商来说，它们获得的授权都是独一无二的。它们可以根据不同的应用领域和自身的技术优势，适当加入外围电路，形成自己的 ARM 微处理器芯片，从而缩短了开发周期，提升了产品的竞争力。

到目前为止，ARM 公司向 200 多家公司出售了 600 多个处理器许可证，全球已经累计销售了超过 150 亿块基于 ARM 的芯片。

2. RISC（精简指令集）

RISC（Reduced Instruction Set Computing），即精简指令集。RISC 与 CISC（Complex Instruction Set Computing，复杂指令集）相对应，CISC 采用的优化方法是通过设置一些功能复杂的指令，把一些原来由软件实现的、常用的功能改用硬件的指令系统实现，以此来提高计算机的执行速度；RISC 技术的精华就是通过简化指令功能，使指令的平均执行周期缩短，从而提高工作主频，同时大量使用通用寄存器来提高子程序执行的速度。RISC 与 CISC 是指令系统两个截然不同的优化方向。

RISC 的基本思想为尽量简化指令功能，只保留那些功能简单、能在一个节拍内执行完成的指令，而把较复杂的功能用一段子程序来实现。

3. ARM 处理器

ARM 公司是专门从事基于 RISC 技术芯片设计开发的公司，其设计的 ARM 系列处理器均采用了精简指令集的设计。如今内嵌有 ARM 处理器核心和采用 ARM 构架的处理器，都被统称为 ARM 处理器。

1991 年，ARM 公司推出第一款嵌入式 RISC 核心，即 ARM6 解决方案。1993 年，ARM 公司推出基于 ARMv4T 架构的 ARM7 核心。2004 年，ARM 公司发布基于 ARMv7 架构的 Cortex 微处理器系列，同时发布该系列架构中首款 ARM Cortex-M3 微处理器。2010 年，ARM 公司推出了 ARM Cortex-M4 微处理器。

Cortex-M4 是一种面向数字信号处理（DSC）和高级微控制器（MCU）应用的高效方案，具有高效率的信号处理能力，同时还有低功耗、低成本和简单易用等特点，适合电机控制、汽车、电源管理、嵌入式音频和工业自动化等领域。

Cortex-M4 微处理器内集成了单循环乘法累计（MAC）单元、优化的单指令多数据（SIMD）指令、饱和算法指令和可选择的单精度浮点单元（FPU），同时保留了 Cortex-M 系列的一贯特色技术，例如，处理性能最高 1.25DMIPS/MHz 的 32 位核心、代码密度优化的 Thumb-2 指令集、负责中断处理的嵌套中断向量控制器。此外，还可以选择内存保护单元（MPU）、低成本诊断和追踪以及完整休眠状态。

Cortex-M4 可以根据应用需要提供多种不同的制造方式，例如，超低功耗版本采用台积电 180 nm ULL 工艺生产，目标频率 150 MHz 的高性能版本则使用 GLOBALFOUNDRIES 公司 65 nm LPe 工艺生产，动态功耗也不超过 40 μW/MHz。

现在已经有 5 家 MCU 半导体企业购买了 ARM Cortex-M4 的授权，包括 NXP、意法半导体和德州仪器等行业巨头。

1.1.2 ARM 架构的发展

ARM 处理器架构简单，使用较小的集成电路规模，从而降低了功耗，同时实现了较高的性能和代码密度，达到了良好的平衡，这是 ARM 架构的关键特性。

ARM 架构一方面在各个版本之间保持了很好的兼容性，另一方面也在不断地改进。架构进化历史如图 1-1 所示。

ARM 处理器的架构特点如下。

1）ARMv4T 架构。引进了 16 位 Thumb 指令集和 32 位 ARM 指令集，目的是在同一个架构中同时提高性能和代码密度。16 位 Thumb 指令集相对于 32 位 ARM 指令集可缩减高达 35%的代码大小，同时保持 32 位架构的优点。采用此架构的内核有 ARM7TDMI，具体芯片有三星 S3C44B0x 系列等。

2）ARMv5TEJ 架构。引进了数字信号处理（Digital Signal Processing，DSP）算法（如饱和运算）和 Jazelle Java 字节码引擎来启用 Java 的硬件执行，从而提高了用 Java 编写的应用程序的性能。与非 Java 加速内核比较，Jazelle 将 Java 的执行速度提高了 8 倍，并且减少了 80%的功耗。许多基于 ARM 处理器的便携式设备中已使用此架构，目的是在游戏和多媒体应用程序的性能方面提供有显著改进的用户体验。采用此架构的内核有 ARM926EJ-S，具体芯片有 ATMEL 的 AT91SAM926x 系列等。

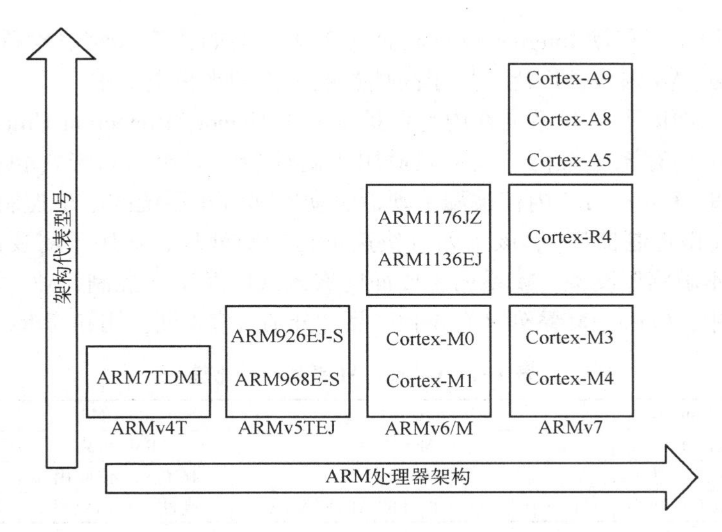

图 1-1　ARM 处理器架构进化历史

3）ARMv6 架构。引进了包括单指令多数据（Single Instruction Multiple Data，SIMD）运算在内的一系列新功能。SIMD 扩展已针对多种软件应用程序（包括视频编解码器和音频编解码器）进行优化，对于这些软件应用程序，SIMD 扩展最多可将性能提升 4 倍。此外，还引进了作为 ARMv6 架构变种的 Thumb－2 和 TrustZone 技术。采用此架构的内核有 ARM1176JZ，具体芯片有三星 S3C6410x 系列等。

4）ARMv6M 架构。为低成本、高性能设备而设计，向由 8 位设备占主导地位的市场提供 32 位功能强大的解决方案。其 16 位 Thumb 指令集架构允许设计者设计门数最少却十分经济实惠的设备。采用此架构的内核有 Cortex-M0，具体芯片有 ST 的 STM32F0 系列等。

5）ARMv7 架构。是目前 ARM 公司最新的架构，所有 Cortex 微处理器都实现了 ARMv7 架构（ARMv6M 的 Cortex-M 系列微处理器除外）。所有 ARMv7 架构都实现了 Thumb-2 技术（一个经过优化的 16/32 位混合指令集），在保持与现有 ARM 解决方案的代码完全兼容的同时，既具有 32 位 ARM 指令集的性能优势，又具有 16 位 Thumb 指令集的代码大小优势。ARMv7 架构还包括 NEON 媒体加速技术，该技术可将 DSP 和媒体吞吐量提升 400%，并提供改进的浮点支持以满足下一代 3D 图形和游戏物理学以及传统嵌入式控制应用程序的需要。

📖 早期 ARM 处理器使用一种基于数字的命名方法，数字之后添加字母后缀，但该数字并不表示其内核架构，如 ARM7TDMI 并不是一款 ARMv7 内核微处理器，而是 ARMv4T 架构的产品。

1.1.3　Cortex 内核分类

Cortex 系列内核的命名采用 Cortex 加后缀的方式。后缀用字母加数字的方式表示其产品特性，如 M3。Cortex 分为 3 个系列。

1）A 系列（应用程序型）。A 系列在内存管理单元（Memory Management Unit，MMU）、用于多媒体应用程序的可选 NEON（加速多媒体和信号处理算法）处理单元以及支持半精度和精度运算的高级硬件浮点单元的基础上实现了虚拟内存系统架构。该系列适用于高端消费电子设备、网络设备、移动 Internet 设备和企业市场。例如，该系列中较新的 Cortex-A9 内核和之前的 Cortex-A8 内核被广泛应用于高档智能手机和平板电脑中。

2）R 系列（实用型）。R 系列在内存保护单元（Memory Protection Unit，MPU）的基础上实现了受保护的内存系统架构。该系列适用于高性能实时控制系统（包括汽车和大容量存储设备）。例如，Cortex-R4 内核被用于硬盘驱动器和汽车系统的电子控制单元中。

3）M 系列（微控制器型）。该系列可快速进行中断处理，适用于需要高度确定的行为和门数最少的成本敏感型设备。M 系列主要面向嵌入式以及工业控制行业，用来取代“旧时代”单片机。其中，Cortex-M 系列又有 4 款产品，分别对应不同应用和需求，如表 1-1 所示。

表 1-1　Cortex-M 系列产品比较

名称	Cortex-M0	Cortex-M1	Cortex-M3	Cortex-M4
架构	ARMv6M	ARMv6M	ARMv7-M	ARMv7E-M
应用范围	8 位/16 位应用	FPGA 应用	16 位/32 位应用	32 位/DSC 应用
特点	成本低，具有简单性	第一个为 FPGA 设计的 ARM 处理器	高性能和高效率	有效的数字信号控制

1.2　ARM Cortex-M4 微处理器

ARM Cortex-M4 微处理器高效的信号处理功能与 Cortex-M 微处理器系列的低功耗、低成本和易于使用的优点组合，旨在满足专门面向电动机控制、汽车、电源管理、嵌入式音频和工业自动化市场的新兴类别的灵活解决方案。

1.2.1　ARM Cortex-M4 微处理器特点

1. 高能效数字信号控制

Cortex-M4 提供了无可比拟的功能，以将 32 位控制与领先的数字信号处理技术集成来满足需要很高能效级别的市场。Cortex-M4 微处理器采用一个扩展的单时钟周期乘法累加（Multiply and Accumulate，MAC）单元、优化的 SIMD 指令、饱和运算指令和一个可选的单精度浮点单元（Float Point Unit，FPU）。这些功能以表现 ARM Cortex-M 系列微处理器特征的创新技术为基础。

1）RISC 微处理器内核。高性能 32 位 CPU、具有确定性的运算、低延迟 3 阶段管道，可达 1.25DMIPS/MHz。

2）Thumb-2 指令集。16 位/32 位指令的最佳混合、小于 8 位设备 3 倍的代码大小、对性能没有负面影响，提供最佳的代码密度。

3）低功耗模式。集成的睡眠状态支持、多电源域和基于架构的软件控制，可满足低功耗要求。

4）嵌套向量中断控制器（Nested Vectored Interrupt Controller，NVIC）。低延迟、低抖动中断响应、不需要汇编编程和以纯 C 语言编写的中断服务例程，能出色完成中断处理。

5）工具和实时操作系统（Real Time Operating System，RTOS）支持。广泛的第三方工具支持、Cortex 微控制器软件接口标准（Cortex Microcontroller Software Interface Standard，CMSIS）、最大限度地增加软件成果重用。实时操作系统是指当外界事件或数据产生时，能够接受并以足够快的速度予以处理，其处理的结果又能在规定的时间之内来控制生产过程或对处理系统作出快速响应，并控制所有实时任务协调一致运行的操作系统。因而，提供及时响应和高可靠性是其主要特点。

6）CoreSight 调试和跟踪。JTAG（Joint Test Action Group）接口或 2 针串行线调试（Serial Wire Debug，SWD）连接，支持多处理器和实时跟踪。

此外，该微处理器还提供了一个可选的 MPU，提供低成本的调试、追踪功能和集成的休眠状态，以增加灵活性。嵌入式开发者可以快速设计并推出令人瞩目的终端产品，具备最多的功能以及最低的功耗和尺寸。

2. 易于使用的技术

Cortex-M4 通过一系列出色的软件工具和 CMSIS 使信号处理算法开发变得十分容易。CMSIS 是 Cortex-M 系列微处理器与供应商无关的硬件抽象层。使用 CMSIS，可以为接口外设、实时操作系统和中间件提供一致且简单的处理器软件接口，从而简化软件的重用。使用 CMSIS 可缩短新微控制器开发人员的学习过程，从而缩短新产品的上市时间。

ARM 目前正在对 CMSIS 进行扩展，将加入支持 Cortex-M4 扩展指令集的 C 编译器；同时，ARM 也在开发一个优化库，方便 MCU 用户开发信号处理程序。该优化库将包含数字滤波算法和其他基本功能，例如，数学计算、三角计算和控制功能。数字滤波算法也将可以与滤波器设计工具和设计工具包（如 MATLAB 和 LabVIEW）配套使用。

1.2.2 Cortex-M4 微处理器结构

Cortex-M4 微处理器的结构如图 1-2 所示，其中包括处理器内核 CM4 Core、内核外设、调试和跟踪接口以及多条总线接口。

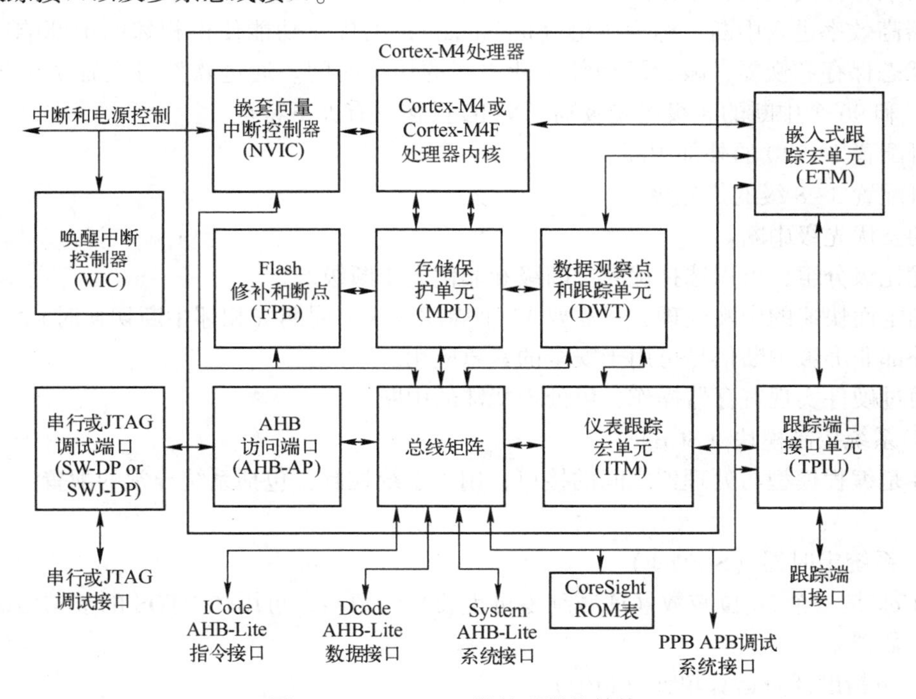

图 1-2 Cortex-M4 微处理器的结构

1. 内核外设

内核外设包括存储保护单元（MPU）、嵌套向量中断控制器（NVIC）、系统控制模块（System Control Block，SCB）和系统定时器（System Timer，SysTick）。另外，在 Cortex-M4F 中，还有单精度浮点运算单元（FPU）。

（1）存储保护单元（MPU）

MPU 是 Cortex-M4 中用于内存保护的可选组件。MPU 支持标准的 ARMv7 保护存储系统结构 PMSA 模型。MPU 将存储器分为若干区域，定义各区域的位置、大小、访问权限和存储属性等。MPU 可为每一个区以及重叠区单独设置存储属性，还可将存储属性导出至系统。

存储属性确定存储区的访问行为。Cortex-M4 微控制器定义了 8 个独立的存储区域即 0~7 区域和一个背景区域。背景区域的存储属性即为默认的存储器映射的属性，可以在特权软件执行模式下访问。当存储区域发生重叠时，存储访问受存储属性最高的区域的影响。例如，区域 7 的存储属性将被任何与其重叠的区域优先采用。

如果程序访问被 MPU 禁止的存储位置，处理器将产生存储器管理故障，导致故障异常，并可能导致操作系统环境中的进程终止。在操作系统环境下，内核可以动态更新 MPU 区域设置。在通常情况下，嵌入式操作系统使用 MPU 保护内存。

（2）嵌套向量中断控制器（NVIC）

NVIC 的作用是实现低延迟中断处理。NVIC 对所有的异常和中断进行优先级划分和处理，包括一个不可屏蔽中断（Non Maskable Interrupt，NMI），可以提供 256 个中断优先级。NVIC 与处理器内核紧密集成，能够快速响应中断，使得中断延迟很低。中断发生时处理器状态被自动存储到堆栈，中断服务程序结束时又自动被恢复。向量的读取与状态保存并行，使处理器高效率进入中断。称为尾链（tail-chain）的优化功能使得相邻的中断响应不需要重复的状态保存和恢复，减少了相邻中断之间的切换时间。通过软件可设置 7 个异常（系统处理）和 96 个中断的 8 级优先级别。NVIC 操作具有如下特点。

- 可配置 1~240 的外部中断。
- 可配置 3~8 级的优先级。
- 动态优先级中断。
- 优先级分组，可以选择优先中断级和非优先中断级。
- 确定而快速的中断处理，只需要 12 个周期或 6 个周期（相邻中断切换时）。
- 外部非屏蔽中断信号可用于安全的紧急应用。
- 通过硬件实现寄存器操作，可处理特殊的中断。

（3）系统控制模块（SCB）

SCB 是编程模型与处理器之间的接口，用于系统控制，包括系统异常的配置、控制和报告等。

（4）系统定时器（SysTick）

SysTick 是一个 24 位减数（递减到零再重装）计数器，可用作 RTOS 的节拍定时器或者一般的计数器。

（5）单精度浮点运算单元（FPU）

FPU 专门用来进行浮点运算，Cortex-M4 中的 Cortex-M4F 才有该模块，具体特点如下。

- 具有 32 位单精度浮点运算指令。

- 集成了乘法和累加指令集，用于提高运算精度。
- 对于数据转换、加法、减法、乘法运算和可选的累加、除法和开方运算都有硬件支持。
- 通过硬件支持非正规的以及所有 IEEE 的舍入模式。
- 具有 32 个专用的 32 位单精度寄存器，同时也可当作 16 个 64 位双精度的寄存器使用。
- 采用解耦三级流水线结构。

2. 总线接口

总线包括 AHB-Lite 和 APB，AHB-Lite 总线的访问性能比 APB 高。3 条 AHB-Lite 总线分别为 ICode 总线、DCode 总线和系统总线（System Bus），ICode 总线和 DCode 总线分别用于从代码空间取指令和数据，系统总线则用于访问 SRAM 和其他外设。

私有外设总线（Private Peripheral Bus，PPB）基于高级外设总线（APB），包括内部和外部两条总线。

1）内部 PPB 供以下设备使用。

- 仪表跟踪宏单元（ITM）。
- 数据观察点和跟踪（DWT）单元。
- Flash 修补和断点（FPB）。
- 系统控制空间（System Control Space，SCS），包括存储器保护单元（MPU）和嵌套向量中断控制器（NVIC）。

2）外部 PPB 供以下设备使用。

- 跟踪端口接口单元（TPIU）。
- 嵌入式跟踪宏单元（ETM）。
- ROM 表。
- 实施特定区域 PPB 存储器映射。

除此之外，Cortex-M4 总线接口还有以下特点。

- 内存访问对齐。
- 支持位带（bit-band），包括位带原子的读写操作。
- 配有写缓冲区。
- 在多处理器系统中能单独访问。

3. 调试跟踪接口

调试跟踪接口提供低成本且功能强大的调试、跟踪和分析功能，具有如下特点。

1）可以访问所有存储器、寄存器以及存储器映射的外设，当内核停止时可以访问内核寄存器。

2）采用串行调试端口（Serial Wire Debug Port，SW-DP）或者串行 JTAG 调试端口（Serial Wire JTAG Debug Port，SWJ-DP）。

3）可以访问以下设备。

- Flash 修补和断点（Flash Patch and Breakpoint，FPB），实现 Flash 断点设置和代码修补。
- 仪表跟踪宏单元（Instrumentation Trace Macrocell，ITM），实现 printf( )方式的调试。
- 数据观察点和跟踪（Data Watchpoint and Trace，DWT）单元，实现观察点和数据的跟踪，以及系统分析。

- 跟踪端口接口单元（Trace Point Interface Unit，TPIU），可以连接到跟踪端口分析器（Trace Port Analyzer，TPA），包括单线输出（Single Wire Output，SWO）模式。
- 嵌入式跟踪宏单元（Embedded Trace Macrocell，ETM），实现指令跟踪。

1.2.3 Cortex-M4 微处理器的编程模式

Cortex-M4 微处理器的编程模式是指处理器的运行模式，包括以下两种。

1）主模式（Thread Mode）。用于执行应用软件的基本模式，复位后处理器进入该模式。

2）中断模式（Handler Mode）。用于处理异常的模式，所有异常在该模式下执行，执行完成后返回主模式。

在处理器模式下，软件执行有两种模式，即特权或者非特权模式。特权模式可以执行所有指令并访问所有资源，而非特权模式将不能或有限制地执行某些指令（如 MSR、MRS、CPS）及访问某些资源（如系统时钟、NVIC、SCB、某些存储器及外设等）。主模式可以执行特权或者非特权模式，中断模式则总是执行特权模式。

1.2.4 Cortex-M4 微处理器的堆栈

堆栈是一种寄存器的使用模型，由一块连续的内存和一个堆栈指针组成，用于实现“后进先出”的缓冲区。其典型应用是在发生中断时，执行中断处理程序前后保护和恢复现场数据。对于具体的堆栈形式，既可以“向上生长”，又可以“向下生长”。

1. Cortex-M4 的堆栈

Cortex-M4 使用的是“向下生长”的堆栈模型，即堆栈指针 SP 指向最后一个被压入堆栈的 32 位数值，在下一次压栈时，SP 先自动减 4，再存入新的数值。初始化堆栈时，堆栈指针 SP 指向的第一个地址，叫作栈顶地址。

在 Cortex-M4 中，堆栈指针的最低两位永远是 0，这意味着堆栈总是 4 字节对齐的。

栈顶地址即堆栈大小的选择需要谨慎考虑。如果栈顶地址选择过低，即堆栈较小，则在中断嵌套大量消耗堆栈的情况下容易造成堆栈溢出，进而可能改写其他内存数据，出现不可预料的后果；如果栈顶地址偏高，即堆栈过大，则容易造成内存浪费，影响其他场合对内存的使用。

2. 双堆栈机制

在 Cortex-M4 中，堆栈分为两个：主堆栈（Main Stack，MS）和进程堆栈（Process Stack，PS）。两个堆栈分别存储在内存中，是两个不同的栈顶地址，但在同一时刻只能使用其中一个，不能同时使用。两个堆栈的选择是通过控制寄存器（CONTROL）的第 1 位，即 CONTROL[1]来决定的，使用说明如下。

1）当 CONTROL[1]=0 时，只使用 MS，这也是复位后的默认使用方式，一般用于普通用户的程序堆栈。

2）当 CONTROL[1]=1 时，使用 PS，一般供 OS（操作系统）使用，其作用是在使用 OS 的环境下防止用户的程序堆栈破坏 OS 使用的堆栈。

1.2.5 Cortex-M4 微处理器的内核寄存器

Cortex-M4 微处理器的内核寄存器如图 1-3 所示，包括以下寄存器。

1）13 个 32 位的通用寄存器 R0～R12。寄存器 R0～R7 可被所有指定了通用寄存器的指令访问；R8～R12 则只能被指定了通用寄存器的 32 位指令访问，不能被 16 位指令访问。

2）堆栈指针寄存器（SP）即 R13。在线程模式下采取双堆栈机制。

3）链接寄存器（LR）即 R14。用于从程序计数器 PC 接收跳转指令（BL、BLX）的程序返回地址，也可用于存储子程序、函数调用、中断等的返回信息，其他时间则可作为一般寄存器。

4）程序计数器（PC）即 R15。用于保存当前程序地址。

5）特殊用途的程序状态寄存器（xPSR）。用于保存当前程序的执行状态信息。

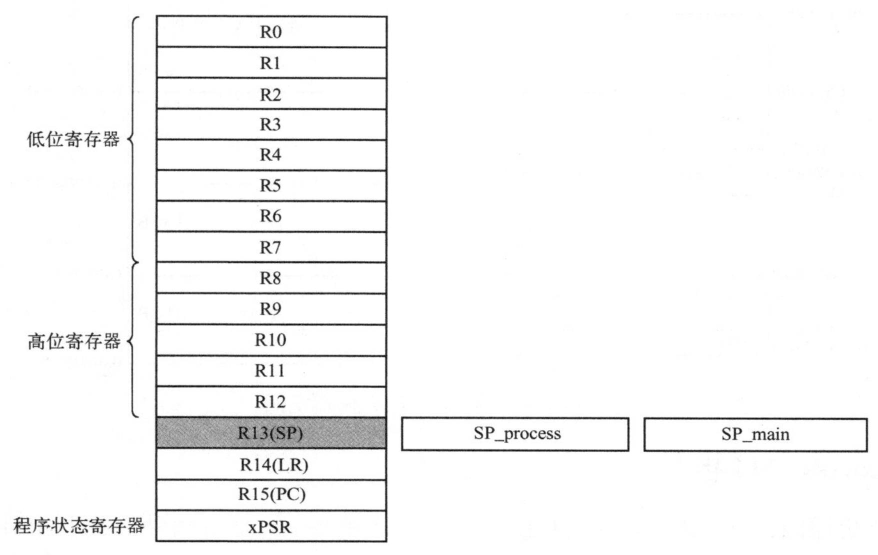

图 1-3　Cortex-M4 微处理器的内核寄存器

1.2.6　Cortex-M4 微处理器的存储器映射

Cortex-M4 微处理器的存储器空间大小为 4 GB，共分为 8 个区域，如图 1-4 所示。各区简介如下。

1）代码区（Code）：大小为 0.5 GB，存储程序代码，指令通过 ICode 总线访问，数据通过 DCode 总线访问。

2）内部 SRAM 区：大小为 0.5 GB，存储数据，指令和数据均通过系统总线访问。

3）内核外设区（Peripheral）：大小为 0.5 GB，指令和数据均通过系统总线访问。

4）外部 RAM 区（External RAM）：大小为 1 GB，指令和数据均通过系统总线访问。

5）外部设备区（External device）：大小为 1 GB，指令和数据均通过系统总线访问。

6）内部私有外设总线区（Private Peripheral Bus-Internal）：大小为 256 KB，通过内部 PPB 访问，该区域为不可执行区域（Execute Never，XN）。

7）外部私有外设总线区（Private Peripheral Bus-External）：大小为 768 KB，通过外部 PPB 访问，该区域为不可执行区域。

8）系统区（System）：大小为 511 MB，为器件制造商的系统外设区，该区域为不可执行区域。

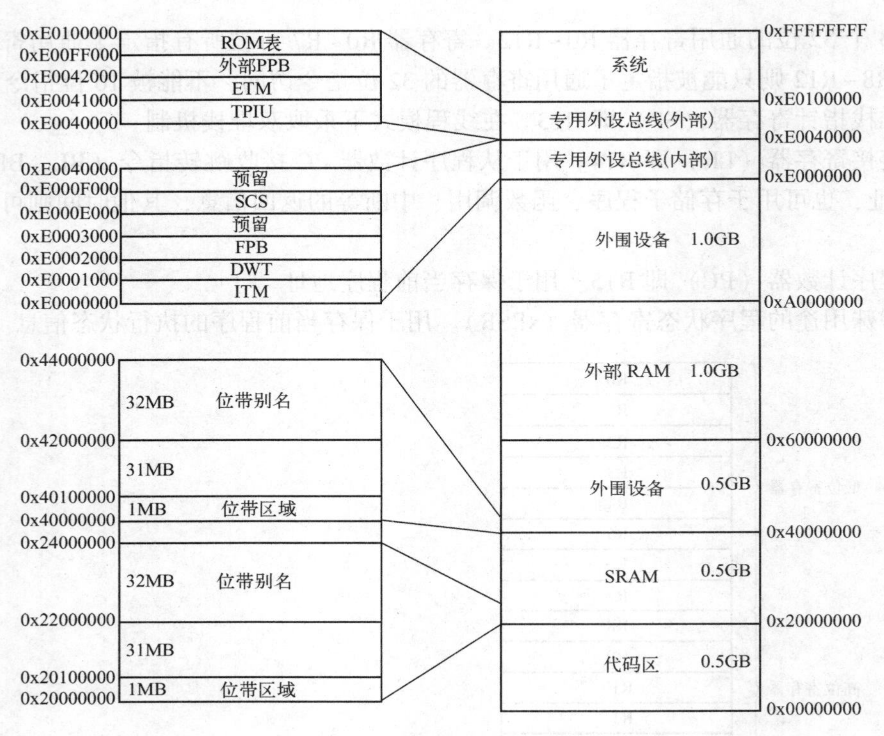

图 1-4 Cortex-M4F 的存储器空间

1.2.7 Cortex-M4 指令集

由于历史原因，从 ARM7TDMI 开始，ARM 微处理器一直支持两种形式上相对独立的指令集。

1）32 位的 ARM 指令集：效率较高，对应 ARM 状态。

2）16 位的 Thumb 指令集：理论上代码密度比 32 位的 ARM 指令集提高了一倍，对应 Thumb 状态。

处理器在执行不同的指令集时，对应不同的状态。在 ARM 状态下，左右指令均是 32 位的；而在 Thumb 状态下，左右指令都是 16 位的，代码密度提高一倍。不过，Thumb 状态下的指令功能只是 ARM 下的一个子集，可能需要更多条指令去完成相同的工作，导致处理性能下降。

为了取长补短，很多应用程序都采用 ARM 和 Thumb 混合编程的方法，但是这种混合编程在时间和空间上有额外开销，这些开销主要发生在状态切换之时。另一方面，ARM 代码和 Thumb 代码需要不同的编译方式，这也增加了软件开发管理的复杂度。

Cortex-M4 采用 Thumb-2 指令集，支持 32 位字、16 位半字和 8 位字节数据类型，支持 32 位和 16 位指令，同时还支持 64 位数据传输指令。Cortex-M4 的指令集除了包括常规的数据传输、存储器读/写、堆栈操作、算术运算、算术逻辑、条件转移和单周期硬件乘除等指令外，还包括浮点运算、32 位数乘以 32 位数的长乘法指令等。此外还有一些特殊用途指令。

1. Thumb 指令集

Thumb 指令集是 ARM 体系结构中的一种 16 位指令集。Thumb 指令集可以看作是 ARM

指令压缩形式的子集，是为了提高代码密度而提出的，理论上代码密度比 32 位的 ARM 指令集提高了一倍。

Thumb 指令集并不完整，只支持通用功能，必要时仍需要使用 ARM 指令（如异常和中断都需要在 ARM 状态下处理）。另外，在 Thumb 模式下，较小的指令码其功能也较少。例如，只有分支可以是条件式的，且许多指令码无法存取所有的 CPU 的暂存器。

2. Thumb-2 指令集

在 ARMv6 内核中，出现了 32 位的 Thumb-2 指令集。Thumb-2 技术在基于 ARMv7 体系结构的处理器中，扮演了重要的角色。Thumb-2 技术具有以下特点。

1）Thumb-2 技术是以 ARM Cortex 体系为基础的指令集，提升了众多嵌入式应用的性能、能效和代码密度。

2）Thumb-2 技术以 Thumb 为基础进行构建，增强了 ARM 微处理器的内核功能，从而使开发人员能够开发出低成本且高性能的系统。

3）Thumb-2 技术使用少于 31%的内存以降低系统成本，同时提供比现在高密度代码高出 38%的性能，因此可延长电池寿命，或丰富产品功能集。

4）Thumb-2 指令集是 16 位指令集的一个超集。在 Thumb-2 中，16 位指令与 32 位指令并存，兼顾了代码密度与处理性能。

Cortex-M4 支持 Thumb 和 Thumb-2 指令集，这样便不需要在不同的状态下切换，避免了不必要的切换带来的额外开销。同时不需要分开编译，降低了编译难度。这意味着 Cortex-M4 内核不再完全兼容之前的 ARM 汇编程序，使用 ARM 指令集编写的汇编语言程序不能直接进行移植。不过，Cortex-M4 支持绝大多数传统的 Thumb 指令，因此用 Thumb 指令编写的汇编程序可以相对容易地进行移植。

1.2.8　Cortex-M4 的中断与异常处理

1. 中断与异常处理特点

Cortex-M4 微处理器及其 NVIC 在中断模式下处理所有异常。当出现异常时，将产生中断，处理器的状态将被自动存储到堆栈中，并在中断服务程序（Interrupt Service Routine，ISR）结束时自动从堆栈中恢复。NVIC 取出中断向量和保存状态是同时进行的，因此提高了进入中断的效率。另外，处理器还具有中断末尾连锁功能，即当有两个相邻的中断发生时，前一个中断处理结束后，后一个中断无须保存和恢复状态便可执行连续的中断，减少了中断响应时间。

2. 异常类型

异常共包括 10 种异常和 96 个中断，如表 1-2 所示。异常包括复位、不可屏蔽中断（NMI）、硬故障、存储器管理故障、总线故障、使用故障、监管调用（SVCall）、调试监控器、PendSV 和 SysTick。

3. 异常优先级

除复位、NMI 和硬故障有固定优先级外，软件可以针对其余 7 种异常和 96 种中断设置 8 种优先级。异常的优先级通过 NVIC 的系统处理寄存器 SYSPRIn 设置，中断的优先级通过 NVIC 的中断优先级寄存器 PRIn 设置。中断使能通过 NVIC 的中断使能设置寄存器 ENn 设置。可以通过将优先级分成抢占优先级和子优先级来进行分组。

表 1-2 异常类型

异常类型	向量号	优先级	向量地址或偏移	描述
	0		0x0000.0000	复位时，栈顶从向量表的第一个入口加载
复位	1	-3(最高)	0x0000.0004	在上电和热复位时产生，被当作特殊异常处理
不可屏蔽中断 NMI	2	-2	0x0000.0008	不可屏蔽中断可由外部 NMI 信号触发或通过软件设置中断控制和状态寄存器 INTCTRL 触发。NMI 不可被屏蔽，即总是被使能；除复位以外，也不可被其他异常或者抢占优先级别的异常终止
硬故障	3	-1	0x0000.000C	当异常处理过程发生错误，或者异常无法处理时将产生硬故障。硬故障优先级比任何可编程的优先级高
存储器管理故障	4	可编程	0x0000.0010	存储器保护故障，包括访问侵权和不匹配
总线故障	5	可编程	0x0000.0014	当与存储器相关的指令或数据提取发生故障时，例如，预取指令故障或存储器访问故障，将产生总线故障异常，该异常可以被使能或禁止
使用故障	6	可编程	0x0000.0018	当发生指令执行相关的故障时，例如，未定义的指令、异常返回错误等，将产生使用故障异常
	7~10			保留
监管调用(SVCall)	11	可编程	0x0000.002C	由 SVC 指令产生。在操作系统环境中，应用程序可利用 SVC 指令访问操作系统内核以及设备驱动
调试监控器	12	可编程	0x0000.0030	调试监控器异常需要使能才能使用，如果它的优先级比当前已激活的调试监控器异常的优先级更低，则不能被激活
	13			保留
PendSV	14	可编程	0x0000.0038	PendSV 是系统级服务的悬挂中断驱动请求，通过设置中断控制和状态寄存器 INTCTRL 触发。在操作系统环境中，当没有其他异常被激活时，可利用 PendSV 进行上下文切换
SysTick	15	可编程	0x0000.003C	当系统定时器计数到 0 时产生（当中断被使能时）。也可以通过设置中断控制和状态寄存器 INTCTRL 触发
中断 IRQ0~IRQ131	16~147（中间有部分保留）	可编程	0x0000.0040~0x0000.0254	外设或软件产生的中断请求

异常优先级如表 1-2 所示，优先级号码越小，级别越高，最高优先级为-3。可编程优先级的默认优先级可由软件设定为 0~7，默认优先级为 0，也是用户可编程优先级的最高级别，仅次于复位、NMI 以及硬件故障。

当有多个优先级相同的异常处于悬挂状态时，异常向量号（如表 1-2 所示）较小的优先处理。当有更高优先级别的异常发生时，正在处理的异常将被抢占。

4. 异常状态

异常状态包括 4 种，分别如下。

1）待用：即没发生异常。

2）悬挂：一个异常正在等待处理器处理。外设或者软件的中断请求可使中断进入悬挂状态。

3）激活：一个异常请求正在被处理器处理，但还没有完成。

4）激活并悬挂：一个异常请求正在被处理器处理，但是又有一个同样的异常被悬挂。

5. 异常处理器

所有异常和中断分别通过以下 3 种异常处理器来处理异常。

1）中断服务程序（ISR）：所有中断通过 ISR 处理。

2）故障处理器：硬故障、存储器管理故障、总线故障和使用故障由故障处理器处理。

3）系统处理器：10 种异常，包括 4 种故障异常，都属于系统异常，都由系统处理器处理。

1.3　TM4C1294 微处理器

德州仪器公司生产的基于 ARM® Cortex-M4 的 TM4C1294 是 32 位微处理器，具有高效的信号处理及浮点运算功能。Tiva™ C 系列体系结构提供了一个 120 MHz 的 Cortex-M4 FPU，以及多个可编程通用输入/输出（General Purpose Input Output，GPIO）接口。

1.3.1　TM4C1294 微处理器概述

TM4C1294 微处理器采用 Thumb-2 指令集，它为成本敏感型嵌入式微处理器应用提供了高性能的 32 位计算，以 8 位或是 16 位芯片的价格为用户提供了封装小巧的 32 位高性能处理器。

对于现有的使用 8 位或是 16 位微控制器（MCU）的用户来说，采用基于 Cortex-M4 的 TM4C1294 系列微处理器可以快速熟悉开发工具、软件和开发方法等。而且，设计者会从其强大的开发工具、精简的代码脚本以及出色的实现效果中体会到其诸多特点和优势。图 1-5 为 TI 公司基于 Cortex-M4 的 Tiva™ TM4C1294 开发板。

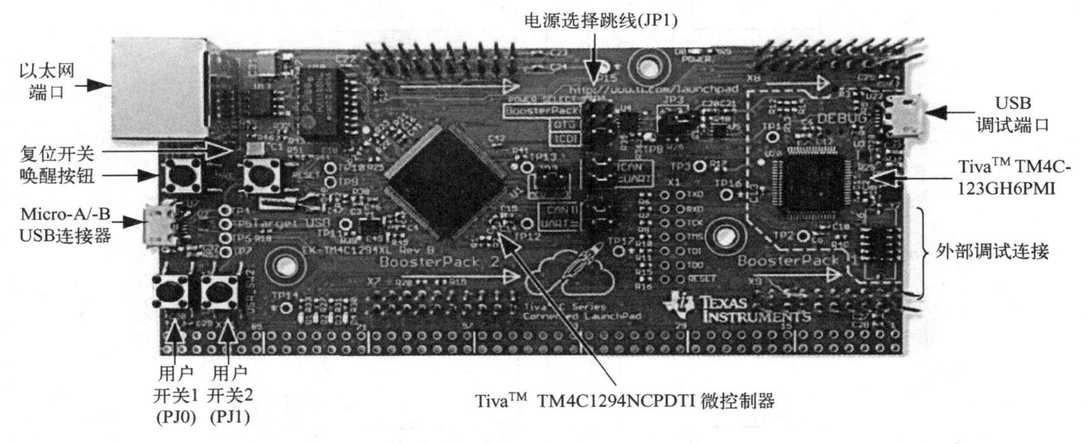

图 1-5　TI 公司 Tiva™ TM4C1294 开发板

1.3.2　TM4C1294 微处理器结构

基于 ARM Cortex-M4 的 TM4C1294 微处理器提供了广泛的应用能力和外设支持，结构框图如图 1-6 所示，包括一个 120 MHz 的 ARM CortexM4F 微处理器内核、系统控制及外设、多种内部存储器、模拟比较器，具有高速 ADC 功能、多种串行通信功能和高级运动控制功能等，同时还集成了 JTAG 和 ARM 串行调试接口。除此之外，还包括一个专用的单精度浮点处理单元 FPU，大大增强了信号处理能力。

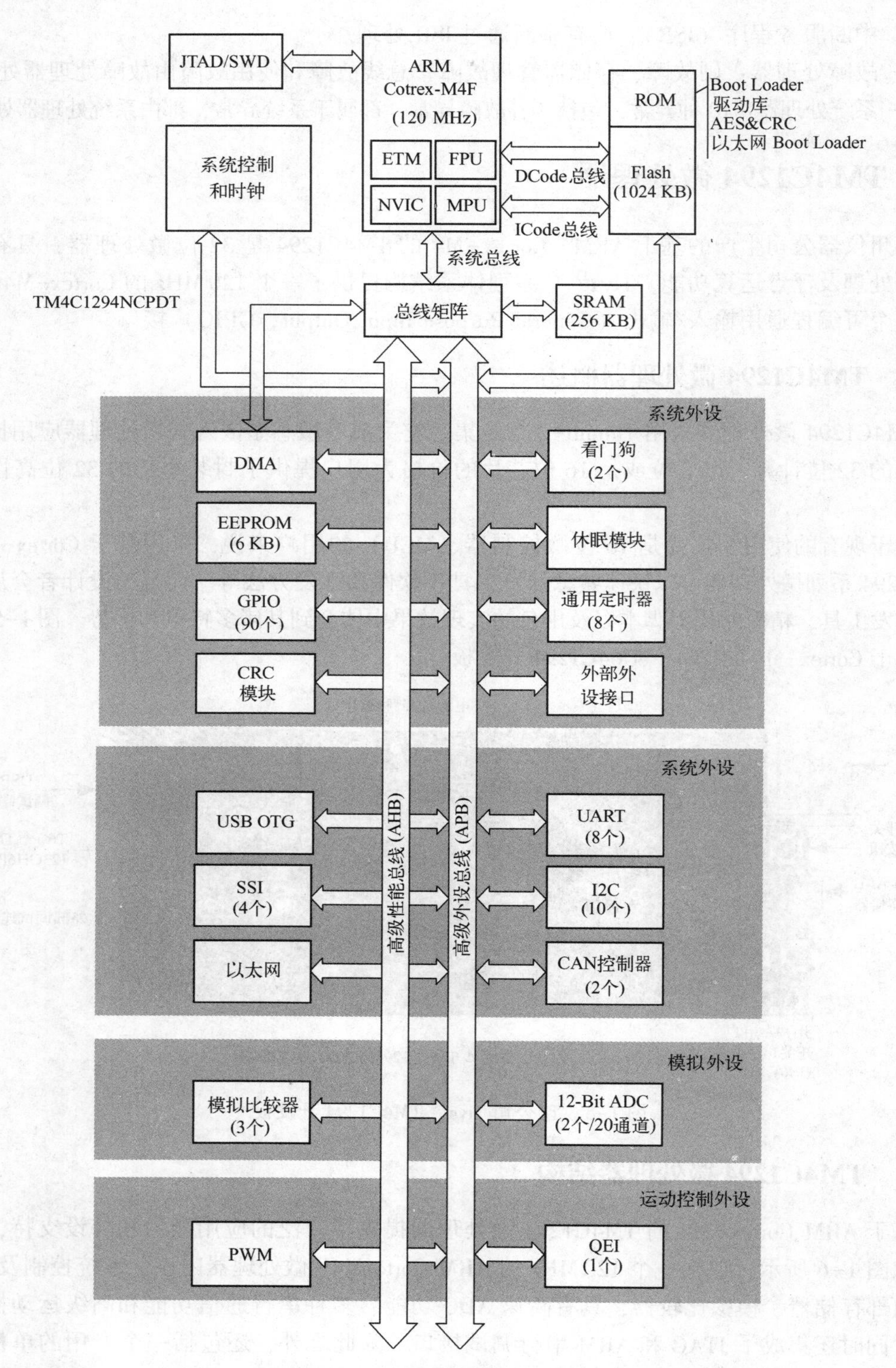

图 1-6　TM4C1294 微处理器结构框图

1.3.3　TM4C1294 微处理器性能特点

TM4C1294 微处理器的性能特点如表 1-3 所示。

表 1-3　TM4C1294 微处理器的性能特点

特　　性	描　　述
性能	
内核	ARM Cortex-M4F 内核
性能	120 MHz 运行速度；150DMIPS 性能
Flash	1024 KB Flash 存储器
系统 SRAM	256 KB 单周期访问的系统 SRAM
EEPROM	6 KB EEPROM
内置 ROM	搭载 TivaWareTM（适用于 C 系列）软件的内置 ROM
外部外设接口（EPI）	8 位/16 位/32 位专用接口外设和存储
安全性	
循环冗余校验（CRC）硬件	16 位/32 位 Hash 函数，支持 4 个 CRC 形式
Tamper	支持 4 个篡改输入和可配置的干预事件
通信接口	
通信异步收发器（UART）	8 个 UART
同步串行接口（SSI）	4 个 SSI 模块
内部集成电路（I^2C）	10 个 I^2C 模块，具有 4 种传输速率（包括高速模式）
控制器局域网（CAN）	2 个 CAN 2.0 A/B 控制器
以太网 MAC	10/100 以太网 MAC
以太网 PHY	IEEE 1588 PTP 硬件支持的 PHY
通用串行总线（USB）	USB 2.0 OTG/主机/设备
系统集成	
微型直接存储器访问（μDMA）	ARM® PrimeCell® 32 通道的可配置 μDMA 控制器
通用定时器（GPTM）	8 个 16 位/32 位 GPTM 模块
看门狗定时器（WDT）	2 个看门狗定时器
休眠模块（HIB）	低功耗 battery-backed 休眠模块
通用输入/输出端口（GPIO）	15 个物理 GPIO 模块
高级运动控制	
脉宽调试器（PWM）	1 个 PWM 模块，每个模块有 4 个 PWM 发生器模块和一个控制模块，总共 8 个 PWM 输出
正交编码接口（QEI）	1 个 QEI 模块
模拟支持	
模-数转换器（ADC）	2 个 12 位 ADC 模块，每个的最大采样速率达每秒 1M 次采样
模拟比较器控制器	3 个独立集成的模拟比较器
数字比较器	16 个数字比较器
JTAG 和串行线调试（SWD）	一个 JTAG 模块，带集成的 ARM SWD
封装信息	
封装	128 引脚 TQFP
工作温度范围（环境）	工业（-40°C~85°C）温度范围 扩展（-40°C~105°C）温度范围

1.4 思考与练习

1. 不是 ARM 含义的是（　　）。

A. 一种高级 RISC 技术　　B. 一个高级 RISC（精简指令集）处理器的公司

C. 一种高级编程语言　　D. 一类采用高级 RISC 的处理器

2. Cortex-M4 内核支持的汇编指令集有（　　）。

A. 1 种　　B. 2 种

C. 3 种　　D. 4 种

3. Cortex 微处理器内核分为 3 个系列，它们分别是________、________和________。

4. Cortex-M4 的堆栈模型是________。

5. 简述 Cortex 内核 3 个系列各自含义和特点。

第 2 章 Cortex-M4F 微处理器的系统控制模块

Cortex-M4F 微处理器的系统控制模块配置器件的整体操作，并提供器件的有关信息。这些操作包括复位、电源、时钟、低功耗模式的控制以及不可屏蔽中断控制。系统控制模块的具体功能如下。

- 提供器件标识信息。
- 局部控制：复位、电源和时钟控制。
- 工作模式控制：运行、睡眠、深度睡眠模式和休眠模式控制。

2.1 系统控制模块的相关信号描述

系统控制模块的输入信号包括 NMI、主振荡器、时钟输入 OSC0 和 OSC1 以及 RST 等。表 2-1 列出了系统控制模块的外部信号，并描述了各自的功能。NMI 信号是 GPIO 信号的备用功能，复位后用作 GPIO 信号。NMI 引脚处于保护状态，并需要特定的处理过程才能被配置为任意备用功能或者复位后返回 GPIO 功能。表 2-1 中“引脚复用/赋值”栏给出了 NMI 信号的 GPIO 引脚位置。GPIO 寄存器（GPIOAFSEL）里的 AFSEL 位应被置位以选择 NMI 功能。括号里边的数字表示必须编入 GPIO 端口控制（GPIOPCTL）寄存器中的 PMCn 位域里的编码，用以将 NMI 信号分配给指定的 GPIO 端口引脚。有关如何配置 GPIO 的更多信息，请参阅附录 A。

表 2-1 系统控制模块的外部信号

引脚名称	引脚编号	引脚复用/赋值	引脚类型	缓冲区类型	描　述
DIVSCLK	102	PQ4（7）	输出	TTL	基于选定的时钟源，输出一个可选择的分频参考时钟
NMI	128	PD7（8）	输入	TTL	不可屏蔽中断
OSC0	88	固定	输入	模拟	主振荡器晶体输入或外部时钟参考输入
OSC1	89	固定	输出	模拟	主振荡器晶体输出。当使用外部单端参考时钟源时，此引脚应悬空
RST	70	固定	输入	TTL	系统复位输入

2.2 系统控制模块的功能概述

系统控制模块的功能包括器件标识信息、复位控制、NMI 控制、电源控制、时钟控制、工作模式控制以及系统初始化与配置，下面分别进行描述。

2.2.1 器件标识信息

Cortex-M4F 微处理器中有些只读寄存器给软件提供有关微处理器的信息，包括版本、元件型号、内部存储器大小和外设信息等。例如，器件标识 0 寄存器 DID0 和器件标识 1 寄存器 DID1 提供器件版本、封装和工作温度范围等信息；从系统控制偏移地址 0x300 开始和 0xFC0

开始的寄存器分别提供了外设详细信息，例如，偏移地址 0x300 的寄存器 PPWD（Watchdog Timer Peripheral Present）提供了芯片上是否有看门狗定时器 0 或 1 的信息等。此外，还有 4 个唯一标识符寄存器 n（UNIQUEIDn），为每一个微处理器提供了一个 128 位的独一无二的设备标识符，该标识符无法被修改。具体说明请参见 TM4C1294NCPDT 的数据手册。

2.2.2 复位控制

TM4C1294 微处理器有 8 种复位方式，分别如下。

- 上电复位 POR（Power-On Reset）。
- 外部复位引脚（$\overline{\text{RST}}$）低电平复位。
- 内部掉电复位 BOR（Brown-Out Reset）。
- 软件引起的复位。
- 看门狗定时器复位。
- 休眠模式复位。
- 软件通过硬件系统服务请求（Hardware System Service Request，HSSR）复位。
- MOSC 失效复位。

复位后，可以从复位原因（Reset Cause，RESC）寄存器查看复位原因。表 2-2 提供了不同复位操作结果的摘要。表 2-3 提供了不同复位操作的时序特性。

表 2-2 复位源

复 位 源	内核是否复位	JTAG 是否复位	片上外设是否复位
上电复位	是	是	是
外部复位引脚（$\overline{\text{RST}}$）低电平复位	是	仅引脚配置	是
内部掉电复位	是	仅引脚配置	是
使用 APINT 寄存器中的 SYSRESREQ 位进行软件系统请求复位	是	仅引脚配置	是
使用 APINT 寄存器中的 VECTRESET 位进行软件系统请求复位	是	否	否
软件外设复位	否	仅引脚配置	是
看门狗定时器复位	是	仅引脚配置	是
MOSC 失效复位	是	仅引脚配置	是
休眠模式复位	是	仅引脚配置	是
HSSR 复位	是	仅引脚配置	是

表 2-3 复位时序特性

参数标号	参数名	参 数 描 述	最小值	典型值	最大值	单位
R1	$T_{DPORDLY}$	数字上电复位到内部复位延时	0.44	—	126	μs
R2	T_{IRTOUT}	内部复位超时	—	7	—	ms
R3	$T_{BORODLY}$	BOR0 到内部复位延时	0.44	—	125	μs
R4	T_{RSTMIN}	$\overline{\text{RST}}$最小脉冲宽度		0.25/100		μs
R5	$T_{IRHWDLY}$	$\overline{\text{RST}}$到内部复位延时	—	0.85	—	μs
R6	T_{IRSWR}	软件启动系统复位后的内部复位超时	—	2.44	—	μs
R7	T_{IRWDR}	看门狗复位后的内部复位超时	—	2.44	—	μs
R8	T_{IRMFR}	MOSC 故障复位后的内部复位超时	—	2.44	—	μs

1. 上电复位（POR）

当外部产生上电复位时，内部上电复位电路监测电源电压（V_{DD}），并且在电源达到阈值（VPOR）时向包括 JTAG 在内的所有内部逻辑产生复位信号。当片上上电复位脉冲结束时，微控制器必须在规定的参数范围内工作。当应用要求使用外部复位信号让微控制器更长时间地保持在复位状态时（相对使用内部 POR 而言），可以使用$\overline{\text{RST}}$复位。

上电复位步骤如下。

1）微控制器等待内部 POR 变为无效。

2）内部复位释放，内核从存储器加载初始堆栈指针、初始程序计数器以及由程序计数器指定的第 1 条指令，然后开始执行。

内部 POR 只在微控制器最初上电。上电复位时序如图 2-1 所示。

2. 外部复位引脚（$\overline{\text{RST}}$）低电平复位

$\overline{\text{RST}}$低电平复位将使内核以及片上外设复位。

1）如果应用中只使用内部 POR 电路，那么$\overline{\text{RST}}$输入必须通过一个可选的上拉电阻(0~100 kΩ）连接到电源（V_{DD}），如图 2-2 所示。$\overline{\text{RST}}$输入的滤波功能需要最小脉宽，以便复位脉冲被识别。

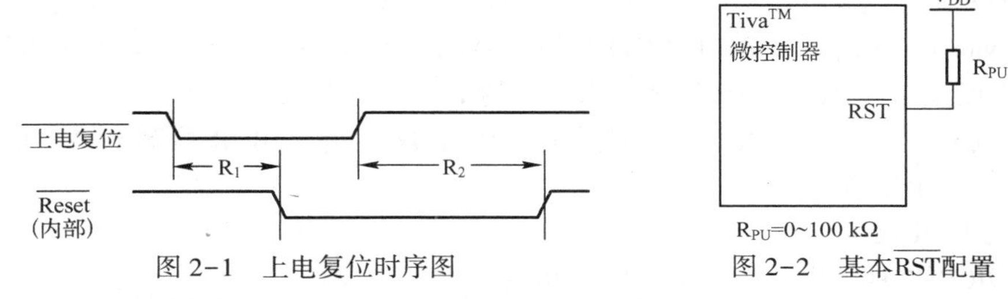

图 2-1　上电复位时序图　　图 2-2　基本$\overline{\text{RST}}$配置

外部复位引脚（$\overline{\text{RST}}$）复位微控制器，包括内核和所有片上外设，复位步骤如下。

- 外部复位引脚（$\overline{\text{RST}}$）在 TMIN 规定的时间持续有效，然后失效。
- 内部复位释放，内核从存储器加载初始堆栈指针、初始程序计数器以及由程序计数器指定的第 1 条指令，然后开始执行。

2）为提高噪声免疫或延迟上电复位，$\overline{\text{RST}}$输入可以连接至一个 RC 网络，如图 2-3 所示。

3）如果应用中需要使用外部复位开关，图 2-4 给出了参考电路。电阻 R_{PU}和电容 C_1 确定了上电延时时间。

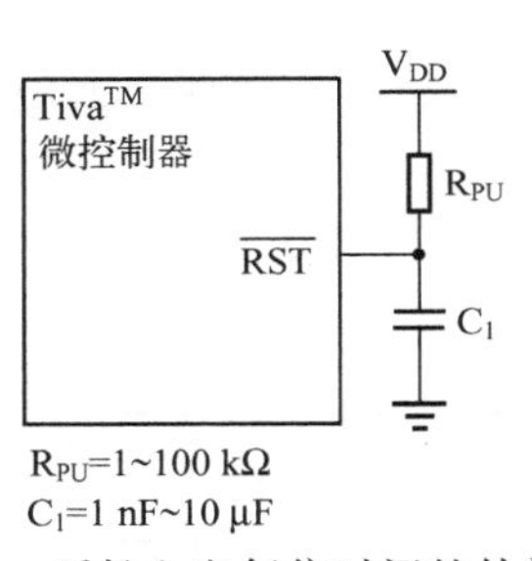

图 2-3　延长上电复位时间的外部电路

Tiva™ 微控制器　RST　V_{DD}　R_{PU}　C_1　R_S

典型R_{PU}=10 kΩ

典型R_S=470 Ω

C_1=10 nF

图 2-4　复位电路由开关控制

4）外部复位时序如图 2-5 所示。

3. 内部掉电复位 BOR（Brown-Out Reset）

微处理器内部的 BOR 检测器检测电源电压 V_{DD}（外部）或 V_{DDA}（模拟），当低于相对应的阈值电压时，系统将产生一个中断或者系统复位。

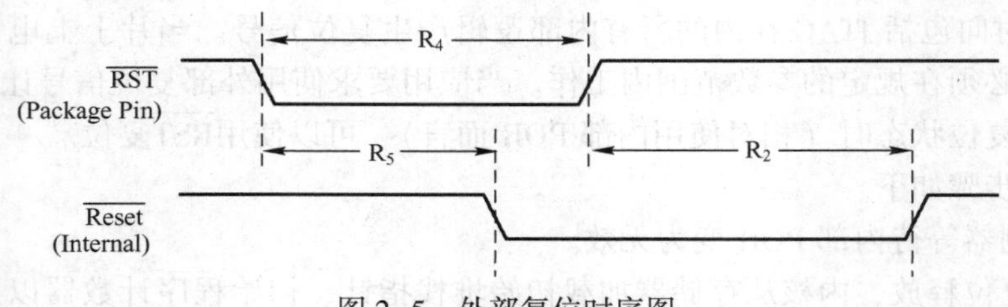

图 2-5　外部复位时序图

应用程序可以通过读取电源温度起因（Power-Temperature Cause，PWRTC）寄存器来识别 BOR 类型。BOR 检测电路可以通过设置上电和掉电控制（Power-On and Brown-Out Control，PBOCTL）寄存器来产生一个复位、系统控制中断或不可屏蔽中断（NMI）。复位时的默认设置如下。

- VDDA 在 BOR 检测电路的默认设置下不改变。
- VDD 在 BOR 检测电路的默认设置下执行一个完整的 POR。

如果用户通过设置 PBOCTL 寄存器来产生一个复位操作，需要设置复位行为控制（Reset Behavior Control，RESBEHAVCTL）寄存器的 BOR 位来进一步定义生成的复位类型。如果 BOR 字段设置为 0x3，那么该复位为完整的 POR 复位；如果 BOR 字段设置为 0x2，那么将执行系统复位；如果 BOR 字段设置为 0x0 或者 0x1，那么 BOR 检测电路将执行默认操作请求，产生一个中断。

1）掉电 POR 复位步骤如下。

- 当 BOR 事件被触发时，一个内部 BOR 条件将被置位。
- 如果 BOR 事件用编程来重置 PBOCTL 寄存器和设定 RESBEHAVCTL 的 BOR 位为 0x3，那么将产生一个有效的内部 POR 复位。
- 内部复位释放，内核执行一个完整的设备初始化。完成后，微控制器获取并加载初始堆栈指针、初始程序计数器以及由程序计数器指定的第 1 条指令，然后开始执行。

2）掉电系统复位步骤如下。

- 当 BOR 事件被触发时，一个内部 BOR 条件将被置位。
- 如果 BOR 事件用编程来重置 PBOCTL 寄存器和设定 RESBEHAVCTL 的 BOR 位为 0x2，那么将产生一个有效的内部 POR 复位。
- 内部复位释放，微控制器获取并加载初始堆栈指针、初始程序计数器以及由程序计数器指定的第 1 条指令，然后开始执行。

3）BOR 时序如图 2-6 所示。

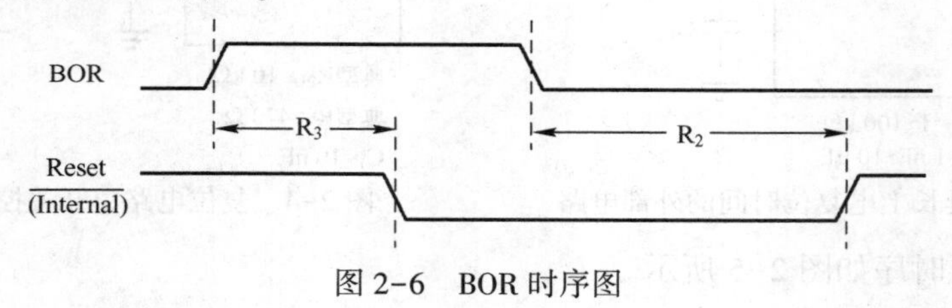

图 2-6　BOR 时序图

4. 软件复位

软件既可以使整个器件复位，也可以单独使内核或者某个外设复位。

通过系统控制偏移量 0x500 处开始的外设专用复位寄存器，例如，看门狗定时器软件复位（SRWD）寄存器，软件可以单独复位各个外设。如果外设对应的位被置位随后清零，那么该外设被复位。

1）软件可以通过置位应用中断和复位控制（APINT）寄存器的 SYSRESREQ 位来复位包括内核在内的整个微控制器。软件启动的系统复位步骤如下。

- 通过置位 SYSRESREQ 位即可产生软件微控制器复位。
- 内部复位有效。
- 内部复位释放，微控制器从存储器加载初始堆栈指针、初始程序计数器以及由程序计数器指定的第 1 条指令，然后开始执行。

2）软件只可以通过置位 APINT 寄存器的 VECTRESET 位来复位内核。软件启动的内核复位步骤如下。

- 通过置位 VECTRESET 位来启动内核复位。
- 内部复位有效。
- 内部复位释放，微控制器从存储器加载初始堆栈指针、初始程序计数器以及由程序计数器指定的第 1 条指令，然后开始执行。

3）软件启动的系统复位时序如图 2-7 所示。

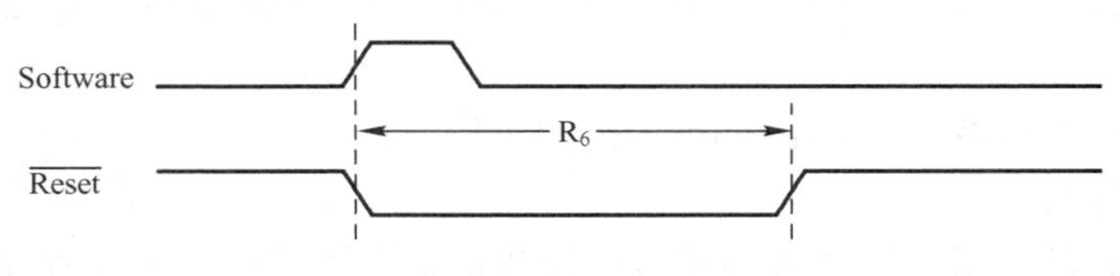

图 2-7　软件启动的系统复位时序图

5. 看门狗定时器复位

看门狗定时器的作用是为了避免系统悬挂。TM4C1294 微处理器有两个看门狗定时器，一个工作于系统时钟下，另一个工作于精密内部时钟（Precision Internal Oscillator，PIOSC）下。每个看门狗定时器均可配置为：在第一次溢出时产生一个中断或非屏蔽中断 NMI（当设置看门狗控制寄存器 WDTCTL 的 INTTYPE 和 INTEN 位时），在第二次溢出时产生一个复位。看门狗定时器第一次溢出后，32 位的看门狗计数器将重新装载看门狗定时器负载（Watchdog Timer Load，WDTLOAD）寄存器的值，然后继续减数计数。若看门狗复位被使能了（当看门狗控制寄存器 WDTCTL 的 RESEN 位被置位时），则在第二次溢出后将产生复位信号。

如果 WDTCTL 寄存器的 RESEN 位被置位，并且 RESBEHAVCTL 寄存器的 WDOGn 位设置为 0x3，那么将启动一个完整的 POR 复位；若 WDOGn 位设置为 0x2，那么将执行系统复位；当 WDOGn 位设置为 0x0 或者 0x1，那么看门狗定时器默认有效，执行一个完整的 POR 复位。

1）看门狗定时器 POR 复位步骤如下。

- 看门狗定时器第二次溢出时没有被服务。
- 内部 POR 复位有效。
- 内部复位释放，内核执行一个完整的设备初始化。完成后，微控制器从存储器加载初始堆栈指针、初始程序计数器以及由程序计数器指定的第 1 条指令，然后开始执行。

2）看门狗定时器系统复位步骤如下。

- 看门狗定时器第二次溢出时没有被服务。
- 内部复位有效。
- 内部复位释放，微控制器从存储器加载初始堆栈指针、初始程序计数器以及由程序计数器指定的第 1 条指令，然后开始执行。

3）看门狗定时器复位时序如图 2-8 所示。

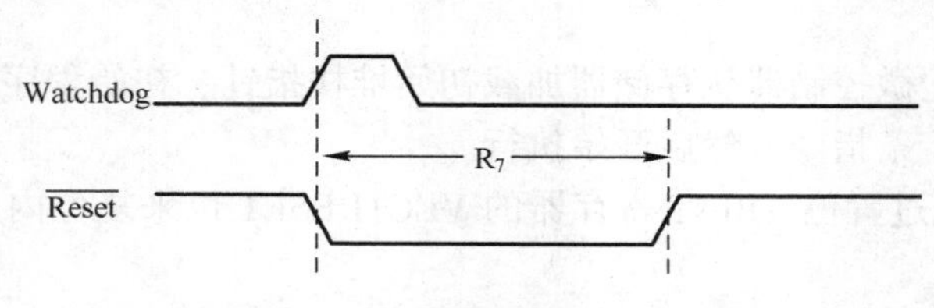

图 2-8　看门狗定时器复位时序图

6. 休眠模式复位

休眠模块被配置且经过冷上电初始化，随后进入休眠模式，唤醒事件（不包括外部复位引脚唤醒）使模块产生系统复位，复位装置中除休眠模块外的所有电路。休眠模块的所有寄存器在复位后保留原值。当休眠模块的 V_{DD}启用且接收到唤醒事件，会产生如下的系统复位步骤。

1）置位 RESC 寄存器中的上电复位位或 EXT 位。

2）内部复位生效。

3）内部复位释放，微控制器从存储器中加载初始堆栈指针，初始程序计数器以及由程序计数器指定的第一条指令，然后开始执行。

4）休眠模块中的 HIBRIS 寄存器可读，以确定复位的原因。

5）写 0 来清除 RESC 寄存器中的上电复位位或 EXT 位。

7. HSSR 复位

硬件系统服务请求（HSSR）寄存器可以用来恢复设备到出厂设置。成功地写入硬件系统服务请求（HSSR）寄存器可启动系统复位。复位初始化程序在检查 HSSR 寄存器和处理指令之前执行。HSSR 寄存器只能在特权模式下访问。在恢复出厂设置之前，设置 RESC 寄存器的 HSSR 位并且执行系统复位步骤。在 HSSR 功能被实现之后，将处理结果写入 HSSR 寄存器中的 CDOFF 位域，同时执行另一个 HSSR 系统复位。RESC 寄存器中的 HSSR 位可通过写 0 清除。

2.2.3　NMI 控制

1. NMI 中断源

TM4C1294 微处理器有 6 种 NMI 中断源，具体是哪一种需要通过软件读取 NMIC 寄存器来判断。

1）外部 NMI 信号。

2）主振荡器验证失败，即 MOSC 失效。

3）中断控制和状态（Interrupt Control and State，INTCTRL）寄存器的 NMISET 位被置位。

4）看门狗定时器中断，控制寄存器 WDTCTL 的 INTTYPE 位被置位。

5）休眠的触发事件。

6）BOR 的触发事件。

2. NMI 引脚

若想将该信号用于中断，则必须启用 GPIO 中的备用功能。

📖 启用 NMI 备用功能需要使用 GPIO 的锁定和提交功能，与 JTAG/SWD 功能相关的 GPIO 端口引脚一样。高电平激活 NMI 信号；启用的 NMI 信号高于 VIH 会启动 NMI 中断序列。

---

3. 主振荡器校验失败

TM4C1294 微控制器提供了一个主振荡器校验电路。如果振荡器运行得太快或太慢，该电路会产生一个错误条件。如果主振荡器校验电路被启用并产生一个错误，此时会产生一个上电复位并将控制权交给 NMI 处理程序，或产生中断。MOSCCTL 寄存器的 MOSCIM 位决定将发生的动作。在这两种情况中，系统时钟源自动切换为 PIOSC。发生 MOSC 故障复位时，NMI 处理程序将用于解决主振荡器检验故障，因为可以从通用复位处理程序移除必要代码，加速复位处理过程。通过将主振荡器控制（MOSCCTL）寄存器的 CVAL 位置位来启用检测电路。主振荡器校验错误在复位原因（RESC）寄存器的主振荡器失败状态位（MOSCFAIL）显示。

2.2.4　电源控制

TM4C1294NCPDT 微处理器提供一个集成的 LDO 稳压器，给大部分内部逻辑提供电源。当选择用内部 LDO 稳压器时，内部逻辑可以由它供电，内部电压输出最大电压为 1.2 V。但内部模拟电路和时钟电路还需要外部稳压器供电，即引脚 V_{DDA} 还需要连接外部 3.3 V 稳压器。电源结构如图 2-9 所示。

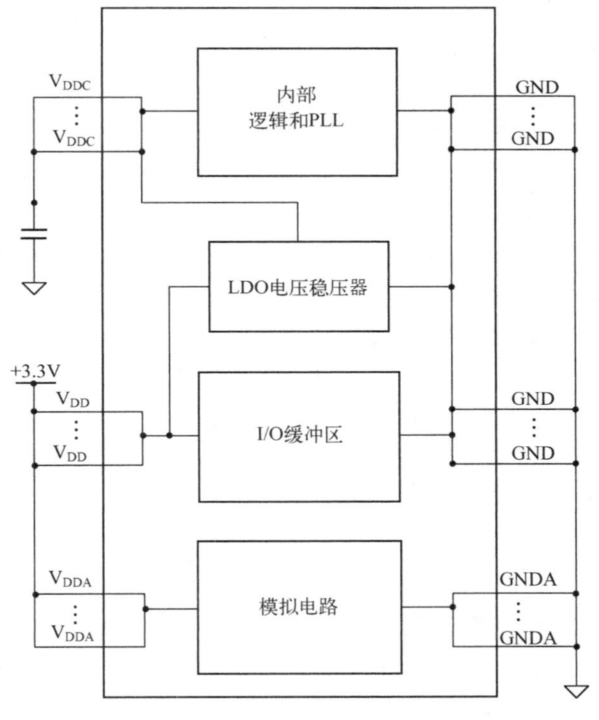

图 2-9　电源结构图

2.2.5　时钟控制

TM4C1294 微处理器有 4 个时钟源，如表 2-4 所示。

表 2-4　时钟源选项

时　钟　源	是否驱动锁相环（PLL）		是否用作 SYSCLK	
精密内部振荡器（PIOSC）	是	USEPLL＝1，PLLSRC＝0x0	是	USEPLL＝0，OSCSRC＝0x0
主振荡器（MOSC）	是	USEPLL＝1，PLLSRC＝0x3	是	USEPLL＝0，OSCSRC＝0x3
低频内部振荡器（LFIOSC）	否	—	是	USEPLL＝0，OSCSRC＝0x2
休眠模块时钟	否	—	是	USEPLL＝0，OSCSRC＝0x4

1. 精密内部振荡器（PIOSC）

精密内部振荡器是一个片上时钟源，在 POR 期间和之后，微控制器使用该时钟源。PIOSC 不需要使用任何外部元件，提供一个 16 MHz 时钟，校准精度为±1%，整个温度范围内的精度为±3%。PIOSC 是为需要精确时钟源并减少系统开销的应用而考虑的。如果需要主振荡器，软件必须在复位后使能主振荡器，并在改变时钟参考前让主振荡器达到稳定。如果休眠模块时钟源是 32.768 kHz 的振荡器，也可以通过改变时钟参考让主振荡器达到稳定。不论 PIOSC 是否是系统时钟源，PIOSC 都可以被配置为 ADC 时钟源以及 UART 和 SSI 的波特率时钟。

2. 主振荡器（MOSC）

主振荡器可通过两种方式提供一个频率精确的时钟源：外部单端时钟源连接到 OSC0 输入引脚，或者外部晶振串接在 OSC0 输入引脚和 OSC1 输出引脚间。如果 PLL 正在使用，晶振的值必须是 5~25 MHz（含）的一个支持的频率。如果 PLL 没有被使用，晶振可以是 4~25 MHz 的任何一个支持的频率。注意：MOSC 必须为 USB PLL 提供一个时钟源，并且必须连接到晶体或振荡器。

3. 低频内部振荡器（LFIOSC）

低频内部振荡器（LFIOSC）提供了 33 kHz 的时钟频率，其精度与电气特性相关。低频内部振荡器适用于深度睡眠省电模式。该省电模式受益于精简的内部配电系统，同时也允许 MOSC 或 PIOSC 关闭。此外，通过深度睡眠时钟配置（DSCLKCFG）寄存器来控制在节电模式中内部切换和关闭 MOSC 或 PIOSC。

4. 休眠模块时钟

休眠模块提供了两个输出时钟，一个外部 32.768 kHz 和低频时钟（HIB LFIOSC）。休眠模块时钟由连接至 XOSC0 引脚的 32.768 kHz 的时钟源提供，32.768 kHz 振荡器可以使用系统时钟，因此不再需要额外的晶体或振荡器。另外，休眠模块包含一个低频振荡器（HIB LFIOSC），旨在为系统提供一个实时时钟源，还可以为深度睡眠或休眠模式提供一个准确的电源。

📖 HIB LFIOSC 和 LFIOSC 是两个不同的时钟源。

---

5. 时钟配置

系统时钟（SYSCLK）可由以上 4 种时钟源中的任意一个直接提供，或者通过内部主 PLL 提供，也可由 PIOSC 的四分频即 4 MHz±1%提供。PLL 时钟源的频率必须在 5~25 MHz 的范围内。

运行和睡眠模式配置寄存器（Run and Sleep Mode Configuration Register，RSCLKCFG）控制处于运行和睡眠模式下的系统时钟，深度睡眠时钟配置寄存器（Deep Sleep Clock Configuration Register，DSCLKCFG）指定系统时钟在深度睡眠模式下的行为。这些控制时钟寄存器的功能如下。

- 配置运行或睡眠模式中的时钟源。
- 配置深度睡眠模式中的时钟源。
- 振荡器和 PLL 的使能/禁止。

提供进一步的配置中，锁相环频率 n（PLLFREQn）寄存器允许锁相环 VCO 频率（f_{VCO}）乘以或除以可编程值取决于所需的系统时钟速度。

图 2-10 所示为主时钟树逻辑，外设框图由系统时钟信号驱动并且可以独立使能/禁止。

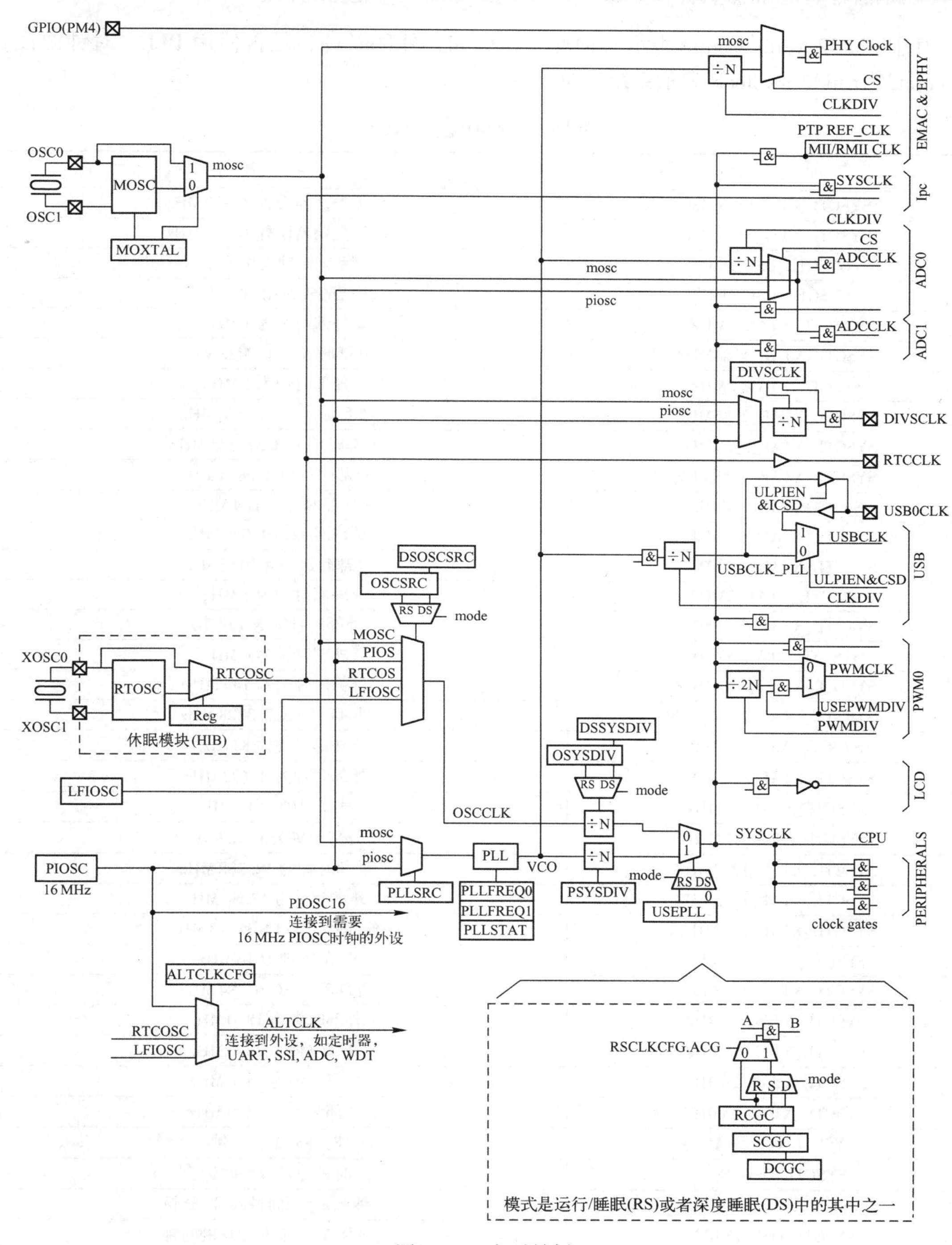

图 2-10 主时钟树

在 Cortex-M4 中只要调用 SysCtlClockFreqSet( ) 函数即可配置系统时钟，相关的时钟配置参数如表 2-5 所示。

```
externuint32_t SysCtlClockFreqSet(uint32_t ui32Config,uint32_t ui32SysClock);
```

其中 uint32_t ui32Config 表示时钟配置，例如，外部时钟、是否使用 PLL、时钟源设置等；uint32_t ui32SysClock 表示系统时钟频率。

表 2-5 时钟配置参数

配置参数	注释
SYSCTL_CFG_VCO_480	压控振荡器设置为 480 MHz
SYSCTL_CFG_VCO_320	压控振荡器设置为 320 MHz
SYSCTL_USE_PLL	系统时钟使用 PLL
SYSCTL_USE_OSC	系统时钟使用 OSC 时钟
SYSCTL_XTAL_1MHZ	外部时钟为 1 MHz
SYSCTL_XTAL_1_84MHZ	外部时钟为 1. 8432 MHz
SYSCTL_XTAL_2MHZ	外部时钟为 2 MHz
SYSCTL_XTAL_2_45MHZ	外部时钟为 2. 4576 MHz
SYSCTL_XTAL_3_57MHZ	外部时钟为 3. 579545 MHz
SYSCTL_XTAL_3_68MHZ	外部时钟为 3. 6864 MHz
SYSCTL_XTAL_4MHZ	外部时钟为 is 4 MHz
SYSCTL_XTAL_4_09MHZ	外部时钟为 4. 096 MHz
SYSCTL_XTAL_4_91MHZ	外部时钟为 4. 9152 MHz
SYSCTL_XTAL_5MHZ	外部时钟为 5 MHz
SYSCTL_XTAL_5_12MHZ	外部时钟为 5. 12 MHz
SYSCTL_XTAL_6MHZ	外部时钟为 6 MHz
SYSCTL_XTAL_6_14MHZ	外部时钟为 6. 144 MHz
SYSCTL_XTAL_7_37MHZ	外部时钟为 7. 3728 MHz
SYSCTL_XTAL_8MHZ	外部时钟为 8 MHz
SYSCTL_XTAL_8_19MHZ	外部时钟为 8. 192 MHz
SYSCTL_XTAL_10MHZ	外部时钟为 10 MHz
SYSCTL_XTAL_12MHZ	外部时钟为 is 12 MHz
SYSCTL_XTAL_12_2MHZ	外部时钟为 12. 288 MHz
SYSCTL_XTAL_13_5MHZ	外部时钟为 13. 56 MHz
SYSCTL_XTAL_14_3MHZ	外部时钟为 14. 31818 MHz
SYSCTL_XTAL_16MHZ	外部时钟为 16 MHz
SYSCTL_XTAL_16_3MHZ	外部时钟为 16. 384 MHz
SYSCTL_XTAL_18MHZ	外部时钟为 18. 0 MHz
SYSCTL_XTAL_20MHZ	外部时钟为 20. 0 MHz
SYSCTL_XTAL_24MHZ	外部时钟为 24. 0 MHz
SYSCTL_XTAL_25MHZ	外部时钟为 25. 0 MHz
SYSCTL_OSC_MAIN	时钟源是主时钟
SYSCTL_OSC_INT	时钟源是内部时钟
SYSCTL_OSC_INT4	时钟源是内部时钟的四分频
SYSCTL_OSC_INT30	时钟源是内部 30 kHz 的时钟
SYSCTL_OSC_EXT32	时钟源是外部 32 kHz 的时钟
SYSCTL_INT_OSC_DIS	禁用内部振荡器
SYSCTL_MAIN_OSC_DIS	禁用主振荡器

【例 2-1】 设外部时钟为 25 MHz，需配置系统时钟频率为 120 MHz，操作程序如下。

```
int main(void)
{
    g_ui32SysClock = SysCtlClockFreqSet ((SYSCTL_XTAL_25MHZ |
                                          SYSCTL_OSC_MAIN | SYSCTL_USE_PLL |
                                          SYSCTL_CFG_VCO_480), 120000000);
}
```

外设由系统时钟驱动，ADC 的时钟由 PIOSC、SYSCLK 或者 PLL 提供，通过 ADCCC（ADC Clock Configuration）寄存器设置；PWM 的时钟由系统时钟 SYSCLK 分频提供，通过 PWMCC（PWM Clock Control）寄存器控制；USB 的时钟由主振荡器通过 USBPLL 提供，通过 USBCC（USB Clock Control）寄存器来控制；通信模块如 UART、CAN 和 SSI 也有相应的时钟控制寄存器，可以设置模块时钟源和波特率时钟源。

2.2.6　工作模式控制

为了进行功耗控制，位于系统控制寄存器区偏移地址为 0x600、0x700 和 0x800 开始的外设专用寄存器 RCGCx、SCGCx 和 DCGCx（其中 ‘x’ 代表外设英文缩写字母，例如看门狗专用寄存器为 RCGCWD），可在系统运行、睡眠、深度睡眠以及休眠时控制对应外设的时钟。

TM4C1294 微处理器有 4 种工作模式：运行模式、睡眠模式、深度睡眠模式和休眠模式。

1. 运行模式

在运行模式下，微处理器正常执行代码，所有已被外设专用 RCGC 寄存器设置为使能的外设正常运行，系统时钟源可以是任意一种时钟源及其 PLL 分频。

2. 睡眠模式

在睡眠模式，运行中的外设时钟频率不变，但是微处理器和存储器子系统不使用时钟，所以不再执行代码。睡眠模式是通过 Cortex-M4F 内核执行一条 WFI（等待中断）指令。系统中任何正确配置的中断事件都可以将微处理器带回到运行模式。

- 当自动时钟门控启用时，外设专用 SCGC 寄存器启用的外设时钟被使用。
- 当自动时钟门控禁用时，外设专用 RCGC 寄存器启用的外设时钟被使用。系统时钟的源和频率与运行模式期间是一样的。

还提供其他睡眠模式，可降低 SRAM 和 Flash 存储器的功耗。但是，较低功耗模式的睡眠和唤醒速度较慢。

📖 在执行 WFI 指令前，软件必须检查 EEPROM 完成状态，EEDONE 寄存器的 WORKING 位是否清零，以确保 EEPROM 不忙。

3. 深度睡眠模式

在深度睡眠模式中，除了正在停止的处理器时钟之外，有效外设的时钟频率可以改变（取决于深度睡眠模式的时钟配置）。中断可以让微控制器从睡眠模式返回到运行模式；代码请求可以进入睡眠模式。要进入深度睡眠模式，首先置位系统控制（SYSCTRL）寄存器的 SLEEPDEEP 位，然后执行一条 WFI 指令。系统中任何正确配置的中断事件都可以将处理器带回到运行模式。

Cortex-M4F 微处理器内核和存储器子系统在深度睡眠模式中不计时。当自动时钟门控启用时，外设专用 DSCG 寄存器启用的外设时钟被使用；当自动时钟门控禁用时，外设专用 RCGC 寄存器启用的外设时钟被使用。系统时钟源在寄存器 DSCLKCFG 中规定。当使用 DSCLKCFG 寄存器时，内部振荡器源将上电，如果有必要，其他时钟会掉电。为进一步节省电能，可以通过置位 DSCLKCFG 寄存器的 PIOSCPD 位禁用 PIOSC。执行 WFI 指令时，USB PLL 不会掉电，当深度睡眠退出事件发生时，硬件会把系统时钟带回到深度睡眠模式开始时的源和频率，然后使能在深度睡眠期间停止的时钟。如果 PIOSC 被用作 PLL 的参考时钟源，在深度睡眠期间它会继续提供时钟。

要实现尽可能低的深度睡眠功耗，以及无须为时钟更改而重新配置外设即可从外设唤醒处理器的能力，一些通信模块在模式寄存器空间的偏移量 0xFC8 处提供了时钟控制寄存器。时钟控制寄存器中 CS 位域允许用户选择 PIOSC 或全面备用时钟（ALTCLK）作为模块波特时钟的时钟源。微控制器进入深度睡眠模式时，PIOSC 也成为模块时钟的源，允许发送和接收（FIFO）在该部分处于深度睡眠时继续操作。图 2-11 显示了模块时钟选择。

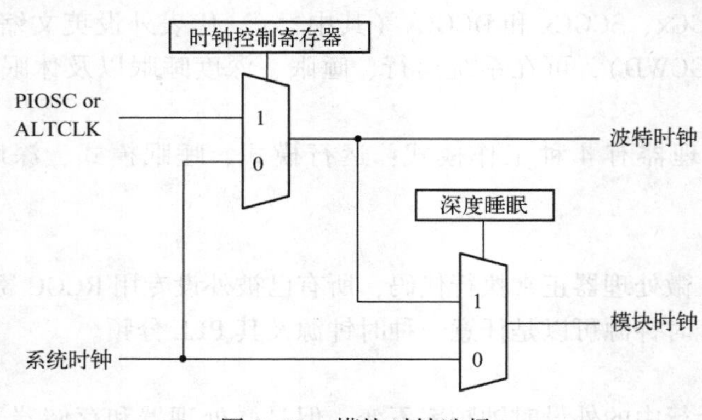

图 2-11　模块时钟选择

4. 休眠模式

在休眠模式下，只有休眠模块运行，处理器及其他外设不运行，外部唤醒信号 WAKE 或者 RTC（Real-Time Clock）事件将使系统回到运行模式。RTC 是一个内部 32 位实时秒计数器，精度为 1/32768 s，可定时唤醒系统。休眠模块负责管理电源的禁能和恢复，当处理器或外设空闲时，可以将其电源禁能。

Cortex-M4F 微处理器和外围设备之外的休眠模块检测到一个正常的“启动”序列，然后处理器开始运行。如果 HIB 模块已经在休眠模式下又发生复位，复位处理程序应该检查 HIB 原始中断状态寄存器（HIBRIS）在 HIB 模块确定复位的原因。

2.2.7　系统初始化与配置

对 PLL 的配置可直接通过对 PLLFREQn、MEMTIM0 和 PLLSTAT 寄存器执行写操作来实现。改变基于 PLL 的系统时钟所需的步骤如下。

1）一旦上电复位完成，则 PIOSC 作为系统时钟。

2）通过清零 MOSCCTL 寄存器上的 NOXTAL 位来给 MOSC 上电。

3）如果需要使用单端 MOSC 模块，那么可以直接使用；如果需要使用晶振模块，那么需要清零 PWRDN 位和等待 MOSCPUPRIS 位在 RIS 中置位，这表明 MOSC 晶振模块可以使用。

4）给 RSCLKCFG 寄存器（地址：0x0B0）赋值 0x3。

5）如果应用程序还需要 MOSC 作为深度睡眠时钟源，DSCLKCFG 需赋值 0x3。

6）编写 PLLFREQ0 和 PLLFREQ1 寄存器的值（Q、N、MINT 和 MFRAC）来配置所需的 VCO 频率设置。

7）MEMTIM0 寄存器写入相对应的新系统时钟设置。

8）等待 PLLSTAT 寄存器指示 PLL 已经锁定在新操作点。

9）编写 RSCLKCFG 寄存器的 PSYSDIV 价值，USEPLL 位和 MEMTIMU 位使能，启用 PLL。

2.3　思考与练习

1. 下列关于 Cortex-M4 内核的说法正确的是（　　）。
   A. Cortex-M4 采用冯·诺依曼结构
   B. Cortex-M4 是 16 位微处理器内核
   C. Cortex-M4 内部有一个两级流水线
   D. Cortex-M4 内核有一个紧密耦合的 NVIC
2. 简述 Cortex-M4 的 4 种时钟源。
3. 简述 Cortex-M4 有哪几种复位控制。
4. 简述 Cortex-M4 有哪几种工作模式。

第 3 章　CCS 集成开发环境

本章介绍 CCS 集成开发环境，包括 CCS 的特点、安装、使用以及语法等。本章同时介绍 TI 的软件库 TivaWare C Series，包括特点、函数库和使用方法，并举例说明了样例工程的结构以及编程特点。

3.1　集成开发环境 CCS

CCS（Code Composer Studio）是 TI 公司开发的集成开发环境。TI 的所有 DSP、微处理器等都可以使用 CCS 平台进行软件编程与调试。此外，CCS 还支持代码效率分析、数据的图形化显示、自动执行的脚本编写、模拟仿真以及硬件调试等功能。总的说来，CCS 是一款集成了很多功能，用于开发和调试嵌入式应用的工具。

3.1.1　CCS 功能及特点

本书介绍的 CCS 版本是 CCSv6，用户界面如图 3-1 所示。

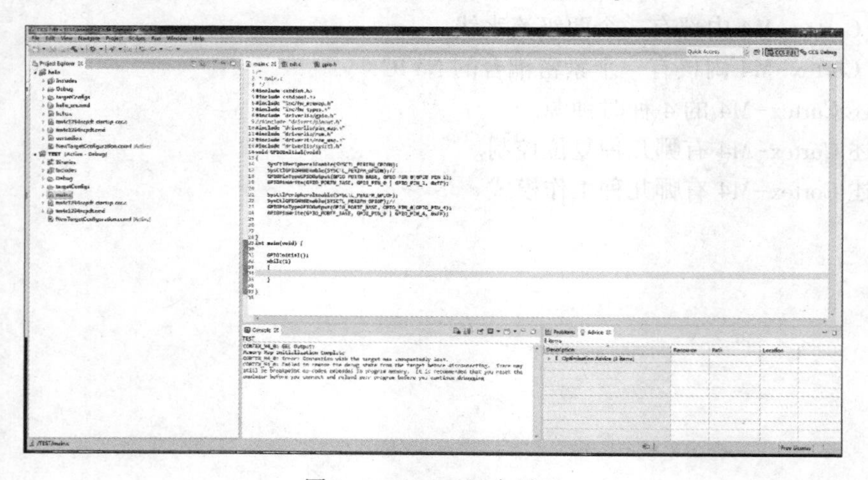

图 3-1　CCSv6 用户界面

CCSv6 是以一个开源的软件架构 Eclipse 为基础构建的，从图 3-1 中也可以看出它们之间有很高的相似度。CCS 之所以选择 Eclipse，是因为 Eclipse 为开发环境提供了一个很优秀的软件框架，而且正逐渐成为众多嵌入式软件供应商所使用的标准框架。CCSv6 将 Eclipse 的软件架构优势与 TI 先进的嵌入式调试功能相结合，使开发人员可充分利用现有的 Eclipse 社群以及各种第三方插件的高度集成性来加速嵌入式设计过程，使得 CCSv6 成为嵌入式开发中一款非常好用且很受欢迎的工具。

CCSv6 的特点如下。

- 完全支持 32 位与 64 位的 Windows 7 与 Linux 系统。

● 高级代码编辑器与 GUI 框架。

● 简洁的单一用户界面，指导用户完成应用程序开发流程的每一步骤。

CCSv6 在 Eclipse 的基础上集成了编译器、连接器、调试器和 BIOS 等工具。除此之外，还有一些在调试、分析、脚本、图像分析、可视化、编译器、硬件调试和支持实时操作系统等方面的特点。

3.1.2　安装 CCSv6

CCSv6 的安装主要分为以下几个步骤。

1）获得 CCSv6 的安装文件，可以通过光盘，也可以从 TI 的官网上下载得到，网址为 http://processors.wiki.ti.com/index.php/Download_CCS。

2）找到 ccs_setup_6.x.x.xxxxx.exe，并双击打开。其中，x.x.xxxxx 代表软件版本号。

3）单击“I accept the terms of the license agreement.”单选按钮，然后单击“Next”按钮，如图 3-2 所示。

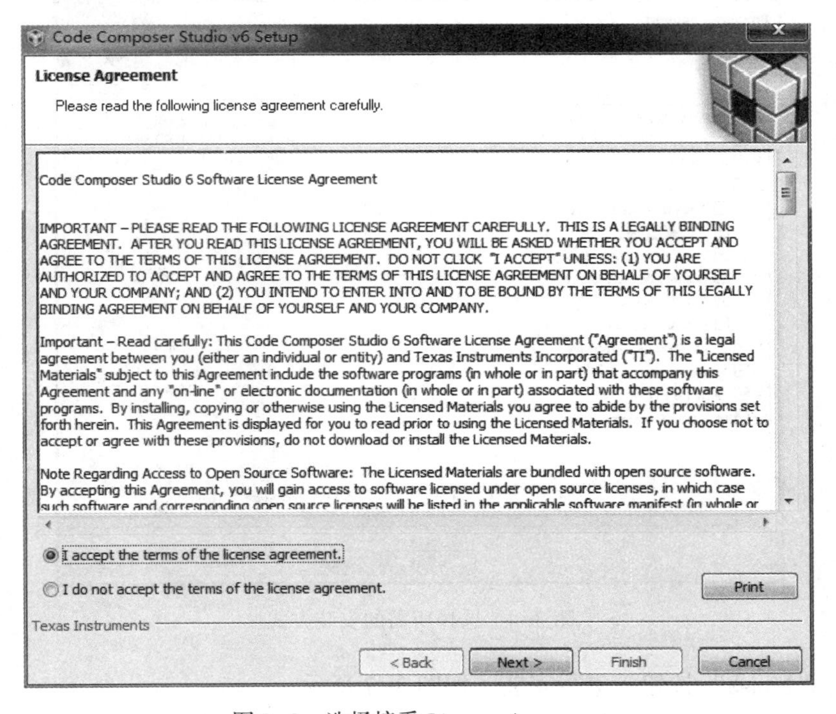

图 3-2　选择接受 License Agreement

4）选择安装目录，默认的路径是 c:\ti，建议在系统默认的路径下安装，如图 3-3 所示。如果系统设置了用户访问控制（User Access Control），则不推荐安装在 c:\Program Files 中。

5）选择所需的安装方式，如图 3-4 所示。建议完整地安装所有支持的 TI 家族系列。

6）选择所需的硬件调试器，如图 3-5 所示。

7）选择所需添加的应用，如图 3-6 所示。

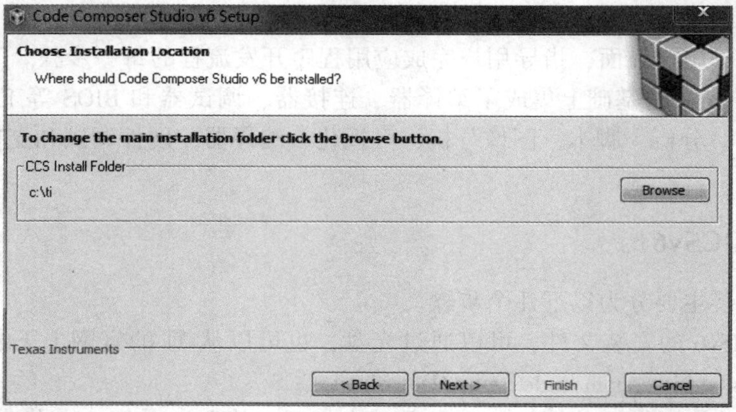

图 3-3　选择安装目录

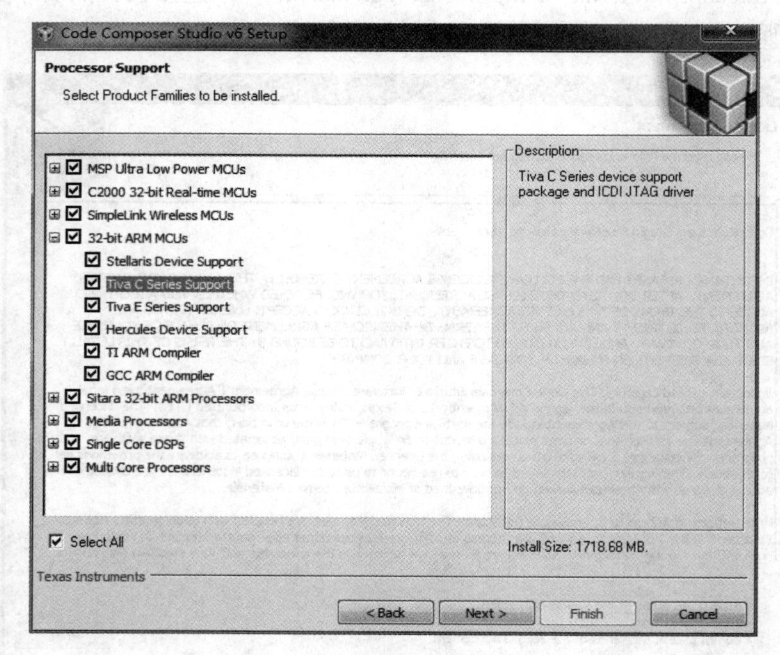

图 3-4　选择所需的安装方式

8）单击“Finish”按钮，进行安装，如图 3-7 所示。

9）安装完成后，选择“Launch Code Composer Studio”复选框，然后单击“Finish”按钮，就可以启动 Code Composer Studio v6 了，如图 3-8 所示。

3.1.3　启动 CCSv6

首次启动 CCSv6 需要进行一些配置。首先选择工作空间，如图 3-9 所示。其次要激活 CCS 软件。如果 CCS 的安装包是伴随着开发板一并提供的，那么该 CCS 软件的许可证是已经激活的。如果是从其他途径获得的，则需要激活许可证才能够正常使用。

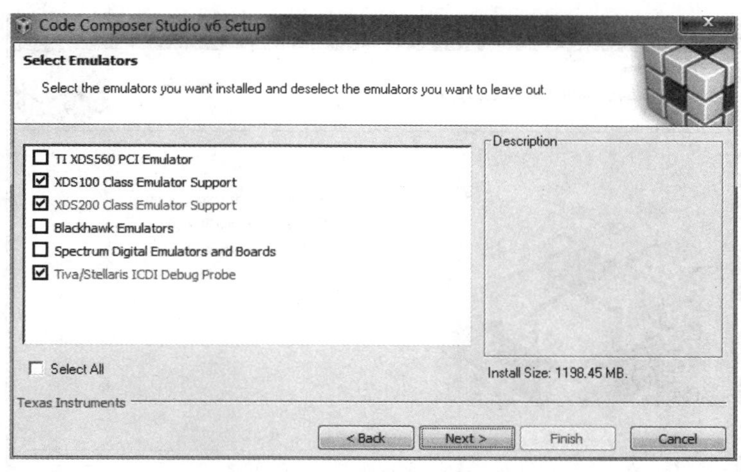

图 3-5　选择硬件调试器

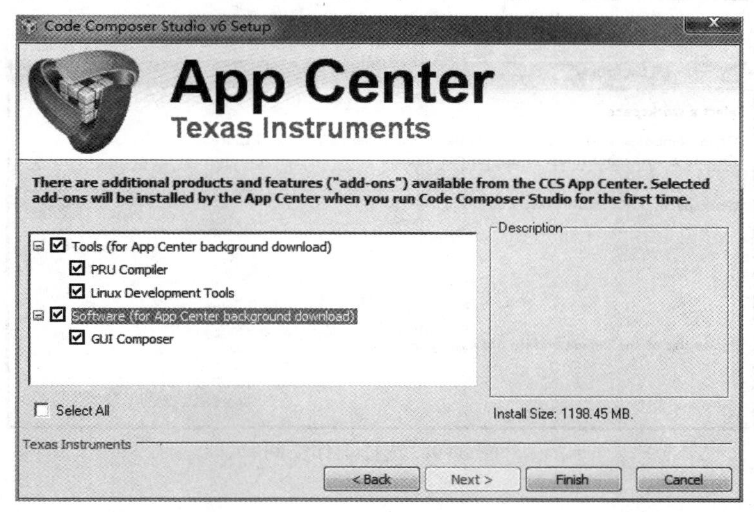

图 3-6　选择所需应用

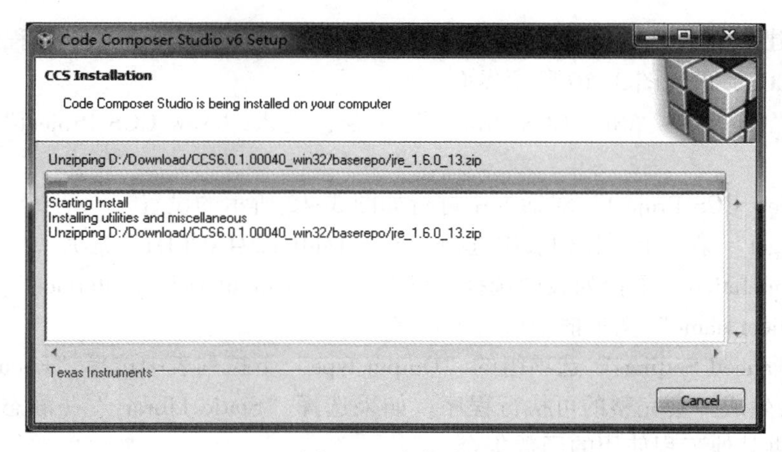

图 3-7　安装进度

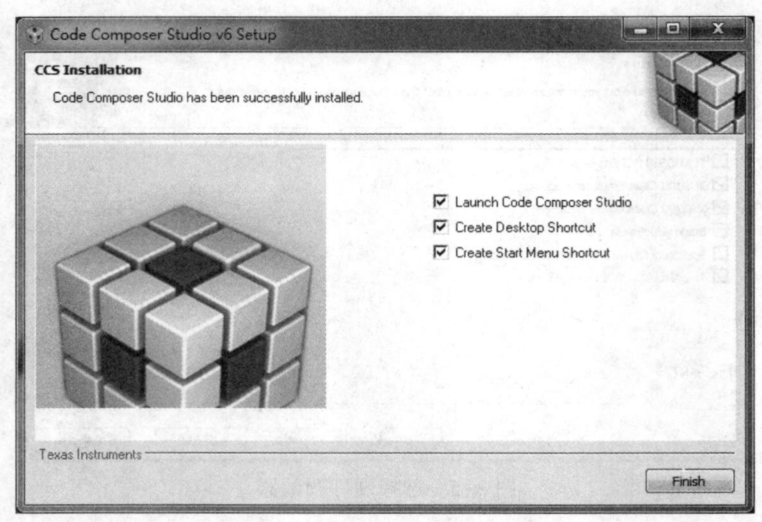

图 3-8　启动 Code Composer Studio

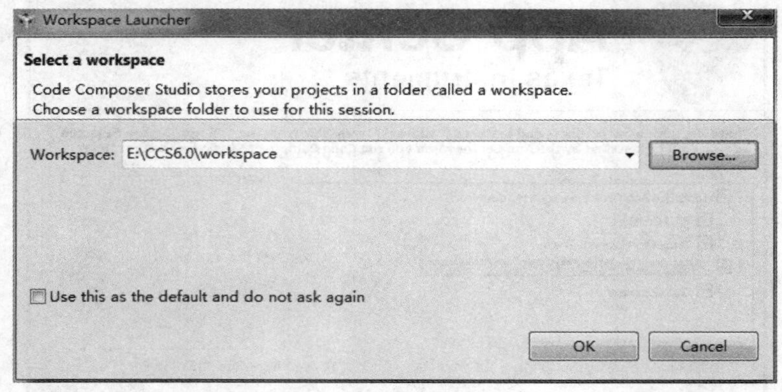

图 3-9　选择工作空间

3.1.4　新建 CCS 工程

下面以新建一个基于 TM4C1294 微处理器的工程为例，介绍新建 CCS 工程的方法。

1）启动 CCS，进入图 3-10 所示界面。

2）选择“File”→“New CCS Project”命令，进入“New CCS Project”对话框，如图 3-11 所示。

3）在“New CCS Project”对话框中进行如图 3-12 所示的设置。

- 在“Target”第二个下拉列表中选择“Tiva TM4C1294NCPDT”芯片。
- 在“Connetction”下拉列表中选择“Stellaris In-Circuit Debug Interface”。
- 在“Project name”文本框中填入工程名。
- 在“Advanced Settings”选项组的“Output type”下拉列表中选择“Excutable”（可执行），会生成一套完整的可执行程序。如果选择“Static Library”（静态库），则会生成一套供其他工程使用的函数集合。
- “Project templates and examples”选项组包括标准的 C 和程序集工程，是一些使用

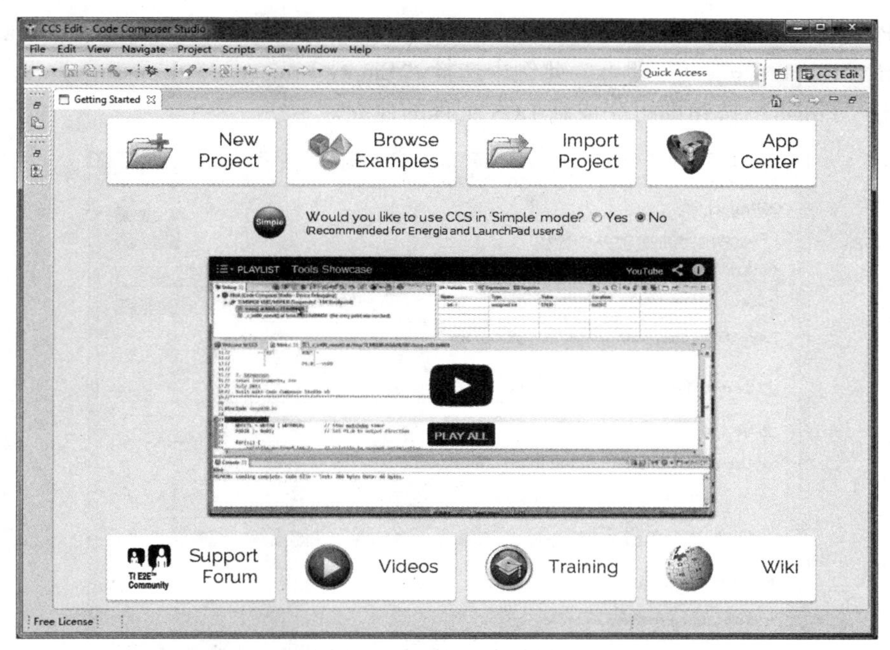

图 3-10　CCSv6 启动界面

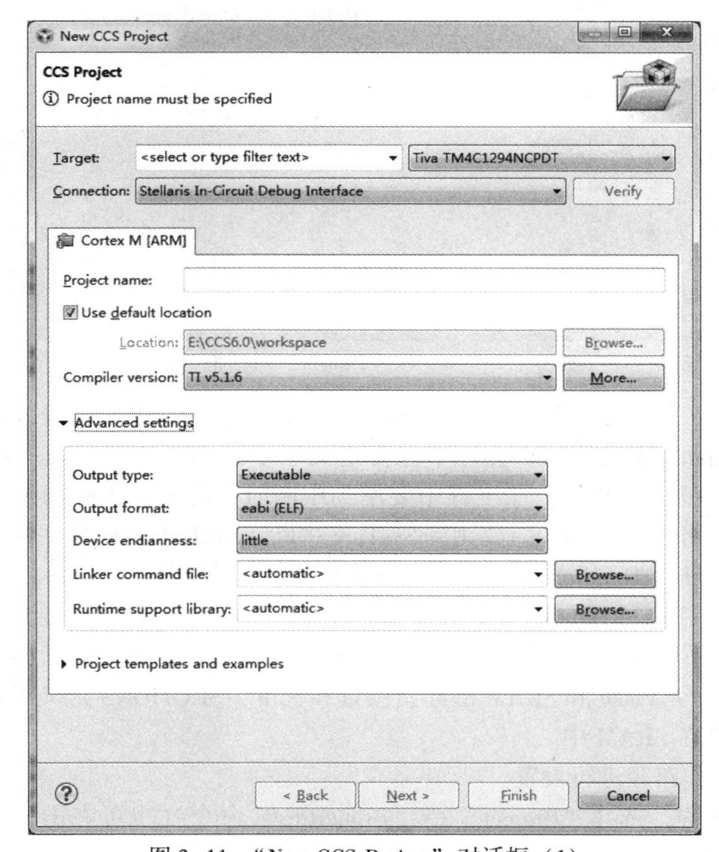

图 3-11　“New CCS Project” 对话框（1）

DSP/BIOS、SYSBIOS、IPC 等特殊应用的工程可能会需要的模板以及样例程序，一般选择“Empty Project”即可。此例中选择“Empty Project（with main. c）”。

- 单击“Finish”按钮即可完成新 CCS 工程的建立。

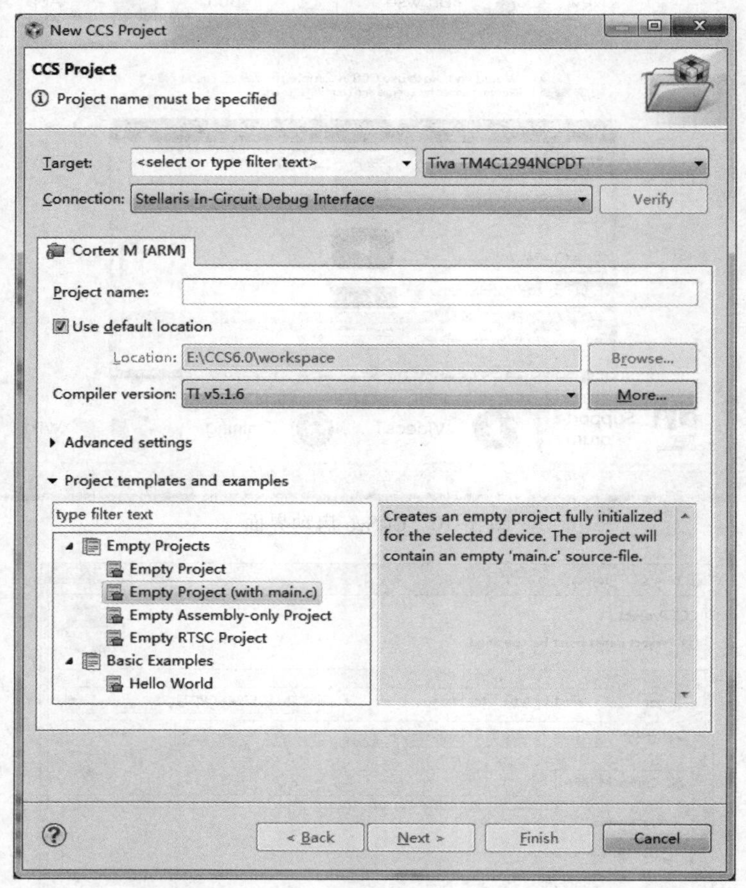

图 3-12 “New CCS Project”对话框（2）

新建完成后，工程中会包含一个 tm4c1294ncpdt_startup_ccs.c 文件以及 tm4c1294ncpdt. cmd 文件。tm4c1294ncpdt_startup_ccs.c 文件中主要定义了中断向量表，以及一些默认中断的声明，如错误中断、复位中断等。在工程中要用到中断时，需要在中断向量表中注册对应中断，并声明中断服务程序。例如，要用到 SysTick 中断，SysTick 中断的中断编号是 15，需要在对应地方将 IntDefaultHandler 修改为 SysTickIntHandler，如图 3-13 所示，并声明中断服务程序 extern void SysTickIntHandler（void）。tm4c1294ncpdt. cmd 文件主要用于分配 Flash 和 SRAM 空间，并告诉链接程序怎样计算地址和分配空间，分为 MEMORY 和 SECTIONS 两部分。MEMORY 定义了 Flash 和 SRAM 的起始位置和长度，SECTIONS 定义了段的归属，如数据段，堆栈段定义在 SRAM 中。

4）对 CCS 操作路径进行设置。

选择新建的工程，选择“Project”→“Properties”命令（也可右击，然后在右键快捷菜单中选择相关命令），进入“Properties for test”对话框，如图 3-14 所示。

- 首先单击“General”并在“General”选项卡中查看之前创建工程时的设置是否正确，

```
#pragma DATA_SECTION(g_pfnVectors, ".intvecs")
void (* const g_pfnVectors[])(void) =
{
    (void (*)(void))((uint32_t)&__STACK_TOP),
                                            // The initial stack pointer
    ResetISR,                               // The reset handler
    NmiSR,                                  // The NMI handler
    FaultISR,                               // The hard fault handler
    IntDefaultHandler,                      // The MPU fault handler
    IntDefaultHandler,                      // The bus fault handler
    IntDefaultHandler,                      // The usage fault handler
    0,                                      // Reserved
    0,                                      // Reserved
    0,                                      // Reserved
    0,                                      // Reserved
    IntDefaultHandler,                      // SVCall handler
    IntDefaultHandler,                      // Debug monitor handler
    0,                                      // Reserved
    IntDefaultHandler,                      // The PendSV handler
    SysTickIntHandler,                      // The SysTick handler
    IntDefaultHandler,                      // GPIO Port A
    IntDefaultHandler,                      // GPIO Port B
```

图 3-13　中断向量表中注册中断

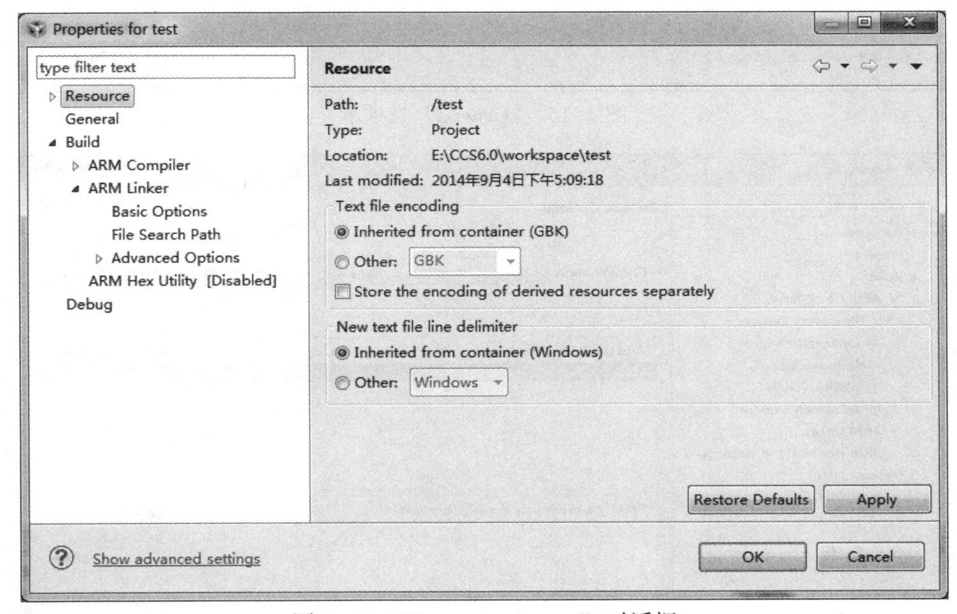

图 3-14　“Properties for test”对话框

如图 3-15 所示。

- 选择“Build”→“ARM Compiler”→“Include Options”，如图 3-16 所示。
- 单击添加路径，选择“File system”，找到 TivaWare 文件夹，如“D:\Program Files\ti\TivaWare_C_Series-2.1.0.12573”，如图 3-17 所示。具体路径需根据安装路径设置，如果工程中要用到的文件在其他文件，则还需要将使用到的文件夹添加进来。
- 有些库文件需要预先定义 CPU 型号才能正常调用（如常用的 pin_map.h、rom.h 等）。因此，在有需要时，要为工程添加预定义。选择“Advanced Options”→“Predefined Symbols”，单击“添加”按钮，添加 CPU 型号等信息，如图 3-18 所示。
- 选择“Build”→“ARM Linker”→“File Search Path”添加 lib 文件，如图 3-19 所

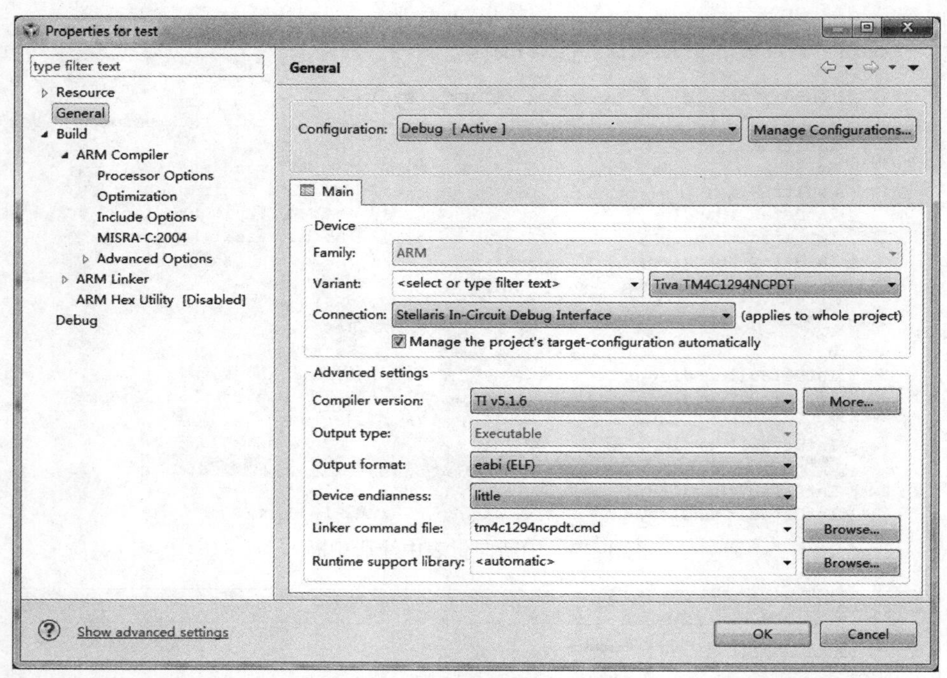

图 3-15 “General” 选项卡

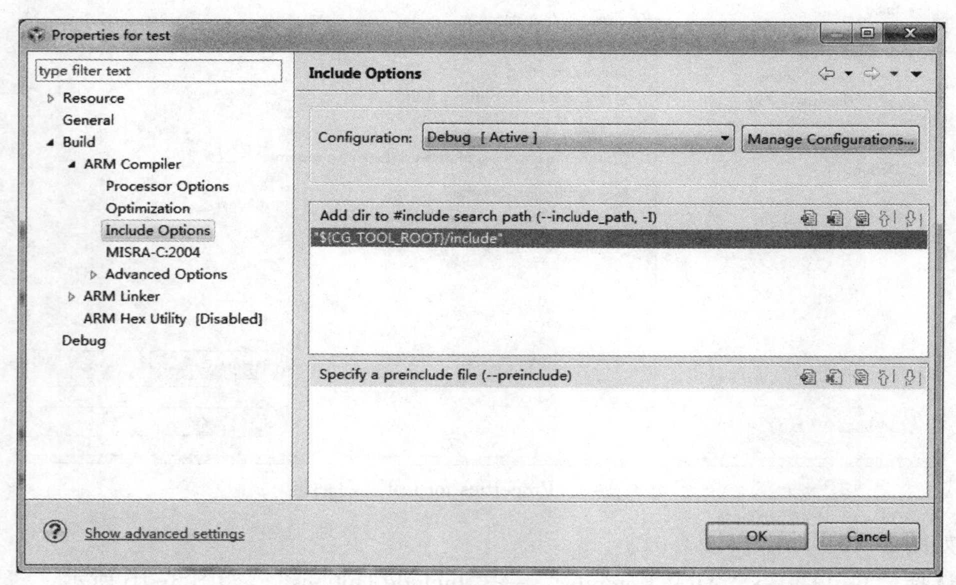

图 3-16 “Include Options” 选项卡

示。在通常情况下，常用到的 driverlib. lib 的文件路径为“D：\Program Files\ti\TivaWare_C_Series-2.1.0.12573\driverlib\ccs\Debug\driverlib. lib”，如果用到了其他库函数，如 IQmathLib 下的函数，需要找到 IQmathLib. lib 并添加进工程。具体文件位置根据安装路径来选择。

5）在“main. c”中编写如下程序，该程序为简单的 GPIO 口初始化，实验结果为点亮 D1~D4。

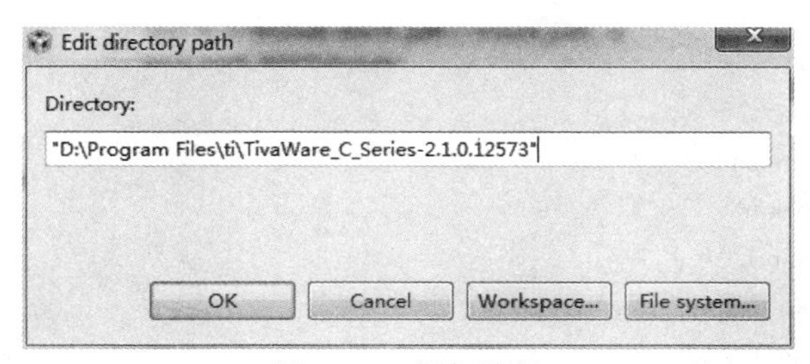

图 3-17 添加路径

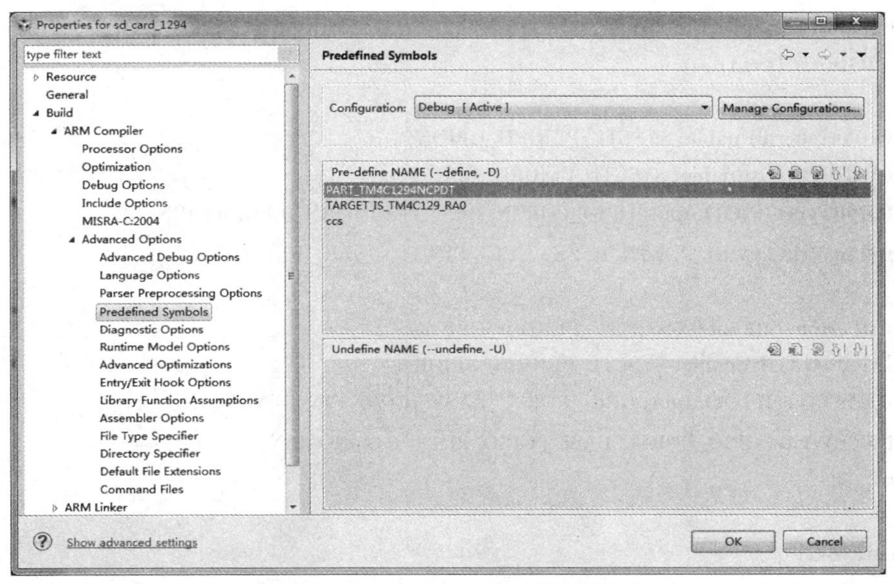

图 3-18 “Predefined Symbols”选项卡

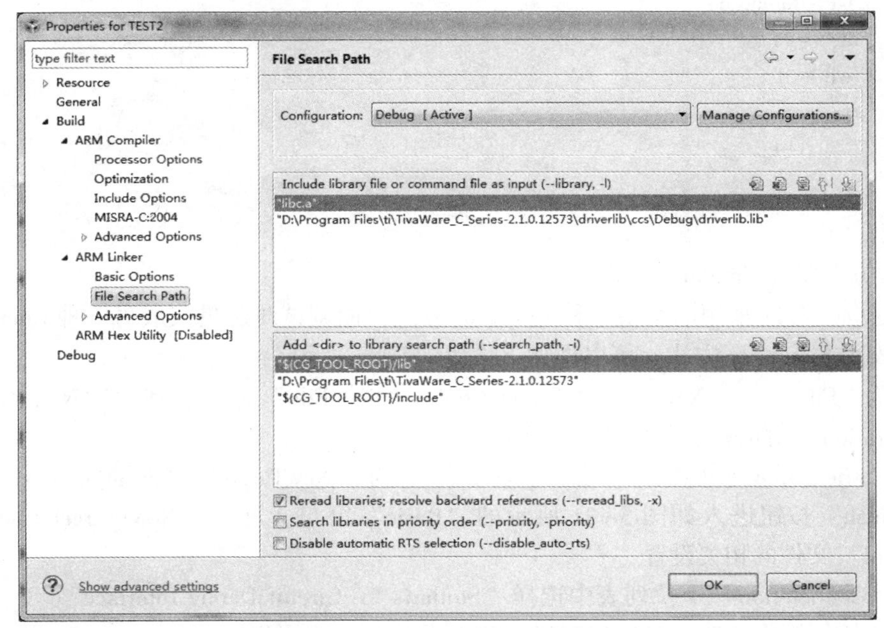

图 3-19 “File Search Path”选项卡

```
#include<stdint.h>
#include<stdbool.h>
#include "inc/hw_memmap.h"
#include "inc/hw_types.h"
#include "driverlib/gpio.h"
#include "driverlib/pin_map.h"
#include "driverlib/rom.h"
#include "driverlib/rom_map.h"
#include "driverlib/sysctl.h"
voidGPIOInitial(void)
{
  SysCtlPeripheralEnable(SYSCTL_PERIPH_GPION);
  SysCtlGPIOAHBEnable(SYSCTL_PERIPH_GPION);//
  GPIOPinTypeGPIOOutput(GPIO_PORTN_BASE, GPIO_PIN_0 | GPIO_PIN_1);
  GPIOPinWrite(GPIO_PORTN_BASE, GPIO_PIN_0 | GPIO_PIN_1, 0xFF);

  SysCtlPeripheralEnable(SYSCTL_PERIPH_GPIOF);
  SysCtlGPIOAHBEnable(SYSCTL_PERIPH_GPIOF);//
  GPIOPinTypeGPIOOutput(GPIO_PORTF_BASE, GPIO_PIN_0 | GPIO_PIN_4);
  GPIOPinWrite(GPIO_PORTF_BASE, GPIO_PIN_0 | GPIO_PIN_4, 0xFF);

}
int main(void) {

        GPIOInitial();
        int i=1;
        while(1)
        {
            i++;
        }
}
```

6）软仿真器（Simulator）的设置。

如果建立工程时采用的是某一种 Emulator 方式，而调试时想更改成另一种 Emulator 仿真器，或者改用 Simulator 方式，可以做如下设置。

- 选择“File”→“New”→“Target Configuration File”命令，弹出“New Target Configuration”对话框，如图 3-20 所示。
- 在“File name”文本框中输入名称，默认为“NewTargetConfiguration. ccxml”，单击“Finish”按钮进入如图 3-21 所示的“Basic”窗口，进行“New Target Configuration. ccxml”文件的相关设置。
- 在“Connetction”下拉列表中选择“Stellaris In-Circuit Debug Interface”。
- 在列表中选择“TivaTM4C1294NCPDT”复选框；也可以在“Board or Device”文本框

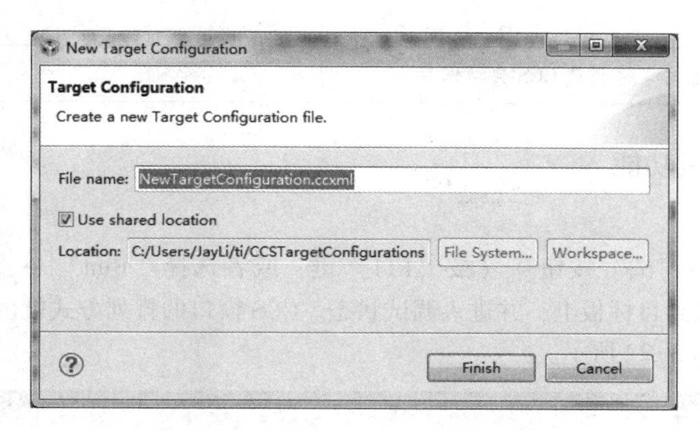

图 3-20　新建 Target Configuration 文件

中输入“1294”以方便搜索和查找。

● 最后单击右边的“Save”按钮保存设置。

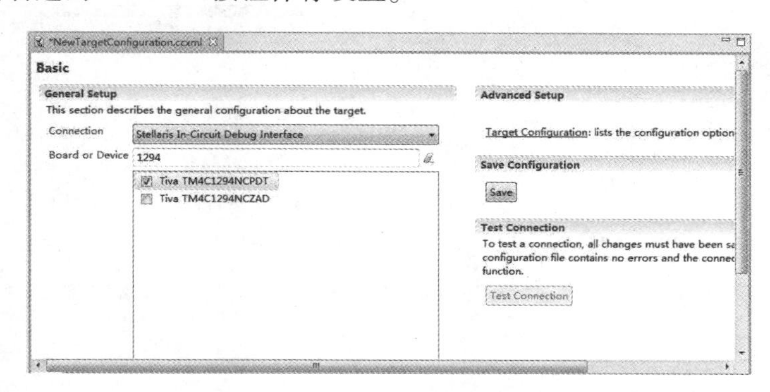

图 3-21　设置 Target Configuration 文件

3.1.5　建立工程

在 CCSv6 中，可以采用以下几种方法建立工程。

● 单击工具栏中的“新建工程”按钮。

● 右击工程名，在弹出的快捷菜单中选择“Build Project”。

● 选择“Project”→“Build All”，就可以建立（包括编译、链接）工程。

在编译过程中可在“Console”提示窗中查看编译信息，在“Problems”窗口查看错误（Errors）和警告（Warnings）的统计数和详情。

有时候代码没有任何问题，而 CCS 在编译的时候还是报错。建议可以尝试清理工程：右击工程文件，在弹出的快捷菜单中选择“Clean Project”，然后再重新编译。

尝试编辑修改工程中的文件，人为地在源程序中加一个错误：例如，打开“main. c”，找到 main( )主函数，随便将任一语句的分号去掉，这样程序中就出现了一个语法错误。

重新编译链接工程，可以发现编译信息窗口出现错误提示。双击红色错误提示，CCS 自动转到程序中出错的地方。将语句修改正确（将语句末尾的分号加上），重新编译，错误就消失了。

📖 重新编译时修改过的文件会被 CCS 自动保存。

3.1.6 基本调试功能

1. 下载程序

单击工具栏“调试”按钮 (按〈F11〉键，或者选择“Run”→“Debug”命令)，CCS 会把程序下载到目标板上，并进入调试状态。CCS 窗口的排列方式就由编辑模式自动变为调试模式，如图 3-22 所示。

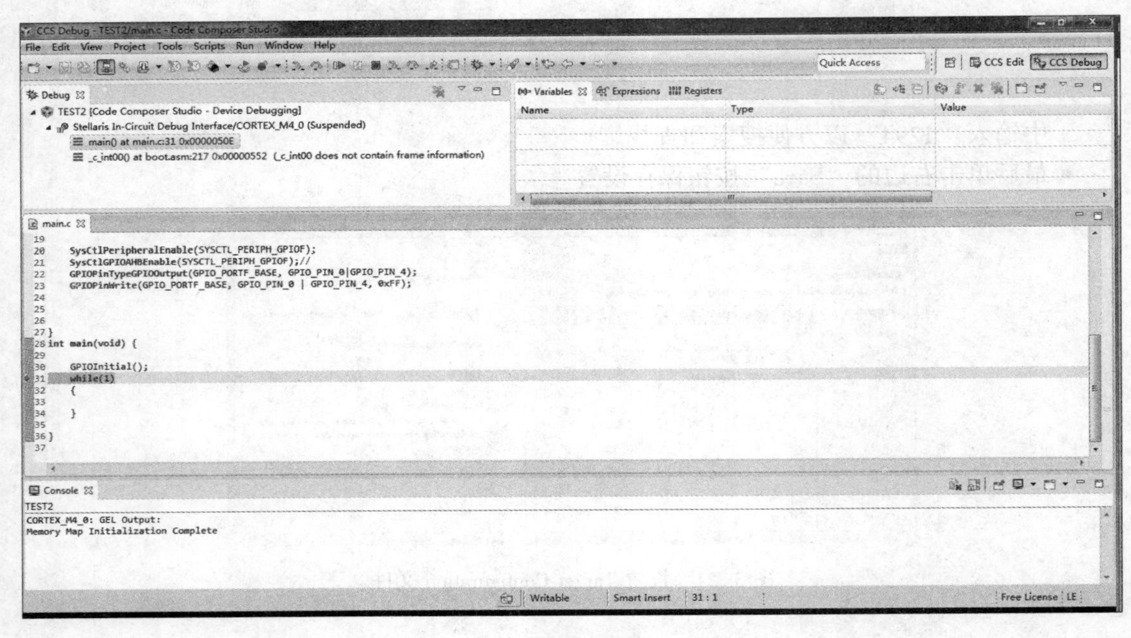

图 3-22　CCS 的调试模式界面

如果要结束调试状态，可以单击工具栏的“结束”按钮 (按〈Ctrl+F2〉键，或者选择“Run”→“Terminate”命令)，CCS 就会回到编辑状态。CCS 窗口的排列方式也会变回编辑模式。

如果不改变 CCS 状态，只改变窗口排列模式，可以单击主界面工具栏中的“CCS Edit”按钮或者“CCS Debug”按钮，CCS 窗口会排列成相应模式。

2. 设置软件调试断点

如图 3-23 所示，单击“main. c”标签激活该文件，移动光标到 20 行和 32 行左边的灰色控制条上双击，就能在这两行增加一个断点；或者右击要设置断点的行，在弹出的快捷菜单中选择“Breakpoint (Code Composer Studio)”→“Breakpoint”来添加断点。

也可以双击灰色控制条来删除断点标记。

3. 利用断点调试程序

调试过程中，会用到菜单“Run”中的一些常用调试控制功能，这些功能在工具栏都有相应的图标按钮，也有相应的键盘快捷键，以便使用。

```
main.c
19
20      SysCtlPeripheralEnable(SYSCTL_PERIPH_GPIOF);
21      SysCtlGPIOAHBEnable(SYSCTL_PERIPH_GPIOF);//
22      GPIOPinTypeGPIOOutput(GPIO_PORTF_BASE, GPIO_PIN_0|GPIO_PIN_4);
23      GPIOPinWrite(GPIO_PORTF_BASE, GPIO_PIN_0 | GPIO_PIN_4, 0xFF);
24
25
26
27 }
28 int main(void) {
29
30      GPIOInitial();
31      int i=1;
32      while(1)
33      {
34          i++;
35      }
36
37 }
38
```

图 3-23　设置调试断点

- Resume〈F8〉：全速运行程序，直至遇到断点才停止。
- Suspend〈Alt+F8〉：暂停运行程序。
- Terminate〈Ctrl+F2〉：CCS 退出调试状态，回到编辑状态。
- Step into〈F5〉：单步运行程序，如遇到子函数，将进入子函数单步运行。
- Step over〈F6〉：单步运行程序，如遇到子函数，将直接运行至子函数返回，而不进入子函数。
- Assembly Step into〈Ctrl+Shift+F5〉：单步运行汇编程序（如果源程序是 C 程序，则单步运行其编译后得到的汇编代码）。如遇到子函数，将进入子函数单步运行其中的每条汇编程序。
- Assembly Step over〈Ctrl+Shift+F6〉：单步运行汇编程序（如果源程序是 C 程序，则单步运行其编译后得到的汇编代码）。如遇到子函数，将直接运行至子函数返回，而不进入子函数。

为了能看到程序的断点，可以先将图 3-23 中 23 行中的“0xFF”改为“0x00”，来熄灭 D3～D4，然后进行断点实验。

3.1.7　使用观察窗口

1）选择“View”→“Variables”命令，打开观察窗口（默认状态是处于打开状态）。

2）在观察窗口中可以看到变量 i 的值。如图 3-24 所示，每运行一次，i 的值就会加 1。在源程序窗口中，右击任何变量，在弹出的快捷菜单中选择“Add Watch Expression”命令，就可以添加该变量到观察窗口。

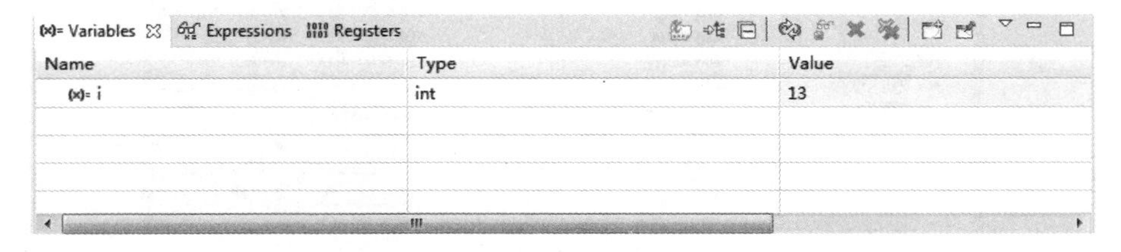

图 3-24　观察窗口

3）在观察窗口中双击变量，则可以在这个窗口中改变变量的值。

4）选择“View”→“Expressions”命令，观察 str 结构变量，可以展开结构变量，显示结构变量的每个元素的值。

5）在观察窗口中单击“Registers”可以看到使用到的寄存器状态。

3.1.8 CCS 的其他基本操作

1. 向工程中添加新文件

选择“File”→“New”→“Source File”命令，弹出如图 3-25 所示的对话框，输入文件名，可以向工程中添加源文件。

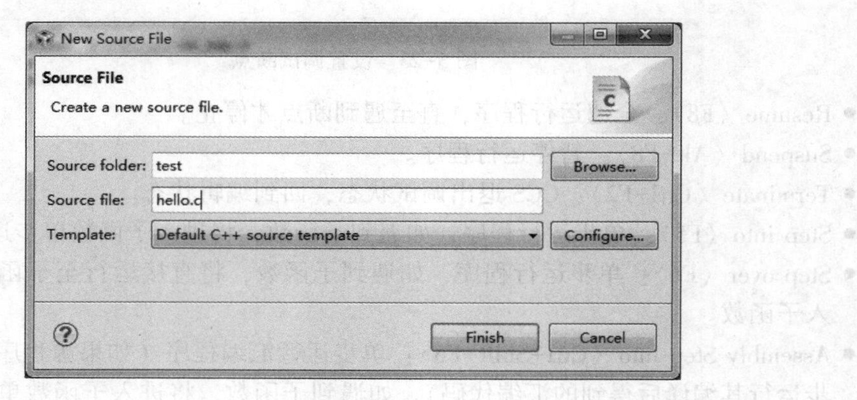

图 3-25　向工程中添加新文件

2. 向工程中添加已有文件

选择“Project”→“Add Files”命令，或是右击工程名，在弹出的快捷菜单中选择“Add Files”，可以向工程中添加已有文件。这时会弹出“Add files to test”对话框用于选择已有的文件，如图 3-26 示，选择完文件后可以选择是复制一份到工程文件夹下或者只是产生一个链接到源文件，如图 3-27 所示。

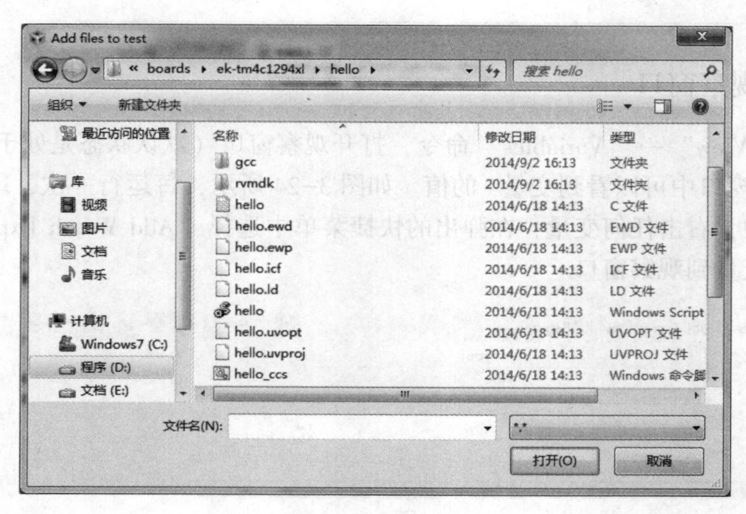

图 3-26　添加文件对话框

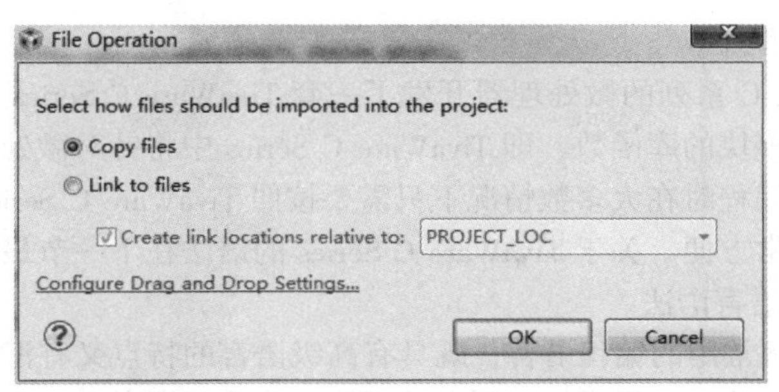

图 3-27　选择是复制还是链接到源文件

3. 导入已有 CCS 工程

如果想打开一个已存在的 CCSv6 工程，有以下 12 种方法。

- 选择“Project”→“Import CCS Project”命令。
- 选择“File”→“Import”命令，在弹出的窗口中选择“General”→“Existing Projects into Workspace”，单击“Next”按钮。
- 右击工程浏览器（Project Explorer）窗口中空白处，在弹出的快捷菜单中选择“Import”，在弹出的窗口中选择“CCS Project”。

以上几种方法均可打开如图 3-28 所示的对话框，单击“Select search-directory:”右边的“Browse”按钮，选择存储已有工程的上一层目录。可在“Discovered projects:”列表中看到该目录下所有的工程，选择要导入的工程，单击“Finish”按钮就把该工程导入到 CCS 的工作空间里了。

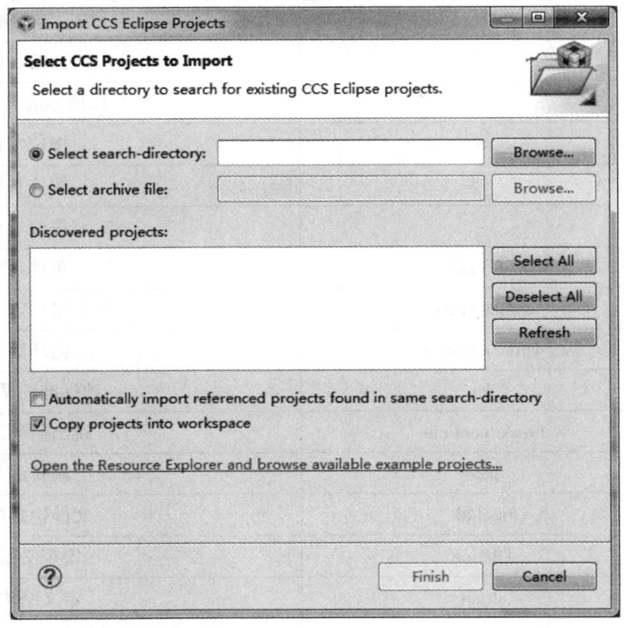

图 3-28　“Import CCS Eclipse Projects”对话框

3.1.9　CCS 编程简介

CCS 本身是一个集成开发平台，集成了性能优异的 C 语言编译器，因此在开发时可以使用 C 语言编写应用程序。

由于 TI 针对 Tiva C 系列的微处理器开发了一套 TivaWare C Series 的扩展软件，相当于提供了针对不同应用模块的库函数，即 TivaWare C Series 中将针对微处理器的应用程序封装成了函数。因此实际编程时在大多数情况下只需要按照 TivaWare C Series 规定的语法格式进行函数调用即可，非常方便。关于 TivaWare C Series 的语法在下一节最后详细说明，以下简单介绍一下基本的 C 语言语法。

C 语言是一种非常常用的编程语言，既具有高级语言的特点又有汇编语言的特点，因此非常适合于嵌入式系统应用的开发。C 语言的语法非常多，具体学习请参考 C 语言的教材。CCS 的 C 语言编译器支持通用的 C 语言。表 3-1 列出了 C 语言常用语法，包括变量定义、运算符、控制语句和预处理语句等。

表 3-1　C 语言常用语法

<table>
<tr><td rowspan="4">变量定义</td><td>char</td><td>字符型，1 个字节</td></tr>
<tr><td>int</td><td>整型，2 个字节</td></tr>
<tr><td>long</td><td>长整型，4 个字节</td></tr>
<tr><td>unsigned char/int/long</td><td>无符号字符型/整型/长整型，只能是正数</td></tr>
<tr><td rowspan="10">运算符</td><td>+，-，*，/</td><td>加，减，乘，除</td></tr>
<tr><td>%</td><td>取模</td></tr>
<tr><td>==，!=，>，>=，<，<=</td><td>等于，不等于，大于，大于等于，小于，小于等于</td></tr>
<tr><td>&&，||</td><td>与，或</td></tr>
<tr><td>&</td><td>按位与（AND）</td></tr>
<tr><td>|</td><td>按位或（OR）</td></tr>
<tr><td>^</td><td>按位异或（XOR）</td></tr>
<tr><td><<</td><td>按位左移</td></tr>
<tr><td>>></td><td>按位右移</td></tr>
<tr><td>~</td><td>按位求反</td></tr>
<tr><td rowspan="6">控制语句</td><td>if-else</td><td>条件判断</td></tr>
<tr><td>switch-case</td><td>多路判定语句</td></tr>
<tr><td>while/do while</td><td>循环语句</td></tr>
<tr><td>for</td><td>一种标准的循环语句</td></tr>
<tr><td>break/continue</td><td>跳出循环语句</td></tr>
<tr><td>goto</td><td>跳转语句</td></tr>
<tr><td rowspan="2">预处理语句</td><td>#include</td><td>文件包含指令</td></tr>
<tr><td>#define</td><td>宏定义指令</td></tr>
<tr><td rowspan="4">其他语句</td><td>struct</td><td>定义结构体</td></tr>
<tr><td>typedef a b</td><td>将 b 定义为与 a 具有同等意义的名字</td></tr>
<tr><td>a[ ]</td><td>a 数组</td></tr>
<tr><td>* a</td><td>指向 a 的指针</td></tr>
</table>

3.2　TivaWare 软件

TivaWare 软件，即 Tiva Software，是针对 Tiva 系列微处理器的一套扩展软件。该软件实质上是一个程序库，可以将微处理器所执行的常用基础操作指令模块化和函数化，免去了开发过程中可能会出现的冗长代码以及大量烦琐的工作，减少了出错的概率，从而能够大大加快 Tiva 系列微处理器的开发进程。

3.2.1　TivaWare 功能及特点

TivaWare 主要具有如下特点。

1）免费许可证和免版税使用权。

2）可以简化应用程序的开发并使得代码易于维护。

3）所有程序都是使用 C 语言编写的（完全不可能的环境除外）。由于 Cortex-M4 采用的 Thumb2 指令集非常紧凑，即使使用 C 语言编写，也使得程序在内存和 CPU 的使用方面效率较高。

4）既可以用作目标库文件（Object Library），又可以用作源文件（Source Code），使用起来非常灵活。

5）有错误检查代码功能，不需要时可以移除从而减小内存。

6）可以在 ARM/Keil、IAR、Code Red、CodeSourcery 以及通用 GNU 开发工具上编译。

3.2.2　TivaWare 主要模块介绍

TivaWare 主要包括外设驱动库、图形库、USB 库和代码示例等，如图 3-29 所示。

1. 外设驱动库

外设驱动库主要用于与微处理器连接的外设，包括外设初始化及外设控制函数。虽然从严格意义上说外设驱动库并不是驱动程序（没有一个公用的接口），但是确实使外设能更加方便而简洁地被使用。

外设驱动库包括 driverlib 和 inc 两个文件夹。driverlib 包括了驱动函数库的源文件和头文件，inc 包括了直接寄存器访问模式的一些头文件及宏定义等。

TivaWare 的外设驱动库提供了两种访问模式，即直接寄存器访问（Direct Register Access Model）以及软件驱动模式（Software Driver Model）。分别对应着上面提到的 inc 以及 driverlib 文件夹下的内容。

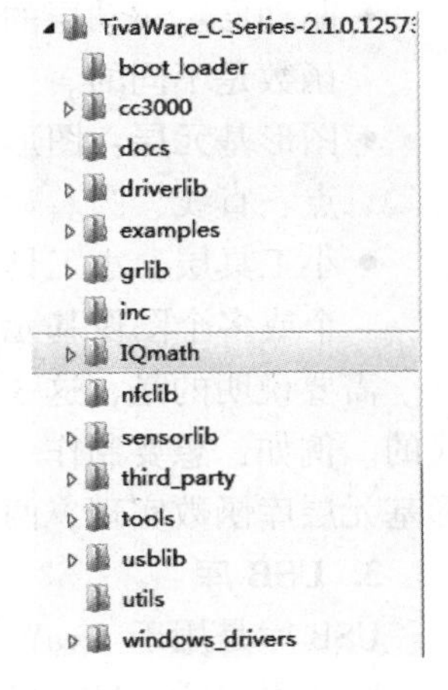

图 3-29　TivaWare 文件夹下包含的内容

（1）直接寄存器访问模式

直接寄存器访问模式是直接对外设相对应的寄存器进行操作。这种模式的好处是代码量更少且更高效，但是需要对外设具体的寄存器及其相应位的功能非常熟悉和了解才能很好地使用。inc 文件夹下的头文件中定义了一些宏，编写的程序中包含头文件后，可以使用这些宏进行寄存器操作，从而显得更加方便和直观。

例如，采用直接寄存器访问模式操作外设 SSI0 模块的 CR0 寄存器的语句如下。

```
SSI0_CR0_R =((5 << SSI_CR0_SCR_S) | SSI_CR0_SPH | SSI_CR0_SPO |
SSI_CR0_FRF_MOTO | SSI_CR0_DSS_8);
```

其中，SSI0_CR0_R 是对 SSI0 模块 CR0 寄存器的访问，后面的表达式是对该寄存器的具体位的具体操作，具体值都是由宏进行定义的。

（2）软件驱动模式

软件驱动模式就是通过调用 driverlib 中的 API 函数来控制外设。由于 TivaWare 提供了整套的外设控制操作对应的函数，所以所有有关外设的控制操作都可以调用 API 函数完成，而完全不必在直接寄存器访问模式下进行操作。与直接寄存器访问模式相反，调用 API 函数的优点是使用比较方便，缺点是代码效率较低。

例如，采用软件驱动模式配置外设 SSI0 模块传输模式的语句如下。

```
SSIConfigSetExpClk(SSI0_BASE, 50000000, SSI_FRF_MOTO_MODE_3,
SSI_MODE_MASTER, 1000000, 8);
```

该语句是配置 SSI0 模块传输模式的语句，仅仅通过一个语句就完成了对 SSI0 模块传输模式的配置，省去了很多有关 SSI 协议的底层操作。此外，相比于直接寄存器访问模式，软件驱动模式不必纠结于寄存器的每一位操作，可以说是更上层的操作。

2. 图形库

TivaWare 的图形库提供了一套图形基元（如画一个圆的函数）和小工具集，用于在具有图形显示功能的电路板上创建用户图形界面。

图形库包括 grlib 和 inc 两个文件夹，grlib 包括了驱动函数库的源文件和头文件。

图形库的库函数分为以下 3 个层。

- 驱动层：驱动层的库函数需要跟显示器一起提供，因为对于不同的显示器来说，驱动函数是不同的。
- 图形基元层：图形基元层的库函数提供了在显示器上绘制一些基本图形的能力，如点、直线、圆。
- 小工具层：小工具层的库函数提供了复选框、按钮、单选按钮、滑块、列表框以及一个或多个图像基元的通用封装，并且可以通过程序定义好的响应与用户进行交互。

需要说明的是，这 3 个层的库函数之间并不是相互独立、相互排斥的，而是可以相互替代的。例如，想要制作一个图形界面可以通过调用小工具层库函数完成，也可以通过调用图形基元层库函数实现，两种方法只是实现这一功能的途径不同而已。

3. USB 库

USB 库是用于 TivaWare 系列开发板上 USB 应用的一套数据结构及函数。

USB 库包括 usblib 和 inc 两个文件夹，其中 usblib 包括了驱动函数库的源文件和头文件。

USB 库所涉及的应用包括主、从、OTG 三种模式。与 USB 库相关的函数及其头文件大致可分为以下 4 类。

- 主/从应用程序的通用函数。包括解析 USB 描述符以及设置操作模式等。
- 限定于从应用的函数。例如，响应标准描述符（descriptor）请求以及与主机连接的通信等。

- 限定于主应用的函数。例如，从机检测、枚举以及端点管理等。
- 限定于一些常用的 USB 类的特殊函数以及数据结构。

📖 与图形库的 3 个层之间的关系不同，以上 4 种函数是相互独立的，分别执行着不同的功能，一般是不能替代的。

---

4. 代码示例

代码示例位于 examples 文件夹，包含多种评估板的多种样例工程，用户可以参考。

以上 3 个库和代码示例是 TivaWare 中主要使用的 4 个模块。此外，还有数学运算库、启动加载程序库（boot_loader）等就不详细介绍了。总之，TivaWare 的库函数是一套内容丰富、功能全面的扩展程序体系，可以使应用开发变得很简洁，在很大程度上为用户提供帮助。

3.3　思考与练习

1. 简述新建一个 CCS 工程要进行的配置。
2. 要使用一个中断，该如何设置 startup_ccs. c 文件？
3. 如何单步调试，如何观察一个变量值？
4. 比较直接寄存器操作和调用库函数操作的优缺点。

第 4 章　TM4C1294 微处理器内部存储器和外部扩展接口

TM4C1294 微处理器拥有丰富的片内存储，256 KB 位带 SRAM，内部 ROM，1024 KB 的 Flash 以及 6 KB 的 EEPROM。其中 Flash 存储器被配置为 4 个双向交错式的 16 K×128 位区（一共 4×256 KB）。存储区能被标记为只读（Read-only）或只执行（Execute-only），提供了不同级别的代码保护功能。TM4C1294 微处理器采用了两套预取缓冲器，来提高性能并更加省电。每个预取缓冲器为 2×256 位，并且能合并成一个 4×256 位的预取缓冲器。EEPROM 模块提供了一个明确的寄存器接口，支持对 EEPROM 随机存取形式的读、写以及滚动或顺序访问模式。

4.1　TM4C1294 片内存储器功能框图

TM4C1294 内部存储和控制结构如图 4-1 所示，图中虚线框内部分表示系统控制模块中的寄存器位置。

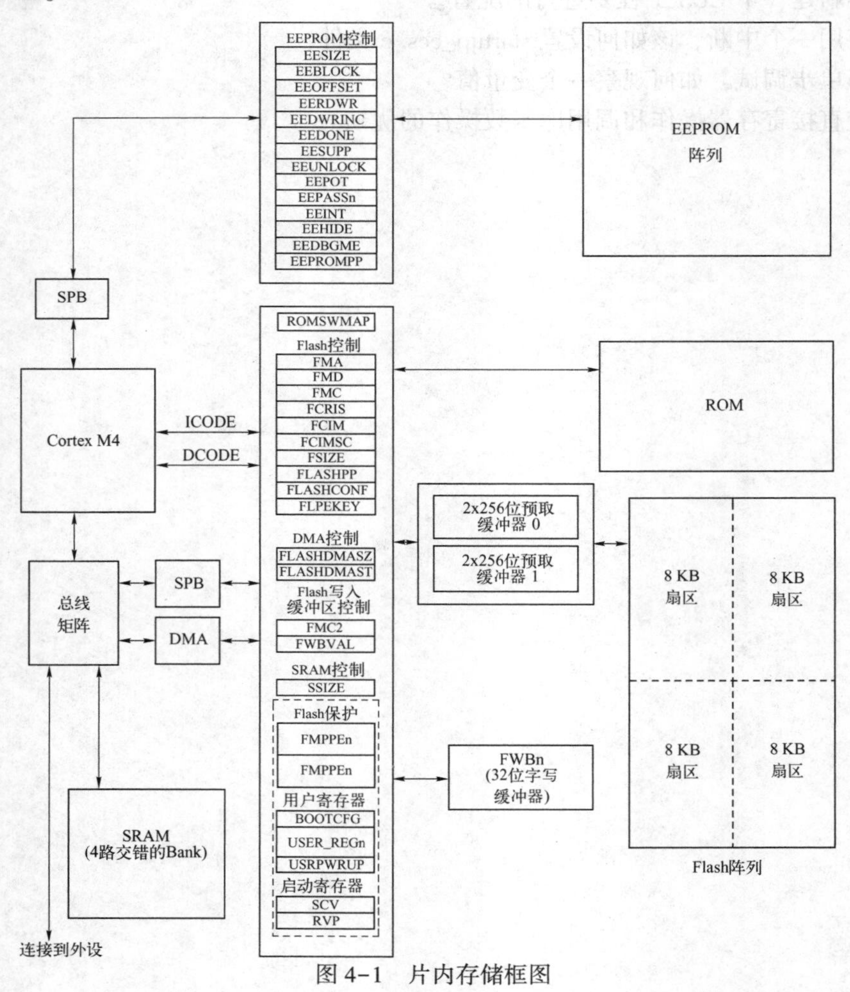

图 4-1　片内存储框图

4.2　TM4C1294 片内存储器功能描述

本节介绍 SRAM、ROM、Flash 以及 EEPROM 储存器的功能。

4.2.1　SRAM

Tiva™ C 系列器件的内部 SRAM 开始于器件内存地址 0x2000.0000 处。为减少消耗时间的读-修改-写（RMW）操作次数，ARM 在微处理器中提供了位带（bit-banding）技术。位带区映射在位带别名区中的每个字到位带区中的单个位。位带区占用 SRAM 和外设内存区中的最少 1 MB 空间。32 MB 的 SRAM 别名区的访问映射到 SRAM 中 1 MB 的位带区，如表 4-1所示；访问 32 MB 的外设别名区映射到 1 MB 外设位带区，如表 4-2 所示。SRAM 别名区和 SRAM 位带区映射的关系如图 4-2 所示。

表 4-1　SRAM 位带区

地址范围		存储器区域	指令和数据访问
开始	结束		
0x2000.0000	0x2006.FFFF	SRAM 位带区	对这个存储器范围的直接访问行为如同对外设存储器的访问。但是该区域也可以通过位带别名进行位寻址
0x2200.0000	0x2234.FFFF	SRAM 位带别名区	对这个区域的数据访问被重新映射到位带区。一个写操作被执行为读-修改-写。指令访问没有重新定义

表 4-2　外设位带区

地址范围		存储器区域	指令和数据访问
开始	结束		
0x4000.0000	0x400F.FFFF	外设位带区	对这个存储器范围的直接访问行为如同对外设存储器的访问。但是该区域也可以通过位带别名进行位寻址
0x4200.0000	0x43FF.FFFF	外设位带别名区	对这个区域的数据访问被重新映射到位带区。一个写操作被执行为读-修改-写。指令访问没有重新定义

对在 SRAM 或外设别名区中的一个字的访问映射到 SRAM 或外设位带区中的一个位。对位带区的一个字访问结果是对相应内存的一个字访问，类似半字或字节访问。这样就与相应外设的访问要求相符合。使用位带操作可以把代码缩小，速度更快、效率更高、更安全。一般操作需要 6 条指令，而使用位带别名区只需要 4 条指令。一般操作是读-修改-写的方式，而位带别名区是写操作，防止中断对读-修改-写的方式的影响。在支持位带操作的微处理器中，内存映射的某一区域（SRAM 以及外设空间）能使用地址别名在单个原子操作来访问各个位。位带的基地址位于 0x2200.0000 处，其别名计算公式如式（4-1）所示。

$$位带别名=位带基地址+(字节偏移量\times32)+(位编号\times4) \tag{4-1}$$

例如，如果要修改 SRAM 地址 0x2000.1000 的第 3 位，则位带别名计算如下：

0x2200.0000+(0x1000×32)+(3×4)=0x2202.000C

因此，当需要读/写 0x2000.1000 的第 3 位时，只需要对相应的位带别名地址 0x2202.000C 执行读/写操作指令即可。

当向位带地址别名区的某个字的最低位写入“0”或“1”时，将使位带区对应的位置

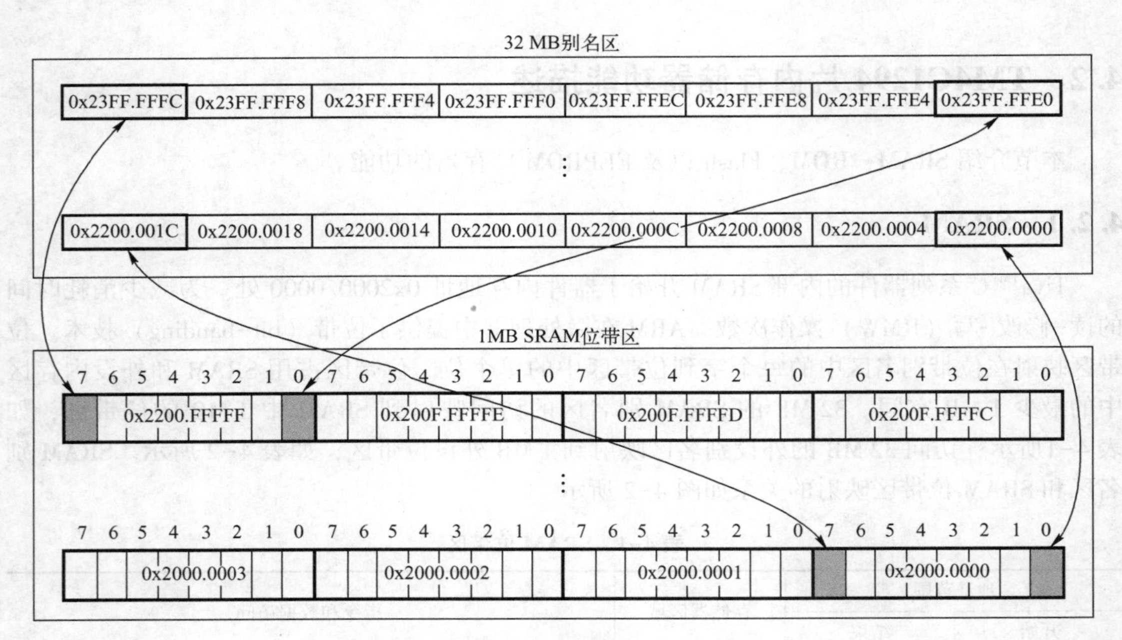

图 4-2　SRAM 别名区与位带区的映射关系

为“0”或“1”；当读取位带地址别名区的某个字时，读取结果的最低位将代表位带区对应位的值。也就是说，需要将位带区的某个位置“1”，对应别名区中的字写 0xFF 和 0x01 都可以。

📖 1. SRAM 是使用 4 路 32 位宽的交错的 SRAM 存储区（独立的 SRAM 阵列）来实现的，加速了存储器访问。采用交叉存取后，在连续的时钟周期内，可以无任何延时地向一个区写数据，随后从另一个区读数据。不过对同一区，一个写操作后，紧跟一个读操作需要有一个时钟周期的延时。

2. SRAM 的内存布局允许多个控制器同时访问不同的 SRAM 区。当两个控制器尝试访问同一个 SRAM 区时，高优先级的控制器先获取内存总线进行访问，低优先级的则进入一个等待状态。如果 4 个控制器同时访问相同 SRAM 区时，最低优先级的控制器将延迟 3 个等待状态。CPU 内核总是拥有访问 SRAM 的最高优先级。

4.2.2　ROM

Tiva™ C 系列器件的内部 ROM 开始于器件内存地址 0x0100.0000 处。ROM 中详细的信息请参考“Tiva C Series TM4C129x ROM User’s Guide”。

ROM 包含以下几部分。

- TivaWare™ Boot Loader 以及向量表。
- TivaWare 为特定产品的外设和接口而发行的外设驱动库（DriverLib）。
- 高级加密标准（AES）的密码表。
- 循环冗余校验（CRC）检错功能。

引导装载程序（Boot Loader）可用作无 Flash 程序时的初始化程序，也可以作为一种应用——初始的固件升级机制（通过回调 Boot Loader）。应用程序调用 ROM 中的外设驱动库

API，能减少 Flash 的内存需求，让 Flash 用作其他用途（如作为程序中的附加装置）。AES 是美国政府采用的公开定义的加密标准。CRC 用于校验数据块的内容是否和先前一样，确保数据在传输中没有丢失或改变。

1. 启动配置

在上电复位和初始化后，硬件根据应用程序在 Flash 中的位置和 BOOTCFG 寄存器中 EN 位的状态从 Flash 或 ROM 中加载堆栈指针。如果 Flash 地址（0x0000.0004）中的内容为 0xFFFF.FFFF 或 BOOTCFG 寄存器中的 EN 位为 0，堆栈指针和复位向量分别从 ROM 中的 0x0100.0000 和 0x0100.0004 中加载。Boot Loader 执行并配置可用的引导从属接口，并等待外部存储器加载它的软件。Boot Loader 采用简单的数据包接口与设备进行同步通信。Boot Loader 的速度由内部时钟（PIOSC）的频率决定。可以使用以下串口配置 Boot Loader。

- UART0。
- SSI0。
- I^2C0。
- USB。

如果 Flash 地址 0x0000.0004 中的数据为一个有效的复位向量值，并且 BOOTCFG 寄存器中的 EN 位置位，堆栈指针和复位向量将从 Flash 的起始处获取。当这个应用程序堆栈指针和复位向量加载完毕，处理器直接执行应用程序。否则这个堆栈指针和复位向量的值将从 ROM 起始处获取。

2. TivaWare 外设驱动库

TivaWare 外设驱动库包含一个名为"driverlib/rom.h"的文件，它协助调用 ROM 中的外设驱动库函数，有关每个函数的详细描述，具体请参阅"Tiva C Series TM4C129x ROM User's Guide"。有关调用 ROM 函数和使用"driverlib/rom.h"的详细信息，请参阅"TivaWare™ Peripheral Driver Library for C Series User's Guide"的"使用 ROM"章节。

在 ROM 空间起始处的表格指示了 ROM 提供的 API 的入口指针。通过这些表格访问 API 能保证可扩展性，因为 API 的位置可能会在将来的 ROM 版本中改变，而 API 表格不会变。表格被分为两级，主表格包含的每个指针对应一个外设，同时外设指向二级表格。二级表格包含的每个指针对应一个与外设相关的 API。主表格的位置在 0x0100.0010，恰好在 ROM 中的 Cortex-M4F 向量表后面。使用带 ROM 的函数，会直接跳转到 ROM 中去执行。如果不带 ROM，代码会在 Flash 中执行，功能一样。使用 ROM 库函数可以节省一些 Flash 空间。

增加的 API 可用于图像和 USB 功能，但不会预装载到 ROM。TivaWare 图像库提供了一系列基本的图像设置，并提供一个小组件，以在装有 Tiva™ C 系列微处理器且带图形显示的线路板上建立图形用户接口。有关详细信息，请参阅"TivaWare™ Graphics Library for C Series User's Guide"。TivaWare USB 库是一系列数据类型和函数，可以在装有 Tiva™ C 系列微处理器的线路板上创建 USB 设备、主机或 OTG 应用。有关详细信息，请参阅"TivaWare™ USB Library for C Series User's Guide"。

调用 ROM 中驱动函数的方法与调用 Tiva 驱动库函数的方法基本相同，区别仅在于多了前缀"ROM_"。

【例 4-1】设外设晶振为 25 MHz，使用 ROM 中的驱动函数设置系统时钟频率为 50 MHz，操作程序如下。

```
void main()
{
// 带有 ROM_前缀的函数会直接从 ROM 中调用
// 本函数配置时钟选用外部 25 MHz 晶振,从 480 MHz 的 PLL 分频到 50 MHz
// 返回参数 g_ui32SysClock 为配置好的时钟频率,50 MHz
    g_ui32SysClock = ROM_SysCtlClockFreqSet((SYSCTL_XTAL_25MHZ |
                                              SYSCTL_OSC_MAIN |
                                              SYSCTL_USE_PLL |
                                          SYSCTL_CFG_VCO_480), 50000000);
}
```

3. 高级加密标准（AES）密码表

AES 是一种强大的加密方法，拥有不错的性能。AES 通过硬件和软件实现都很快，非常容易使用，并且只需要很少的存储空间。AES 可理想地用于预先排列好密钥的应用，例如，在加工或配置过程中设置好。XySSL AES 使用的 4 个数据表都在 ROM 中提供。第一个是正向的 S-box 代换表，第二个是反向的 S-box 代换表，第三个是正向的多项式表，最后一个是反向的多项式表。有关 AES 的详细信息，请参阅“Tiva C Series TM4C129x ROM User's Guide”。

4. 循环冗余检验（CRC）错误检测

CRC 技术可用来确认信息的正确接收（在传送中没有丢失或改变）、确认解压后的数据、证实 Flash 存储器的内容没有更改，以及其他数据需要被确认的情况。CRC 优于简单的校验和（如异或所有的位），因为它更容易捕捉到变化。当设备初始化程序从 ROM 开始执行，CRC-32 用于校验传送到寄存器和内存中的数据。有关 CRC 的详细信息，请参阅“Tiva C Series TM4C129x ROM User's Guide”。

4.2.3 Flash Memory

如图 4-3 所示，Flash 存储被配置为 4 个双向交叉存取的 16 K×128 位的区（总共 4×256 KB）。

交叉存取内存一次同时预取 256 位。预取缓冲器允许 CPU 最高速度为 120 MHz，与在预取缓冲器中的线性码或循环保持一致。由于文字会引起 Flash 访问，需要一些等待周期，建议编译代码时使用开关设置，尽可能消除“文字”。大多数编译器支持转换文字为“内嵌的”代码，在存储子系统比 CPU 慢的系统中，能更快地执行。

由于存储器是双向交叉存取的，而且每一块都是独立的 8 KB 扇区，当用户使用 Flash 存储器控制寄存器（FMC）中的 ERASE 位擦除一个扇区的时候，实际上擦除了 16 KB。对一块储存区的擦除，将导致整块区域的内容都被擦除。

1. Flash 配置

根据 CPU 频率，应用程序需要配置用于系统 Flash 和 EEPROM 的时钟参数寄存器（MEMTIM0）中的 Flash 时钟高电平时间（FBCHT）、Flash 块时钟沿（FBCE）以及 Flash 等待周期（FWS），而且时钟参数寄存器在系统控制模块中的偏移地址为 0x0C0。表 4-3 详细给出了在对应 CPU 频率范围下所需要的位段值设置。

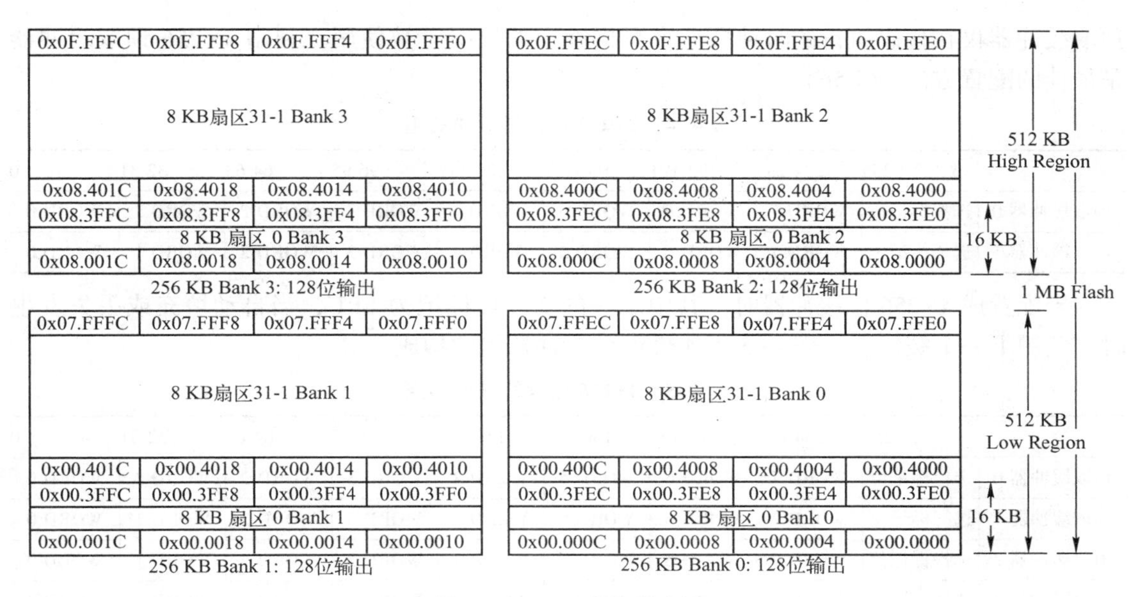

图 4-3　Flash 存储器配置

表 4-3　对应频率下 MEMTIM0 寄存器的配置

CPU 频率范围 f /MHz	时间段范围 t /ns	Flash 时钟高电平时间（FBCHT）	Flash 块时钟沿（FBCE）	Flash 等待周期（FWS）
16	62. 5	0x0	1	0x0
16 < f ≤ 40	62. 5 > t ≥ 25	0x2	0	0x1
40<f≤60	25 > t ≥ 16. 67	0x3	0	0x2
60< f ≤80	16. 67 > t ≥ 12. 5	0x4	0	0x3
80 < f ≤100	12. 5 > t ≥ 10	0x5	0	0x4
100< f ≤120	10 > t ≥ 8. 33	0x6	0	0x5

若要用新参数更新 MEMTIM0 寄存器中的数据，需要将系统控制模块偏移到 0x0B0 来运行，同时将睡眠配置寄存器（RSCLKCFG）中的 MEMTIMU 位置位。

📖 在 MEMTIM0 寄存器中，Flash 和 EEPROM 中相关联的区域需要设置为相同的值。例如，FWS 位段需要和 EWS 位段保持一致。

2. 预取缓冲器

CPU 从预取缓冲器中取指令不需要等待时间，操作频率与 CPU 主频一致，如果从 Flash 取指令，等待时间如表 4-3 所示。预取缓冲器可以单独作为一个 2×256 位的缓冲器也能联合为 4×256 位的缓冲器，取决于偏移地址为 0xFC8 的 Flash 配置寄存器（FLASHCONF）中的 SPFE 位。系统复位时，4 个缓冲器都是使能的。缓冲器用“最近使用”（LRU）方式填充。在 2×256 缓冲器配置下，需要一个选择标记位来保证两个缓冲器交替使用。表 4-4 描述了 2×256 位缓冲器组的构成，其中预取缓冲器 0 由 8 个 32 位字及一个选择位组成。2×256

预取缓冲器仅在代码执行的时钟周期是严格确定的情况下被使用。利用 4×256 预取缓冲器是最佳的配置方法。(P56)

表 4-4 2×256 位预取缓冲器组

	255	234 233	192 191	160 159	128 127	96 95	64 63	32 31	0
预取缓冲器 0	选择标记位	WORD 7	WORD 6	WORD 5	WORD 4	WORD 3	WORD 2	WORD 1	WORD 0
预取缓冲器 1	选择标记位	WORD 7	WORD 6	WORD 5	WORD 4	WORD 3	WORD 2	WORD 1	WORD 0

当配置成 4×256 位缓冲器时，其中之一的 256 位标记为 LRU，当自动填充或丢失发生时，使用下一个缓冲器。表 4-5 为 4×256 位缓冲器组的构成。

表 4-5 4×256 位预取缓冲器组

	255	234 233	192 191	160 159	128 127	96 95	64 63	32 31	0
预取缓冲器 0	选择标记位	WORD 7	WORD 6	WORD 5	WORD 4	WORD 3	WORD 2	WORD 1	WORD 0
预取缓冲器 1	选择标记位	WORD 7	WORD 6	WORD 5	WORD 4	WORD 3	WORD 2	WORD 1	WORD 0
预取缓冲器 2	选择标记位	WORD 7	WORD 6	WORD 5	WORD 4	WORD 3	WORD 2	WORD 1	WORD 0
预取缓冲器 3	选择标记位	WORD 7	WORD 6	WORD 5	WORD 4	WORD 3	WORD 2	WORD 1	WORD 0

预取缓冲器的选择标记位有一个关联的寄存器，该寄存器用于存储预取指令在 Flash 中的地址，以便能立即发现地址访问错误，并直接执行出错程序。每一个指令的存取都会对有效的标签进行校验，查看目标字是否已经在缓冲器中。

3. Flash 存储器保护

用户可以使用 32 位寄存器对 Flash 进行保护。FMPPEn 和 FMPREn 寄存器的各个位控制各种保护策略（每个块控制一种策略）。

- Flash 存储器保护编程启用（FMPPEn）。16 KB 的 Flash 块能单独被保护不被编程或擦除，FMPPE 中的每一位代表 2 KB 的 Flash。如果某个位被置位，那么就可以对相应的块进行编程（写入）或擦除。如果被清零，对应的块不能更改。
- Flash 存储器保护读取启用（FMPREn）。如果某个位被置位，那么软件或者调试器就可以对相应的块执行或读取。如果被清零，对应的块只能被执行，块的内容禁止被作为数据读取。FMPREn 可以被编程用于 2 KB 增量，与 FMPPEn 不同，只能被编程用于 16 KB 增量。如果一个应用程序需要对 16 KB 的块读保护，需要将[7:0]中的所有位均设置为 0。

Flash 存储器的各种保护策略可以进行组合，如表 4-6 所示。

表 4-6 Flash 存储器保护策略组合

FMPPEn	FMPREn	保护策略
0	0	保护模块只能被执行，不能被写入或擦除。这种模式用来保护代码
1	0	模块可以被写入、擦除或执行，不能被读取。这种组合很少使用
0	1	只读保护。模块可以被读取或执行，但不能写入或擦除。这种模式用来锁定模块，防止对其进行进一步的修改，但允许对其执行任意的读或访问
1	1	无保护。模块可以被写入、擦除、执行或读取

对 Flash 存储器的读取保护块（FMPREn 位被清零）进行读取访问是被禁止的，会产生一次总线故障。对 Flash 存储器的编程保护块（FMPPEn 位被清零）进行编程或擦除访问也是被禁止的。可以选择产生一个中断［将 Flash 控制器中断屏蔽（FCIM）寄存器中的 AMASK 位置位］，提醒软件开发者在开发和调试阶段注意软件错误。

在 FMPREn 和 FMPPEn 寄存器的出厂设置中，所有存储器组所对应的位的值为 1。这种设置实现了一种开放式的访问和可编程性的策略。寄存器的位可通过清零特定寄存器的位来改变。这种改变立即生效，但不是永久的，在寄存器被提交（保存）以后，位的改变才是永久性的。如果一个位从 1 变为 0 且没有提交，那么它可以通过执行一段上电复位序列来恢复。这些更改需要用 Flash 存储器控制（FMC）寄存器来提交。

4. 只执行保护

只执行保护可防止对受保护的 Flash 存储器块进行读写操作。当器件需要调试，但一部分应用空间必须禁止外部访问时，即可使用此模式。例如，某公司在销售 Tiva™ C 系列器件时预先写入了专有软件，同时允许最终用户向 Flash 存储器的未保护区域添加定制代码（如在电机控制模块的 Flash 存储器中设置一个可定制的电机配置区）。

文字数据增加了这种保护机制的复杂度。编译并链接 C 语言代码后，编译器通常会将文字数据（常量等）置于函数之间的文本区域。在运行过程中，用户可通过 LDR 指令访问文字数据，该指令根据 PC 相关的存储器地址加载存储器中的数据。执行 LDR 指令将在 Cortex-M4 的 DCode 总线上产生读取通信，且读取通信将受只执行保护机制保护。如果访问的块标记为仅执行，则通信将被阻止，常量数据将不会加载到处理器，相应操作也不会正确执行。因此，如果使用只执行保护，就需要以不同的方式来处理每个文字数据。提供以下 3 种处理方法。

1）使用一个可将文字数据收集到一个单独区域内的编译器，而且这个单独区域存在于一个或多个可读取型 Flash 存储块中。此时，LDR 指令可能使用一个 PC 相关的地址（此时，文字池不得位于偏移范围之外），或者软件可能保留一个寄存器，以指向文字池的基址。另外，LDR 偏移是相对于文字池的起始位置而言的。

2）使用可通过算术指令立即数据和后续计算生成文字数据的编译器。

3）如果编译器不支持上述两种处理方法，则以汇编语言的方式来处理文字数据。

5. 只读保护

只读保护可防止 Flash 块中的内容被重新设置，但允许通过处理器或调试接口进行访问。注意，如果 FMPREn 位已清零，指向 Flash 存储器模块的所有读访问都被禁止，包括任何数据访问。必须注意的是，不得将所要求的数据存储在相关 FMPREn 位已清零的 Flash 存储器模块中。

只读保护并不会阻止对既有程序的读取访问，但可防止内容被意外（或恶意）擦除或编程。当调试接口永久禁用时，只读保护对于引导装载程序等实用程序将特别实用。在这样的配置组合中，为 Flash 存储器提供访问控制的引导装载程序将受到保护，不会被擦除或者修改。

6. Flash 存储器编程

Tiva™ C 系列设备为 Flash 存储器编程提供了一个友好的用户接口。所有的擦除/编程操作都通过 3 个寄存器来处理：Flash 存储器地址（FMA）、Flash 存储器数据（FMD）和 Flash

存储器控制（FMC)。注意，如果微控制器的调试功能没有激活而处在“锁死”状态，则必须执行一段恢复序列来激活调试模块。

在 Flash 存储器操作（写、页擦除或整体擦除）过程中，是禁止访问。所以指令和按字取指都将延迟到 Flash 存储器操作完成。如果在 Flash 存储器操作过程中需要执行指令，那么代码必须放置在 SRAM 上并在 SRAM 上执行。

📖 对 Flash 存储器进行编程时，必须考虑存储器的以下特性。

1）只有擦除才能将位从 0 变成 1。

2）写入操作只能将位从 1 变成 0。如果写入操作试图将 0 变成 1，那么该写入操作失败，不会改变任何位的状态。

3）所有 Flash 操作都在进入睡眠或深睡眠之前完成。

（1）编写一个 32 位字

- 将源数据写入 FMD 寄存器。
- 将目标地址写入 FMA 寄存器。
- 将 Flash 存储器写入密钥，WRITE 位写入 FMC 寄存器。要写入的 KEY 为 0xA442 或 FLPEKEY 寄存器中的值，具体取决于 BOOTCFG 寄存器 KEY 位的值。
- 查询 FMC 寄存器，直至 WRITE 位被清零。

（2）执行一个 16KB 扇区的擦除

- 将 16 KB 对齐的地址写入 FMA 寄存器。
- 将 Flash 存储器写入密钥，ERASE 位写入 FMC 寄存器。
- 查询 FMC 寄存器，直到 ERASE 位被清零，或者通过 FCIM 寄存器中的 PMASK 位启用编程中断。

（3）执行一次 Flash 存储器的整体擦除

- 将 Flash 存储器写入密钥，MERASE 位写入 FMC 寄存器。
- 查询 FMC 寄存器，直到 MERASE 位被清零，或者通过 FCIM 寄存器中的 PMASK 位启用编程中断。

7. 32 字 Flash 存储器写缓冲器

通过 32 字的写入缓冲器可以对两个 32 位字同时编程，加快 Flash 存储器的写入访问速度，从而可以像处理 16 位字一样对 32 位字进行编程。被缓存的数据写入 Flash 写缓冲器（FWBn）寄存器。

Flash 写缓冲器（FWBn）寄存器与 Flash 存储器是 32 字对齐的，所以 FWB0 寄存器对应 FMA 中的地址（FMA 的[6:0]位都是0）。FWB1 寄存器对应 FMA+0x4 中的地址，后面以此类推。只有上次缓存 Flash 存储器写入操作之后，更新过的 FWBn 寄存器才会被写入。Flash 写缓冲器有效（FWBVAL）寄存器显示了从上次缓存 Flash 存储器写操作之后，已经被写入的寄存器。FWBVAL 寄存器包含的位对应 32 个 FWBn 寄存器，其中 FWBVAL 的第[n] 位对应 FWBn。如果 FWBVAL 寄存器的某位被置位，那么相应的 FWBn 寄存器已经被更新了。

用一次单独被缓冲的 Flash 存储器写操作来编程 32 个字。

1）将源数据写入 FWBn 寄存器。

2）将目标地址写入 FMA 寄存器。该地址必须是一个 32 字对齐的地址（即 FMA 的[6:0]必须全是 0）。

3）将 Flash 存储器写入密钥，WRBUF 位写入 FMC2 寄存器。

4）查询 FMC2 寄存器，直到 WRBUF 位被清零，或者等待 PMIS 中断信号发出。

8. 非易失性寄存器编程

本节讨论如何更新 Flash 存储器中的寄存器。这些寄存器驻留在与主 Flash 存储器阵列分离的空间，并且不受擦除或整体擦除的影响；可通过提交操作，将寄存器中的位从 1 改为 0。上电复位，将引导配置（BOOTCFG）寄存器置位为 0xFFFF. FFFE，并将其余寄存器置位为 0xFFFF. FFFF，除此之外寄存器中的内容不受其他清除条件影响。通过 Flash 存储器控制（FMC）寄存器中的 COMT 位提交寄存器值，寄存器的内容就变成非易失的，因此掉电也能保存原数据。一旦寄存器的内容被提交，唯一能恢复出厂默认值的办法就是执行“恢复一个‘锁死’的微控制器”中描述的操作。所有的 FMPREn、FMPPEn 和 USER_REGn 寄存器以及 BOOTCFG 寄存器都能提交为非易失存储。除 BOOTCFG 外，FMPREn、FMPPEn 和 USER_REGn 寄存器都能在提交前测试。对于 BOOTCFG 寄存器，在提交数据前要先将数据写入 FMD 寄存器。BOOTCFG 的配置在被提交为非易失存储前，不能被验证。

1. 引导配置（BOOTCFG）寄存器需要执行一次上电复位（POR），才会让提交的更改生效。

2. 所有 Flash 存储器自身的寄存器只能由用户从 1 改为 0。FMPREn、FMPPEn 和 BOOTCFG 寄存器能提交多次，但 USER_REGn 寄存器只能提交一次。在提交后，USER_REGn 寄存器只能通过执行恢复一个“锁死”的微控制器操作回到出厂默认设置全为 1 的状态。由该操作引起的主 Flash 存储器阵列的整体擦除操作发生在这些寄存器的恢复操作之前。

表 4-7 列出了保证每个寄存器和数据源在 FMA 寄存器写入 0xA442 或 FLPEKEY 寄存器中的 PEKEY 位被写入时，所需配置的 FMA 地址值。密钥值由 BOOTCFG 寄存器中的 KEY 位决定。如果密钥值为 0x0，FLPEKEY 寄存器中 PEKEY 值被提交给 FMC/FMC2 寄存器。如果密钥值为 0x1，则 0xA442 用作 FMC/FMC2 寄存器中的 WRKKEY 值。FMC 寄存器的 COMT 位置位后，用户可能要巡检 FMC 寄存器等待提交操作完成。

表 4-7　用户可编程的 Flash 存储器驻留寄存器

寄　存　器	FMA 值	数　据　源
FMPRE0	0x0000. 0000	FMPRE0
FMPRE1	0x0000. 0002	FMPRE1
FMPRE2	0x0000. 0004	FMPRE2
FMPRE3	0x0000. 0006	FMPRE3
FMPRE4	0x0000. 0008	FMPRE4
FMPRE5	0x0000. 000A	FMPRE5
FMPRE6	0x0000. 000C	FMPRE6
FMPRE7	0x0000. 000E	FMPRE7
FMPPE0	0x0000. 0001	FMPPE0

（续）

寄存器	FMA 值	数据源
FMPPE1	0x0000. 0003	FMPPE1
FMPPE2	0x0000. 0005	FMPPE2
FMPPE3	0x0000. 0007	FMPPE3
FMPPE4	0x0000. 0009	FMPPE4
FMPPE5	0x0000. 000B	FMPPE5
FMPPE6	0x0000. 000D	FMPPE6
FMPPE7	0x0000. 000F	FMPPE7
USER_REG0	0x8000. 0000	USER_REG0
USER_REG1	0x8000. 0001	USER_REG1
USER_REG2	0x8000. 0002	USER_REG2
USER_REG3	0x8000. 0003	USER_REG3
BOOTCFG	0x7510. 0000	FMD

4.2.4 EEPROM

TM4C1294 微控制器包含 1 个 EEPROM 单元，其特性如下。

- 可用 6 KB 的存储器，即 1536 个 32 位字。
- 96 个块区，每区 16 字。
- 内置换位写入技术。
- 每个模块都有访问保护。
- 整个外设的锁定保护选项和每个块的锁定保护一样，都使用 32 位到 96 位的解锁代码（根据应用的需要选择）。
- 中断支持写入完成以避免轮询。
- 每个 2 页面块可进行 50 万次（按周期使用固定偏移量对隔页进行写操作时）到 1500 万次写操作（在两个页面之间循环时）。

1. 功能说明

EEPROM 模块提供了一个定义明确的寄存器接口，既可以用随机读取和写入模式访问 EEPROM，又可以用滚动或者顺序访问模式。保护机制可以对 EEPROM 进行锁定，在很多情况下能够阻止不必要的写入或者读取操作。密码模型允许应用程序锁定一个或者更多的 EEPROM 模块，来控制 16 字边界的访问。

（1）模块

EEPROM 中有 96 个大小为 16 字的块。可以读取字节和半字，而且访问不必发生在字边界。如果读取整个字，并忽略任何不需要的数据，EEPROM 模块只能以字为基础进行写操作。它们只在字的别名处可写入。EEPROM 中写入字节，需要读取字值，修改相应的字节，并重新写回字。

每个块都可以用块选择寄存器进行寻址，地址是 EEPROM 中的偏移量。每个字也可以在块中进行偏移量寻址。

当前块由 EEPROM 当前块（EEBLOCK）寄存器选择。当前地址偏移量由 EEPROM 当前偏移量（EEOFFSET）寄存器选择并验证有效性。应用程序可以随时对 EEOFFSET 寄存器进行写入。当 EEPROM 读写加 1（EERDWRINC）寄存器被访问时，EERDWRINC 寄存器会自动递增。然而，EERDWRINC 寄存器不会增加块数量，而是在块中换行。每个块可以单独保护。读取应用程序无权访问的块会返回 0xFFFF. FFFF。对应用程序无权访问的块进行写入操作会导致 EEDONE 寄存器出错。

（2）锁定和密码

EEPROM 可以在模块级和块级被锁定。锁定功能由存储在 EEPROM 密码（EEPASSn）寄存器中的密码控制，该密码可以是任何 32~96 位的值，但不能全是 1。块 0 是主块，它的密码可以保护控制寄存器以及其他的块。还可以用块密码对每个块进行进一步的保护。

如果块 0 具有密码，那么在复位时整个模块都会被锁定。因此，EEBLOCK 寄存器不能从 0 开始改变，除非块 0 被解除锁定。任何块（包括块 0）有了密码以后，都可以根据锁定或没有锁定控制块决定是否可访问。一般来说，在锁定时，这种锁定保护可以用来阻止写入访问或者阻止写入和读取访问。

复位时所有密码保护的块都会被锁定。要解锁块，必须将正确的密码写入 EEPROM 解锁（EEUNLOCK）寄存器。写入密码时，应使用 EEPASSn 寄存器将其写入 1~3 次，具体次数取决于密码的大小。在 EEUNLOCK 寄存器中写入 0xFFFF. FFFF 可以重新锁定块或模块，因为 0xFFFF. FFFF 不是有效密码。

（3）工作原理

EEPROM 使用具有 EEPROM 类型单元的传统 Flash 存储块模型操作，但是使用扇区擦除。另外，当需要时，页中复制的字允许多于 50 万个擦除周期，这意味着每个字都有一个最新版本。因此，写入操作在一个新的位置创建了一个新版本的字，原来的数值就会过时。当页中存储最新字的空间不够时，会启用一个复制缓冲区。复制缓冲区可复制每个块中最新的字，原来的页将被擦除。最后，复制缓冲区的内容被复制回页中。

这种机制确保掉电的时候数据不会丢失，即使是在操作期间。这些条件防止出现无标记的存储区，但不能保证操作完全成功。EEPROM 机制跟踪所有状态信息，提供全面的安全性和保护。尽管不太可能发生错误，但是在特定环境下编程还是可能会产生错误，例如，编程过程中电压过低。因此，可以通过 EESUPP 寄存器来查询编程或擦除操作是否失败。

（4）耐久性

耐久性以元块为单位，每个元块包含 8 个块。耐久性用两种方法测量。

1）对于应用程序来说，耐久性是可执行的写入次数。

2）对于微控制器来说，耐久性是元块上可执行的擦除次数。

在第 2 种测量方法中，写入次数取决于如何执行写入操作。

- 一个字可以写入 50 万次，但是这些写入会影响该字所在的元块。因此，写入一个字 50 万次以后再向旁边的字写入 50 万次就无法保证能够成功。为了确保成功，这些字应该进行更多的并行写入。
- 所有的字可以在一次扫描中写入，超过 50 万次的扫描会把所有的字更新超过 50 万次。
- 不同的字可以这样写入：任何或者所有的字写入超过 50 万次，但是每个字的写入数量相同。例如，“偏移量 0” 写入 3 次，“偏移量 1” 写入两次，“偏移量 2” 写入 4 次，“偏移量 1” 写入两次，然后 “偏移量 0” 再次写入。因此，在按此顺序写入结束时，所有的 3 个偏移量都是 4 次写入。这种 4 次写入的平衡最大程度地增加了同一个元块中不同字的耐久性。

2. EEPROM 初始化及配置

在写入任何 EEPROM 寄存器之前，必须通过 EEPROM 运行时钟门控寄存器（RCGCEEPROM）启用 EEPROM 模块的时钟，并执行以下初始化步骤。

1）延时 6 个时钟脉冲。

2）巡检 EEPROM 完成状态寄存器（EEDONE）直到 WORKING 位清零，表明 EEPROM 已经完成上电初始化。

3）读 EEPROM 支持控制盒状态寄存器（EESUPP）中的 PRETRY 和 ERETRY 位，若其中一位置位，返回错误，否则继续。

4）用系统控制寄存器中偏移为 0x558 的 EEPROM 软件复位寄存器（SREEPROM）复位 EEPROM 模块。

5）插入 6 个时钟脉冲的延迟。

6）巡检 EEEPROM 完成状态寄存器（EEDONE）中的 WORKING 位，直到 WORKING=0，继续。

7）读 EESUPP 寄存器中的 PRETRY 和 ERETRY 位，如果其中一位为 1，返回错误，否则，EEPROM 初始化完成，可以正常使用。

4.3 TM4C1294 寄存器映射与描述

表 4-8 列出了 ROM 控制器寄存器和 Flash 存储器以及控制寄存器，其中，偏移量是相对于特定存储器控制器基址的 16 进制增量。Flash 存储器寄存器偏移量是相对于 Flash 存储器控制基址 0x400F. D000 而言的。EEPROM 寄存器偏移量是相对于 EEPROM 基址 0x400A. F000 而言的。ROM 和 Flash 存储器保护寄存器偏移量是相对于系统控制基址 0x400F. E000 而言的。

表 4-8 寄存器映射表

偏移量	名称	类型	复位后默认值	描述
内部存储器寄存器（内部存储器控制偏移）				
0x000	FMA	RW	0x0000. 0000	Flash 存储器地址
0x004	FMD	RW	0x0000. 0000	Flash 存储器数据
0x008	FMC	RW	0x0000. 0000	Flash 存储器控制
0x00C	FCRIS	RO	0x0000. 0000	Flash 控制器原始中断状态
0x010	FCIM	RW	0x0000. 0000	Flash 控制器中断屏蔽
0x014	FCMISC	RW1C	0x0000. 0000	Flash 控制器屏蔽中断状态并清除
0x020	FMC2	RW	0x0000. 0000	Flash 存储器控制 2
0x030	FWBVAL	RW	0x0000. 0000	Flash 写入缓冲区有效

（续）

偏移量	名　　称	类　型	复位后默认值	描　　述
内部存储器寄存器（内部存储器控制偏移）				
0x03C	FLPEKEY	RO	0x0000. FFFF	Flash 编程/擦除键
0x100-0x17C	FWBn	RW	0x0000. 0000	Flash 写入缓冲区 n
0xFC0	FLASHPP	RO	0xF014. 00FF	Flash 外设属性
0xFC4	SSIZE	RO	0x0000. 03FF	SRAM 大小
0xFC8	FLASHCONF	RW	0x0000. 0000	Flash 配置寄存器
0xFCC	ROMSWMAP	RO	0x0000. 0000	ROM 第三方软件
0xFD0	FLASHDMASZ	RW	0x0000. 0000	Flash DMA 地址大小
0xFD4	FLASHDMAST	RW	0x0000. 0000	Flash DMA 起始地址
EEPROM 寄存器（EEPROM 控制偏移量）				
0x000	EESIZE	RO	0x0060. 0600	EEPROM 大小信息
0x004	EEBLOCK	RW	0x0000. 0000	EEPROM 当前块
0x008	EEOFFSET	RW	0x0000. 0000	EEPROM 当前偏移量
0x010	EERDWR	RW	-	EEPROM 读写
0x014	EERDWRINC	RW	-	EEPROM 增量读写
0x018	EEDONE	RO	0x0000. 0000	EEPROM 完成状态
0x01C	EESUPP	RW	-	EEPROM 支持控制和状态
0x020	EEUNLOCK	RW	-	EEPROM 解锁
0x030	EEPROT	RW	0x0000. 0000	EEPROM 保护
0x034	EEPASS0	RW	-	EEPROM 密码
0x038	EEPASS1	RW	-	EEPROM 密码
0x03C	EEPASS2	RW	-	EEPROM 密码
0x040	EEINT	RW	0x0000. 0000	EEPROM 中断
0x050	EEHIDE0	RW	0x0000. 0000	EEPROM 中断 EEPROM 中断
0x054	EEHIDE1	RW	0x0000. 0000	EEPROM 块隐藏 1
0x058	EEHIDE2	RW	0x0000. 0000	EEPROM 块隐藏 2
0x080	EEDBGME	RW	0x0000. 0000	EEPROM 调试批量擦除
0xFC0	EEPROMPP	RO	0x0000. 01FF	EEPROM 外设属性
存储器寄存器（系统控制偏移）				
0x0D4	RVP	RO	0x0101. FFF0	重置向量指针
0x1D0	BOOTCFG	RO	0xFFFF. FFFE	引导配置
0x1E0	USER_REG0	WO	0xFFFF. FFFF	用户寄存器 0
0x1E4	USER_REG1	WO	0xFFFF. FFFF	用户寄存器 1
0x1E8	USER_REG2	WO	0xFFFF. FFFF	用户寄存器 2
0x1EC	USER_REG3	WO	0xFFFF. FFFF	用户寄存器 3
0x200	FMPRE0	RW	0xFFFF. FFFF	闪存保护读取启用 0

（续）

偏移量	名　称	类型	复位后默认值	描　述
存储器寄存器（系统控制偏移）				
0x204	FMPRE1	RW	0xFFFF. FFFF	闪存保护读取启用 1
0x208	FMPRE2	RW	0xFFFF. FFFF	闪存保护读取启用 2
0x20C	FMPRE3	RW	0xFFFF. FFFF	闪存保护读取启用 3
0x210	FMPRE4	RW	0xFFFF. FFFF	闪存保护读取启用 4
0x214	FMPRE5	RW	0xFFFF. FFFF	闪存保护读取启用 5
0x218	FMPRE6	RW	0xFFFF. FFFF	闪存保护读取启用 6
0x21C	FMPRE7	RW	0xFFFF. FFFF	闪存保护读取启用 7
0x400	FMPPE0	RW	0xFFFF. FFFF	闪存保护程序启用 0
0x404	FMPPE1	RW	0xFFFF. FFFF	闪存保护程序启用 1
0x408	FMPPE2	RW	0xFFFF. FFFF	闪存保护程序启用 2
0x40C	FMPPE3	RW	0xFFFF. FFFF	闪存保护程序启用 3
0x410	FMPPE4	RW	0xFFFF. FFFF	闪存保护程序启用 4
0x414	FMPPE5	RW	0xFFFF. FFFF	闪存保护程序启用 5
0x418	FMPPE6	RW	0xFFFF. FFFF	闪存保护程序启用 6
0x41C	FMPPE7	RW	0xFFFF. FFFF	闪存保护程序启用 7

4.4 TM4C1294 外部总线扩展接口（EPI）

外部总线扩展接口（External Peripheral Interface，EPI）是一种用于连接片外设备或存储器的高速并行总线接口。片外设备接口有多种工作方式，能够实现与各种片外设备的无缝连接。片外设备接口实际上与普通微处理器的地址/数据总线非常相似，只不过片外设备接口通常只允许连接一种类型的片外设备。片外设备接口还具有一些增强的功能，例如，支持 μDMA、支持时钟控制、支持片外 FIFO 缓冲等。

4.4.1 EPI 功能与特点

EPI 模块具有以下功能与特点。

1）8 位/16 位/32 位专用并行总线，用于连接片外设备或存储器。

2）存储器接口支持自动步进式连续访问，且不受数据总线宽度的影响，因此能够直接在 SDRAM、SRAM 或 Flash 存储器中运行程序代码。

3）阻塞式/非阻塞式读操作。

4）内置写 FIFO，因而处理器无须关注时序细节。

5）与微型直接存储器访问（μDMA）控制器结合使用，可实现高效的数据传输。

- 相互独立的读通道和写通道。

- 当片内非阻塞式读 FIFO（NBRFIFO）达到预设深度时，自动产生读通道请求信号。
- 当片内写 FIFO（WFIFO）空时，自动产生写通道请求信号。

EPI 模块有 3 种主要的工作模式：同步动态随机访问存储器（SDRAM）模式、传统的主机总线（HB）模式以及通用模式。EPI 模块也可以将其引脚用作自定义的 GPIO，但用法有别于标准 GPIO，而是像通信外设的机制一样需经过 FIFO 访问端口数据，并且 I/O 速度由时钟信号决定。

（1）同步动态随机访问存储器（SDRAM）模式

- 支持 16 位宽的（单数据率）SDRAM，频率最高为 60 MHz。
- 支持低成本的 SDRAM，最大可达 64 MB（512 Mb）。
- 内置自动刷新功能，可访问任意 bank 或任意行。
- 支持休眠/待机模式，在保持内容不丢失的前提下尽量节省功耗。
- 复用的地址/数据引脚，以控制引脚数目。

（2）主机总线（HB）模式

- 传统的 8 位/16 位微控制器总线接口。
- 可兼容许多常见的微控制器总线，如 PIC、ATMega、8051 或其他单片机。
- 可访问 SRAM、NOR Flash 以及其他类型的并行总线设备。非复用模式下寻址能力为 1 MB，复用模式下寻址能力为 256 MB（HB16 模式下若不使用字节选择信号，则实际可达 512 MB）。
- 可用于访问各种集成了无地址 FIFO 的 8 位/16 位接口外设。支持片外 FIFO（XFIFO）的 EMPTY 和 FULL 信号。
- 访问速度可控，读/写数据时可添加等待状态。
- 支持对总线的读/写模式。
- 支持多种片选方式，包括带 ALE 或不带 ALE 的单、双或四片选方式。
- 降低读和写速度的外部 iRDY 信号。
- 手动控制片使能信号（也可使用多余的地址引脚控制）。

（3）通用模式

- 可用于同 CPLD 或 FPGA 进行快速数据交换。
- 数据宽度可达 32 位。
- 数据传输率可达 150 MB/s。
- 可选配置：4~20 位“地址”。
- 可选配置：时钟输出信号、读/写选通信号、帧信号（基于计数的长度）、时钟使能输入信号。

（4）并行 GPIO

- 1~32 位，必须经由 FIFO 输入/输出，速度可控。
- 适用于自定义的外设器件、数字化数据采集装置和执行机构控制等应用场合。

4.4.2　EPI 内部结构

图 4-4 为 TM4C1294 微控制器 EPI 模块框图。

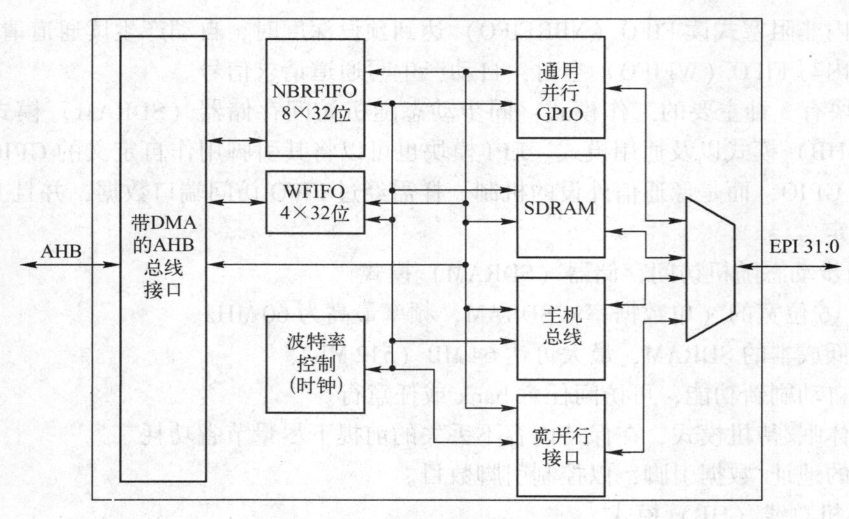

图 4-4　TM4C1294EPI 模块框图

4.4.3　EPI 功能描述

EPI 控制器为常见的片外设备（例如，SDRAM、8 位/16 位主机总线器件、RAM、NOR Flash 存储器、CPLD、FPGA 等）提供了可编程的无缝接口。此外，EPI 控制器也能够当作自定义 GPIO 使用，但其读写仍然是经过速度可控的 FIFO 实现的，即片内写 FIFO（WFIFO）或非阻塞式读 FIFO（NBRFIFO）。WFIFO 最多可保存 4 个字的数据，并按 EPI 主波特率寄存器（EPIBAUD）指定的速率输出到外部接口。NBRFIFO 最多可保存 8 个字的数据，并按 EPIBAUD 寄存器指定的速率对外部接口进行采样。普通的 GPIO 会受到片内总线冲突仲裁以及总线桥间延时的影响，其时序充满变数；与之相比，EPI 控制器的 GPIO 操作都是可预测的，因而具有更优良的性能。阻塞式读操作在数据会话完成之前挂起 CPU；非阻塞式读操作则在后台运行，不影响处理器继续执行后续任务。此外，写操作时数据也会暂存在 WFIFO 中，这样就能连续不间断地执行写操作。

📖 要对 EPIWFIFOCNT 寄存器中的 WTAV 位域以及 EPISTAT 寄存器中的 WBUSY 位巡检，判断当前是否有从 WFIFO 的写总线操作。如果这些位都为 0，才能开始一个新的总线访问。

EPI 可对 0x6000.0000~0xDFFF.FFFF 的某一段或某几段地址空间执行读写操作。当对某个映射地址进行读操作时，读操作的偏移量和长度将决定片外实际操作的地址和长度。当需要载入多个值时，EPI 控制器将尽量采用猝发读操作以提高性能。当对某个映射地址进行写操作时，写操作的偏移量和长度将决定片外实际操作的地址和长度。当需要写入多个值时，EPI 控制器将采用猝发写操作以提高性能。能访问 EPI 的总线主设备有 CPU 以及 μDMA。

1. 非阻塞式读操作

EPI 控制器支持一种特殊的读操作，称为非阻塞式读操作，也常被称为投递式读操作或无监管读操作。常规的读操作在数据返回之前都会暂时挂起 CPU 或 μDMA，而非阻塞式读操作完全是在后台进行的。

非阻塞式读操作的配置方法是：分别将起始地址写入 EPIRADDRn 寄存器，每个数据会话宽度写入 EPIRSIZEn 寄存器，读操作的次数写入 EPIRPSTDn 寄存器。每执行一个读操作后，读取的结果将自动写入 NBRFIFO，且 EPIRADDRn 寄存器会自动按照宽度（1 字节、2 字节或 4 字节）递增。

当 NBRFIFO 满时，非阻塞式读操作将自动暂停，等到 NBRFIFO 中有空位时再继续写入。NBRFIFO 还能按照 EPIFIFOLVL 寄存器所配置的触发深度自动产生中断或触发 μDMA，这样可以由 CPU/μDMA 及时搬运数据清空 NBRFIFO，保障读流程的连续顺畅。

EPI 控制器为非阻塞式读操作提供了两组寄存器，当一组执行完毕后自动切换到另一组，可以很方便地实现连续的乒乓式工作。例如，如果准备先从 0x100 读取 20 个字，再从 0x200 读取 10 个字，可将 EPIRPSTD0 寄存器配置为从 0x100 开始（计数 20 次），EPIRPSTD1 寄存器配置为从 0x200 开始（计数 10 次）。当 EPIRPSTD0 结束工作（计数器到 0）后，EPIRPSTD1 寄存器将自动开始工作，总共可通过 NBRFIFO 传递 30 个字。若结合 μDMA 使用，不单可以传输 30 个字（简单连续模式），还可以按照主/副模型分别处理（即按一种方式处理前 20 个字、按另一种方式处理后 10 个字）。另外，当 EPIRPSTD0 结束工作（并且 EPIRPSTD1 已激活）后是可以重载配置的，于是 EPI 接口便能连续不断地交替运行下去。

要中止非阻塞式读操作，只需清除 EPIRPSTDn 寄存器即可。但是必须注意到，如果寄存器组正在从 NBRFIFO 中取数据，应确保取数据的过程能够正常结束。为确保中止操作能够顺利完成，建议采用下面的代码段（以 EPIRPSTD0 寄存器为例）。

```
EPIRPSTD0 = 0;
while((EPISTAT & 0x11) = = 0x10);                    //若 EPI 控制器仍然忙碌,则等待
//若退出上面的循环,说明已切换到另一寄存器组,或 EPI 已不再忙碌
cnt = (EPIRADDR0 - original_address) / EPIRSIZE0; //预读取的字数
cnt - = values_read_so_far;                    //减去实际读取的字数,得到残留在 FIFO 中的字数
while(cnt--)
value = EPIREADFIFO;                                  //将残留的字从 FIFO 中清除
```

2. DMA 操作

EPI 模块可将 μDMA 结合 NBRFIFO 和 WFIFO 一起使用，获取最高的数据传输率。μDMA 有一个专用的写通道和一个专用的读通道。对于写通道，EPI DMA 发送计数寄存器（EPIDMATXCNT）由 μDMA 的发送总数确定。一个换算值编程写入 DMA 通道控制字寄存器（DMACHCTL），当 EPIDMATXCNT 寄存器中的 TXCNT 大于零，并且 EPIWFIFOCNT 寄存器中的 WTAV 位域比 EPI FIFO 深度选择寄存器（EPIFIFOLVL）中的 WRFIFO 触发阈值小时，声明 DMA 请求。写通道持续写数据，直到 EPIDMATXCNT 寄存器中的 TXCNT 值为 0。

当 NBRFIFO 达到 EPIFIFOLVL 指定级别时，非阻塞读通道从 NBRFIFO 中复制值。对于非阻塞式读操作必须将读操作起始地址、读操作宽度以及读操作元素数目写入 μDMA 控制器中。两组非阻塞读寄存器组都能使用，工作时交替运行（相互不会交错）。

对于阻塞式读操作，可运用 μDMA 软件通道（或其他未使用的 DMA 通道）以存储器-存储器的方式（如果是其他外设，也可能是存储器-外设的方式）实现直接搬运过程。由于是阻塞式读操作，μDMA 控制器在读操作完成之前始终挂起，因此无法同时服务于其他的 DMA 通道。为了避免影响系统的 DMA 效率，阻塞式读操作通常应当每次只处理 1 个元

素。μDMA 控制器也能够以软件通道（存储器模式）实现 NBRFIFO 与 WFIFO 之间的直接传输，但需要注意一旦 NBRFIFO 空或 WFIFO 满，μDMA 控制器都将暂时挂起。μDMA 控制器挂起时内核仍能正常工作。

4.4.4 EPI 初始化与配置

使能并初始化 EPI 的步骤如下。

1）通过 RCGCEPI 寄存器使能 EPI 模块。

2）通过 RCGCGPIO 寄存器使能相应的 GPIO 模块的时钟。

3）将相关引脚的 AFSEL 位置位。

4）配置用于指定模式的 GPIO 的电流级别，转换速率。

5）通过 GPIOPCTL 寄存器的 PMCn 位域将 EPI 信号赋给指定的引脚。

6）通过 EPI 配置寄存器（EPICFG）的 MODE 位域选择工作模式（SDRAM/HB8/HB16/通用模式）。如果有必要，还应通过指定模式的 EPI 配置寄存器来配置与工作模式相关的具体参数。此外，若 EPI 波特率必须低于系统时钟，则还应配置 EPI 主波特率（EPIBAUD）以及 EPI 主波特率 2（EPIBAUD2）寄存器。

7）通过 EPI 地址映射寄存器（EPIADDRMAP）设置地址映射关系。其中起始地址和地址范围都取决于实际连接的片外设备的类型及其最大地址空间。例如，若外部连接512 Mb的 SDRAM，则应将 ERADR 位域写 0x1（起始地址为 0x6000.0000）或 0x2（起始地址为 0x8000.0000）、ERSZ 位域写 0x3（256 MB）。假如是通用模式并且片外设备无地址，则应将 ERADR 位域写 0x1（起始地址为 0xA000.0000）或 0x2（起始地址为 0xC000.0000）、ERSZ 位域写 0x0（256 B）。

8）当需要直接读写片外设备时，直接写相应的映射地址（由 EPIADDRMAP 配置）即可，而且一般连续写 4、5 个字是不会发生阻塞的。与此相反，读操作在数据返回之前将始终阻塞。

9）要执行非阻塞式读操作，应按“非阻塞式读操作”来进行。

以下各节针对不同的工作模式分别阐述 EPI 的初始化及配置步骤。初始化时务必细致全面才能保证 EPI 接口正确工作。此外对 GPIO 状态的控制也相当重要，随意更改 GPIO 状态可能会被片外器件误识别成指令或动作。Tiva C 系列微控制器的 GPIO 引脚复位后通常为三态，因此建议在线路板上为 EPI 引脚设置上拉或下拉电阻，至少保证片选引脚或片使能引脚的复位状态正确无误。

1. EPI 接口选项

多种存储器和外设能与 EPI 模块连接。表 4-9 展示了 EPI 模块的各种配置的最大频率。

表 4-9　EPI 模块的各种配置的最大频率

接　口	最大频率/MHz	接　口	最大频率/MHz
单个 SDRAM	60	使用通用模式的 FPGA，CPLD 等	60
单个 SRAM	60	配置有 2 个片选信号的内存	40
不带 iRDY 信号的单个 PSRAM	55	配置有 4 个片选信号的内存	20
带有 iRDY 信号的单个 PSRAM	52		

2. SDRAM 模式

当激活为 SDRAM 模式时，须注意以下几点。

1）不论 EPI 模块被激活成哪种工作模式，都应至少间隔 100 μs 后再进行读写操作。当通过 EPICFG 寄存器选择并使能 SDRAM 模式后，SDRAM 控制器将立即开始执行 SDRAM 初始化序列。由于 EPI 引脚能否驱动片外器件完全仰仗于 GPIO 模块的能力，因此在使能 SDRAM 模式之前务必确保 GPIO 的相关配置正确无误。初始化序列中的重要一步便是向 SDRAM 发送 LOAD MODE REGISTER（装载模式寄存器）命令，命令参数为 0x27，即设置 CAS 等待时间为 2、猝发长度为整页。

2）通过读取 EPI 状态寄存器（EPISTAT）的 INITSEQ 标志位获知初始化序列是否完成。

3）如果不使用默认的工作频率范围或刷新参数，务必在激活 SDRAM 模式后尽快对 EPI SDRAM 配置寄存器（EPISDRAMCFG）中 FREQ 及 RFSH 位域进行配置。务必保障在 100 μs 初始化时间后 EPI 模块已经完成上述配置，这样 SDRAM 的内容才能保持不被破坏。

4）可通过 EPISDRAMCFG 寄存器的 SLEEP 位将 SDRAM 置为低功耗的自刷新态。用户应了解 SDRAM 的基本工作原理，SDRAM 模式一旦启用便不得随意禁用，否则将不再为 SDRAM 提供时钟并且导致 SDRAM 的内容全部丢失。

5）在进入休眠模式前，确保已经完成所有的非阻塞读以及正常的读和写操作。如果系统运行在 30~50 MHz 频率下，在执行非阻塞读或正常读和写操作前，在清 SLEEP 位之后，需要等待 2 个 EPI 时钟。如果系统工作在 50 MHz 频率以上时，在读和写操作前需要等待 5 个 EPI 时钟。其他情况的配置，等待一个 EPI 时钟。

EPISDRAMCFG 寄存器的 SIZE 位域应按 SDRAM 芯片的实际容量进行配置。FREQ 位域应按实际的工作频率选取对应的编码值。特定操作（例如 PRECHARGE 或 ACTIVATE）之间的延时都是以外部时钟周期作为单位计算的，而外部时钟周期是由设置的工作频率范围决定的。假如设置的工作频率范围高于实际工作频率，那么 SDRAM 的实际运行会更慢（因为按照更高频率计算出的时钟周期数会多于实际所需的时钟周期数）。假如工作频率范围设置得过低，将可能造成执行错误。

表 4-10 定义了 EPI 模块信号与 SDRAM 芯片的连接方法。按照该表可连接 16 位宽、最大 512Mb 的 SDRAM。请注意，连接 SDRAM 时，EPI 信号必须全部采用 8 mA 电流驱动。未用到的 EPI 可当作 GPIO 使用，或启用其他备选功能。

表 4-10　EPI 与 SDRAM 的连接

EPI 信号	SDRAM 信号		EPI 信号	SDRAM 信号	
EPI0S0	A0	D0	EPI0S7	A7	D7
EPI0S1	A1	D1	EPI0S8	A8	D8
EPI0S2	A2	D2	EPI0S9	A9	D9
EPI0S3	A3	D3	EPI0S10	A10	D10
EPI0S4	A4	D4	EPI0S11	A11	D11
EPI0S5	A5	D5	EPI0S12	A12	D12
EPI0S6	A6	D6	EPI0S13	BA0	D13

（续）

EPI 信号	SDRAM 信号		EPI 信号	SDRAM 信号
EPI0S14	BA1	D14	EPI0S20~EPI0S27	not used
EPI0S15	D15		EPI0S28	WEn
EPI0S16	DQML		EPI0S29	CSn
EPI0S17	DQMH		EPI0S30	CKE
EPI0S18	CASn		EPI0S31	CLK
EPI0S19	RASn			

EPI SDRAM 配置寄存器（EPISDRAM CFG）中 RFSH 位域代表刷新次数，即每次 AUTO-REFRESH 之前需要保持多少个外部时钟周期，取值取决于外部时钟频率、每 bank 的行数目以及刷新周期。刷新次数的计算公式如式（4-2）所示。

$$RFSH = (tRefresh\_us / number\_rows) / ext\_clock\_period \tag{4-2}$$

通常 SDRAM 的刷新周期为 64 ms，即 64000 μs。每 bank 行数目通常为 4096 或 8192。外部时钟周期以 μs 为单位取值，直接用 1 除以时钟频率（以 MHz 为单位）就能得出，例如，当外部时钟频率为 50 MHz 时，外部时钟周期即为 1/50 = 0.02 μs。假定 EPI 模块外接一块 SDRAM，每 bank 包含 4096 行，且系统时钟频率为 50 MHz，EPIBAUD 寄存器设为 0，则

$$RFSH = (64000/4096)/0.02 = 15.625/0.02 = 781.25$$

RFSH 位域的默认值为 750（0x2EE），即行刷新间隔为 15 μs。行刷新间隔应适当小于理论计算值，预留出一定的富裕量，因此务必确保 RFSH 的值小于等于上面等式计算的结果。例如，当外部时钟为 25 MHz（每周期 40 ns）时，RFSH 的值不得超过 390。外部时钟是系统时钟的分频，分频系数由 EPIBAUD 寄存器的 COUNT0 位域决定。当 COUNT0 = 1 时，分频比为 2。假如刷新间隔设置不当（RFSH 过大），那么 SDRAM 将因为刷新不及时而丢失数据。

图 4-5 所示为非阻塞式读 n 个半字（n 是正整数）的信号时序。流程开始时，EPI 模块在总线上发送激活（Activate）指令，并将行地址输出到 EPI0S[15:0]引脚上。若 CAS 等待时间为 2，则 EPI 模块在 2 个时钟周期的总线空闲后发送读（Read）指令，并将列地址输出到 EPI0S[15:0]引脚上。经过 1 个时钟周期的总线空闲后，EPI 模块在每个时钟的上升沿通过 EPI0S[15:0]引脚读入 SDRAM 所发出的半字数据。在读倒数第 2 个半字的同时，EPI 控制器发送猝发终止（Burst Terminate）命令。接收完最后 1 个半字后，DQMH 和 DQML 信号复原（拉高），并且在下一个时钟周期 CSn 信号也复原（拉高），标志着读操作流程正式结束。任意两个 SDRAM 操作流程之间应至少保持 1 个时钟周期的总线空闲。

图 4-6 所示为写 n 个半字（n 是正整数）的信号时序。流程开始时，EPI 模块在总线上发送激活（Activate）指令，并将行地址输出到 EPI0S[15:0]引脚上。若 CAS 等待时间为 2，则 EPI 模块在 2 个时钟周期的总线空闲后发送写（Write）指令，并将列地址输出到 EPI0S[15:0]引脚上。由于地址总线和数据总线是复用的，写指令本身应被视为连续写的第 1 个数据，因此实际输出的列地址是（准备写入的列地址-1）。而在发送写指令时，DQMH 和 DQML 信号皆为高电平，所以第 1 个数据（列地址）不会被误写入 SDRAM 中。从下一个时钟周期开始，DQMH 和 DQML 信号生效（拉低），EPI 模块开始顺序输出数据。发送完最后 1 个半字后，EPI 控制器发送猝发终止（Burst Terminate）命令，并且 WEn、DQMH、DQML 和 CSn 信号都复原（拉高），标志着写操作流程正式结束。任意两个 SDRAM 操作流程之间应至少保持 1 个时钟周期的总线空闲。

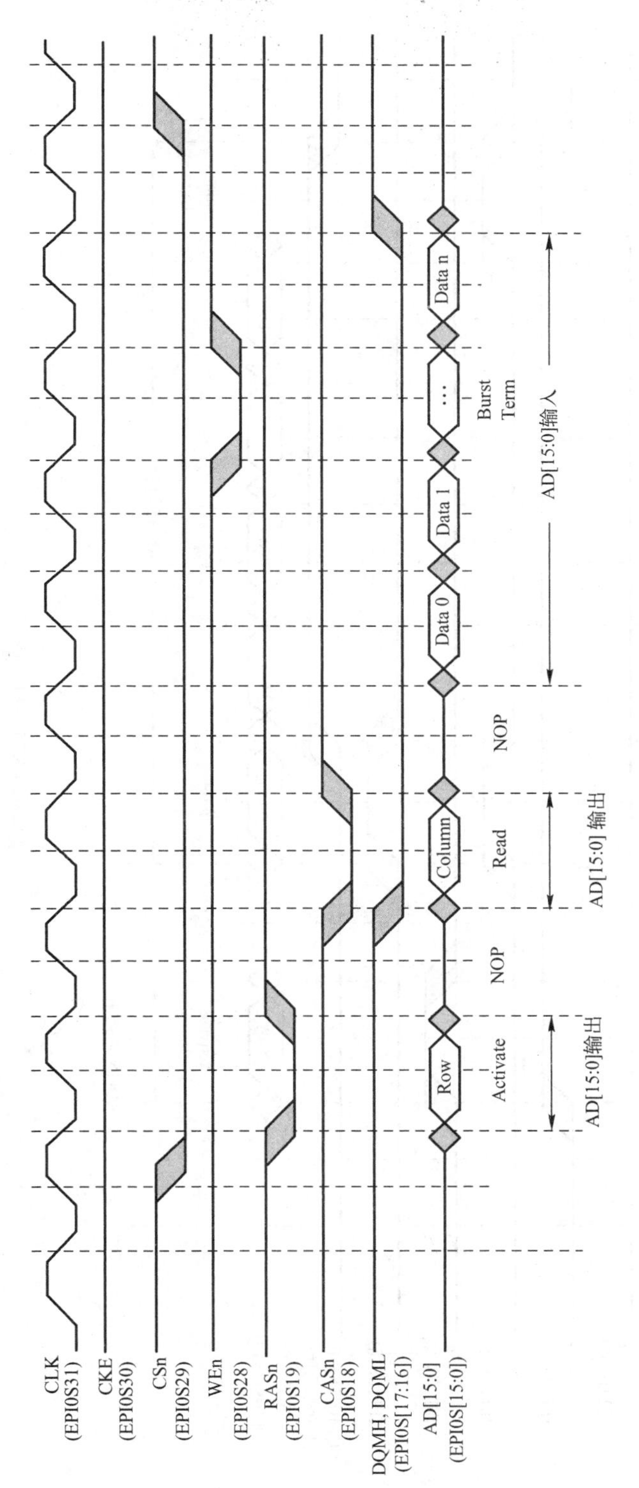

图4-5　SDRAM非阻塞读周期

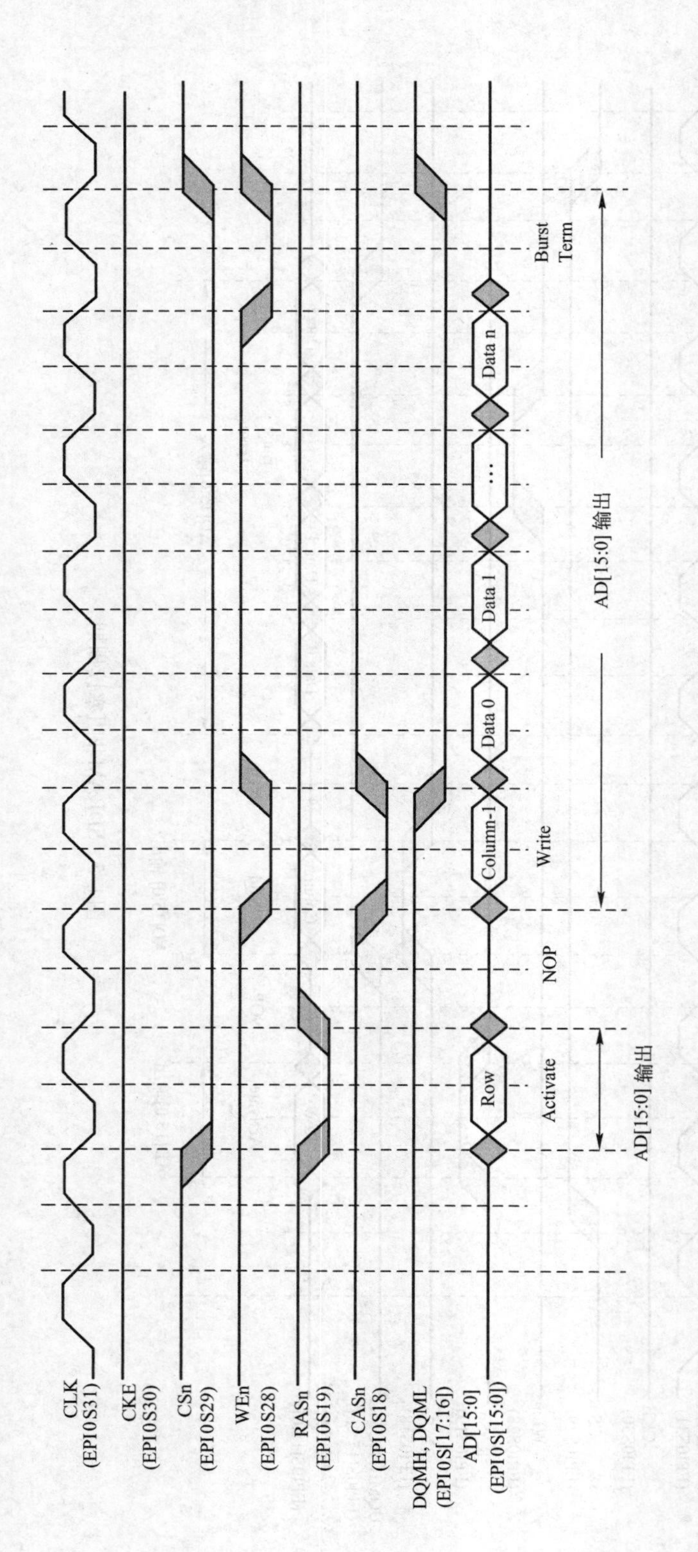

图4-6　SDRAM写周期

3. 主机总线模式

主机总线模式支持传统的 8 位/16 位并行接口（常见于 8051 单片机、SRAM、PSRAM、NOR Flash 等）。这种类型的总线是异步总线，通常用选通信号来控制总线行为。采用 16 位总线主机模式相比其他 8 位并行操作，速度翻倍。EPI0S0 为地址的最低位，等同于 Cortex-M4 内部的 A1 地址。EPI0S0 应该和 16 位存储器的 A0 相连。

表 4-11 列出了 16 位主机并行总线模式下 EPI[31:0]信号的功能。从表中可以看出，信号配置取决于地址/数据模式（由 EPIHB16CFGn 寄存器的 MODE 位域设置）、片选配置（由 EPIHB16CFGn 寄存器的 CSCFG 以及 CSCFGEXT 位域设置）和有无字节选择信号（由 EPI-HB16CFG 寄存器的 BSEL 位设置）。尽管在主机总线模式下，EPI0S31 信号能作为 EPI 时钟信号，但在此模式下并不需要该信号，应当配置为 GPIO 以减少系统 EMI。未用到的 EPI 信号可当作 GPIO 使用，或启用其他备选功能。

表 4-11　16 位主机并行总线的信号连接

EPI 信号	CSCFG	BSEL	HB16 信号（MODE=ADMUX）	HB16 信号（MODE=ADNOMUX（Cont. Read））	HB16 信号（MODE=XFIFO）
EPI0S0	xa	x	AD0b	D0	D0
EPI0S1	x	x	AD1	D1	D1
EPI0S2	x	x	AD2	D2	D2
EPI0S3	x	x	AD3	D3	D3
EPI0S4	x	x	AD4	D4	D4
EPI0S5	x	x	AD5	D5	D5
EPI0S6	x	x	AD6	D6	D6
EPI0S7	x	x	AD7	D7	D7
EPI0S8	x	x	AD8	D8	D8
EPI0S9	x	x	AD9	D9	D9
EPI0S10	x	x	AD10	D10	D10
EPI0S11	x	x	AD11	D11	D11
EPI0S12	x	x	AD12	D12	D12
EPI0S13	x	x	AD13	D13	D13
EPI0S14	x	x	AD14	D14	D14
EPI0S15	x	x	AD15	D15	D15
EPI0S16	x	x	A16	A0b	-
EPI0S17	x	x	A17	A1	-
EPI0S18	x	x	A18	A2	-
EPI0S19	x	x	A19	A3	-
EPI0S20	x	x	A20	A4	-
EPI0S21	x	x	A21	A5	-
EPI0S22	x	x	A22	A6	-
EPI0S23	xc	0	A23	A7	-
		1			-

（续）

<table>
<tr><th>EPI 信号</th><th>CSCFG</th><th>BSEL</th><th>HB16 信号（MODE = ADMUX）</th><th>HB16 信号（MODE = ADNOMUX（Cont. Read））</th><th>HB16 信号（MODE = XFIFO）</th></tr>
<tr><td rowspan="14">EPI0S24</td><td rowspan="2">0x0</td><td>0</td><td rowspan="7">A24</td><td rowspan="7">A8</td><td rowspan="8">–</td></tr>
<tr><td>1</td></tr>
<tr><td rowspan="2">0x1</td><td>0</td></tr>
<tr><td>1</td></tr>
<tr><td rowspan="2">0x2</td><td>0</td></tr>
<tr><td>1</td></tr>
<tr><td rowspan="2">0x3</td><td>0</td></tr>
<tr><td>1</td><td>BSEL0n</td><td>BSEL0n</td></tr>
<tr><td rowspan="2">0x4</td><td>0</td><td rowspan="5">A24</td><td rowspan="5">A8</td><td rowspan="2">–</td></tr>
<tr><td>1</td></tr>
<tr><td rowspan="2">0x5</td><td>0</td><td rowspan="2">–</td></tr>
<tr><td>1</td></tr>
<tr><td rowspan="2">0x6</td><td>0</td><td rowspan="2">–</td></tr>
<tr><td>1</td><td>BSEL0n</td><td>BSEL0n</td></tr>
<tr><td rowspan="12">EPI0S25</td><td>0x0</td><td>x</td><td>A25</td><td>A9</td><td rowspan="2">–</td></tr>
<tr><td>0x1</td><td></td><td></td><td></td></tr>
<tr><td rowspan="2">0x2</td><td>0</td><td>A25</td><td>A9</td><td rowspan="2">CS1n</td></tr>
<tr><td>1</td><td>BSEL1n</td><td>BSEL1n</td></tr>
<tr><td rowspan="2">0x3</td><td>0</td><td>A25</td><td>A9</td><td rowspan="2">–</td></tr>
<tr><td>1</td><td>BSEL0n</td><td>BSEL0n</td></tr>
<tr><td rowspan="2">0x4</td><td>0</td><td>A25</td><td>A9</td><td rowspan="2">–</td></tr>
<tr><td>1</td><td>BSEL0n</td><td>BSEL0n</td></tr>
<tr><td rowspan="2">0x5</td><td>0</td><td>A25</td><td>A9</td><td rowspan="2">–</td></tr>
<tr><td>1</td><td>BSEL0n</td><td>BSEL0n</td></tr>
<tr><td rowspan="2">0x6</td><td>0</td><td>A25</td><td>A9</td><td rowspan="2">–</td></tr>
<tr><td>1</td><td>BSEL1n</td><td>BSEL1n</td></tr>
<tr><td rowspan="13">EPI0S26</td><td rowspan="2">0x0</td><td>0</td><td>A26</td><td>A10</td><td rowspan="5">FEMPTY</td></tr>
<tr><td>1</td><td>BSEL0n</td><td>BSEL0n</td></tr>
<tr><td rowspan="2">0x1</td><td>0</td><td>A26</td><td>A10</td></tr>
<tr><td>1</td><td>BSEL0n</td><td>BSEL0n</td></tr>
<tr><td rowspan="2">0x2</td><td>x</td><td>A26</td><td>A10</td></tr>
<tr><td>x</td><td>BSEL1n</td><td>BSEL1n</td><td rowspan="2">–</td></tr>
<tr><td>0x3</td><td>x</td><td>CS0n</td><td>CS0n</td></tr>
<tr><td rowspan="2">0x4</td><td>x</td><td>A26</td><td>A10</td><td rowspan="2">–</td></tr>
<tr><td>x</td><td>BSEL1n</td><td>BSEL1n</td></tr>
<tr><td rowspan="2">0x5</td><td>x</td><td>A26</td><td>A10</td><td rowspan="4">–</td></tr>
<tr><td>x</td><td>BSEL1n</td><td>BSEL1n</td></tr>
<tr><td rowspan="2">0x6</td><td>x</td><td rowspan="2">CS0n</td><td rowspan="2">CS0n</td></tr>
<tr><td>1</td></tr>
</table>

（续）

EPI 信号	CSCFG	BSEL	HB16 信号（MODE = ADMUX）	HB16 信号（MODE = ADNOMUX（Cont. Read））	HB16 信号（MODE = XFIFO）
EPI0S27	0x0	0	A27	A11	FEMPTY
		1	BSEL1n	BSEL1n	
	0x1	0	A27	A11	
		1	BSEL1n	BSEL1n	
	0x2	x	CS1n	CS1n	
	0x3	x	CS1n	CS1n	
	0x4	x	CS1n	CS1n	–
	0x5	x	CS1n	CS1n	–
	0x6	x	CS1n	CS1n	–
EPI0S28	x	x	RDn/Oen	RDn/Oen	RDn
EPI0S29	x	x	WRn	WRn	WRn
EPI0S30	0x0	x	ALE	ALE	–
	0x1	x	CSn	CSn	CSn
	0x2	x	CS0n	CS0n	CS0n
	0x3	x	ALE	ALE	–
	0x4	x	ALE	ALE	–
	0x5	x	CS0n	CS0n	–
	0x6	x	ALE	ALE	–
EPI0S31	x	x	Clockd	Clockd	Clockd
EPI0S32	x	x	iRDY	iRDY	iRDY
EPI0S33	x	x	CS3n	CS3n	x
EPI0S34	x	x	CS2n	CS2n	x
EPI0S35	x	x	CRE	CRE	x

1）表 4-11 中的“x”表示该位域的状态无实际影响。

2）主机总线模式下访问宽度均为半字（2 字节）。地址最低位 A0 实际上等价于系统地址 A1。在 16 位存储模式下，该位应该连接到 A0。

3）跨越数行表示该单元格中的描述对这几行（几种条件）通用。

4）主机总线模式下并不需要时钟信号，与其他信号并无时序关系。

4. 通用模式

通用模式下可通过通用模式配置寄存器（EPIGPCFG）配置所有用到的控制引脚、数据引脚和地址引脚。未用到的 EPI 信号可当作 GPIO 使用，或启用其他备选功能。通用模式适用于连接自定义的接口，例如，FPGA、CPLD、数字化数据采集装置以及执行机构控制等。

通用模式主要针对以下 3 种应用场合。

1）实现与 FPGA 或 CPLD 的超高速数据接口。EPI 模块支持 3 种不同的数据宽度以及可选的地址。合理运用帧功能和时钟使能功能将进一步优化接口。

2）实现通用并行 GPIO。EPI 模块可同时读写 1~32 个引脚，操作速度可通过 EPIBAUD 寄存器精确控制（当结合 WFIFO 及/或 NBRFIFO 使用时）或由软件 μDMA 访问速率所决定。常见的应用如下。

- 按照固定的间隔时间读取若干个传感器的状态。例如，假定有 20 个传感器，可将 20 个 EPI 引脚配置为输入，将 EPIBAUD 寄存器的 COUNT0 位域配置为某个分频比，而后以非阻塞式读操作读取传感器状态。
- 实现广泛可调的定频 PWM/PCM，可驱动各种执行机构、LED 矩阵等。

3）速度可任意调节的用户自定义接口。

通用模式下可配置的内容十分丰富，包括是否输出时钟信号（时钟信号是否受控）、是否使用帧信号（设置帧长度）、是否采用就绪输入信号（拓展数据会话功能）、读/写选通信号、地址信号（长度可设置）以及数据信号（宽度可设置）。此外，还可以分别设置数据阶段和地址阶段。表 4-12 给出了 EPI 通用模式的连接。

表 4-12　EPI 通用模式的连接

EPI 信号	通用信号（D8，A20）	通用信号（D16，A12）	通用信号（D24，A4）	通用信号（D32）
EPI0S0	D0	D0	D0	D0
EPI0S1	D1	D1	D1	D1
EPI0S2	D2	D2	D2	D2
EPI0S3	D3	D3	D3	D3
EPI0S4	D4	D4	D4	D4
EPI0S5	D5	D5	D5	D5
EPI0S6	D6	D6	D6	D6
EPI0S7	D7	D7	D7	D7
EPI0S8	A0	D8	D8	D8
EPI0S9	A1	D9	D9	D9
EPI0S10	A2	D10	D10	D10
EPI0S11	A3	D11	D11	D11
EPI0S12	A4	D12	D12	D12
EPI0S13	A5	D13	D13	D13
EPI0S14	A6	D14	D14	D14
EPI0S15	A7	D15	D15	D15
EPI0S16	A8	A0	D16	D16
EPI0S17	A9	A1	D17	D17
EPI0S18	A10	A2	D18	D18
EPI0S19	A11	A3	D19	D19
EPI0S20	A12	A4	D20	D20
EPI0S21	A13	A5	D21	D21
EPI0S22	A14	A6	D22	D22
EPI0S23	A15	A7	D23	D23
EPI0S24	A16	A8	A0	D24
EPI0S25	A17	A9	A1	D25

（续）

EPI 信号	通用信号（D8，A20）	通用信号（D16，A12）	通用信号（D24，A4）	通用信号（D32）
EPI0S26	A18	A10	A2	D26
EPI0S27	A19	A11	A3	D27
EPI0S28	WR	WR	WR	D28
EPI0S29	RD	RD	RD	D29
EPI0S30	Frame	Frame	Frame	D30
EPI0S31	Clock	Clock	Clock	D31

4.4.5　EPI 寄存器映射

EPI 寄存器映射如表 4-13 所示。

表 4-13　EPI 寄存器映射与描述

偏 移 量	名　　称	类　　型	复位后地址	描　　述
0x000	EPICFG	RW	0x0000.0000	EPI 配置
0x004	EPIBAUD	RW	0x0000.0000	EPI 主波特率
0x008	EPIBAUD2	RW	0x0000.0000	EPI 主波特率
0x010	EPISDRAMCFG	RW	0x82EE.0000	EPI SDRAM 配置
0x010	EPIHB8CFG	RW	0x0008.FF00	EPI 8 位主机总线配置
0x010	EPIHB16CFG	RW	0x0008.FF00	EPI 16 位主机总线配置
0x010	EPIGPCFG	RW	0x0000.0000	EPI 通用配置
0x014	EPIHB8CFG2	RW	0x0008.0000	EPI 8 位主机总线配置 2
0x014	EPIHB16CFG2	RW	0x0008.0000	EPI 16 位主机总线配置 2
0x01C	EPIADDRMAP	RW	0x0000.0000	EPI 地址映射
0x020	EPIRSIZE0	RW	0x0000.0003	EPI 读取大小 0
0x024	EPIRADDR0	RW	0x0000.0000	EPI 读取地址 0
0x028	EPIRPSTD0	RW	0x0000.0000	EPI 非阻塞读取数据 0
0x030	EPIRSIZE1	RW	0x0000.0003	EPI 读取大小 1
0x034	EPIRADDR1	RW	0x0000.0000	EPI 读取地址 1
0x038	EPIRPSTD1	RW	0x0000.0000	EPI 非阻塞读取数据 1
0x060	EPISTAT	RO	0x0000.0000	EPI 状态
0x06C	EPIRFIFOCNT	RO	-	EPI 读取 FIFO 计数
0x070	EPIREADFIFO0	RO	-	EPI 读取 FIFO
0x074	EPIREADFIFO1	RO	-	EPI 读取 FIFO 别名 1
0x078	EPIREADFIFO2	RO	-	EPI 读取 FIFO 别名 2
0x07C	EPIREADFIFO3	RO	-	EPI 读取 FIFO 别名 3
0x080	EPIREADFIFO4	RO	-	EPI 读取 FIFO 别名 4
0x084	EPIREADFIFO5	RO	-	EPI 读取 FIFO 别名 5
0x088	EPIREADFIFO6	RO	-	EPI 读取 FIFO 别名 6
0x08C	EPIREADFIFO7	RO	-	EPI 读取 FIFO 别名 7
0x200	EPIFIFOLVL	RW	0x0000.0033	EPI FIFO 级别选择
0x204	EPIWFIFOCNT	RO	0x0000.0004	EPI 写入 FIFO 计数
0x208	EPIDMATXCNT	RW	0x0000.0000	EPI DMA 传输计数

（续）

偏 移 量	名 称	类 型	复位后地址	描 述
0x210	EPIIM	RW	0x0000. 0000	EPI 中断屏蔽
0x214	EPIRIS	RO	0x0000. 0004	EPI 原始中断状态
0x218	EPIMIS	RO	0x0000. 0000	EPI 屏蔽中断状态
0x21C	EPIEISC	RW1C	0x0008. 0000	EPI 错误、中断状态和清除
0x308	EPIHB8CFG3	RW	0x0008. 0000	EPI 8 位主机总线配置 3
0x308	EPIHB16CFG3	RW	0x0008. 0000	EPI 16 位主机总线配置 3
0x30C	EPIHB8CFG4	RW	0x0008. 0000	EPI 8 位主机总线配置 4
0x30C	EPIHB16CFG4	RW	0x0002. 2000	EPI 16 位主机总线配置 4
0x310	EPIHB8TIME	RW	0x0002. 2000	EPI 8 位主机总线时序扩展
0x310	EPIHB16TIME	RW	0x0002. 2000	EPI 16 位主机总线时序扩展
0x314	EPIHB8TIME2	RW	0x0002. 2000	EPI 8 位主机总线时序扩展
0x314	EPIHB16TIME2	RW	0x0002. 2000	EPI 16 位主机总线时序扩展
0x318	EPIHB8TIME3	RW	0x0002. 2000	EPI 8 位主机总线时序扩展
0x318	EPIHB16TIME3	RW	0x0002. 2000	EPI 16 位主机总线时序扩展
0x31C	EPIHB8TIME4	RW	0x0002. 2000	EPI 8 位主机总线时序扩展
0x31C	EPIHB16TIME4	RW	0x0002. 2000	EPI 16 位主机总线时序扩展
0x360	EPIHBPSRAM	RW	0x0000. 0000	EPI 主机总线 PSRAM

4.4.6 EPI 应用例程

下面介绍 EPI 用于不同配置下的初始化及其使用方法。

【例 4-2】 将 EPI 配置为外扩 64 MB SDRAM 芯片（32 M×16 位）的工作模式。

```
//*****************************************************************************
//
// 指定 EPI 的 SDRAM 模式用到的 GPIO 引脚
//
//*****************************************************************************
#define EPI_PORTA_PINS (GPIO_PIN_7 | GPIO_PIN_6)
#define EPI_PORTB_PINS (GPIO_PIN_3)
#define EPI_PORTC_PINS (GPIO_PIN_7 | GPIO_PIN_6 | GPIO_PIN_5 | GPIO_PIN_4)
#define EPI_PORTG_PINS (GPIO_PIN_1 | GPIO_PIN_0)
#define EPI_PORTK_PINS (GPIO_PIN_5 | GPIO_PIN_3 | GPIO_PIN_2 | GPIO_PIN_1 |
                        GPIO_PIN_0)
#define EPI_PORTL_PINS (GPIO_PIN_3 | GPIO_PIN_2 | GPIO_PIN_1 | GPIO_PIN_0)
#define EPI_PORTM_PINS (GPIO_PIN_3 | GPIO_PIN_2 | GPIO_PIN_1 | GPIO_PIN_0)
#define EPI_PORTN_PINS (GPIO_PIN_3 | GPIO_PIN_2)
//*****************************************************************************
//
// 64 MB SDRAM 芯片 (32 M×16 位) 的起始和结束地址
```

```
//
//*****************************************************************
#define SDRAM_START_ADDRESS  0x00000000
#define SDRAM_END_ADDRESS    0x01FFFFFF
//*****************************************************************
//
// 定义 EPI SDRAM 的映射地址
//
//*****************************************************************
#define SDRAM_MAPPING_ADDRESS  0x60000000
//*****************************************************************
//
// 指定一个指向 EPI 存储的指针
//
//*****************************************************************
static volatile uint16_t *g_pui16EPISdram;

int main(void)
{
    uint32_t ui32Val, ui32Freq, ui32SysClock;
    //
    // 初始化时钟为 120 MHz
    //
    ui32SysClock = SysCtlClockFreqSet((SYSCTL_OSC_INT | SYSCTL_USE_PLL |
                                       SYSCTL_CFG_VCO_320), 120000000);
    //
    // 初始化 UART 串口
    //
    InitConsole();
    //
    // 使能 EPI0
    //
    SysCtlPeripheralEnable(SYSCTL_PERIPH_EPI0);
    //
    // 使能对应的 GPIO 口
    //
    SysCtlPeripheralEnable(SYSCTL_PERIPH_GPIOA);
    SysCtlPeripheralEnable(SYSCTL_PERIPH_GPIOB);
    SysCtlPeripheralEnable(SYSCTL_PERIPH_GPIOC);
    SysCtlPeripheralEnable(SYSCTL_PERIPH_GPIOG);
    SysCtlPeripheralEnable(SYSCTL_PERIPH_GPIOK);
    SysCtlPeripheralEnable(SYSCTL_PERIPH_GPIOL);
```

```
SysCtlPeripheralEnable(SYSCTL_PERIPH_GPIOM);
SysCtlPeripheralEnable(SYSCTL_PERIPH_GPION);
//
// 将相应 GPIO 的引脚复用功能设置为 EPI
//
// EPI0S4 ~ EPI0S7: C4 ~ 7
//
ui32Val = HWREG(GPIO_PORTC_BASE + GPIO_O_PCTL);
ui32Val &= 0x0000FFFF;
ui32Val |= 0xFFFF0000;
HWREG(GPIO_PORTC_BASE + GPIO_O_PCTL) = ui32Val;
//
// EPI0S8 ~ EPI0S9: A6 ~ 7
//
ui32Val = HWREG(GPIO_PORTA_BASE + GPIO_O_PCTL);
ui32Val &= 0x00FFFFFF;
ui32Val |= 0xFF000000;
HWREG(GPIO_PORTA_BASE + GPIO_O_PCTL) = ui32Val;
//
// EPI0S10 ~ EPI0S11: G0 ~ 1
//
ui32Val = HWREG(GPIO_PORTG_BASE + GPIO_O_PCTL);
ui32Val &= 0xFFFFFF00;
ui32Val |= 0x000000FF;
HWREG(GPIO_PORTG_BASE + GPIO_O_PCTL) = ui32Val;
//
// EPI0S12 ~ EPI0S15: M0 ~ 3
//
ui32Val = HWREG(GPIO_PORTM_BASE + GPIO_O_PCTL);
ui32Val &= 0xFFFF0000;
ui32Val |= 0x0000FFFF;
HWREG(GPIO_PORTM_BASE + GPIO_O_PCTL) = ui32Val;
//
// EPI0S16 ~ EPI0S19: L0 ~ 3
//
ui32Val = HWREG(GPIO_PORTL_BASE + GPIO_O_PCTL);
ui32Val &= 0xFFFF0000;
ui32Val |= 0x0000FFFF;
HWREG(GPIO_PORTL_BASE + GPIO_O_PCTL) = ui32Val;
//
// EPI0S28 : B3
//
```

```
    ui32Val = HWREG(GPIO_PORTB_BASE + GPIO_O_PCTL);
    ui32Val &= 0xFFFF0FFF;
    ui32Val |= 0x0000F000;
    HWREG(GPIO_PORTB_BASE + GPIO_O_PCTL) = ui32Val;
    //
    // EPI0S29 ~ EPI0S30: N2 ~ 3
    //
    ui32Val = HWREG(GPIO_PORTN_BASE + GPIO_O_PCTL);
    ui32Val &= 0xFFFF00FF;
    ui32Val |= 0x0000FF00;
    HWREG(GPIO_PORTN_BASE + GPIO_O_PCTL) = ui32Val;
    //
    // EPI0S00 ~ EPI0S03, EPI0S31 : K0 ~ 3, K5
    //
    ui32Val = HWREG(GPIO_PORTK_BASE + GPIO_O_PCTL);
    ui32Val &= 0xFF0F0000;
    ui32Val |= 0x00F0FFFF;
    HWREG(GPIO_PORTK_BASE + GPIO_O_PCTL) = ui32Val;
    //
    // 配置相应 GPIO 引脚为 EPI 模式
    //
    GPIOPinTypeEPI(GPIO_PORTA_BASE, EPI_PORTA_PINS);
    GPIOPinTypeEPI(GPIO_PORTB_BASE, EPI_PORTB_PINS);
    GPIOPinTypeEPI(GPIO_PORTC_BASE, EPI_PORTC_PINS);
    GPIOPinTypeEPI(GPIO_PORTG_BASE, EPI_PORTG_PINS);
    GPIOPinTypeEPI(GPIO_PORTK_BASE, EPI_PORTK_PINS);
    GPIOPinTypeEPI(GPIO_PORTL_BASE, EPI_PORTL_PINS);
    GPIOPinTypeEPI(GPIO_PORTM_BASE, EPI_PORTM_PINS);
    GPIOPinTypeEPI(GPIO_PORTN_BASE, EPI_PORTN_PINS);
    //
    // 本例 CPU 工作频率为 120 MHz,设置 SDRAM 工作频率为 60 MHz
    //
    EPIDividerSet(EPI0_BASE, 1);
    //
    // 选择 EPI 工作方式,本例配置 EPI 为 SDRAM 模式
    //
    EPIModeSet(EPI0_BASE, EPI_MODE_SDRAM);
    //
// 配置 SDRAM 工作方式的具体参数,SDRAM 工作于 60 MHz
// 正常功率操作,512 MB,1024 个时钟周期更新
    //
```

```
    EPIConfigSDRAMSet(EPI0_BASE, (EPI_SDRAM_CORE_FREQ_50_100 | EPI_SDRAM_FULL_
POWER |EPI_SDRAM_SIZE_512MBIT), 1024);
//
// 设置映射地址。EPI0 映射从 0x60000000 到 0x01FFFFFF
// 本例从基地址为 0x60000000 开始操作
//
    EPIAddressMapSet(EPI0_BASE, EPI_ADDR_RAM_SIZE_256MB | EPI_ADDR_RAM_BASE_6);
//
// 巡检 SDRAM,等待 SDRAM 唤醒
//
while(HWREG(EPI0_BASE + EPI_O_STAT) & EPI_STAT_INITSEQ)
{
}
//
// 用 EPI 存储指针,像读取数组一样读取 SDRAM
//
g_pui16EPISdram = (uint16_t *)0x60000000;
//
// 读取 SDRAM 中的初始值,并通过 UART 在端口显示
//
UARTprintf("  SDRAM Initial Data:\n");
UARTprintf("      Mem[0x6000.0000] = 0x%4x\n",
g_pui16EPISdram[SDRAM_START_ADDRESS]);
UARTprintf("      Mem[0x6000.0001] = 0x%4x\n",
g_pui16EPISdram[SDRAM_START_ADDRESS + 1]);
UARTprintf("      Mem[0x603F.FFFE] = 0x%4x\n",
g_pui16EPISdram[SDRAM_END_ADDRESS - 1]);
UARTprintf("      Mem[0x603F.FFFF] = 0x%4x\n\n",
g_pui16EPISdram[SDRAM_END_ADDRESS]);
//
// 在端口显示要写入 SDRAM 的数据
//
UARTprintf("  SDRAM Write:\n");
UARTprintf("      Mem[0x6000.0000] <- 0xabcd\n");
UARTprintf("      Mem[0x6000.0001] <- 0x1234\n");
UARTprintf("      Mem[0x603F.FFFE] <- 0xdcba\n");
UARTprintf("      Mem[0x603F.FFFF] <- 0x4321\n\n");
//
// 向 SDRAM 的开头两个空间和结尾两个空间写入字。(SDRAM 以字的方式访问)
//
g_pui16EPISdram[SDRAM_START_ADDRESS] = 0xabcd;
g_pui16EPISdram[SDRAM_START_ADDRESS + 1] = 0x1234;
```

```
g_pui16EPISdram[ SDRAM_END_ADDRESS - 1] = 0xdcba;
g_pui16EPISdram[ SDRAM_END_ADDRESS] = 0x4321;
//
// 回读写入数据,在端口显示
//
UARTprintf("   SDRAM Read:\n");
UARTprintf("       Mem[0x6000.0000] = 0x%4x\n",
g_pui16EPISdram[ SDRAM_START_ADDRESS]);
UARTprintf("       Mem[0x6000.0001] = 0x%4x\n",
g_pui16EPISdram[ SDRAM_START_ADDRESS + 1]);
UARTprintf("       Mem[0x603F.FFFE] = 0x%4x\n",
g_pui16EPISdram[ SDRAM_END_ADDRESS - 1]);
UARTprintf("       Mem[0x603F.FFFF] = 0x%4x\n\n",
g_pui16EPISdram[ SDRAM_END_ADDRESS]);

while(1)
    {
    }
}
```

本例通过 EPI 接口，方便地操作了 SDRAM，利用 EPI 的 SDRAM 模式，无须再额外配置 SDRAM 的时钟、片选等信号引脚，通过对对应地址的读和写就能实现对 SDRAM 数据的读取和存储，提高了程序效率。

【例 4-3】 EPI 的 16 位总线模式的配置与使用。

```
void EPIGPIOinit()
{
    uint32_t ui32Val;
    //
    // 使能 EPI 模块
    //
    SysCtlPeripheralEnable(SYSCTL_PERIPH_EPI0);
    //
    // 使能相应 GPIO 端口
    //
    SysCtlPeripheralEnable(SYSCTL_PERIPH_GPIOA);
    SysCtlPeripheralEnable(SYSCTL_PERIPH_GPIOC);
    SysCtlPeripheralEnable(SYSCTL_PERIPH_GPIOG);
    SysCtlPeripheralEnable(SYSCTL_PERIPH_GPIOK);
    SysCtlPeripheralEnable(SYSCTL_PERIPH_GPIOM);
    //
    // 将相应 GPIO 的引脚复用功能设置为 EPI
    //
```

```
//
// EPI0S4 ~ EPI0S7: C4 ~ 7
//
ui32Val = HWREG(GPIO_PORTC_BASE + GPIO_O_PCTL);
ui32Val &= 0x0000FFFF;
ui32Val |= 0xFFFF0000;
HWREG(GPIO_PORTC_BASE + GPIO_O_PCTL) = ui32Val;
//
// EPI0S00 ~ EPI0S03: K0 ~ 3
//
ui32Val = HWREG(GPIO_PORTK_BASE + GPIO_O_PCTL);
ui32Val &= 0xFFFF0000;
ui32Val |= 0x0000FFFF;
HWREG(GPIO_PORTK_BASE + GPIO_O_PCTL) = ui32Val;
//
// EPI0S8 ~ EPI0S9: A6 ~ 7
//
ui32Val = HWREG(GPIO_PORTA_BASE + GPIO_O_PCTL);
ui32Val &= 0x00FFFFFF;
ui32Val |= 0xFF000000;
HWREG(GPIO_PORTA_BASE + GPIO_O_PCTL) = ui32Val;
//
// EPI0S10 ~ EPI0S11: G0 ~ 1
//
ui32Val = HWREG(GPIO_PORTG_BASE + GPIO_O_PCTL);
ui32Val &= 0xFFFFFF00;
ui32Val |= 0x000000FF;
HWREG(GPIO_PORTG_BASE + GPIO_O_PCTL) = ui32Val;
//
// EPI0S12 ~ EPI0S15: M0 ~ 3
//
ui32Val = HWREG(GPIO_PORTM_BASE + GPIO_O_PCTL);
ui32Val &= 0xFFFF0000;
ui32Val |= 0x0000FFFF;
HWREG(GPIO_PORTM_BASE + GPIO_O_PCTL) = ui32Val;
//
// 配置相应 GPIO 引脚为 EPI 模式
//
GPIOPinTypeEPI(GPIO_PORTA_BASE, EPI_PORTA_PINS);
GPIOPinTypeEPI(GPIO_PORTC_BASE, EPI_PORTC_PINS);
GPIOPinTypeEPI(GPIO_PORTG_BASE, EPI_PORTG_PINS);
GPIOPinTypeEPI(GPIO_PORTK_BASE, EPI_PORTK_PINS);
```

```
    GPIOPinTypeEPI(GPIO_PORTM_BASE, EPI_PORTM_PINS);
    //
    // 设置 EPI 工作方式为 16 位总线模式
    //
    EPIModeSet(EPI0_BASE, EPI_MODE_HB16);
    //
    // 配置 16 位总线模式工作参数。本例配置为数据/地址分离,读和写都等
    // 待 6 个 EPI 时钟周期,设置 EPIS030 引脚为片选信号(实际可能不用片选)
    // 等待 0 个外部时钟
    //
    EPIConfigHB16Set(EPI0_BASE,EPI_HB16_MODE_ADDEMUX | EPI_HB16_RDWAIT_2 | EPI_
HB16_WRWAIT_2 | EPI_HB16_CSCFG_CS,0);
    //
    // 配置 EPI 地址映射。设置外设空间地址为 256 字节,基地址为 0xA0000000
    //
    EPIAddressMapSet(EPI0_BASE, EPI_ADDR_PER_SIZE_256B | EPI_ADDR_PER_BASE_A);
}
```

通过 EPI 的 16 位总线操作外设，需要先定义一个指向外设地址的指针，例如，对 OLED 操作，定义如下。

```
#define   OLED_ADDR    *(unsigned short *)0xA0000000
```

这样，将外设视为一个地址，通过对这个地址的读和写，实现对外设的读和写。例如，要将 0xa5a5 数据写到 OLED 的寄存器中，程序如下。

```
OLED_ADDR = 0xa5a5;
```

4.5　思考与练习

1. 什么是位带操作，位带别名区和位带区？试计算 0x2006.0000 第三位的位带别名。
2. 外设驱动函数使用 ROM 中代码与不使用 ROM 的区别。
3. 请描述向 Flash 写一个 32 位字的步骤。
4. 简述 EEPROM 的工作机制。
5. 简述 EPI 三种不同工作模式的应用场合。
6. EPI 对外部无地址设备是如何操作的？

第 5 章　TM4C1294 微处理器系统外设

本章主要介绍 TM4C1294 微处理器的系统外设，包括通用输入/输出端口（GPIO）、通用定时器模块（GPTM）、看门狗定时器（WDT）和 μDMA。本章详细描述了 GPIO、GPTM、WDT 以及 μDMA 的功能及特点、内部结构、功能描述和初始化配置方法等。

5.1　通用输入/输出端口（GPIO）

TM4C1294 微处理器的 GPIO 模块包括 15 个物理 GPIO 块，每个块对应一个单独的 GPIO 端口（端口 A~端口 H，端口 J~端口 N，端口 P、端口 Q）。GPIO 模块支持高达 90 个可编程的输入/输出引脚，具体取决于使用的外设。

5.1.1　GPIO 功能与特点

GPIO 模块具有以下功能与特点。

1）高达 90 个 GPIO，具体取决于配置。

2）高度灵活的引脚复用，可配置为 GPIO 或任一外设功能。

3）配置为输入模式可承受 3.3V 电压。

4）端口 A~端口 H，端口 J~端口 N，端口 P、端口 Q 可通过高级外设总线（APB）访问。

5）快速切换能力，在 AHB 端口每个时钟周期实现一次变化。

6）可编程控制的 GPIO 中断。

- 产生中断屏蔽。
- 上升沿、下降沿或者双边沿触发。
- 高电平或者低电平触发。
- 端口 P 和端口 Q 的每个引脚都有中断功能。

7）读写操作时可通过地址线进行位屏蔽操作。

8）可用于启动一个 ADC 采样序列或 μDMA 传输。

9）引脚的状态可以在休眠模式下保留；端口 P 的引脚可以在休眠模式下被唤醒。

10）配置为数字输入的引脚均为施密特触发。

11）可编程控制的 GPIO 引脚配置。

- 弱上拉或弱下拉电阻。
- 数字通信时可配置为 2 mA、4 mA、8 mA、10 mA 或 12 mA 驱动电流，对于需要大电流的应用，可通过多达 4 个引脚承载 18 mA。
- 8 mA、10 mA 和 8 mA 驱动电流的斜率控制。
- 具有开漏使能功能。
- 具有数字输入使能功能。

5.1.2　GPIO 功能描述

每个 GPIO 端口都是同一物理模块的独立硬件实例（如图 5-1 和图 5-2 所示）。TM4C1294NCPDT 微控制器包含 15 个端口，因此会有 15 个物理 GPIO 模块。

📖 很多 GPIO 端口是否和系统外设复用，具体要参考 GPIO 和系统外设模块的配置。

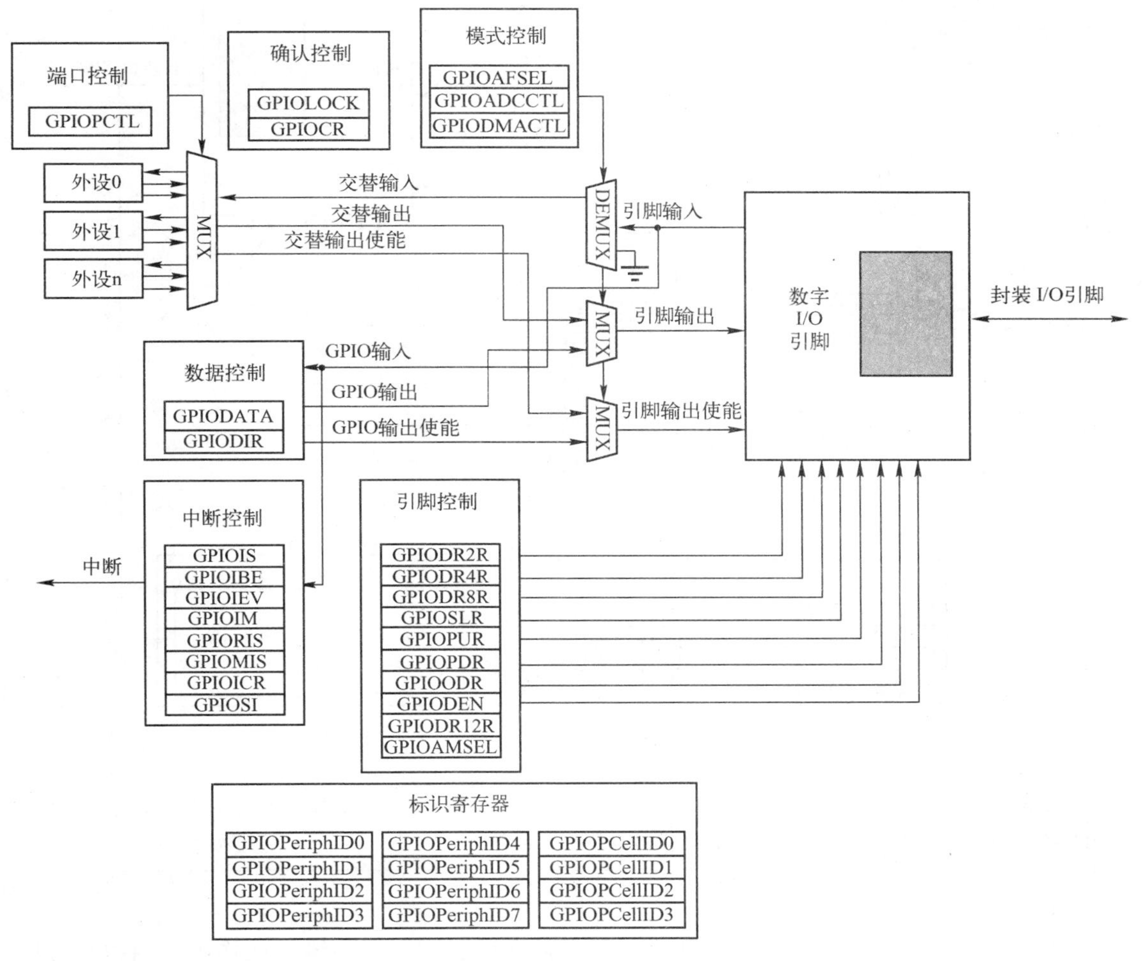

图 5-1　数字 I/O 口

1. 数据控制

数据控制寄存器允许软件配置 GPIO 的操作模式。当数据寄存器捕获输入数据时，数据方向寄存器将 GPIO 配置为输入；当数据寄存器通过端口输出数据时，数据方向寄存器将 GPIO 配置为输出。

📖 用户可以建立一个软件序列来阻止调试器连接到 TM4C1294NCPDT 微控制器。如果将程序代码加载到 Flash 中会立即将 JTAG 引脚变成 GPIO 功能，那么在 JTAG 引脚功能切换之前，调试器将没有足够的时间去连接和终止控制器，调试器可能被锁定在该部分外。通过使用一个基于外部或软件的触发器来恢

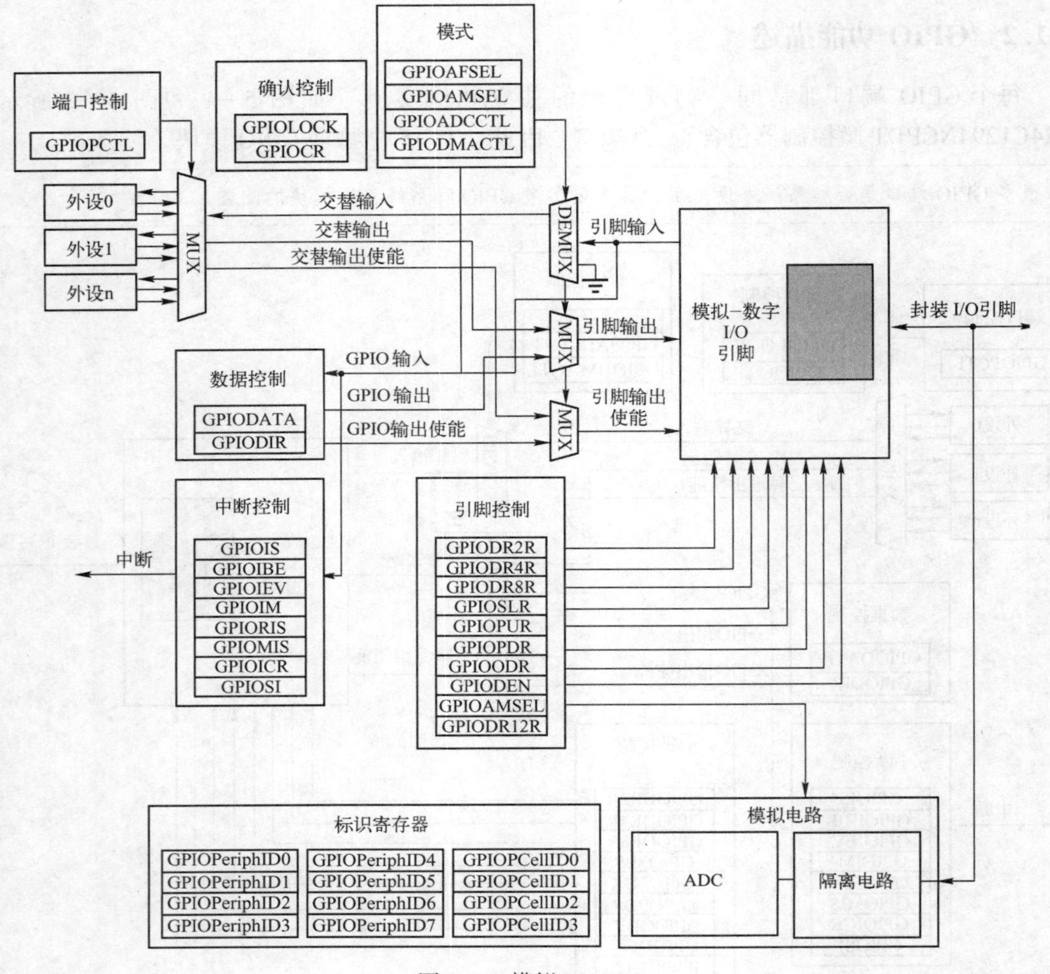

图 5-2　模拟 I/O 口

复 JTAG 功能的软件程序可以避免这个问题。如果未实施软件例程，且器件锁定在此部分以外，可通过 TM4C1294NCPDT Flash 编程器的“解锁”功能解决此问题。

（1）数据方向操作

GPIO 方向（GPIODIR）寄存器用来将每个独立的引脚配置为输入或输出，当数据方向寄存器里的位被清零时则配置为输入，相应的数据寄存器位便可以捕获并储存 GPIO 端口的值。当数据方向寄存器里的位则置位时则配置为输出，数据寄存器里相应的位便可以驱动 GPIO 端口。

（2）数据寄存器的操作

为了提高软件的效率，通过将地址总线的位[9:2]用作屏蔽位，可以对 GPIO 端口的 GPIO 数据（GPIODATA）寄存器中的各个位进行修改。通过这种方式软件驱动程序就可以以一条指令修改任何一个 GPIO 引脚，而不影响其他引脚的状态。这种方式与通过“读-修改-写”来操作 GPIO 引脚的典型做法不同。为了实现这种特性，GPIODATA 寄存器涵盖了存储器映射中的 256 个单元。

在写入操作中，如果与数据位相关联的地址位被置位，那么 GPIODATA 寄存器的值将发生变化。如果地址位被清零，那么数据位保持不变。

例如，将 0xEB 写入地址 GPIODATA+0x98 处，结果如图 5-3 所示。其中，u 表示写入操作没有改变数据。该示例演示了如何写入 GPIODATA 的位 5、2 和 1。

在读操作过程中，如果与数据位相关联的地址位被置位，那么就可以读取到数据寄存器里的值。如果与数据位相关联的地址位被清零，那么不管数据寄存器里的实际值是什么都读做 0。例如，读取地址 GPIODATA+0x0C4 处的值，结果如图 5-4 所示。该示例演示了如何读取 GPIODATA 的位 5、4 和 0。

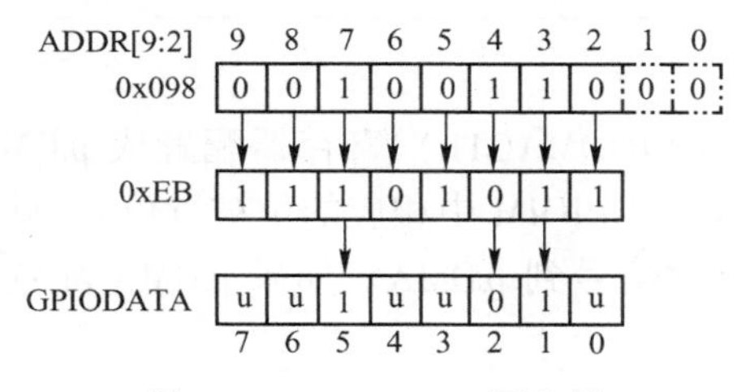

图 5-3　GPIODATA 写实例

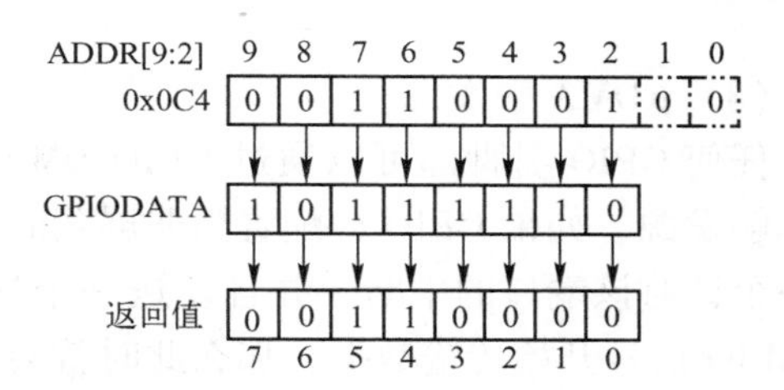

图 5-4　GPIODATA 读实例

2. 中断控制

每个 GPIO 端口的中断能力都由 7 个寄存器控制。这些寄存器可以选择中断源、极性以及边沿属性。当一个或多个输入引发中断时，只有一个中断输出被送到整个 GPIO 端口的中断控制器。对于边沿触发，为了让进一步的中断可用，软件必须清除该中断。对于电平触发，必须保持住外部电平的状态才能使控制器识别中断发生。

以下 3 个寄存器用来定义中断触发的类型。

- GPIO 中断检测（GPIOIS）寄存器。
- GPIO 中断双边沿（GPIOIBE）寄存器。
- GPIO 中断事件（GPIOIEV）寄存器。

通过 GPIO 中断屏蔽（GPIOIM）寄存器可以使能或禁止中断。

当产生中断条件时，可以在 GPIO 原始中断状态（GPIORIS）和 GPIO 屏蔽后的中断状态（GPIOMIS）寄存器中观察到中断信号的状态。顾名思义，GPIOMIS 寄存器仅显示允许被传送到中断控制器的中断条件。GPIORIS 寄存器则用于指明 GPIO 引脚满足中断条件，但不一定发送到控制器。

对于 GPIO 电平触发中断，产生中断的信号必须保持，直到进入中断服务。当产生逻辑判断的中断致使输入信号无效时，GPIORIS 寄存器中相应的 RIS 位将清零。对于 GPIO 边沿触发中断，向 GPIO 中断清零（GPIOICR）寄存器的相应位写 1 即可将 GPIORIS 寄存器的 RIS 位清零。相应的 GPIOMIS 位将指示 RIS 位的屏蔽值。

在设置中断控制寄存器（GPIOIS、GPIOIBE 或 GPIOIEV）的时候，应该保持中断的屏蔽状态（GPIOIM 清零）以防止发生意外中断。如果相应的位没有屏蔽，那么向中断控制寄存器中写入任何值都有可能产生伪中断。

（1）每一个引脚的中断

GPIO 端口 P 和端口 Q 的每一个引脚都能触发一个中断，每一个引脚都有一个专门的中断矢量，并且可以通过一个独立的中断处理机制来处理。

（2）ADC 触发源

任何 GPIO 引脚都可以通过 GPIO ADC 控制（GPIOADCCTL）寄存器配置成 ADC 的外部触发源。如果 GPIO 被配置为非屏蔽的中断引脚（GPIOIM 中相应的位被置位），该端口产生中断时，就会发送一个触发信号到 ADC。如果 ADC 事件多路复用器选择（ADCEMUX）寄存器被配置为使用外部触发器，那么将启动 ADC 转换。

🕮 如果 Port B GPIOADCCTL 寄存器被清零，PB4 也可以用作 ADC 的外部触发信号。此传统模式允许在此微控制器中运行针对上一代器件编写的代码。

（3）μDMA 触发源

任何 GPIO 引脚都可以通过 GPIO DMA 控制（GPIODMACTL）寄存器配置成 μDMA 的外部触发源。如果 GPIO 被配置为非屏蔽的中断引脚（GPIOIM 中相应的位被置位），就会产生一个针对该端口的中断，并且发送一个外部的触发信号到 μDMA。如果 μDMA 配置为根据 GPIO 信号开始传输数据，那么此时就会启动传输。

3. 其他控制

（1）模式控制（Mode Control）

GPIO 引脚既可以被软件控制又可以被硬件控制。软件控制是大部分引脚的默认状态，并且与 GPIO 模式对应，此时的 GPIODATA 寄存器用来读写相应的引脚。当 GPIO 备用功能选择（GPIOAFSEL）寄存器启用硬件控制时，引脚状态将由它的复用（即外设）功能控制。

更多的引脚复用功能选择由 GPIO 端口控制（GPIOPCTL）寄存器提供，该寄存器可以为每个 GPIO 选择其中一个外设功能。

🕮 如果一个引脚被用作 ADC 的输入，那么 GPIOAMSEL 寄存器中相应的位必须置位，禁用模拟隔离电路。

（2）确认控制（Commit Control）

GPIO 确认控制寄存器提供了保护层，以防止对重要硬件外设的意外编程。系统针对可用作 4 个 JTAG/SWD 引脚以及 NMI 引脚的 GPIO 引脚提供了保护功能。向 GPIO 备用功能选择（GPIOAFSEL）寄存器、GPIO 上拉电阻选择（GPIOPUR）寄存器、GPIO 下拉电阻选择（GPIOPDR）寄存器以及 GPIO 数字使能（GPIODEN）寄存器中受保护的位写入数据将不会确认保存，除非 GPIO 锁定（GPIOLOCK）寄存器没有被锁定，同时 GPIO 确认（GPIOCR）寄存器中相应的位被置位。

（3）引脚控制（Pad Control）

可以根据应用程序的要求用软件来配置 GPIO 引脚。引脚控制寄存器包括 GPIODR2R、GPIODR4R、GPIODR8R、GPIODR12R、GPIOODR、GPIOPUR、GPIOPDR、GPIOSLR 以及 GPIODEN 寄存器。这些寄存器控制着引脚的驱动电流大小、开漏配置、上拉下拉电阻选择、斜率控制和数字输入使能。如果对配置为开漏输出的 GPIO 施加了 3.3V 电压，则输出电压将取决于上拉电阻的强度。GPIO 引脚并未配置为输出 3.3V 电压。

（4）标识（Identification）

复位时配置的标识寄存器允许软件将模块当作 GPIO 块进行检测和识别。标识寄存器包括 GPIOPeriphID0～GPIOPeriphID7 寄存器以及 GPIOPCellID0～GPIOPCellID3 寄存器。

5.1.3　GPIO 初始化与配置

要将 GPIO 引脚配置为特殊端口，请按以下步骤操作。

1）将 RCGCGPIO 寄存器中相应的位置位即可为端口启用时钟，此外可按相同的方式设置 SCGCGPIO 和 DCGCGPIO 寄存器，以启用睡眠模式和深度睡眠模式的时钟。

2）设置 GPIODIR 寄存器即可指定 GPIO 引脚的方向。写 1 即表示输出，写 0 即表示输入。

3）通过配置 GPIOAFSEL 寄存器将每个位设置为 GPIO 引脚或备用引脚。如果将某个位设置为备用引脚，则必须根据特定外设的需要设置 GPIOPCTL 寄存器的 PMCx 位域。另外还可通过 GPIOADCCTL 和 GPIODMACTL 这两个寄存器将 GPIO 引脚分别设置为 ADC 或 μDMA 触发信号。

4）设置 GPIOPC 寄存器中的 EDMn 位域。

5）设置或者清除 GPIODR4R、GPIODR8R、GPIODR12R 寄存器位。

6）通过 GPIOPUR、GPIOPDR 和 GPIOODR 寄存器设置端口中每个引脚的功能：上拉、下拉或者开漏。如有需要，还可通过 GPIOSLR 寄存器设置斜率。

7）要为 GPIO 引脚启用数字 I/O 功能，应将 GPIODEN 寄存器中相应的 DEN 位置位。要为 GPIO 引脚启用模拟功能（如可用），应将 GPIOAMSEL 寄存器中的 GPIOAMSEL 位置位。

8）通过 GPIOIS、GPIOIBE、GPIOBE、GPIOEV 和 GPIOIM 寄存器可配置每个端口的类型、事件和中断屏蔽。

📖 为了防止错误中断，在重新配置 GPIO 边缘和中断检测寄存器时要采取以下步骤。

1）清除 GPIOIM 寄存器中的 IME 位域以屏蔽相应的端口。

2）配置 GPIOIS 寄存器中的 IS 位域和 GPIOIBE 寄存器中的 IBE 位域。

3）清除 GPIORIS 寄存器。

4）设置 GPIOIM 寄存器中的 IME 位域来打开屏蔽端口。

9）软件还可选择将 GPIOLOCK 寄存器中的 LOCK 位置位，以锁定 GPIO 的 NMI 和 JTAG/SWD 引脚的配置。

除非另行配置，内部上电复位时，所有的 GPIO 引脚都被配置成无驱动模式（三态）：GPIOAFSEL=0、GPIODEN=0、GPIOPDR=0 且 GPIOPUR=0。表 5-1 列出了 GPIO 端口的所有可能的配置以及实现这些配置的控制寄存器设置。表 5-2 显示了为 GPIO 端口的引脚 2 配置上升沿中断的方法。其中，x 表示可以为任意值（0 或 1）；表示 0 或 1，具体取决于配置。

表 5-1　GPIO 端口配置实例

配置	GPIO 寄存器位值 a										
	AFSEL	DIR	ODR	DEN	PUR	PDR	DR2R	DR4R	DR8R	DR12R	SLR
数字输入（GPIO）	0	0	0	1	?	?	x	x	x	x	x
数字输出（GPIO）	0	1	0	1	?	?	?	?	?	?	?
开漏输出（GPIO）	0	1	1	1	x	x	?	?	?	?	?

（续）

配置	GPIO 寄存器位值 a										
	AFSEL	DIR	ODR	DEN	PUR	PDR	DR2R	DR4R	DR8R	DR12R	SLR
开漏输入/输出（I^2CSDA）	1	x	1	1	x	x	?	?	?	?	?
开漏输入/输出（I^2CSCL）	1	x	0	1	x	x	?	?	?	?	?
数字输入（定时器 CCP）	1	x	0	1	?	?	x	x	x	x	x
数字输入（QEI）	1	x	0	1	?	?	x	x	x	x	x
数字输出（PWM）	1	x	0	1	?	?	?	?	?	?	?
数字输出（定时器 PWM）	1	x	0	1	?	?	?	?	?	?	?
数字输入/输出（SSI）	1	x	0	1	?	?	?	?	?	?	?
数字输入/输出（UART）	1	x	0	1	?	?	?	?	?	?	?
模拟输入（比较器）	0	0	0	0	0	0	x	x	x	x	x
数字输出（比较器）	1	x	0	1	?	?	?	?	?	?	?

表 5-2　GPIO 端口配置实例

寄存器	期望的中断触发事件	引脚 2 位的值 a							
		7	6	5	4	3	2	1	0
GPIOIS	0=边沿触发 1=电平触发	x	x	x	x	x	0	x	x
GPIOIBE	0=单边沿触发 1=双边沿触发	x	x	x	x	x	0	x	x
GPIOIEV	0=低电平或下降沿触发 1=高电平或上升沿触发	x	x	x	x	x	1	x	x
GPIOIM	0=屏蔽 1=不屏蔽	0	0	0	0	0	1	0	0

5.1.4　GPIO 寄存器映射与描述

GPIO 寄存器在每个 GPIO 块中都是相同的，但是根据块的不同，8 个位可能并不是全部与 GPIO 端口相连。向未连接的位写数据没有任何效果，而读取未连接的位的数据没有任何意义。以下偏移量代表该寄存器相对于 GPIO 端口基址的十六进制增量地址。

- GPIO 端口 A（AHB）：0x4005. 8000。
- GPIO 端口 B（AHB）：0x4005. 9000。
- GPIO 端口 C（AHB）：0x4005. A000。
- GPIO 端口 D（AHB）：0x4005. B000。
- GPIO 端口 E（AHB）：0x4005. C000。
- GPIO 端口 F（AHB）：0x4005. D000。
- GPIO 端口 G（AHB）：0x4005. E000。
- GPIO 端口 H（AHB）：0x4005. F000。
- GPIO 端口 J（AHB）：0x4006. 0000。
- GPIO 端口 K（AHB）：0x4006. 1000。

- GPIO 端口 L（AHB）：0x4006.2000。
- GPIO 端口 M（AHB）：0x4006.3000。
- GPIO 端口 N（AHB）：0x4006.4000。
- GPIO 端口 P（AHB）：0x4006.5000。
- GPIO 端口 Q（AHB）：0x4006.6000。

注意配置这些寄存器之前必须先启用 GPIO 模块的时钟。启用 GPIO 模块时钟以后，必须等待 3 个系统时钟才能访问 GPIO 模块的寄存器。

📖 所有的 GPIO 引脚在复位时都被配置为 GPIO 功能，而且是三态的（GPIOAFSEL=0、GPIODEN=0、GPIOPDR=0、GPIOPUR=0、GPIOPCTL=0），但是表 5-3 中列出的这些引脚除外。上电复位（POR）或确认 RST 都会将引脚恢复默认设置。

表 5-3　具有非 0 复位值的 GPIO 引脚

引脚	默认值	GPIOAFSEL	GPIODEN	GPIOPDR	GPIOPUR	GPIOPCTL	GPIOCR
PC[3:0]	JTAG/SWD	1	1	0	1	0x1	0
PD[7]	GPIO	0	0	0	0	0x0	0
PE[7]	GPIO	0	0	0	0	0x0	0

具有非 0 复位值的 GP20 引脚就算是不配置成 JTAG/SWD 或 NMI 信号，而是把它们配置成备用功能，这些引脚也必须遵循提交控制过程。

除了 NMI 引脚和 4 个 JTAG/SWD 引脚之外，所有 GPIO 引脚的 GPIOCR 寄存器的默认类型是 RO（只读），默认复位值是 0x0000.00FF。GPIOCR 寄存器当前仅保护这 6 个 GPIO 引脚，见表 5-3。因此，相应 GPIO 端口的寄存器类型为 RW（读写）。

为了确保 JTAG/SWD 和 NMI 引脚不会被意外地编程为 GPIO 引脚，默认锁定这几个引脚，以防止犯错；同时，GPIO 端口的 GPIOCR 默认复位值发生了变化。GPIO 寄存器映射关系如表 5-4 所示。

表 5-4　GPIO 寄存器映射

偏 移 量	名　　称	类　　型	复位后默认值	描　　述
0x000	GPIODATA	RW	0x0000.0000	GPIO 数据
0x400	GPIODIR	RW	0x0000.0000	GPIO 方向
0x404	GPIOIS	RW	0x0000.0000	GPIO 中断检测
0x408	GPIOIBE	RW	0x0000.0000	GPIO 中断两边
0x40C	GPIOIEV	RW	0x0000.0000	GPIO 中断事件
0x410	GPIOIM	RW	0x0000.0000	GPIO 中断屏蔽
0x414	GPIORIS	RO	0x0000.0000	GPIO 原始中断状态
0x418	GPIOMIS	RO	0x0000.0000	GPIO 屏蔽中断状态
0x41C	GPIOICR	W1C	0x0000.0000	GPIO 中断清除
0x420	GPIOAFSEL	RW	-	GPIO 备用功能选择

（续）

偏移量	名称	类型	复位后默认值	描述
0x500	GPIODR2R	RW	0x0000.00FF	GPIO 2-mA 驱动器选择
0x504	GPIODR4R	RW	0x0000.0000	GPIO 4-mA 驱动器选择
0x508	GPIODR8R	RW	0x0000.0000	GPIO 8-mA 驱动器选择
0x50C	GPIOODR	RW	0x0000.0000	GPIO 漏极开路选择
0x510	GPIOPUR	RW	–	GPIO 上拉选择
0x514	GPIOPDR	RW	0x0000.0000	GPIO 下拉选择
0x518	GPIOSLR	RW	0x0000.0000	GPIO 转换速率控制选择
0x51C	GPIODEN	RW	–	GPIO 数字使能
0x520	GPIOLOCK	RW	0x0000.0001	GPIO 锁定
0x524	GPIOCR	–	–	GPIO 提交
0x528	GPIOAMSEL	RW	0x0000.0000	GPIO 模拟模式选择
0x52C	GPIOPCTL	RW	–	GPIO 端口控制
0x530	GPIOADCCTL	RW	0x0000.0000	GPIO ADC 控制
0x534	GPIODMACTL	RW	0x0000.0000	GPIO DMA 控制
0x538	GPIOSI	RW	0x0000.0000	GPIO 选择中断
0x53C	GPIODR12R	RW	0x0000.0000	GPIO 12-mA 驱动器选择
0x540	GPIOWAKEPEN	RW	0x0000.0000	GPIO 唤醒引脚使能
0x544	GPIOWAKELVL	RW	0x0000.0000	GPIO 唤醒级别
0x548	GPIOWAKESTAT	RO	0x0000.0000	GPIO 唤醒状态
0xFC0	GPIOPP	RO	0x0000.0001	GPIO 外设属性
0xFC4	GPIOPC	RW	0x0000.0000	GPIO 外设配置
0xFD0	GPIOPeriphID4	RO	0x0000.0000	GPIO 外设标识 4

注：RW：读写；RO：只读；W1C：写 1 清除标志（Write 1 Clear）。

5.1.5 GPIO 应用例程

实际配置中可用多种方法对 GPIO 进行配置，下面分别采用直接寄存器操作和调用驱动库函数两种方法来配置 GPIO。

【例 5-1】采用直接寄存器操作的方法配置 GPIO 端口 N，配置为推挽输出模式，输出电流为 8 mA。

```
void GPIO_PORTN_Config( )
{
SYSCTL_RCGCGPIO_R = SYSCTL_RCGCGPIO_R12;        //使能 PORTN 口时钟
GPIO_PORTN_DEN_R = 0x01;                        //使能 PORTN 的数字模块
GPIO_PORTN_DIR_R = 0x01;                        //设置为输出模式
GPIO_PORTN_AFSEL_R = 0x00;                      //关闭备用功能
GPIO_PORTN_DR8R_R = 0x01;                       //设置为输出电流为 8 mA
GPIO_PORTN_ODR_R = 0x00;                        //设为推挽输出
```

```
GPIO_PORTN_SLR_R = 0x01;                    //打开斜率控制(跳变速度控制)
}
```

【例 5-2】调用驱动库函数来配置 GPIO 端口 N 的 PN0 和 PN1 两个引脚为输出，两个引脚都输出高电平。

```
void main()
{
//TivaWare? Peripheral Driver Library 驱动库配置
SysCtlPeripheralEnable(SYSCTL_PERIPH_GPION);              //使能 PORTN
GPIODirModeSet(GPIO_PORTN_BASE,GPIO_PIN_0|GPIO_PIN_1, GPIO_DIR_MODE_OUT);
                                                          //设置为输出模式
GPIOPadConfigSet(GPIO_PORTN_BASE,GPIO_PIN_0|GPIO_PIN_1, GPIO_STRENGTH_8MA_SC,GPIO
_PIN_TYPE_STD);                             //进一步设置为 8 mA、带转换速率控制的推挽输出
GPIOPinWrite(GPIO_PORTN_BASE,GPIO_PIN_0|GPIO_PIN_1, 0x03);
}
```

5.2　通用定时器模块（GPTM）

通用定时器模块（General-Purpose Timer Module，GPTM）是一种用于计时或计数的装置。可编程定时器可以对驱动定时器输入引脚的外部事件进行计数或定时。TM4C1294CTPDT 包含 8 个 16 位/32 位 GPTM 模块。每个 16 位/32 位 GPTM 提供两个 16 位的定时器/计数器（称作 Timer A 和 Timer B），用户可以将它们配置成独立运行的定时器或事件计数器，或将它们连接成一个 32 位定时器或一个 32 位实时时钟（RTC）。GPTM 还可以触发微型直接内存访问传输（μDMA）。

此外，如果在周期和单次触发模式下发生超时，定时器还可用于触发模-数转换（ADC）。由于所有通用定时器的触发信号在到达 ADC 模块前一起进行或操作，因而只需使用一个定时器来触发 ADC 事件。

通用定时器模块是 Tiva™ C 系列微控制器的一个定时资源。其他定时器资源还包括系统定时器（SysTick）和 PWM 模块中的 PWM 定时器。

5.2.1　GPTM 功能与特点

GPTM 的功能与特点如下。

1）运行模式。

- 16 位或 32 位可编程的单次定时器。
- 16 位或 32 位可编程的周期定时器。
- 具有 8 位预分频的 16 位通用定时器。
- 当有 32.768 kHz 的外部时钟源时，可作为 32 位的实时时钟。
- 16 位输入沿计数或定时捕获模式，并带 8 位的预分频器。
- 带 8 位预分频器的 16 位 PWM 模式以及软件编程实现的 PWM 信号反相输出。
- 系统时钟或者全局备用时钟（ALTCLK）资源可被用于定时器时钟资源。全局备用时

钟可作为：高精度内部振荡器（PIOSC）、休眠模式下的时钟输出（RTCOSC）和低频内部振荡器。

2）可向上或向下计数。

3）12 个 16 位/32 位捕获比较 PWM 引脚（CCP）。

4）菊花链式的定时器模块允许一个定时器开始计时多路时钟事件。

5）定时器同步功能允许所选的定时器在同一时钟周期开始计数。

6）模-数转换（ADC）触发器。

7）当调试时，CPU 出现暂停标识时，用户可以停止定时器事件（不包括 RTC 模式）。

8）确定从产生定时器中断到进入中断服务程序所经过的时间。

9）用微型直接内存访问（μDMA）的高效传输。

- 每个定时器具有专用通道。
- 定时器中断响应突发请求。

5.2.2 GPTM 内部结构

GPTM 内部结构如图 5-5 所示。

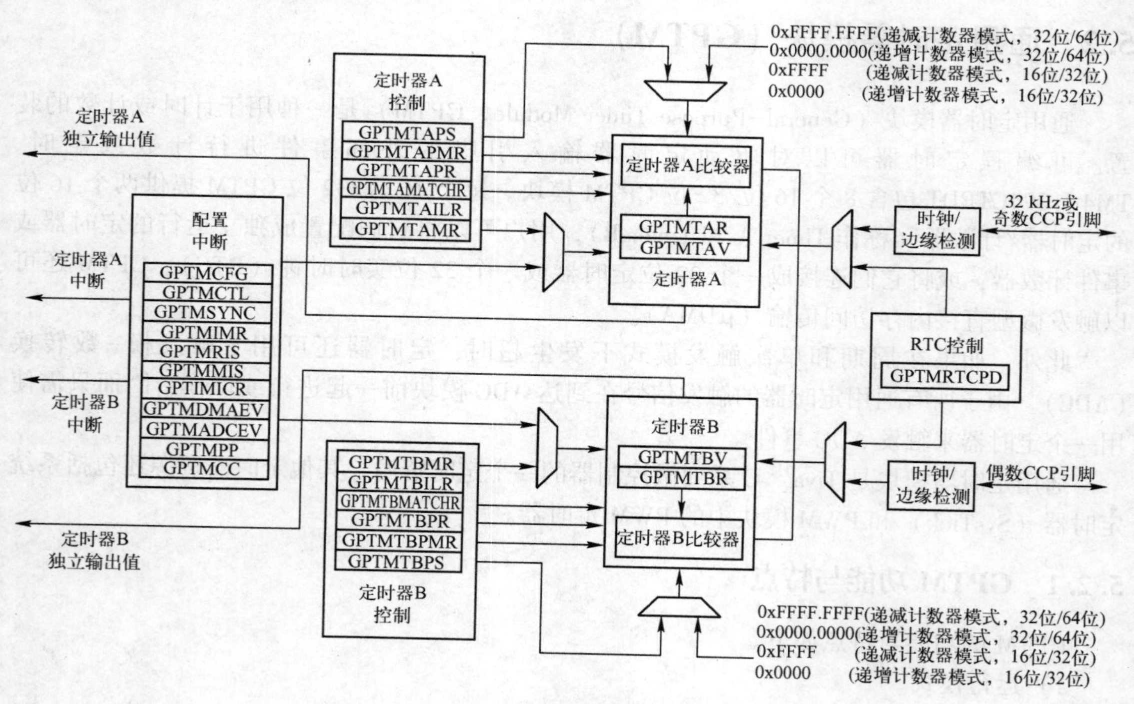

图 5-5　GPTM 模块结构图

5.2.3 GPTM 功能描述

每个 GPTM 的主要包括两个自由运行的递增/递减计数器（称作 Timer A 和 Timer B）、两个预分频器寄存器、两个匹配寄存器、两个预分频器匹配寄存器、两个影子寄存器、两个加载/初始化寄存器以及与它们相关的控制功能元件。GPTM 的准确功能可由软件来控制，并通过寄存器接口进行配置。Timer A 和 Timer B 独立使用时，拥有针对 16 位/32 位 GPTM

的 16 位的计数范围。此外，可以将 Timer A 和 TimerB 连在一起为 16 位/32 位 GPTM 提供 32 位的计数范围。请注意仅可以在单独使用定时器时使用预分频器。

各个 GPTM 模块的可用模式及其功能如表 5-5 所示。在单次触发或周期模式下递减计数时，预分频器用作真预分频器并且包含计数的最低位；在单次触发或周期模式下递增计数时，预分频器用作定时器扩展并且包含计数的最高位。在边沿计数、边沿时间和 PWM 模式下，预分频器总是用作定时器扩展，而不论计数方向。

软件使用 GPTM 配置（GPTMCFG）寄存器、GPTM Timer A 模式（GPTMTAMR）寄存器和 GPTM Timer B 模式（GPTMTBMR）寄存器配置 GPTM。任一一个定时器连接使用时，Timer A 和 Timer B 仅能在一个模式中运行。但是，独立使用进行配置时，可以在任何独立使用的组合中自由配置 Timer A 和 Timer B。

表 5-5　通用定时器模式及其功能

模　式	定时器使用	计数方向	计数器大小	预分频器大小
单次触发	独立	递增或递减	16 位	8 位
	连接	递增或递减	32 位	-
周期	独立	递增或递减	16 位	8 位
	连接	递增或递减	32 位	-
RTC	连接	递增	32 位	-
输入边沿计数	独立	递增或递减	16 位	8 位
输入边沿计时	独立	递增或递减	16 位	8 位
PWM	独立	递减	16 位	8 位

1. GPTM 复位条件

GPTM 复位后处于未激活状态，所有控制寄存器均被清零，同时进入默认状态。计数器的 Timer A 和 Timer B 均初始化为 1，其相应的寄存器如下。

（1）加载寄存器

- GPTM Timer A 间隔加载（GPTMTAILR）寄存器。
- GPTM Timer B 间隔加载（GPTMTBILR）寄存器。

（2）影子寄存器

- GPTM Timer A Value（GPTMTAV）寄存器。
- GPTM Timer B Value（GPTMTBV）寄存器。

以下预分频计数器均初始化为 0。

- GPTM Timer A 预分频（GPTMTAPR）寄存器。
- GPTM Timer B 预分频（GPTMTBPR）寄存器。
- GPTM Timer A 预分频快照（GPTMTAPS）寄存器。
- GPTM Timer B 预分频快照（GPTMTBPS）寄存器。

2. 定时器模式

此部分描述了各种定时器模式的运行。在连接模式中使用 Timer A 和 Timer B 时，仅必须使用 Timer A 控制和状态位，不需要使用 Timer B 控制和状态位。通过向 GPTM 配置

（GPTMCFG）寄存器写入 0x4，可将 GPTM 配置为独立/分离模式。在以下部分中，变量“n”用于位域和寄存器名称中，表示 Timer A 函数或 Timer B 函数。在本节中，递减计数模式中的超时事件为 0x0，而在递增模式中为 GPTM Timer n 间隔加载寄存器（GPTMTnILR）和可选的 GPTM Timer n 预分频寄存器（GPTMTnPR）中的数值。

（1）单次触发/周期模式

选择单次触发模式还是周期模式由写入 GPTM Timer n 模式（GPTMTnMR）寄存器中 TnMR 位域的值来决定。定时器是递增计数还是递减计数由 GPTMTnMR 寄存器中的 TnCDIR 位来决定。

当软件置位了 GPTM 控制（GPTMCTL）寄存器中的 TnEN 位，定时器从 0x0 开始递增计数或从预加载的值开始递减计数。另外，如果 GPTMTnMR 寄存器中的 TnWOT 被置位，而且 GPTMCTL 寄存器中的 TnEN 位也被置位，定时器就会等待一个触发来开始计数。表 5-6 所示为启用定时器时加载到定时器寄存器的值。

表 5-6　启用定时器时加载到定时寄存器的值

寄　存　器	递 减 模 式	递 增 模 式
GPTMTnR	GPTMTnILR	0x0
GPTMTnV	连接模式下为 GPTMTnILR；独立模式下为 GPTMTnPR 与 GPTMTnILR 的组合	0x0
GPTMTnPS	独立模式下为 GPTMTnPR；连接模式下不可用	独立模式下为 0x0；连接模式下不可用

当定时器递减计数并且到达超时事件（0x0）时，定时器将会在下一个时钟周期从 GPTMTnILR 和 GPTMTnPR 寄存器重新加载初值。当定时器递增计数并达到超时事件（GPTMTnILR 和可选的 GPTMTnPR 寄存器中的数值）时，定时器重新加载 0x0。如果配置为单次触发定时器，定时器将停止计数，并且将 GPTMCTL 寄存器中的 TnEN 位清零。如果配置为周期定时器，则定时器会在下一个时钟周期开始再次计数。

在周期模式下，GPTM 有快照功能（GPTMTnMR 寄存器中的 TnMR 位域为 0x2，且 TnSNAPS 位置位），通过这种功能，可以获得定时器的快照值和自由运行定时器的当前值，从而确定从发生中断到进入中断服务程序之间所用时间。定时器配置为单次触发模式时，快照功能不可用。

除了重新装载计数值，一旦超时通用定时器就会触发并产生中断。置位 GPTM 原始中断状态（GPTMRIS）寄存器中的 TnTORIS 位，并保持该值直到向 GPTM 中断清除（GPTMICR）寄存器执行写操作将其清零。如果在 GPTM 中断屏蔽（GPTMIMR）寄存器中启用超时中断，将 GPTM 屏蔽的中断状态（GPTMMIS）寄存器中的 TnTOMIS 位置位。将 GPTM Timer n 模式（GPTMTnMR）寄存器的 TACINTD 位置位即可完全禁用超时中断。此时，即便是 GPTMRIS 寄存器中的 TnTORIS 位也不会置位。

将 GPTMTnMR 寄存器中的 TnMIE 位置位，当定时器的值与加载到 GPTM Timer n 匹配（GPTMTnMATCHR）和 GPTM Timer n 预分频匹配值（GPTMTnPMR）寄存器的值相等时，也能产生中断条件。该中断和超时中断具有同样的状态、屏蔽和清零方式，但是需要使用匹配中断位来实现这些功能（例如，原始中断状态通过 GPTM 原始中断状态（GPTMRIS）寄存器的 TnMRIS 位监控）。中断状态位并不会由硬件更新，除非 GPTMTnMR 寄存器的 TnMIE 位已置位，这与超时中断的行为不同。通过将 GPTMCTL 中的 TnOTE 位置位以启用 ADC 触发。ADC 触发器启用时，仅单次触发或周期超时事件可致使 ADC 触发器有效。配置并启用相应的 μDMA 通道即可启用 μDMA 触发器。

当软件在计数器递减的过程中更新了 GPTMTnILR 或 GPTMTnPR 寄存器，计数器会在下一个时钟周期加载新值，并且如果 GPTMTnMR 寄存器中的 TnILD 位清零，则从新值开始继续计数。当 TnILD 位置位时，计数器在下一个超时后加载新值。如果软件在计数器递增的过程中更新了 GPTMTnILR 或 GPTMTnPR 寄存器，超时事件会在下一个时钟周期更改为新值。当软件在计数器递增或递减的过程中更新了 GPTM Timer n 值（GPTMTnV）寄存器的值，计数器将会在下个时钟周期载入这个新值并从这个新值开始递增或递减。当软件更新了 GPTMTnMATCHR 或 GPTMTnPMR 寄存器，新值将在下一个时钟周期得到反映（前提是 GPTMTnMR 寄存器的 TnMRSU 位已清零）。当 TnMRSU 位置位，新值将在下一个超时后再生效。

当 GPTMCTL 寄存器的 TnSTALL 位置位且 GPTMCTL 寄存器的 RTCEN 位不置位，定时器将会在调试器停止处理器时冻结计数。当处理器运行的时候定时器将会继续计数。将 RT-CEN 位置位，则 TnSTALL 位不会在调试器停止处理器时冻结计数。

（2）实时时钟模式

在实时时钟（RTC）模式中，Timer A 和 Timer B 寄存器连在一起被配置为递增计数器。复位后，首次选择 RTC 模式时，计数器加载的值为 0x1。所有后续加载的值必须写入 GPTM Timer n 间隔加载（GPTMTnILR）寄存器。如果 GPTMTnILR 寄存器加载了一个新值，则计数器将从该值开始计数，并在达到固定值 0xFFFFFFFF 时返回初始值并重新计数。

在 RTC 模式中，要求 CCP0 输入时钟为 32.768 kHz。然后将时钟信号分频为 1 Hz，将其传送给计数器的输入端。

在软件写 GPTMCTL 寄存器中的 TAEN 位时，计数器从其预加载的值 0x1 开始递增计数。如果当前的计数值与 GPTMTnMATCHR 寄存器中预加载的值相匹配，GPTM 将使 GPTMRIS 中的 RTCRIS 位生效，并且继续计数，直到发生硬件复位或者软件将其禁用（通过清零 TAEN 位）。当定时器值达到终端计数时，定时器将会返回到 0x0 继续递增计数。如果 RTC 中断在 GPTMIMR 寄存器中被启用，GPTM 也会将 GPTMMIS 中的 RTCMIS 位置位，并且产生一个控制器中断。通过写 GPTMICR 寄存器中的 RTCCINT 位将状态标记清除。

在 RTC 模式中，GPTMTnR 和 GPTMTnV 寄存器总是具有相同的值。

（3）输入边沿计数模式

📖 对于上升沿检测，输入信号必须在上升沿到达高电平后至少保持两个系统时钟周期。同样，对于下降沿检测，输入信号在到达下降沿的低电平后至少保持两个系统时钟周期。有鉴于此，边沿检测输入的最大频率为系统频率的 1/4。

在边沿计数模式中，定时器被配置为 24 位递增或递减计数器，包括带有存储在 GPTM-Timer n 预分频（GPTMTnPR）寄存器中的高位计数值和 GPTMTnR 寄存器低位的可选预分频器。在此模式中，定时器能够捕获 3 种事件类型：上升沿、下降沿或上升/下降沿。要想使用定时器的边沿计数模式，必须把 GPTMTnMR 寄存器 TnCMR 位清零。定时器计数的边沿类型由 GPTMCTL 寄存器中的 TnEVENT 位域的值决定。在递减模式的初始化过程中，需对 GPTMTnMATCHR 和 GPTMTnPMR 寄存器进行配置，使 GPTMTnILR 和 GPTMTnPR 寄存器以及 GPTMTnMATCHR 和 GPTMTnPMR 寄存器之间的差值等于必须计算的边沿事件的数目。在递增计数模式中，定时器从 0x0 开始计数，直到等于 GPTMTnMATCHR 和 GPTMTnPMR 寄存器中的值。执行递增计数时，GPTMTnPR 和 GPTMTnILR 的值必须大于 GPTMTnPMR 和 GPTMTnMATCHR 的值。

当软件写 GPTM 控制（GPTMCTL）寄存器的 TnEN 位时，定时器将启用并用于事件捕获。CCP 引脚上每输入一个事件，计数器的值就递减或递增 1，直到事件计数的值与 GPTMTnMATCHR 和 GPTMTnPMR 的值匹配。计数匹配时，GPTM 让 GPTM 原始中断状态（GPTMRIS）寄存器中的 CnMRIS 位有效，并保持该值直到向 GPTM 中断清除（GPTMICR）寄存器执行写操作将其清零。如果在 GPTM 中断屏蔽（GPTMIMR）寄存器中启用捕获模式匹配中断，GPTM 还会将 GPTM 屏蔽的中断状态（GPTMMIS）寄存器中的 CnMMIS 位置位。

除产生中断之外，还可以产生 ADC 或 μDMA 触发。将 GPTMCTL 中的 TnOTE 位置位来启用 ADC 触发。通过配置并启用合适的 μDMA 通道可以启用 μDMA 触发。

在递减模式中达到匹配值后，计数器使用 GPTMTnILR 和 GPTMTnPR 寄存器中的值执行重装操作，并且由于 GPTM 自动将 GPTMCTL 寄存器的 TnEN 清零，因此计数器停止计数。一旦事件计数值满足要求，接下来的所有事件都将被忽略，直到通过软件重新将 TnEN 启用。在递增模式中，定时器重新加载 0x0 并继续计数。

图 5-6 所示显示了输入边沿计数模式的工作情况。在这种情况下，定时器的初值设置为 GPTMTnILR = 0x000A，匹配值 GPTMTnMATCHR = 0x0006。因此，需计数 4 个边沿事件。计数器配置为检测输入信号的上升/下降沿。

📖 在当前计数值与 GPTMTnMATCHR 寄存器中的值匹配之后，定时器自动将 TnEN 位清零，因此最后两个边沿没有计算在内。

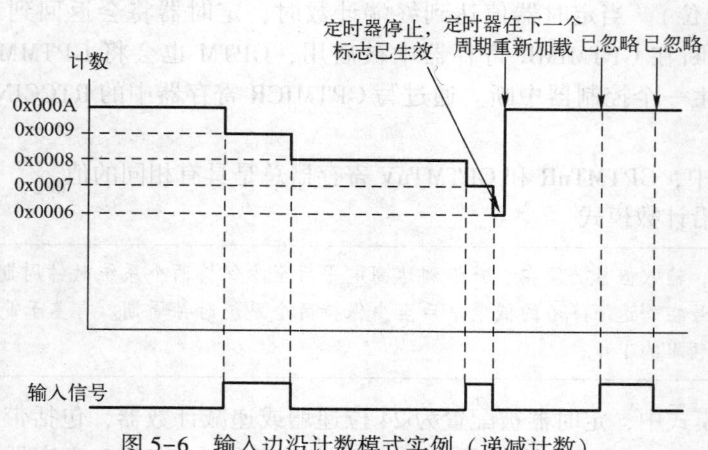

图 5-6　输入边沿计数模式实例（递减计数）

（4）输入边沿计时模式

📖 对于上升沿检测，输入信号必须在上升沿到达高电平后至少保持两个系统时钟周期。同样，下降沿检测在到达下降沿的低电平后必须至少保持两个系统时钟周期。有鉴于此，边沿检测输入的最大频率为系统频率的 1/4。

在边沿定时模式中，定时器被配置为 24 位递增或递减计数器，包括带有存储在 GPTMTnPR 寄存器中的高位定时器值和 GPTMTnILR 寄存器低位的可选预分频器。在此模式中，在递减计数时，定时器被初始化为 GPTMTnILR 和 GPTMTnPR 寄存器中加载的数值，递增计数时为 0x0。定时器能够捕获 3 种事件类型：上升沿、下降沿或上升/下降沿。要想使用定时器的边沿定时模式，则必须把 GPTMTnMR 寄存器的 TnCMR 位清零。定时器捕获的边沿类型由 GPTMCTL 寄存器中 TnEVENT 位域的值决定。

在软件写 GPTMCTL 寄存器的 TnEN 位时，定时器将启用并用于事件捕获。在检测到所选的输入事件时，GPTMTnR 和 GPTMTnPS 寄存器将捕获定时器计数器的当前值，且该值可通过微控制器来读取。然后 GPTM 让 GPTM 原始中断状态（GPTMRIS）寄存器中的 CnERIS 位有效，并保持该值直到向 GPTM 中断清除（GPTMICR）寄存器执行写操作将其清零。如果在 GPTM 中断屏蔽（GPTMIMR）寄存器中启用捕获模式事件中断，GPTM 还会将 GPTM 屏蔽的中断状态（GPTMMIS）寄存器中的 CnEMIS 位置位。在这种情况下，GPTMTnR 和 GPTMTnPS 寄存器将保存发生选定输入事件的时间，而 GPTMTnV 寄存器将保存自由运行定时器和自由运行预分频器的值。读取这些寄存器可以判定从发生中断到进入 ISR（中断服务程序）所用的时间。

除产生中断外，还可以产生 ADC 或 μDMA 触发。将 GPTMCTL 中的 TnOTE 位置位来启用 ADC 触发。通过配置并启用合适的 μDMA 通道可以启用 μDMA 触发。

当捕获到一个事件时，定时器并不停止计数，会继续计数直到 TnEN 位被清零。当定时器达到超时值时，在递增模式中重新加载 0x0，在递减模式中重新加载来自 GPTMTnILR 和 GPTMTnPR 寄存器的值。

图 5-7 所示显示了输入边沿定时模式的工作原理，假设计数器的开始值是默认的 0xFFFF，并且定时器被配置为捕捉上升沿事件。每当检测到上升沿事件时，当前计数值便加载到 GPTMTnR 和 GPTMTnPS 寄存器中，且该值一直保持在寄存器中直到检测到下一个上升沿（在此上升沿处，新的计数值加载到 GPTMTnR 和 GPTMTnPS 寄存器中）。

📖 在输入边沿计时模式下工作时，计数器在启用预分频器时按 2^{24} 计数，在未启用时预分频器时按 2^{16} 计数。如果边沿有可能比计数更长，则可执行周期模式中配置的另一定时器，以确保检测到丢失的边沿。在输入边沿计时模式下的周期定时器的配置须确保满足以下条件。

- 周期定时器的运行周期与边沿定时定时器一致。
- 周期定时器的中断的优先级高于边沿定时超时中断。
- 如果启动了周期定时器的中断服务例程，软件必须检查是否存在挂起的边沿定时中断。如果有，计数器的值必须减 1，然后再用于计算事件的快照时间。

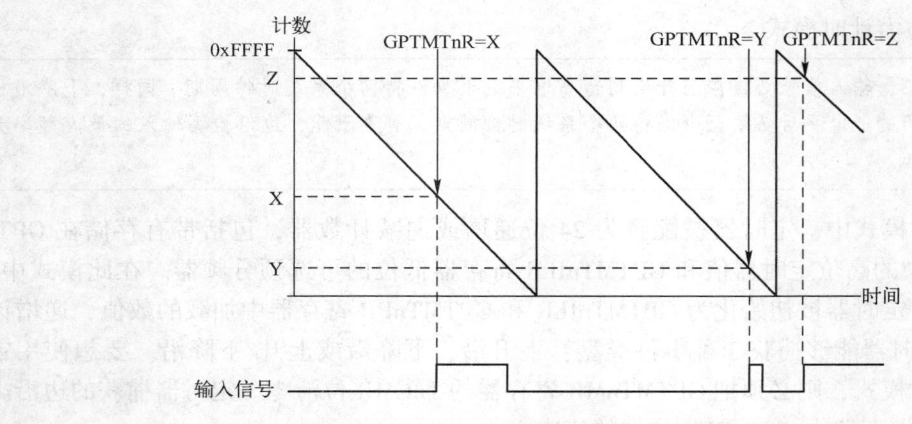

图 5-7　16 位输入边沿计时模式实例

（5）PWM 模式

通用定时器支持简单的 PWM 生成模式。在 PWM 模式中，定时器被配置为 24 位递减计数器，初值由 GPTMTnILR 和 GPTMTnPR 寄存器定义。在这种模式下，PWM 的周期和频率是同步事件，保障了无毛刺。将 GPTMTnMR 寄存器的 TnAMS 位设为 0x1、TnCMR 位设为 0x0、TnMR 位域设为 0x2 即可启用 PWM 模式。

在软件写 GPTMCTL 寄存器的 TnEN 位时，计数器开始递减计数，直到计数值为 0x0。另外，当 GPTMTnMR 寄存器中的 TnWOT 被置位后，一旦 TnEN 位被置位，定时器就会等待一个触发来开始计数。在周期模式的下一个计数周期，计数器将 GPTMTnILR 和 GPTMTnPR 寄存器中的值重新载入，作为它的初值，并继续计数直到计数器因软件将 GPTMCTL 寄存器的 TnEN 位清零而被禁用。定时器能够基于 3 种事件类型产生中断，分别为上升沿、下降沿或上升/下降沿。该事件通过 GPTMCTL 寄存器的 TnEVENT 位域配置，而中断通过设置 GPTMTnMR 寄存器的 TnPWMIE 位启用。发生该事件时，将 GPTM 原始中断状态（GPTMRIS）寄存器中的 CnERIS 位置位，并保持该值直到向 GPTM 中断清除（GPTMICR）寄存器执行写操作将其清零。如果在 GPTM 中断屏蔽（GPTMIMR）寄存器中启用捕获模式事件中断，GPTM 还会将 GPTM 屏蔽的中断状态（GPTMMIS）寄存器中的 CnEMIS 位置位。同时，中断状态位不会更新，除非 TnPWMIE 位已置位。

在此模式中，GPTMTnR 和 GPTMTnV 寄存器总是具有相同的值。

当计数器的值与 GPTMTnILR 和 GPTMTnPR 寄存器的值（计数器的初始状态）相等时，输出 PWM 信号生效；当计数器的值与 GPTMTnMATCHR 和 GPTMTnPMR 寄存器的值相等时，输出 PWM 信号失效。通过将 GPTMCTL 寄存器的 TnPWML 位置位，软件可实现将输出 PWM 信号反相的功能。

🕮 如果启用了 PWM 输出反相，将翻转边沿检测中断行为。因此，如果上升沿中断触发已置位，且 PWM 反相生成上升沿，将不存在有效的事件触发中断。相反，中断在 PWM 信号的下降沿生成。

图 5-8 显示了在输入时钟为 50 MHz 以及 TnPWML 为 0 的情况下，如何产生周期为1 ms、占空比为 66%的输出 PWM（TnPWML = 1 时，占空比为 33%）。在这个例子中，初值 GPTMTnILR = 0xC350，匹配值 GPTMTnMATCHR = 0x411A。

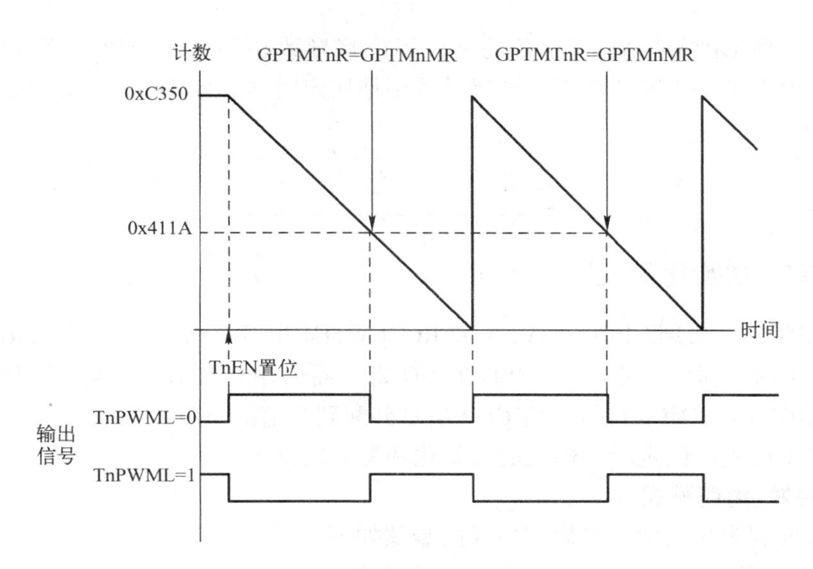

图 5-8　16 位 PWM 模式实例

3. 等待触发模式

等待触发模式，是允许使用菊花链式的定时器模块。例如，一旦配置好，一个单独的定时器可以通过定时器触发来初始化多路时钟事件。通过置位 GPTMTnMR 寄存器里的 TnWOT 位来启用等待触发模式。当 TnWOT 置位时，Timer n+1 只有在等到菊花链中它的上一个定时器（Timer n）发生超时事件时，才会开始计数。菊花链配置的一般形式为 GPTM1 跟着 GPTM0，GPTM2 跟着 GPTM1，等等。如果 Timer A 被配置为 32 位（16 位/32 位模式）定时器（通过 GPTMCFG 寄存器的 GPTMCFG 位域控制），则触发下一模块的 Timer A。如果 Timer A 被配置为 16 位（16 位/32 位模式）定时器，则触发同一模块中的 Timer B，由 Timer B 触发下一模块的 Timer A。必须注意：GPTM0 的 TAWOT 位永远不会置位。图 5-9 显示了 GPTMCFG 位如何影响菊花链。这一功能对单次触发、周期和 PWM 模式都是有效的。

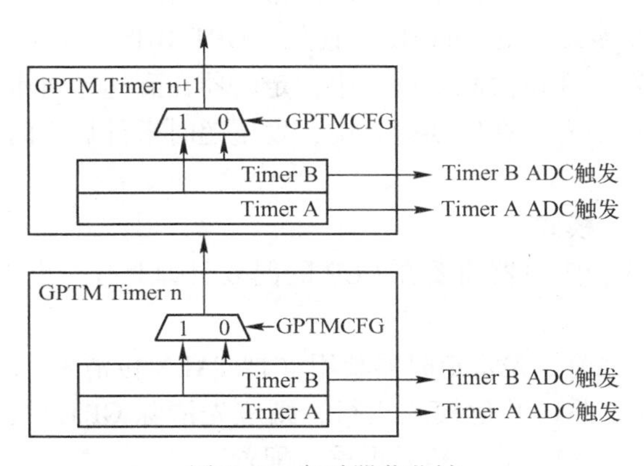

图 5-9　定时器菊花链

4. 同步通用定时器模块

GPTM0 中的 GPTM 同步控制（GPTMSYNC）寄存器可以用于同步所选的定时器，以便同时开始计数。将 GPTMSYNC 寄存器的某位置位将导致相关定时器执行超时事件的动作。在同步定时器时未产生中断。如果在连接模式中使用定时器，仅 Timer A 的位必须在 GPTM-SYNC 寄存器中置位。

📖 要正常使用此功能，所有定时器必须设置相同的时钟源。

5.2.4 GPTM 初始化与配置

要使用 GPTM，必须将 RCGCTIMER 或 RCGCWTIMER 寄存器中相应的 TIMERn 位置位。不管使用任何 CCP 引脚，必须通过 RCGCGPIO 寄存器启用相关 GPIO 模块的时钟。在 GPI-OPCTL 寄存器中配置 PMCn 位域，将 CCP 信号分配到合适的引脚。

本节提供了所支持的定时器模式的初始化和配置的例子。

1. 单次触发/周期模式

将 GPTM 配置为单次触发和周期模式的步骤如下。

1）确保先禁用定时器（将 GPTMCTL 寄存器的 TnEN 位清零），然后再进行更改操作。

2）向 GPTM 配置（GPTMCFG）寄存器写入 0x0000.0000。

3）配置 GPTM Timer n 模式寄存器（GPTMTnMR）的 TnMR 位域。

- 写入 0x1 设为单次触发模式。
- 写入 0x2 设为周期模式。

4）配置 GPTMTnMR 寄存器中的 TnSNAPS、TnWOT、TnMTE 和 TnCDIR 位，以选择是否捕获超时自由运行定时器的值、使用外部触发来启动计数、配置一个额外的触发或中断，以及递增还是递减计数。此项设置为可选。

5）将初值加载到 GPTM Timer n 间隔加载（GPTMTnILR）寄存器。

6）如果需要中断，将 GPTM 中断屏蔽（GPTMIMR）寄存器里相应的位置位。

7）在 GPTMCTL 寄存器中将 TnEN 位置位来启用定时器并开始计数。

8）查询 GPTMRIS 寄存器或等待产生中断（如果已启用）。在这两种情况下，通过向 GPTM 中断清除（GPTMICR）寄存器里相应的位写 1 来清除状态标记。

如果 GPTMTAMR 寄存器中的 TnMIE 位置位，GPTMRIS 寄存器中的 RTCRIS 位也将置位，并且定时器继续计数。在单次触发模式中，定时器在到达超时事件时停止计数。要重新使能定时器需要重复上述步骤。在周期模式中，发生超时事件后定时器将会重新载入并继续计数。

2. 实时时钟（RTC）模式

要使用实时时钟模式，定时器需要在 CCP 的偶数引脚上有一个 32.768 kHz 的输入信号。使用 RTC 的步骤如下。

1）在执行任何更改之前，先将定时器禁用（把 TAEN 位清零）。

2）如果定时器在此之前以其他模式运行，则应先清除 GPTM 定时器 n 模式（GPTMT-nMR）寄存器中的所有残余设置位，然后再重新配置。

3）向 GPTM 配置（GPTMCFG）寄存器写入 0x0000.0001。

4）向 GPTM Timer n 匹配寄存器（GPTMTnMATCHR）写入匹配值。

5）根据需要将 GPTM 控制（GPTMCTL）寄存器的 RTCEN 位和 TnSTALL 位置位或清零。

6）如果需要中断，可将GPTM中断屏蔽（GPTMIMR）寄存器的RTCIM位置位。

7）置位GPTMCTL寄存器的TAEN位来启用定时器并开始计数。

当定时器计数等于GPTMTnMATCHR寄存器中的值时，GPTM确认GPTMRIS寄存器中的RTCRIS位，并且继续计数，直到Timer A被禁用或发生硬件复位。通过写GPTMICR寄存器的RTCCINT位来清除中断。

📖 如果GPTMTnILR寄存器加载了新值，则定时器将从该新值开始继续计数，并在达到0xFFFF.FFFF后返回初始值重新计数。

---

3. 输入边沿计数模式

将定时器通过如下步骤配置为输入边沿计数模式。

1）在执行任何更改之前，先将定时器禁用（把TnEN位清零）。

2）向GPTM配置（GPTMCFG）寄存器写入0x0000.0004。

3）在GPTM定时器模式（GPTMTnMR）寄存器中，向TnCMR位域写入0x0，向TnMR位域写入0x3。

4）在GPTM控制（GPTMCTL）寄存器里的TnEVENT位域写入相应的值来设置时钟捕获的事件类型。

5）根据计数方向配置寄存器。

- 在递减计数模式下，配置GPTMTnMATCHR寄存器和GPTMTnPMR寄存器，使GPTMTnILR寄存器和GPTMTnPR寄存器中值的差以及GPTMTnMATCHR寄存器和GPTMTnPMR寄存器中值的差等于边缘事件的数量，这些事件必须被计算。
- 在递增计数模式中，定时器从0x0开始计数到GPTMTnMATCHR寄存器和GPTMTnPMR寄存器中的值。

📖 执行递增计数时，GPTMTnPR和GPTMTnILR中的每一个值都大于GPTMTnPMR和GPTMTnMATCHR的任何一个值。

6）如果需要中断，将GPTM中断屏蔽（GPTMIMR）寄存器的CnMIM位置位。

7）置位GPTMCTL寄存器的TnEN位可启用定时器并开始等待边沿事件。

8）查询GPTMRIS寄存器的CnMRIS位，或者等待发生中断（如果已启用）。在这两种情况下，通过向GPTM中断清除（GPTMICR）寄存器中的CnMCINT位写入1来清除状态标志。

在输入边沿计数模式中递减计数时，定时器在检测到定义好的边沿事件数之后停止。需确保TnEN位清零并重复4）~8）才能重新启用定时器。

4. 输入边沿计时模式

将定时器配置为输入边沿计时模式的步骤如下。

1）在执行任何更改之前，先将定时器禁用（把TnEN位清零）。

2）向GPTM配置（GPTMCFG）寄存器写入0x0000.0004。

3）在GPTM定时器模式（GPTMTnMR）寄存器中，向TnCMR位域写入0x1，向TnMR位域写入0x3。

4）在GPTM控制（GPTMCTL）寄存器里的TnEVENT位域写入相应的值来设值时钟捕获的事件类型。

5）如果使用预分频器，向 GPTM Timer n 预分频（GPTMnPR）寄存器中写入预分频值。

6）给 GPTM Timer n 间隔加载（GPTMTnILR）寄存器中加载定时器初值。

7）如果需要中断，将 GPTM 中断屏蔽（GPTMIMR）寄存器的 CnEIM 位置位。

8）将 GPTM 控制（GPTMCTL）寄存器中的 TnEN 位置位可启用定时器并开始计数。

9）查询 GPTMRIS 寄存器中的 CnERIS 位或等待发生中断（如果已启用）。在这两种情况下，通过向 GPTM 中断清除（GPTMICR）寄存器的 CnECINT 位写入 1 来清除状态标识。事件发生的时间可以通过读取 GPTM Timer n（GPTMTnR）寄存器来获得。

在输入边沿定时模式下，定时器在检测到边沿事件之后继续运行，但通过 GPTMTnILR 寄存器可在任何时候改变定时器间隔。此改变在写操作的下一个周期生效。

5. PWM 模式

定时器可以通过以下步骤配置为 PWM 模式。

1）在执行任何更改之前，先将定时器禁用（把 TnEN 位清零）。

2）向 GPTM 配置（GPTMCFG）寄存器写入 0x0000.0004。

3）在 GPTM 定时器模式（GPTMTnMR）寄存器中，将 TnAMS 位设为 0x1，将 TnCMR 位设为 0x0，将 TnMR 位域设为 0x2。

4）在 GPTM 控制（GPTMCTL）寄存器的 TnEVENT 位域中，配置 PWM 信号的输出状态（是否需要反相）。

5）如果使用预分频器，向 GPTM Timer n 预分频（GPTMTnPR）寄存器中写入预分频值。

6）如果使用 PWM 中断，配置 GPTMCTL 寄存器中 TnEVENT 位域的中断条件，并且通过将 GPTMTnMR 寄存器中的 TnPWMIE 位置位来启用中断。**注：PWM 输出反相时，将翻转边沿检测中断行为。**

7）给 GPTM Timer n 间隔加载（GPTMTnILR）寄存器加载定时器初值。

8）向 GPTM Timer n 匹配（GPTMTnMATCHR）寄存器加载匹配值。

9）置位 GPTM 控制（GPTMCTL）寄存器的 TnEN 位可启用定时器并开始输出 PWM 信号。

在 PWM 模式下，定时器在产生 PWM 信号之后继续运行。通过写 GPTMTnILR 寄存器可在任何时候对 PWM 周期进行调整，此改变在写操作的下一个周期生效。

5.2.5 GPTM 寄存器映射与描述

表 5-7 列出了 GPTM 寄存器。下面列出的“偏移量”代表寄存器相对于该定时器基址的十六进制地址增量。

- 16 位/32 位 定时器 0：0x4003.0000。
- 16 位/32 位 定时器 1：0x4003.1000。
- 16 位/32 位 定时器 2：0x4003.2000。
- 16 位/32 位 定时器 3：0x4003.3000。
- 16 位/32 位 定时器 4：0x4003.4000。
- 16 位/32 位 定时器 5：0x4003.5000。
- 16 位/32 位 定时器 6：0x400E.0000。

● 16 位/32 位 定时器 7：0x400E. 1000。

注意，在给寄存器编程前必须启用通用定时器模块时钟。启用定时器模块时钟以后，必须等待 3 个系统时钟才能访问定时器模块的寄存器。

表 5-7　GPTM 寄存器映射

偏 移 量	名　　称	类　　型	复位后默认值	描　　述
0x000	GPTMCFG	RW	0x0000. 0000	GPTM 配置
0x004	GPTMTAMR	RW	0x0000. 0000	GPTM 定时器 A 模式
0x008	GPTMTBMR	RW	0x0000. 0000	GPTM 定时器 B 模式
0x00C	GPTMCTL	RW	0x0000. 0000	GPTM 控制
0x010	GPTMSYNC	RW	0x0000. 0000	GPTM 同步
0x018	GPTMIMR	RW	0x0000. 0000	GPTM 中断屏蔽
0x01C	GPTMRIS	RO	0x0000. 0000	GPTM 原始中断状态
0x020	GPTMMIS	RO	0x0000. 0000	GPTM 屏蔽中断状态
0x024	GPTMICR	W1C	0x0000. 0000	GPTM 中断清除
0x028	GPTMTAILR	RW	0xFFFF. FFFF	GPTM 定时器 A 间隔加载
0x02C	GPTMTBILR	RW	0x0000. FFFF	GPTM 定时器 B 间隔负载
0x030	GPTMTAMATCHR	RW	0xFFFF. FFFF	GPTM 定时器 A 匹配
0x034	GPTMTBMATCHR	RW	0x0000. FFFF	GPTM 计时器 B 匹配
0x038	GPTMTAPR	RW	0x0000. 0000	GPTM 定时器 A 预分频
0x03C	GPTMTBPR	RW	0x0000. 0000	GPTM 定时器 B 预分频
0x040	GPTMTAPMR	RW	0x0000. 0000	GPTM 定时器 A 预分频匹配
0x044	GPTMTBPMR	RW	0x0000. 0000	GPTM 定时器 B 预分频匹配
0x048	GPTMTAR	RO	0xFFFF. FFFF	GPTM 定时器 A
0x04C	GPTMTBR	RO	0x0000. FFFF	GPTM 定时器 B
0x050	GPTMTAV	RW	0xFFFF. FFFF	GPTM 定时器 A 值
0x054	GPTMTBV	RW	0x0000. FFFF	GPTM 定时器 B 值
0x058	GPTMRTCPD	RO	0x0000. 7FFF	GPTM RTC 预分频
0x05C	GPTMTAPS	RO	0x0000. 0000	GPTM 定时器 A 预分频快照
0x060	GPTMTBPS	RO	0x0000. 0000	GPTM 定时器 B 预分频快照
0x06C	GPTMDMAEV	RW	0x0000. 0000	GPTM DMA 事件
0x070	GPTMADCEV	RW	0x0000. 0000	GPTM ADC 事件
0xFC0	GPTMPP	RO	0x0000. 0070	GPTM 外设属性
0xFC8	GPTMCC	RW	0x0000. 0000	GPTM 时钟配置

5. 2. 6　GPTM 应用例程

【例 5-3】 将定时器 0B 配置为 16 位周期定时器，并将周期设定为系统时钟/1000。

```
void TIMER0B_PERIODIC_CFG()
{
g_ui32SysClock = SysCtlClockFreqSet((SYSCTL_XTAL_25MHZ |
                 SYSCTL_OSC_MAIN | SYSCTL_USE_PLL |
                 SYSCTL_CFG_VCO_480), 120000000);;          //设置系统时钟
SysCtlPeripheralEnable(SYSCTL_PERIPH_TIMER0);               //使能外设定时器 0
TimerConfigure(TIMER0_BASE, TIMER_CFG_SPLIT_PAIR |
TIMER_CFG_B_PERIODIC);                                    //将 Timer0B 配置为 16 位的周期定时器
TimerLoadSet(TIMER0_BASE, TIMER_B, g_ui32SysClock /1000 ); //设置周期
TimerIntEnable(TIMER0_BASE, TIMER_TIMB_TIMEOUT);           //使能 TIMER 输出中断
IntEnable(INT_TIMER0B);                                     // 使能处理器中的 TIMER0B 中断
TimerEnable(TIMER0_BASE, TIMER_B);                          //打开 TIMER0B
}
```

【例 5-4】将定时器 4A 配置为输入边沿递减计数模式。

```
void TIMER_CAP_COUNT_CFG()
{
SysCtlPeripheralEnable(SYSCTL_PERIPH_TIMER4);             //使能外设定时器 4
SysCtlPeripheralEnable(SYSCTL_PERIPH_GPIOM);              //使能 GPIOM
GPIOPinTypeTimer(GPIO_PORTM_BASE, GPIO_PIN_0);            //将 PM0 配为 TIMER 模式
GPIOPinConfigure(GPIO_PM0_T4CCP0);                        //将 PM0 连接到 T4 的 CCP0 上
GPIOPadConfigSet(GPIO_PORTM_BASE,GPIO_PIN_0,GPIO_STRENGTH_2MA,GPIO_PIN_TYPE_STD_
WPU);                                                     //配置上拉
IntMasterEnable();                                        //打开处理器中断
TimerConfigure(TIMER4_BASE,(TIMER_CFG_SPLIT_PAIR|TIMER_CFG_A_CAP_COUNT));
                                                          //配置递减计数
TimerControlEvent(TIMER4_BASE, TIMER_A, TIMER_EVENT_POS_EDGE);//配置上升沿计数
TimerLoadSet(TIMER4_BASE, TIMER_A, 9);                    //设置初始值
TimerMatchSet(TIMER4_BASE, TIMER_A, 0);                   //设置结束值
IntEnable(INT_TIMER4A);                                   //使能 TIMER4A 中断
TimerIntEnable(TIMER4_BASE, TIMER_CAPA_MATCH);            //使能计数结束中断
TimerEnable(TIMER4_BASE, TIMER_A);                        //使能定时器 4 的 TIMER_A
}
```

5.3 看门狗定时器（WDT）

达到超时值时，看门狗定时器会发出不可屏蔽中断（NMI）、常规中断或者复位信号。当系统由于软件错误或是由于因外部设备故障而无法按预期的方式响应时，使用看门狗定时器可以重新获得控制权。TM4C1294NCPDT 微控制器有两个看门狗定时器模块，一个模块使用系统时钟计时（看门狗定时器 0）；另一个模块（看门狗定时器 1）使用备用时钟计时，通过配置寄存器（ALTCLKCFG）中的 ALTCLK 位域来控制时钟源。这两个模块是相同的，只是 WDT1 在不同的时钟域，因此需要同步器。WDT1 在控制寄存器（WDTCTL）里有一个

位用来说明 WDT1 寄存器写操作何时完成。在开始新的访问之前可通过该位来确保上一次的访问已经结束。

5.3.1　WDT 功能与特点

TM4C1294NCPDT 控制器有两个具有以下功能与特点的看门狗定时器模块。

- 32 位递减并且可编程装载的寄存器。
- 独立的看门狗时钟使能。
- 带中断屏蔽功能和可选 NMI 功能的可编程中断产生逻辑。
- 软件跑飞时保护锁定寄存器。
- 复位使能/禁止产生逻辑。
- 调试期间，微控制器的 CPU 暂停时，用户使能失效。

看门狗定时器可以配置为第一次超时的时候产生中断通知 CPU，在第二次超时的时候产生一个复位信号。配置好看门狗定时器后，即可写入锁定寄存器，从而防止定时器配置被意外更改。

5.3.2　WDT 内部结构

看门狗定时器的内部结构如图 5-10 所示。

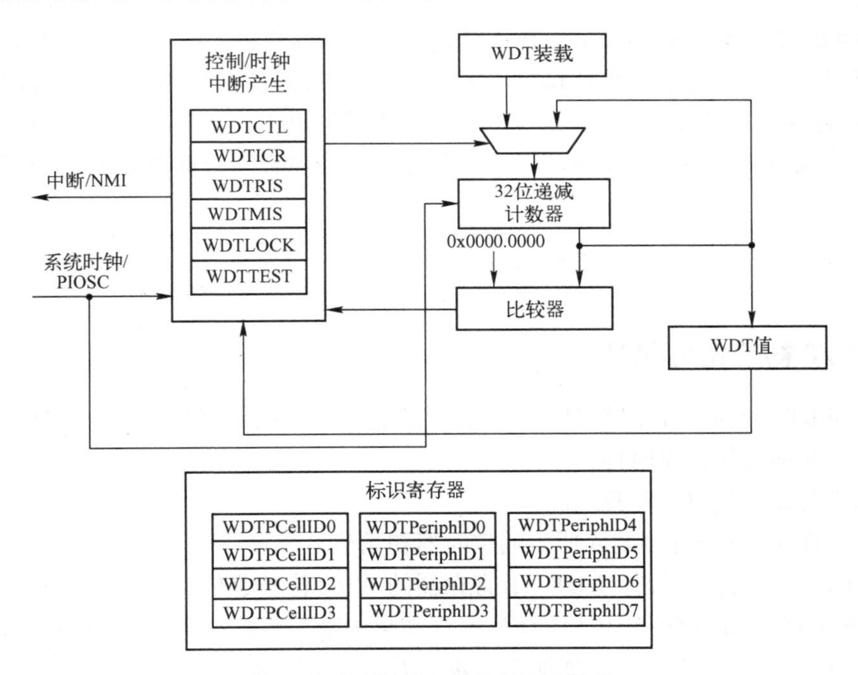

图 5-10　看门狗定时器的内部结构

5.3.3　WDT 功能描述

看门狗定时器有一个 32 位的计数器，当它使能后开始递减计数，当递减到 0 后就会产生第一个超时信号；在计数器使能后看门狗定时器的中断同时也被使能。使用 WDTCTL 寄存器的 INTTYPE 位可以将看门狗的中断配置为不可屏蔽中断（NMI）。在第一次超时后，32

位计数器重新装载看门狗定时器装载寄存器（WDTLOAD）的值，并从该值开始恢复递减计数。一旦看门狗定时器被配置后，看门狗定时器锁定寄存器（WDTLOCK）被写入，从而防止软件意外更改看门狗定时器的配置。

在第一次超时中断被清除以前，计数器又递减到 0，并且看门狗定时器将控制寄存器 WDTCTL 里的 RESEN 位置位，使能了复位信号，看门狗定时器将把复位信号通知给系统。在第二次超时发生时，第一次超时中断已经清除，32 位计数器将会重新装载 WDTLOAD 寄存器里的值，并从该值开始恢复计数。

如果看门狗定时器正在计数时向 WDTLOAD 寄存器写入新值，计数器将会装载新值，并继续计数。

写 WDTLOAD 寄存器并不清除活动的中断。中断必须通过向看门狗中断清除寄存器（WDTICR）写入来专门清除。

看门狗的中断和复位信号可以根据需要来使能或禁止。当中断重新使能后，32 位计数器将会预装载寄存器的值，而不是从它最后的状态开始计数。

复位后，看门狗定时器将默认被禁用。要对设备实现最大程度的看门狗保护，可在复位向量一开始就启用看门狗定时器。

因为看门狗定时器 1（WDT1）模块具有一个独立的时钟域，所有在两次访问寄存器时要有一些时间间隙。软件必须保证，在连续地写入寄存器或是连续地读写寄存器操作之间插入足够的延时。WDT1 对于连续地读寄存器的操作之间则没有限制。WDT1 的看门狗控制（WDTCTL）寄存器的 WRC 位表示是否已达到要求的时间差。WRC 位表明了软件是否可以开始安全地读或写寄存器。软件在访问另一个寄存器之前必须查询 WDTCTL 寄存器的 WRC 位是否为 1。

📖 WDT0 没有该限制，因为它是运行在系统时钟下的。

5.3.4 WDT 初始化与配置

要使用 WDT，必须对看门狗定时器运行模式时钟门控控制寄存器（RCGCWD）中的 Rn 位进行置位，从而启用外设时钟。

看门狗定时器通过以下步骤来配置。

1）为 WDTLOAD 寄存器装入所需的定时器初始值。

2）如果是 WDT1，则等待 WDTCTL 寄存器的 WRC 位被置位。

3）设置 WDTCTL 寄存器中的 INTEN 位（如果中断需要）或者 RESEN 位（如果两次超时后需要复位）。它们中的一个被使能都会重启看门狗定时器。

如果软件需要锁定所有的看门狗寄存器，则写任意值到 WDTLOCK 寄存器便可以完全锁定看门狗定时器模块。如要解锁看门狗寄存器，则需向 WDTLOCK 寄存器写入 0x1ACC. E551。

维护看门狗，需要定期将计数值重新载入 WDTLOAD 寄存器以重启计数。如果看门狗维护不及时，可通过 WDTCTL 寄存器中的 INTEN 位启用中断，让处理器尝试实施纠正操作。如果使用 ISR 无法恢复故障，可置位 WDTCTL 中的 RESEN 位来复位系统。

5.3.5　WDT 寄存器映射与描述

表 5-8 列出了看门狗定时器寄存器映射，所列偏移量是寄存器地址相对于看门狗定时器基址的 16 进制增量，定时器基址如下。

- WDT0：0x4000.0000。
- WDT1：0x4000.1000。

必须先启用看门狗定时器模块的时钟，然后才能配置寄存器。

表 5-8　看门狗定时器寄存器映射

偏移量	名　称	类　型	复位后缺省值	描　述
0x000	WDTLOAD	RW	0xFFFF. FFFF	看门狗加载
0x004	WDTVALUE	RO	0xFFFF. FFFF	看门狗值
0x008	WDTCTL	RW	0x0000. 0000 (WDT0) 0x8000. 0000 (WDT1)	看门狗控制
0x00C	WDTICR	WO	-	看门狗中断清除
0x010	WDTRIS	RO	0x0000. 0000	看门狗原始中断状态
0x014	WDTMIS	RO	0x0000. 0000	看门狗屏蔽中断状态
0x418	WDTTEST	RW	0x0000. 0000	看门狗测试
0xC00	WDTLOCK	RW	0x0000. 0000	看门狗锁
0xFD0	WDTPeriphID4	RO	0x0000. 0000	看门狗外设标识 4
0xFD4	WDTPeriphID5	RO	0x0000. 0000	看门狗外设标识 5
0xFD8	WDTPeriphID6	RO	0x0000. 0000	看门狗外设标识 6
0xFDC	WDTPeriphID7	RO	0x0000. 0000	看门狗外设标识 7
0xFE0	WDTPeriphID0	RO	0x0000. 0005	看门狗外设标识 0
0xFE4	WDTPeriphID1	RO	0x0000. 0018	看门狗外设标识 1
0xFE8	WDTPeriphID2	RO	0x0000. 0018	看门狗外设标识 2
0xFEC	WDTPeriphID3	RO	0x0000. 0001	看门狗外设标识 3
0xFF0	WDTPCellID0	RO	0x0000. 000D	看门狗主单元标识 0
0xFF4	WDTPCellID1	RO	0x0000. 00F0	看门狗主单元标识 1
0xFF8	WDTPCellID2	RO	0x0000. 0006	看门狗主单元标识 2
0xFFC	WDTPCellID3	RO	0x0000. 00B1	看门狗主单元标识 3

5.3.6　WDT 应用例程

【例 5-5】 初始化看门狗，加载值为 0xFEEFEE。

```
void WATCHDOG_Config()
{
```

```
if(WatchdogLockState(WATCHDOG0_BASE) = = true)
{
WatchdogUnlock(WATCHDOG0_BASE);
}
WatchdogReloadSet(WATCHDOG0_BASE, 0xFEEFEE);      //设置重新加载的值
WatchdogResetEnable(WATCHDOG0_BASE);              //使能看门狗定时器重置
WatchdogEnable(WATCHDOG0_BASE);                   // 使能看门狗定时器
}
```

5.4 微型直接存储器访问（μDMA）

TM4C1294NCPDT 微控制器内置一个直接存储器访问（Direct Memory Access，DMA）控制器，我们称之为微型 DMA（μDMA）控制器。μDMA 控制器所提供的工作方式能够分载 Cortex™-M4F 微处理器参与的数据传输任务，从而使处理器得到更加高效的利用和占用较少的总线带宽。μDMA 控制器能够自动执行存储器与外设之间的数据传输。片上每个支持 μDMA 功能的外设都有专用的 μDMA 通道，通过合理的编程配置，当外设需要时能够自动在外设和存储器之间传输数据。

5.4.1 μDMA 控制器功能与特点

μDMA 控制器的功能与特点如下。

1）ARM® PrimeCell® 32 通道的可配置 μDMA 控制器。

2）支持存储器到存储器、存储器到外设、外设到存储器的 μDMA 传输，内容如下。

- 基本模式，用于简单的传输需求。
- 乒乓模式，用于实现持续数据流。
- 散聚模式，借助一个可编程的任务列表，由单个请求触发多达 256 个指定传输。

3）高度灵活的可配置通道。

- 各通道均可独立配置、独立操作。
- 每个支持 μDMA 功能的片上模块都有其专用通道。
- 灵活的通道分配。
- 对于双向模块，为其接收和发送各提供一个通道。
- 专用的软件通道，可由软件启动 μDMA 传输。
- 每个通道都可分别配置优先级。
- 可选配置：任一通道均可用作软件启动传输。

4）优先级分为两级。

5）通过优化设计，改进了 μDMA 控制器与处理器内核之间的总线访问性能。

- 当内核不访问总线时，μDMA 控制器即可占用总线。
- RAM 条带处理。
- 外设总线分段。

6）支持 8 位、16 位或 32 位数据宽度。

7）待传输数目可编程为 2 的整数幂，有效范围 1～1024。

8）源地址及目的地址可自动递增，递增单位可以是字节、半字、字或不递增。

9）可屏蔽的外设请求。

10）传输结束中断，且每个通道有独立的中断。

5.4.2　μDMA 控制器内部结构

μDMA 控制器的内部结构如图 5-11 所示。

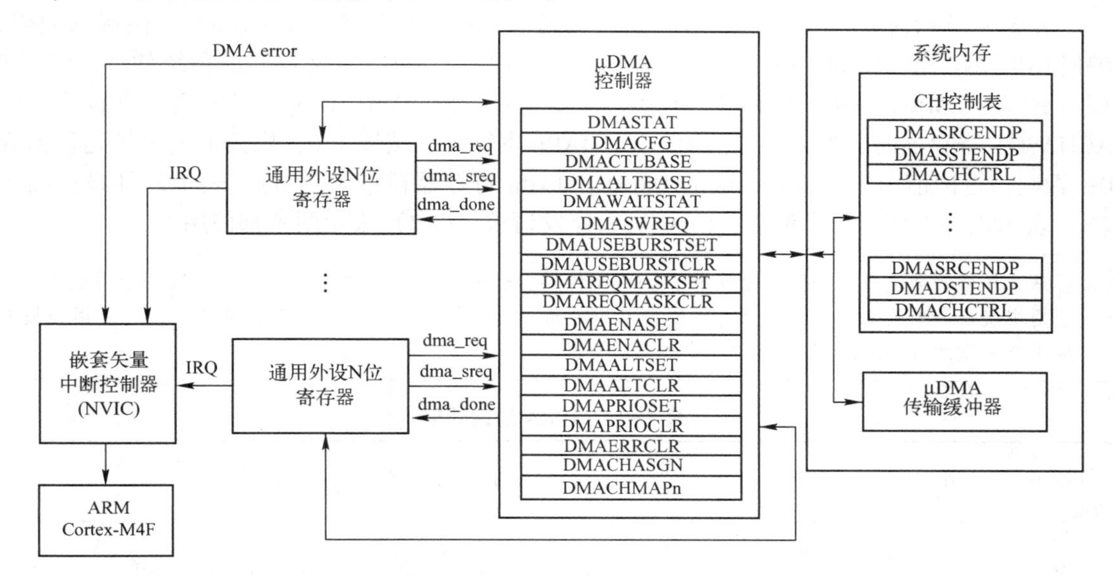

图 5-11　μDMA 控制器的内部结构

5.4.3　μDMA 控制器功能描述

μDMA 控制器是一种使用方便、配置灵活的 DMA 控制器，用于同微控制器的 Cortex-M4F 微处理器内核配合以实现高效工作。μDMA 控制器支持多种数据宽度以及地址递增机制，各 DMA 通道之间具有不同的优先级，还提供了多种传输模式，能够通过预编程实现十分复杂的自动传输流程。μDMA 控制器对总线的占用总是次于处理器内核，因此绝不影响处理器的总线会话。由于 μDMA 控制器只会在总线空闲时占用总线，因此它提供的数据传输带宽非常独立，不会影响系统其他部分的正常运行。此外总线架构还经过了优化，增强了处理器内核与 μDMA 控制器高效共享片上总线的能力，从而大大提高了性能。优化的内容包括 RAM 条带处理以及外设总线分段，在大多数情况下允许处理器内核和 μDMA 控制器同时访问总线并执行数据传输。

μDMA 控制器为每种支持 μDMA 的外设都提供了专用的通道，可以各自独立进行配置。μDMA 控制器的配置方法比较独特，是通过系统存储器中的通道控制结构体进行配置的，并且该结构体由处理器维护。除支持简单传输模式之外，μDMA 控制器还支持更加“复杂”的传输模式：在收到某个单次传输请求后，按照建立在存储器中的任务列表，可以执行向/从指定地址发送/接收指定大小数据块的传输流程。μDMA 控制器还支持以乒乓缓冲的方式实现与外设之间的持续数据流。

每个通道还能配置仲裁数目。所谓仲裁数目，是指 μDMA 控制器在重新仲裁总线优先级之前，以猝发方式传输的数据单元数目。借助仲裁数目的配置，当外设产生一个 μDMA 服务请求后，即可精准地操控与外设之间传输多少个数据单元。

1. 通道分配

使用 DMA 通道映射选择 n（DMACHMAPn）寄存器中的 4 位分配位域可以为每个 μDMA 通道分配最多 9 种可能的通道分配方式。

表 5-9 所示为 μDMA 通道映射。在“编码”行中列出了各 DMACHMAPn 位域的编码，编码 0x9~0xF 是保留的。使用 DMA 通道分配（DMACHASGN）寄存器的传统软件，编码 0 要与清零的 DMACHASGN 位相等，且编码 1 要与置位的 DMACHASGN 位相等。在读取 DMACHASGN 寄存器时，如果相应的 DMACHMAPn 寄存器位域等于 0，则读取的位域返回值为 0；否则，返回值为 1（如果相应的 DMACHMAPn 寄存器位域不为 0）。表中的外设后面跟（S）表示该外设使用单个请求，（B）表示猝发请求，（SB）表示两者都使用。

📖 标注为保留的通道或者编码不能被用于 μDMA 传输。表中指定为“软件”的通道为软件专用通道。当应用中仅有一个软件请求，即可使用软件专用通道。如果软件中有需要多个软件请求，应使用外设软件中断来完成 μDMA 确认。

表 5-9 μDMA 通道映射

通道 \ 外设 \ 编码	0	1	2	3	4	5	6	7	8
0	保留	UART2 RX（SB）	保留	通用定时器 4A（B）	保留	保留	I^2C0 RX（B）（SB）	保留	保留
1	保留	UART2 TX（SB）	保留	通用定时器 4B（B）	保留	保留	I^2C0 TX（B）（SB）	保留	保留
2	保留	通用定时器 3A（B）	保留	保留	保留	保留	I^2C1 RX（B）（SB）	保留	保留
3	保留	通用定时器 3B（B）	保留	软件（S）	保留	保留	I^2C1 TX（B）（SB）	保留	保留
4	保留	通用定时器 2A（B）	保留	GPIO A（B）	保留	软件	I^2C2 RX（B）（SB）	保留	保留
5	保留	通用定时器 2B（B）	保留	GPIO B（B）	保留	软件	I^2C2 TX（B）（SB）	保留	保留
6	保留	通用定时器 2A（B）	保留	GPIO C（SB）	I^2C0 RX（B）（SB）	软件	保留	保留	保留
7	保留	通用定时器 2B（B）	保留	GPIO D（SB）	I^2C0 TX（B）（SB）	保留	保留	保留	保留

（续）

通道＼外设＼编码	0	1	2	3	4	5	6	7	8
8	UART0 RX（SB）	UART1 RX（SB）	保留	通用定时器 5A（B）	I^2C1 RX（B）（SB）	保留	保留	保留	保留
9	UART0 TX（SB）	UART1 TX（SB）	保留	通用定时器 5B（B）	I^2C1 TX（B）（SB）	保留	保留	保留	保留
10	SSI0 RX（SB）	SSI1 RX（SB）	UART6 RX（SB）	保留	I^2C2 RX（B）（SB）	保留	保留	通用定时器 6A（B）	保留
11	SSI0 TX（SB）	SSI1 TX（SB）	UART6 RX（SB）	保留	I^2C2 TX（B）（SB）	保留	保留	通用定时器 6A（B）	保留
12	保留	UART2 RX（SB）	SSI2 RX（SB）	保留	GPIO K（B）	软件	保留	通用定时器 7A（B）	保留
13	保留	UART2 TX（SB）	SSI2 TX（SB）	保留	GPIO L（B）	软件	保留	通用定时器 7B（B）	保留
14	ADC0 SS0（SB）	通用定时器 2A（B）	SSI3 RX（SB）	GPIO E（B）	GPIO M（B）	软件	保留	保留	保留
15	ADC0 SS1	通用定时器 2B（B）	SSI3 TX（SB）	GPIO F（B）	GPIO N（B）	软件	保留	保留	保留
16	ADC0 SS2（SB）	保留	UART3 RX（SB）	保留	GPIO P（B）	保留	保留	保留	保留
17	ADC0 SS3（SB）	保留	UART3 TX（SB）	保留	保留	保留	保留	保留	保留
18	通用定时器 0A（B）	通用定时器 1A（B）	UART4 RX（SB）	GPIO B（B）	I^2C3 RX（B）（SB）	保留	保留	保留	保留
19	通用定时器 0B（B）	通用定时器 1B（B）	UART4 TX（SB）	GPIO G（B）	I^2C3 TX（B）（SB）	保留	保留	保留	保留
20	通用定时器 1A（B）	EPI0 RX 软件（B）	UART7 RX（SB）	GPIO H（B）	I^2C4 RX（B）（SB）	软件	保留	保留	保留
21	通用定时器 1B（B）	EPI0 TX 软件（B）	UART7 TX（SB）	GPIO J（B）	I^2C4 TX（B）（SB）	软件	保留	保留	保留
22	UART1 RX（SB）	软件	保留	软件	I^2C5 RX（B）（SB）	软件	保留	保留	I^2C8 RX（B）
23	UART1 TX（SB）	软件	保留	软件	I^2C5 TX（B）（SB）	保留	保留	保留	I^2C8 TX（B）
24	SSI1 RX（SB）	ADC1 SS0（SB）	保留	保留	GPIO Q（B）	保留	保留	保留	I^2C9 RX（B）

（续）

编码 外设 通道	0	1	2	3	4	5	6	7	8
25	SSI1 TX（SB）	ADC1 SS1（SB）	保留	保留	软件	保留	保留	保留	I2C9 TX（B）
26	软件	ADC1 SS2（SB）	保留	保留	软件	保留	保留	保留	I2C6 RX（B）
27	软件	ADC1 SS3（SB）	保留	保留	保留	保留	保留	软件	I2C6 TX（B）
28	保留	保留	保留	保留	保留	保留	保留	保留	I2C7 RX（B）
29	保留	保留	保留	保留	保留	保留	保留	保留	I2C7 TX（B）
30	软件	软件	保留	软件	保留	保留	保留	EPI0 RX（B）	软件
31	保留	保留	保留	保留	保留	保留	保留	EPI0 TX（B）	保留

2. 优先级

每个通道 μDMA 的优先级由通道的序号以及通道的优先级标志位决定。第 0 号 μDMA 通道的优先级最高；通道的序号越大，其优先级越低。每个 μDMA 通道都有一个可设置的优先级标志位，由此可分为默认优先级和高优先级。若某个通道的优先级位置位，则该通道将具有高优先级，其优先于所有未将此标志位置位的通道。假如有多个通道都设为高优先级，那么仍将按照通道序号区分优先级。

通道的优先级位可通过 DMA 通道优先置位（DMAPRIOSET）寄存器置位，通过 DMA 通道优先清除（DMAPRIOCLR）寄存器清零。

3. 仲裁数目

当某个 μDMA 通道请求传输时，μDMA 控制器将对所有发出请求的通道进行仲裁，并且向其中优先级最高的通道提供服务。一旦开始传输，将持续传输一定数量的数据，之后再对发出请求的通道进行仲裁。每个通道的仲裁数目都是可设置的，有效范围为 1~1024 个数据单元。当 μDMA 控制器按照仲裁数目传输了若干个数据单元之后，随后将检查所有发出请求的通道，并向其中优先级最高的通道提供服务。

如果某个优先级较低的 μDMA 通道仲裁数目设置得太大，那么高优先级通道的传输延迟将可能增加，因为 μDMA 控制器需要等待低优先级的猝发传输完全结束之后才会重新进行仲裁，检查是否存在更高优先级的请求。基于以上原因，建议低优先级通道的仲裁数目不应设得太大，这样可以充分保障系统对高优先级 μDMA 通道的响应速度。

仲裁数目也可以形象地看作一个猝发的大小。仲裁数目就是获得控制权后以猝发形式连续传输的数据单元数。注意，这里所说的“仲裁”是指 μDMA 通道优先级的仲裁，而非总线的仲裁。在竞争总线时，处理器内核始终优于 μDMA 控制器。此外，只要处理器需要在同一总线上执行总线交互，μDMA 控制器都将失去总线控制权；即便在猝发传输的过程中，μDMA 控制器也将被暂时中断。

4. 请求类型

μDMA 控制器可响应来自外设的两种请求：单次请求或猝发请求。每种外设可能支持其中一种或两种类型。单次请求表明外设已准备好传输一个数据单元，猝发请求表明外设已准备好传输多个数据单元。

根据外设发出的是单次请求或猝发请求，μDMA 控制器的响应也将有所不同。假如同时产生了单次请求和猝发请求，而且 μDMA 通道已按照猝发请求建立，那么优先响应猝发请求。表 5-10 列出了各种外设对这两种请求类型的支持情况。

表 5-10　各种外设对两种请求类型的支持情况

外　设	单 次 请 求	猝 发 请 求
ADC	FIFO 非空	FIFO 半空
EPI WFIFO	无	WFIFO 深度（可配置）
EPI NBRFIFO	无	NBRFIFO 深度（可配置）
通用定时器	无	触发事件
GPIO	无	触发事件
I^2C TX	TX 缓冲区未满	TX FIFO 深度（可配置）
I^2C RX	RX 缓冲区非空	RX FIFO 深度（可配置）
SSI TX	TX FIFO 未满	TX FIFO 深度（固定为 4）
SSI RX	RX FIFO 非空	RX FIFO 深度（固定为 4）
UART TX	TX FIFO 未满	TX FIFO 深度（可配置）
UART RX	RX FIFO 非空	RX FIFO 深度（可配置）

（1）单次请求

当检测到单次请求，并且没有猝发请求时，μDMA 控制器将传输一个数据单元，传输完成后停止并等待其他请求。

（2）猝发请求

当检测到猝发请求后，μDMA 控制器将执行猝发传输，传输数目是以下两者的较小值：仲裁数目和尚未传输完的数据单元数。因此，仲裁数目应与外设发出猝发请求时所包含的数据单元数相同。例如，UART 模块可基于 FIFO 触发深度产生猝发请求，此时仲裁数目应与满足触发深度条件后 FIFO 能够传输的数据单元数相同。猝发传输一旦启动就必须运行到结束，期间即使有更高优先级通道的请求也无法中断（处理器内核除外）。猝发传输所需的时间通常都比数量相同、单次触发的用时总和要短。

实际使用中应尽可能地采用猝发传输，尽量避免单次传输。例如，某些数据天生就只有在作为一个数据块共同传输时才有意义，每次传输一点则毫无用处。通过 DMA 通道采用猝发置位寄存器（DMAUSEBURSTSET）可以禁用单次请求。当把此寄存器中对应于某个通道的标志位置位后，μDMA 控制器将只响应该通道的猝发请求。

5. 通道配置

μDMA 控制器采用系统内存中保存的一个控制表，控制表中包含若干个通道控制结构体。在控制表中可能有一个或两个结构体。控制表中的每个结构体都包含源指针、目的指针、待传输数目和传输模式。控制表可以定义到系统内存中的任意位置，但必须保证其连续并且按 1024 字节边界对齐。

表 5-11 所示为通道控制表的内存布局。每个通道在控制表中都可能包含一个或两个结构体：主控制结构体及副控制结构体。在控制表中，所有主控制结构体都在表的前半部分，所有副控制结构体都在表的后半部分。在较简单的传输模式中，对传输的连续性要求不高，允许在每次传输结束后再重新配置、重新启动。这种情况一般不需要副控制结构体，因此内存中只需放置表的前半部分，而后半部分所占用的内存可用作其他用途。如果采用更加复杂的传输模式（例如，乒乓模式或散聚模式），那就需要用到副控制结构体，此时整个控制表都必须加载到内存中。

控制表中任何未用到的内存块都可留给应用程序使用，包括任何应用程序未用的通道的控制结构体，以及各个通道中未用到的控制字。

表 5-11　控制结构体的存储器映射

偏　移　量	通　　道
0x0	通道 0 主功能
0x10	通道 1 主功能
…	…
0x1F0	通道 31 主功能
0x200	通道 0 副功能
0x210	通道 1 副功能
…	…
0x3F0	通道 31 副功能

表 5-12 列出了控制表中单个控制结构体项的内容。每个控制结构体项都按照 16 字节边界对齐。每个结构体项由 4 个长整型项组成：源末指针、目的末指针、控制字以及一个未用的长整型项。末指针就是指向传输过程最末一个单元地址的指针（包含其本身）。假如源地址或目的地址并不自动递增（如外设的寄存器），那么指针应当指向待传输的地址。

表 5-12　单个控制结构体

偏　　移	描　　述
0x000	源末指针
0x004	目的末指针
0x008	控制字
0x00C	未用

控制字包含以下的位域。

- 源/目的数据宽度。
- 源/目的地址增量。
- 总线重新仲裁之前传输的数目（仲裁数目）。
- 待传输的数据单元总数。

● 采用猝发传输标志。

● 传输模式。

μDMA 控制器在传输执行期间自动更新待传输大小位域以及传输模式位域。当传输结束后，待传输数目将为 0，传输模式将变为“已停止”。由于控制字是由 μDMA 控制器自动修改的，因此在每次新建传输之前必须手动配置。源末指针和目的末指针不会被自动修改，所以只要源地址或目的地址不变，就无须再进行配置。

在启动传输之前，必须将 DMA 通道启用置位（DMAENASET）寄存器中的相应标志位置位，启用 μDMA 通道。当需要禁用某个通道时，应将 DMA 通道使能清除寄存器（DMAENACLR）中的相应标志位置位。当某个 μDMA 传输结束后，控制器会自动禁用该通道。

6. 传输模式

μDMA 控制器支持多种传输模式。前两种模式支持简单的单次传输，后面几种复杂的模式能够实现持续数据流。

（1）停止模式

停止模式虽然是控制字中传输模式位域的有效值，但实际上这并不是一种真正的传输模式。当控制字中的传输模式是停止模式时，μDMA 控制器并不会对此通道进行任何传输，并且一旦该通道启用，μDMA 控制器还会自动禁用该通道。在任何 μDMA 传输结束后，μDMA 控制器都会自动将通道控制字的传输模式位域改写为停止模式。

（2）基本模式

在基本模式下，只要有待传输的数据单元，并且收到了传输请求，μDMA 控制器便会执行传输。这种模式适用于那些只要有数据可传输就产生 μDMA 请求信号的外设。如果请求是瞬时的（即使整个传输尚未完成也并不保持），则不得采用基本模式。例如，如果将某个通道设为基本模式，并且采用软件启动，则启动时只会创建一个瞬时请求；此时传输的数目等于 DMA 通道控制字（DMACHCTL）寄存器中 ARBSIZE 位域所指定的数目，即使还有更多数据需要传输也将停止。

在基本模式下，当所有数据单元传输完成后，μDMA 控制器自动将该通道置为停止模式。

（3）自动模式

自动模式与基本模式类似，区别在于：每当收到一个传输请求后，传输过程会一直持续到整个传输结束，即使 μDMA 请求已经消失（瞬时请求）也会持续完成。这种模式非常适用于软件触发的传输过程。一般来说外设都不使用自动模式。

在自动模式下，当所有数据单元传输完成后，μDMA 控制器自动将该通道置为停止模式。

（4）乒乓模式

乒乓模式用于传输内存与外设之间连续不断的数据流。要使用乒乓模式，必须同时配置主数据结构体和副数据结构体。两个结构体均用于实现存储器与外设之间的数据传输，均由处理器建立。传输过程首先从主控制结构体开始。当主控制结构体所配置的传输过程结束后，μDMA 控制器自动载入副控制结构体并按其配置继续传输。每当这时都会产生一个中断，处理器可以对刚刚结束传输过程的数据结构体进行重新配置。主/副控制结构体交替在缓冲区与外设之间搬运数据，周而复始，川流不息。

(5) 存储器聚散模式

存储器散聚模式是一种较为复杂的工作模式。通常在搬运数据块时，其数据源和数据目的都是线性分布的；但有时必须将内存中某块连续的数据分散传递到几个不同的位置，或将内存中几个不同位置的数据块汇聚传递到同一个位置连续放置，此时就应当采用存储器散聚模式。例如，内存中可能存储有数条遵从某种通信协议的报文，那么就可以利用 μDMA 的存储器聚散模式将几个报文的有效数据内容依次读出，并连续保存到内存缓冲中的指定位置(有效内容拼装)。

在存储器聚散模式下，主控制结构体的工作是按照内存中一个表的内容配置副控制结构体。这个表由处理器软件建立，包含若干个控制结构体，每个控制结构体中包含能够实现特定传输的源末指针、目的末指针和控制字。每个控制结构体项的控制字中必须将传输模式设置为存储器聚散模式。主传输流程依次将表中的控制结构体项复制到副控制结构体中，随后予以执行。μDMA 控制器交替切换的过程如下：每次用主控制结构体从列表中将下一个传输流程配置复制到副控制结构体中，然后切换到副控制结构体执行相应的传输任务。在列表的最后一个控制结构体中，应将其控制字编程为采用自动传输模式。这样在执行最后一个传输过程时是自动模式，μDMA 控制器在执行完成后将停止此通道的运行。只有当最后一次传输过程也结束后，才会产生结束中断。如果让控制表最后一个控制结构体项复制并覆盖主控制结构体，使其重新指向列表的起始位置（或指向一个新的列表)，就可以让整个列表始终不停地循环工作。此外，通过编辑控制表内容，也可以触发一个或多个其他通道执行传输，比较直接的方式是编辑产生一个写操作，以软件触发其他通道；也可以采用间接的方式，通过设法让某个外设动作而产生 μDMA 请求。

按照这种方式对 μDMA 控制器进行配置，即可基于一个 μDMA 请求执行一组最多 256 个指定的传输。

(6) 外设聚散模式

外设聚散模式与存储器聚散模式非常相似，区别是外设聚散模式的传输过程是由产生 μDMA 请求的外设控制的。当 μDMA 控制器检测到有来自外设的请求后，将通过主控制结构体从控制表中复制一个控制结构体项填充到副控制结构体中，随后执行传输过程。此次传输过程结束后，只有当外设再次产生 μDMA 请求后，才会开始下一个传输过程。只有当外设产生请求时，μDMA 控制器才会继续执行控制表中的传输任务，直至完成最后一次传输。当最后一次传输过程结束后，才会产生结束中断。

按照这种方式对 μDMA 控制器进行配置，只要外设准备好传输数据，就可以在内存的若干指定地址与外设之间传输数据。

7. 传输数目及增量

μDMA 控制器支持传输宽度为 8 位、16 位或 32 位的数据。对于任何传输，都必须保障源数据宽度与目的数据宽度一致。源地址及目的地址可以按字节、半字或字自动递增，也可以设置为不自动递增。源地址增量及目的地址增量相互无关，设置地址增量时只要保证大于等于数据宽度即可。例如，当传输 8 位宽的数据单元时，将地址增量设置为整字（32 位）也是允许的。待传输的数据在内存中必须按照数据宽度（8 位、16 位或 32 位）对齐。表 5-13 列出了从某个支持 8 位数据的外设进行读操作时的配置。

表 5-13　μDMA 读操作实例（8 位外设）

位　域	配　置
源数据宽度	8 位
目的数据宽度	8 位
源地址增量	不递增
目的地址增量	字节
源末指针	外设读 FIFO 寄存器
目的末指针	内存中数据缓冲区的末尾

8. 软件请求

在 32 个 μDMA 通道中有一个是专门用于软件启动的传输过程。当此通道 μDMA 传输结束时，还有专用的中断予以指示。要想正确使用软件启动的 μDMA 传输，应首先配置并使能传输过程，之后通过 DMA 通道软件请求寄存器（DMASWREQ）发送软件请求。注意，基于软件的 μDMA 传输应当采用自动传输模式。

通过 DMASWREQ 寄存器也可以启动任意可用软件通道的传输。假如在某个外设的 μDMA 通道上采用软件启动请求，那么当传输结束时，结束中断将在该外设的中断向量处产生，而非软件中断向量。只要某个外设没有用 μDMA 传输数据，任何外设通道都可以用于软件请求。

9. 中断及错误

根据外设的情况，μDMA 可以在一个完整的传输结束时或在 FIFO、缓存达到特定水平时显示传输完成。当某个 μDMA 传输过程结束时，μDMA 控制器将在相应外设的中断向量处产生一个结束中断。因此，假如某个外设采用 μDMA 传输数据，并且启用了该外设的中断，那么中断处理函数中必须包含对 μDMA 传输结束中断的相关处理。假如传输过程使用了软件 μDMA 通道，那么结束中断将在专用的软件 μDMA 中断向量上产生。

若 μDMA 控制器在尝试进行数据传输时遇到了总线错误或存储器保护错误，将会自动关闭出错的 μDMA 通道，并且在 μDMA 错误中断向量处产生中断。处理器可以通过读取 DMA 总线错误清除寄存器（DMAERRCLR）来确定是否有需要处理的错误。一旦产生错误则 ERRCLR 标志位将置位。向 ERRCLR 位写 1 即可清除错误状态。

表 5-14 列出了 μDMA 控制器专用的中断及其分配。

表 5-14　μDMA 中断分配

中　断	分　配
44	μDMA 软件通道传输中断
45	μDMA 错误中断

5.4.4　μDMA 控制器初始化与配置

1. 模块初始化

在使用 μDMA 控制器之前，必须先在系统控制模块中将其启用，并且在外设中启用 μDMA 功能。此外，还应当先设置好通道控制结构体的位置。

系统初始化期间应执行一遍以下步骤。

1）使用 RCGCDMA 寄存器启用 μDMA 时钟。

2）通过将 DMA 配置（DMACFG）寄存器中的 MASTEREN 位置位，启用 μDMA 控制器。

3）向 DMA 通道控制基指针（DMACTLBASE）寄存器写入控制表的基地址，可以对通道控制表的位置编程。基地址必须按照 1024 字节对齐。

2. 存储器到存储器传输的配置

第 30 号 μDMA 通道是专用的软件启动传输通道。不过，只要相关外设不使用 μDMA 功能，那么任何通道都可以用于软件启动存储器到存储器的传输。

（1）配置通道属性

1）将 DMA 通道优先置位寄存器（DMAPRIOSET）的第 30 位置位，即可将通道设为高优先级；将 DMA 通道优先清除寄存器（DMAPRIOCLR）的第 30 位置位，即可将通道设为默认优先级。

2）将 DMA 通道主副清除寄存器（DMAALTCLR）的第 30 位置位，可为此次传输选择主通道控制结构体。

3）将 DMA 通道采用猝发清除（DMAUSEBURSTCLR）寄存器中的第 30 位置位，可允许 μDMA 控制器既能响应单次请求也能响应猝发请求。

4）将 DMA 通道请求屏蔽清零（DMAREQMASKCLR）寄存器中的第 30 位置位，以允许 μDMA 控制器识别该通道的请求。

（2）配置通道控制结构体

本示例需要实现的功能是：从某个内存缓冲区向另一个缓冲区传输 256 个字。采用第 30 号通道进行软件启动传输，其控制结构体在控制表中的偏移量为 0x1E0。第 30 号通道的通道控制结构体的偏移量如表 5-15 所示。

表 5-15　第 30 号通道的通道控制结构体偏移量

偏移量	描述
控制表基地址 +0x1E0	第 30 号通道源末指针
控制表基地址 +0x1E4	第 30 号通道目的末指针
控制表基地址 +0x1E8	第 30 号通道控制字

配置源和目的参数，源末指针和目的末指针都应当指向传输过程最后一次传输的地址（其本身包含在内）。

- 向偏移量 0x1E0 处的源末指针写入：源缓冲地址+0x3FC。
- 向偏移量 0x1E4 处的目的末指针写入：目的缓冲地址+0x3FC。
- 偏移量 0x1E8 处的控制字，必须按照表 5-16 进行编程。

表 5-16　存储器传输示例的通道控制字配置

DMACHCTL 寄存器中的位域	位	值	描述
DSTINC	31：30	2	目标地址按 32 位自动递增
DSTSIZE	29：28	2	目标数据宽度为 32 位

（续）

DMACHCTL 寄存器中的位域	位	值	描　　述
SRCINC	27：26	2	源地址按 32 位自动递增
SRCSIZE	25：24	2	源数据宽度为 32 位
reserved	23：22	0	保留
DSTPROT0	21	0	目标数据写入的特殊存取保护
reserved	20：19	0	保留
SRCPROT0	18	0	源数据读取的特殊存取保护
ARBSIZE	17：14	3	传输 8 个数据单元后仲裁
XFERSIZE	13：4	255	总共传输 256 个单元
NXTUSEBURST	3	0	对本传输类型无意义
XFERMODE	2：0	2	采用自动请求传输模式

（3）启动传输过程

完成通道配置后，即可启动传输过程。

1）将 DMA 通道使能置位寄存器（DMAENASET）的第 30 位置位，即可使能通道。

2）将 DMA 通道软件请求寄存器（DMASWREQ）的第 30 位置位，产生传输请求，随后开始 μDMA 传输。倘若同时开启了相关的中断，那么当传输过程全部结束后还会产生中断事件通知处理器。如果需要，还需通过读取 DMAENASET 寄存器中的第 30 位来检查状态。当传输完成后，此位自动清零。此外也可通过读通道控制字（偏移量 0x1E8）的 XFERMODE 位域来检查传输状态。当传输完成后，此位自动清零。

3. 外设简单发送的配置

在下面的示例中，要配置 μDMA 控制器，将缓冲区中的数据发送给某个外设。该外设具有发送 FIFO，且触发深度为 4。此示例中的外设占用 μDMA 第 7 号通道。

（1）配置通道属性

1）配置 DMA 通道优先置位寄存器（DMAPRIOSET）的第 7 位，即可将通道设为高优先级；将 DMA 通道优先清除寄存器（DMAPRIOCLR）的第 7 位置位，即可将通道设为默认优先级。

2）将 DMA 通道主副清除寄存器（DMAALTCLR）的第 7 位置位，为此次传输选择主通道控制结构体。

3）将 DMA 通道采用猝发清除（DMAUSEBURSTCLR）寄存器中的第 7 位置位，允许 μDMA 控制器既能响应单次请求又能响应猝发请求。

4）将 DMA 通道请求屏蔽清零（DMAREQMASKCLR）寄存器中的第 7 位置位，以允许 μDMA 控制器识别该通道的请求。

（2）配置通道控制结构体

本示例需要实现的功能是：从某个内存缓冲区经过第 7 号通道向某个外设的发送 FIFO 寄存器传输 64 字节。第 7 号通道的控制结构体在控制表中的偏移量为 0x070。通道 7 的通道控制结构体的偏移量如表 5-17 所示。

表 5-17　第 7 通道的通道控制结构体偏移量

偏移量	描述
控制表基地址 +0x070	第 7 号通道源末指针
控制表基地址 +0x074	第 7 号通道目的末指针
控制表基地址 +0x078	第 7 号通道控制字

配置源和目的参数，源末指针和目的末指针都应当指向传输过程中最后一次传输的地址（其本身包含在内）。由于外设指针是固定的，因此只需指向外设的数据寄存器即可。

- 向偏移量 0x070 处的源末指针写入：源缓冲地址+0x3F。
- 向偏移量 0x074 处的目的末指针写入：外设的发送 FIFO 寄存器地址。
- 偏移量 0x078 处的控制字，应按照表 5-18 进行编程。

表 5-18　外设传输示例的通道控制字配置

DMACHCTL 寄存器中的位域	位	值	描述
DSTINC	31：30	3	目标地址不自动递增
DSTSIZE	29：28	0	目标数据宽度为 8 位
SRCINC	27：26	0	源地址按 8 位自动递增
SRCSIZE	25：24	0	源数据宽度为 8 位
reserved	23：22	0	保留
DSTPROT0	21	0	目标数据写入的特殊存取保护
reserved	20：19	0	保留
SRCPROT0	18	0	源数据读取的特殊存取保护
ARBSIZE	17：14	2	传输 4 个数据单元后仲裁
XFERSIZE	13：4	63	总共传输 64 个单元
NXTUSEBURST	3	0	对本传输类型无意义
XFERMODE	2：0	1	采用基本传输模式

📖 在这个示例中，外设产生的是单次请求还是猝发请求并不重要。由于外设本身具有发送 FIFO，并且在深度达到 4 时触发，因此将仲裁数目设为 4。即使外设真的产生猝发请求，那么传输 4 字节也正好符合 FIFO 的容限。假如外设产生的是单次请求（即 FIFO 中仍然有空位），那么每次传输 1 字节。假如应用程序要求必须按猝发方式传输，那么应当将 DMA 通道采用猝发置位寄存器（DMAUSEBURSTSET）中管辖通道猝发的 SET［7］置位。

（3）启动传输过程

完成通道配置后，即可启动传输过程；将 DMA 通道使能置位寄存器（DMAENASET）的第 7 位置位，即可使能通道，随后 μDMA 控制器即可经由第 7 号通道进行传输。每当外设产生 μDMA 请求后，控制器就会向其传输若干数据。当全部 64 字节传输完成后，传输过程才会结束。传输过程结束后 μDMA 控制器将自动禁用该通道，并将通道控制字的 XFER-MODE 位清零（停止模式）。可以通过读取 DMA 通道启用置位（DMAENASET）寄存器中的第 7 位来检查传输状态。当传输完成后，此位自动清零。此外也可通过通道控制字（偏移量 0x078）的 XFERMODE 位域来检查传输状态。当传输完成后，此位自动清零。

假如使能了该外设的中断，那么当整个传输过程结束时，外设中断处理程序将收到中断信号。

5.4.5　μDMA 通道控制结构体

μDMA 通道控制结构体保存每个 μDMA 通道的传输设置。每个 μDMA 通道具有两个控制结构体，所有控制结构体共同在系统内存中组成一个控制表。“通道配置” 给出了通道控制表以及通道控制结构体的详细解释。

通道控制表由若干个控制结构体项组成。每个通道都有一个主控制结构体和一个副控制结构体。主控制结构体位于偏移量 0x0、0x10、0x20，以此类推。副控制结构体位于偏移量 0x200、0x210、0x220，以此类推。

5.4.6　μDMA 寄存器映射与描述

表 5-19 列出了所有 μDMA 通道控制结构体以及相关寄存器。通道控制结构体展示出通道控制表中每一项的详细内容。通道控制表位于系统内存中，其位置由应用程序决定，因此其基地址为 n/a（无预定义值），并在寄存器说明的上方标出。在表 5-19 中，通道控制结构体的 “偏移量” 一列代表该配置字相对于控制表中每个结构体项起始地址的偏移。μDMA 寄存器地址是相对于 0x400F. F000 的 μDMA 基地址而言的，以十六进制增量的方式给出。在编制 μDMA 模块寄存器之前，注意应先启用 μDMA 模块时钟。μDMA 模块时钟启用后，必须等待至少 3 个系统时钟才可访问 μDMA 模块寄存器。

表 5-19　μDMA 通道控制结构体及其寄存器映射

偏移量	名　称	类型	复位后默认值	描　述
μDMA 通道控制结构（通道控制表偏移量）				
0x000	DMASRCENDP	RW	–	DMA 通道源地址结束指针
0x004	DMADSTENDP	RW	–	DMA 通道目标地址结束指针
0x008	DMACHCTL	RW	–	DMA 通道控制字
μDM 寄存器（μDMA 基地址偏移量）				
0x000	DMASTAT	RO	0x001F. 0000	DMA 状态
0x004	DMACFG	WO	–	DMA 配置
0x008	DMACTLBASE	RW	0x0000. 0000	DMA 通道控制基址指针
0x00C	DMAALTBASE	RO	0x0000. 0200	DMA 备用通道控制基址指针
0x010	DMAWAITSTAT	RO	0x03C3. CF00	DMA 通道等待请求状态
0x014	DMASWREQ	WO	–	DMA 通道软件请求
0x018	DMAUSEBURSTSET	RW	0x0000. 0000	DMA 通道猝发置位
0x01C	DMAUSEBURSTCLR	WO	–	DMA 通道猝发清除
0x020	DMAREQMASKSET	RW	0x0000. 0000	DMA 通道请求掩码集
0x024	DMAREQMASKCLR	WO	–	DMA 通道请求掩码清除

（续）

偏移量	名　称	类型	复位后默认值	描　述
0x028	DMAENASET	RW	0x0000. 0000	DMA 通道启用集
0x02C	DMAENACLR	WO	–	DMA 通道启用清除
0x030	DMAALTSET	RW	0x0000. 0000	DMA 通道主要备用集
0x034	DMAALTCLR	WO	–	DMA 通道主要备用清除
0x038	DMAPRIOSET	RW	0x0000. 0000	DMA 通道优先级设置
0x03C	DMAPRIOCLR	WO	–	DMA 通道优先级清除
0x04C	DMAERRCLR	RW	0x0000. 0000	DMA 总线错误清除
0x500	DMACHASGN	RW	0x0000. 0000	DMA 通道分配
0x510	DMACHMAP0	RW	0x0000. 0000	DMA 通道映射选择 0
0x514	DMACHMAP1	RW	0x0000. 0000	DMA 通道映射选择 1
0x518	DMACHMAP2	RW	0x0000. 0000	DMA 通道映射选择 2
0x51C	DMACHMAP3	RW	0x0000. 0000	DMA 通道映射选择 3
0xFD0	DMAPeriphID4	RO	0x0000. 0004	DMA 外设标识 4
0xFE0	DMAPeriphID0	RO	0x0000. 0030	DMA 外设标识 0
0xFE4	DMAPeriphID1	RO	0x0000. 00B2	DMA 外设标识 1
0xFE8	DMAPeriphID2	RO	0x0000. 000B	DMA 外设标识 2
0xFEC	DMAPeriphID3	RO	0x0000. 0000	DMA 外设标识 3
0xFF0	DMAPCellID0	RO	0x0000. 000D	DMA 主单元标识 0
0xFF4	DMAPCellID1	RO	0x0000. 00F0	DMA 主单元标识 1
0xFF8	DMAPCellID2	RO	0x0000. 0005	DMA 主单元标识 2
0xFFC	DMAPCellID3	RO	0x0000. 00B1	DMA 主单元标识 3

5.4.7　μDMA 应用例程

【例 5-6】设置 μDMA 控制器，执行软件启动内存到内存的传输。

```
void μDMA_m_to_m()
{
//
//该应用程序必须分配通道控制表。这是全表的所有模式和通道
//NOTE:此表必须为 1024 字节对齐的
//
uint8_t pui8DMAControlTable[1024];

//
//用于 μDMA 传输的源和目标缓冲器
//
uint8_t pui8SourceBuffer[256];
```

```
uint8_t pui8DestBuffer[256];

uDMAEnable();                                          //使能 μDMA 控制器
uDMAControlBaseSet(&pui8DMAControlTable[0]);//为通道控制表设置基准
//
//清除一些属性
//
uDMAChannelAttributeDisable(UDMA_CHANNEL_SW, UDMA_CONFIG_ALL);
//
//设置传输数据大小为 8 位
//
uDMAChannelControlSet(UDMA_CHANNEL_SW | UDMA_PRI_SELECT,
UDMA_SIZE_8 | UDMA_SRC_INC_8 |UDMA_DST_INC_8 | UDMA_ARB_8);
//
//设置传输缓冲区和传输大小,传输模式为自动模式
//
uDMAChannelTransferSet(UDMA_CHANNEL_SW | UDMA_PRI_SELECT,
UDMA_MODE_AUTO, pui8SourceBuffer, pui8DestBuffer,
sizeof(pui8DestBuffer));
//
//通道使能,设置通道请求
//
uDMAChannelEnable(UDMA_CHANNEL_SW);
uDMAChannelRequest(UDMA_CHANNEL_SW);
}
```

5.5　思考与练习

1. 简述 GPIO 含义及其作用。
2. 通用定时器有 6 种工作模式，分别为________、________、________、________、________和________。
3. 简述看门狗的作用。
4. TM4C1294 微处理器的 μDMA 控制器支持________、________和________数据宽度。
5. μDMA 控制器可响应来自外设的两种传输请求：________或________。

第 6 章　TM4C1294 微处理器的串行通信外设接口

本章主要介绍 TM4C1294 微处理器的串行通信外设接口，包括通用异步收发器（UART）、同步串行接口（SSI）、I^2C 总线、CAN 总线、通用串行总线（USB）以及以太网控制器。本章详细描述了各个串行通信外设接口的特点、内部结构、功能以及初始化配置方法等。

6.1　通用异步收发器（UART）

通用异步收发器（Universal Asynchronous Receiver/Transmitter，UART）是一个异步的串行通信接口。UART 模块将处理器内部的并行数据转换为串行数据，通过串行总线 UnTX 以异步通信的方式发送出去；另一方面它也可以接收 UnRX 总线上的串行数据，转换为并行数据后返回给处理器进行处理。异步模式是一种常用的通信方式，相对于同步模式，异步模式不需要一个专门的时钟信号来控制数据的收发，因此发送数据时位与位的间隙可以任意改变。UART 总线采用双向通信，可以实现全双工的发送和接收。嵌入式设计中，UART 用来与计算机或其他设备进行通信。

6.1.1　UART 功能与特点

TM4C1294NCPDT 控制器包括 8 个 UART 模块，每个 UART 模块都具有以下特点。

1）波特率可以通过编程设定，普通模式可以达到 7.5 Mbit/s（16 分频），高速模式可以达到 15 Mbit/s（8 分频）。

2）独立的 16×8 位发送（TX）缓冲区（FIFO）和接收（RX）缓冲区，可降低中断服务对 CPU 的占用。

3）FIFO 的长度可以通过编程设定，包括提供传统双缓冲接口的 1 字节深的操作。

4）FIFO 触发深度可设为 1/8、1/4、1/2、3/4 和 7/8。

5）标准的异步通信，包括起始位、停止位和奇偶校验位。

6）线中止（Line-break）的产生和检测。

7）完全可编程的串行接口特性。

- 有 5、6、7 或 8 个数据位。
- 偶校验、奇校验、奇偶校验或无奇偶校验位的产生与检测。
- 产生 1 或 2 位停止位。

8）IrDA 串行红外 SIR 编码器/解码器模块。

- 可选择采用 IrDA 串行红外（SIR）输入/输出或者 UART 输入/输出。
- 支持 IrDA SAR 编码/解码功能，半双工使数据速率高达 115.2 kbit/s。
- 支持标准的 3/16 位持续时间和低功耗位持续时间（1.41~2.23 μs）。
- 可编程的内部时钟产生器，允许对参考时钟进行 1~256 的分频以得到低功耗模式的位持续时间。

9）支持与符合 ISO7816 标准的智能卡（smart cards）通信。

10）在以下 UART 模块中提供调制解调器功能。

- UART0（调制解调器流控制和调制解调器状态）。
- UART1（调制解调器流控制和调制解调器状态）。
- UART2（调制解调器流控制）。
- UART3（调制解调器流控制）。
- UART4（调制解调器流控制）。

11）标准的 FIFO 深度和传送结束中断。

12）采用微型直接内存访问控制器（μDMA）进行高效传输。

- 有独立的通道用于发送和接收。
- 当接收 FIFO 有数据时产生单次接收请求，在接收 FIFO 到达预设的触发深度时产生猝发请求。
- 当发送 FIFO 中有空闲空间时产生单次接收请求，在接收 FIFO 到达预设的深度时产生猝发请求。

13）全局备用时钟（ALTCLK）资源或者系统时钟（SYSCLK）可以用来产生波特率时钟。

6.1.2　UART 内部结构

UART 内部结构如图 6-1 所示。

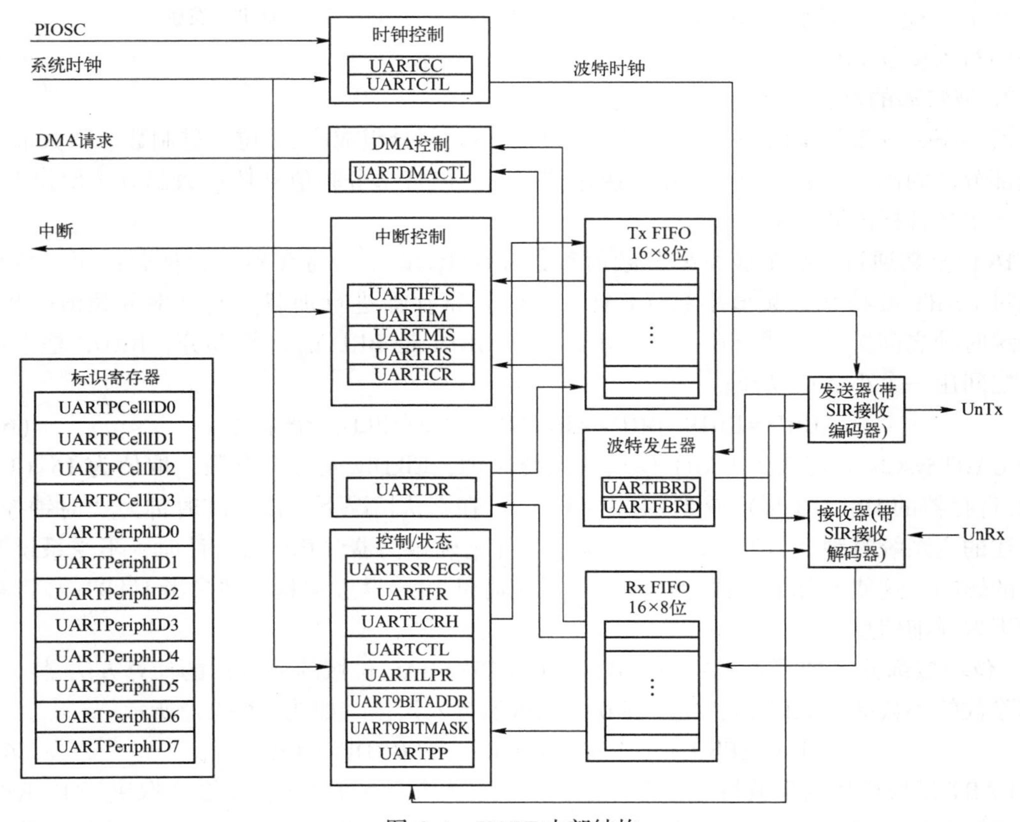

图 6-1　UART 内部结构

6.1.3 UART 功能描述

每个 TM4C1294NCPDT UART 可执行“并-串”和“串-并”转换功能，功能与 16C550 UART 类似，但两者的寄存器不兼容。

用户可通过 UART 控制（UARTCTL）寄存器的 TXE 和 RXE 位对 UART 进行发送和接收配置。复位后，发送和接收默认都是使能的。在对任一控制寄存器编程之前，必须将 UART 功能禁止，这可以通过清零 UARTCTL 寄存器的 UARTEN 位来实现。假如在 UART 发送或接收期间进行此操作，则 UART 模块会在当前进行的数据会话结束后才停止运行。

UART 模块还包含串行红外（SIR）编解码模块，可直接连接红外收发器实现 IrDA SIR 物理层。SIR 功能通过 UARTCTL 寄存器进行设置。

1. 发送/接收逻辑

发送逻辑单元从发送 FIFO 取出数据后执行“并-串”转换。控制逻辑输出串行位流时，最先输出起始位，之后按照控制寄存器的配置依次输出若干数据位（最低有效位在前）、奇偶校验位和停止位，如图 6-2 所示。

接收逻辑单元在检测到有效的起始脉冲后，对接收到的串行位码流执行串-并转换。在接收过程中还要进行溢出错误检测、奇偶校验、帧错误检测、线中止检测，并将这些状态随数据一同写入接收 FIFO 中。

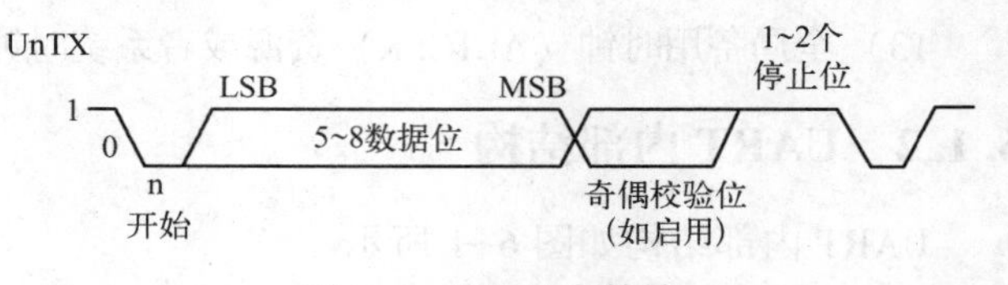

图 6-2　UART 字符帧

2. 波特率的产生

波特率分频系数是由 16 位整数部分和 6 位小数部分组成的 22 位二进制数。整数部分和小数部分共同确定分频系数，并由此决定位时间。波特率分频值支持小数部分，使得 UART 可以产生各种标准波特率。

16 位整数通过 UART 波特率分频值整数（UARTIBRD）寄存器进行加载；而 6 位小数则通过 UART 波特率分频值小数（UARTFBRD）寄存器进行加载。波特率分频值（BRD）和系统时钟之间关系如式（6-1）所示，其中 BRDI 是 BRD 的整数部分，BRDF 是小数部分，之间用一个小数点隔开。

$$BRD = BRDI + BRDF = UARTSysClk/(ClkDiv \times 波特率) \tag{6-1}$$

式中 UARTSysClk 是连接到 UART 模块的系统时钟，ClkDiv 是一个常数，取值为 16（UARTCTL 寄存器的 HSE=0 时）或 8（HSE=1 时）。在默认情况下，该系统时钟为“时钟控制”中描述的主系统时钟。另外，UART 可根据内部精确振荡器（PIOSC）计时，不受系统时钟选择的影响。这使 UART 时钟能够独立于系统时钟 PLL 设置编程。请参考 UARTCC 寄存器获取更多详细信息。

6 位小数部分（即写入 UARTFBRD 寄存器 DIVFRAC 位域的数值）的计算方法是：将波特率除数的小数部分乘以 64，之后加 0.5 以抵消舍入误差，如式（6-2）所示。

$$UARTFBRD[DIVFRAC] = integer(BRDF \times 64 + 0.5) \tag{6-2}$$

UART 模块产生内部波特率参考时钟，其频率为波特率的 8 或 16 倍（取决于 UARTCTL 寄存器第 5 位 HSE 的设置），分别称为 Baud8 或 Baud16。此参考时钟一方面经过 8 分频或

16 分频后产生发送时钟，另一方面在接收过程中用于错误检测。注意，在 ISO 7816 智能卡模式（在 UARTCTL 寄存器中的 SMART 位置位时）下，HSE 位的状态对时钟产生没有影响。

UARTIBRD、UARTFBRD 寄存器、UART 线控和高字节（UARTLCRH）寄存器一起组成一个 30 位内部寄存器。这个内部寄存器只在对 UARTLCRH 寄存器执行写操作时才会更新，因此更改波特率除数之后必须写一次 UARTLCRH 寄存器，更改内容才会生效。

更新波特率寄存器时，有以下 4 种可能的操作序列。

- 写 UARTIBRD，写 UARTFBRD，写 UARTLCRH。
- 写 UARTFBRD，写 UARTIBRD，写 UARTLCRH。
- 写 UARTIBRD，写 UARTLCRH。
- 写 UARTFBRD，写 UARTLCRH。

3. 数据传输

数据在接收或发送时各保存在 16 字节深的 FIFO 中，接收 FIFO 的每个单元还有额外 4 位保存状态信息。当需要进行发送时，先将数据写入发送 FIFO。若 UART 模块已经使能，则将按 UARTLCRH 寄存器所配置的参数开始发送数据帧。UART 模块会持续发送数据，直到发送 FIFO 中没有可发数据为止。数据一经写入发送 FIFO（如果该 FIFO 不为空），UART 标志（UARTFR）寄存器中的 BUSY 位即会生效，并且在数据发送期间一直保持有效。只有当发送 FIFO 已空，并且最后 1 个字符（包括停止位）已经从移位寄存器中发出后，BUSY 位才会失效。即使 UART 模块不再使能，此标志位也能指示出 UART 是否处于忙状态。

在接收器空闲（UnRx 信号持续为 1）且数据输入变为“低电平”（收到起始位）时，接收计数器开始运行，并且根据 UARTCTL 中的 HSE 位（第 5 位）的设置，在 Baud16 的第 8 个周期或者 Baud8 的第 4 个周期对数据进行采样。

如果 UnRx 信号在 Baud16 的第 8 个周期（HSE 清零）或者 Baud8 的第 4 个周期（HSE 置位）仍然为低电平，则起始位有效且可以识别，否则忽略该起始位。检测到有效起始位后，会按照设定的数据字符长度和 UARTCTL 中 HSE 位的值，每 16 个 Baud16 周期或每 8 个 Baud8 周期（即每个位周期）对后续数据位进行一次采样。之后将捕捉并校验奇偶校验位（如果使能了奇偶校验）。数据长度和奇偶校验位在 UARTLCRH 寄存器中设置。

最后，若 UnRx 信号为高电平则判定停止位有效，否则视为发生帧错误。若成功接收到一帧数据，则数据和与之相关的错误标志都将保存到接收 FIFO 中。

4. FIFO 操作

UART 有两个 16×8 位的 FIFO；一个用于发送，另一个用于接收。这两个 FIFO 都通过 UART 数据（UARTDR）寄存器进行访问。对 UARTDR 寄存器执行读操作将返回 12 位的结果，其中包含 8 个数据位和 4 个错误标志位；对 UARTDR 寄存器执行写操作，可将 8 位数据写入发送 FIFO 中。

复位后，两个 FIFO 默认都是禁用的，其表现如同 1 字节深的保持寄存器。可通过对 UARTLCRH 中的 FEN 位进行置位，从而启用这两个 FIFO。可通过 UART 标志（UARTFR）寄存器和 UART 接收状态（UARTRSR）寄存器监控 FIFO 的状态。而对空、满和溢出条件的监控则是由硬件来完成的。UARTFR 寄存器包含空和满的标志（TXFE、TXFF、RXFE 和

RXFF 位)，而 UARTRSR 寄存器则通过 OE 位指示溢出状态。如果 FIFO 被禁用，将根据 1 字节深的保持寄存器的状态设置空和满标志。

令 FIFO 产生中断的触发点是通过 UART 中断 FIFO 深度选择（UARTIFLS）寄存器来控制的。两个 FIFO 可分别配置为不同的触发深度。可选的触发深度包括 1/8、1/4、1/2、3/4 和 7/8。举例来说，若设置接收 FIFO 的触发深度为 1/4，则当 UART 连续收到 4 个数据字节后即会产生一个接收中断。复位后两个 FIFO 的默认触发深度都是 1/2。

5. 中断信号

在出现以下状况时 UART 模块会产生中断。

- 溢出（Overrun）错误。
- 中止错误。
- 奇偶校验错误（Parity Error）。
- 帧错误。
- 接收超时。
- 发送（当满足 UARTIFLS 寄存器中 TXIFLSEL 位定义的条件时，或 UARTCTL 寄存器的 EOT 位置位并且发送数据的最后 1 位已经从串行移位寄存器发出时）。
- 接收（当满足 UARTIFLS 寄存器中 RXIFLSEL 位定义的条件时）。

在发送给中断控制器之前，所有中断事件先进行一次逻辑或操作，因此同一时刻不管实际发生了多少中断事件，UART 模块都只向中断控制器产生一个中断请求。通过读取 UART 屏蔽中断状态（UARTMIS）寄存器，软件可以在一个中断服务例程中处理多个中断事件。

对 UART 中断屏蔽（UARTIM）寄存器中相应的 IM 位进行置位，可以定义能够触发控制器级别中断的中断事件。如果不使用中断，可以通过 UART 原始中断状态（UARTRIS）寄存器查看原始中断状态。

向 UART 中断清除（UARTICR）寄存器的相应位写 1，即可（为 UARTMIS 寄存器和 UARTRIS 寄存器）清除中断。

当接收方 FIFO 不为空时，接收超时中断有效，且在一个 32 位周期内（HSE 清零时）或在一个 64 位周期内（HSE 置位时）不再接收数据。接收超时中断既可以自动清除（读出 FIFO 或保持寄存器中的所有数据，使得 FIFO 变为空状态），也可以向 UARTICR 寄存器的相应位写 1 手动清除。

1）发生以下事件之一时，接收中断将更改状态。

- 如果 FIFO 启用且接收 FIFO 到达设置的触发级别，RXRIS 位被置位。通过从接收 FIFO 读取数据直至其低于触发级别，或向 RXIC 位写 1 清除中断，即可将接收中断清除。
- 如果 FIFO 禁用（拥有一个位置的深度）且接收数据已填充该位置，则 RXRIS 位被置位。通过对接收 FIFO 执行一次读取，或向 RXIC 位写 1 清除中断来清零，即可将接收中断清除。

2）发生以下事件之一时，发送中断将更改状态。

- 如果 FIFO 启用且发送 FIFO 超出设置的触发水平，TXRIS 位被置位。发送的数据量超过某一水平时将会触发发送中断信号，因此 FIFO 载入的数据量必须超过既定触发水平，否则不会再产生发送中断信号。发送中断通过向发送 FIFO 写入数据直至其高于触发级别来清零，或通过向 TXIC 位写 1 清除中断来清零。

- 如果 FIFO 禁用（拥有一个位置的深度）且发送器单个位置中无数据存在，则 TXRIS 位被置位。发送中断通过对发送 FIFO 执行一次写入来清零，或通过向 TXIC 位写 1 清除中断来清零。

6.1.4 UART 初始化与配置

通过以下步骤使能以及初始化 UART。

1）使用 RCGCUART 寄存器启用 UART 模块。

2）必须通过系统控制模块中的 RCGCGPIO 寄存器来启用相应 GPIO 模块的时钟。

3）为相关引脚配置 GPIO AFSEL 位。

4）按所选工作模式分别配置 GPIO 的限流和/或斜率。

5）配置 GPIOPCTL 寄存器的 PMCn 位域，将 UART 信号赋给相应的引脚。

要使用 UART，必须在 RCGCUART 寄存器中对相应的位进行置位，从而启用外设时钟。此外，必须在系统控制模块中通过 RCGCGPIO 寄存器来启用相应 GPIO 模块的时钟。

本节讨论了使用 UART 模块所需的步骤。假定 UART 时钟为 20 MHz，且所需的 UART 配置如下。

- 波特率 115 200。
- 数据长度 8 位。
- 1 个停止位。
- 无奇偶校验。
- 禁用 FIFO。
- 无中断。

执行写入操作，在对 UART 进行编程时，首先要考虑的是波特率分频值（BRD）。可以通过式（6-1）计算出 BRD。

$$\text{BRD}=20\,000\,000/(16\times115\,200)=10.8507$$

即 UARTIBRD 寄存器的 DIVINT 位域应设为 10（十进制）或 0xA。加载到 UARTFBRD 寄存器的值可通过式（6-2）得出。

$$\text{UARTFBRD[DIVFRAC]}=\text{integer}(0.8507\times64+0.5)=54$$

如此便得到了 BRD 的值，接着要按照以下顺序将 UART 配置写入模块。

1）将 UARTCTL 寄存器中的 UARTEN 位清零，以便禁用 UART。

2）将 BRD 的整数部分写入 UARTIBRD 寄存器。

3）将 BRD 的小数部分写入 UARTFBRD 寄存器。

4）将所需的串行工作参数写入 UARTLCRH 寄存器（此处为 0x0000.0060）。

5）写 UARTCC 寄存器来配置 UART 时钟源。

6）还可以选择配置 μDMA 通道（见"微型直接存储器访问 μDMA"），并在 UARTDMACTL 寄存器中启用 DMA 选项。

7）对 UARTCTL 寄存器中的 UARTEN 位置位，以便启用 UART。

6.1.5 UART 寄存器映射与描述

表 6-1 列出了 UART 寄存器映射。所列偏移量是寄存器地址相对于 UART 基址的 16 进制增量，UART 的基址如下。

- UART0：0x4000. C000。
- UART1：0x4000. D000。
- UART2：0x4000. E000。
- UART3：0x4000. F000。
- UART4：0x4001. 0000。
- UART5：0x4001. 1000。
- UART6：0x4001. 2000。
- UART7：0x4001. 3000。

UART 模块的时钟必须在寄存器被编程之前配置。UART 模块的时钟使能之后，必须有 3 个系统时钟的延时，然后才能对 UART 模块的寄存器进行访问。

在对任何控制寄存器进行再次编程之前，必须先禁用 UART 模块。如果在一个发送（TX）或接收（RX）操作中间禁用 UART，当前的发送仍继续，直至发送完成之后 UART 才会停止。

表 6-1　UART 寄存器映射

偏移量	名　　称	类型	复位后默认值	描　　述
0x000	UARTDR	RW	0x0000. 0000	UART 数据
0x004	UARTRSR/UARTECR	RW	0x0000. 0000	UART 接收状态/错误清除
0x018	UARTFR	RO	0x0000. 0090	UART 标志寄存器
0x020	UARTILPR	RW	0x0000. 0000	UART IrDA 低功耗寄存器
0x024	UARTIBRD	RW	0x0000. 0000	UART 整数波特率除数
0x028	UARTFBRD	RW	0x0000. 0000	ART 分数波特率除数
0x02C	UARTLCRH	RW	0x0000. 0000	UART 线程控制
0x030	UARTCTL	RW	0x0000. 0300	UART 控制
0x034	UARTIFLS	RW	0x0000. 0012	UART 中断 FIFO 级别选择
0x038	UARTIM	RW	0x0000. 0000	UART 中断屏蔽
0x03C	UARTRIS	RO	0x0000. 0000	UART 原始中断状态
0x040	UARTMIS	RO	0x0000. 0000	UART 屏蔽的中断状态
0x044	UARTICR	W1C	0x0000. 0000	UART 中断清除
0x048	UARTDMACTL	RW	0x0000. 0000	UART DMA 控制
0x0A4	UART9BITADDR	RW	0x0000. 0000	UART 9 位自身地址
0x0A8	UART9BITAMASK	RW	0x0000. 00FF	UART 9 位自身地址掩码
0xFC0	UARTPP	RO	0x0000. 000F	UART 外设属性

（续）

偏移量	名　　称	类型	复位后默认值	描　　述
0xFC8	UARTCC	RW	0x0000. 0000	UART 时钟配置
0xFD0	UARTPeriphID4	RO	0x0000. 0060	UART 外设标识 4
0xFD4	UARTPeriphID5	RO	0x0000. 0000	UART 外设标识 5
0xFD8	UARTPeriphID6	RO	0x0000. 0000	UART 外设标识 6
0xFDC	UARTPeriphID7	RO	0x0000. 0000	UART 外设标识 7
0xFE0	UARTPeriphID0	RO	0x0000. 0011	UART 外设标识 0
0xFE4	UARTPeriphID1	RO	0x0000. 0000	UART 外设标识 1
0xFE8	UARTPeriphID2	RO	0x0000. 0018	UART 外设标识 2
0xFEC	UARTPeriphID3	RO	0x0000. 0001	UART 外设标识 3
0xFF0	UARTPCellID0	RO	0x0000. 000D	UART 主单元标识 0
0xFF4	UARTPCellID1	RO	0x0000. 00F0	UART 主单元 标识 1
0xFF8	UARTPCellID2	RO	0x0000. 0005	UART 主单元标识 2
0xFFC	UARTPCellID3	RO	0x0000. 00B1	UART 主单元标识 3

6.1.6　UART 应用例程

【例 6-1】初始化 UART0 模块，波特率为 115 200。

```
void  InitConsole(void)
{
// 由于 UART0 使用 PA0、PA1 两个引脚,因此需要使能 GPIOA 模块
SysCtlPeripheralEnable(SYSCTL_PERIPH_GPIOA);
// 因为有引脚复用,所以要对 PA0 和 PA1 两个引脚的功能进行选择
// 这里将它们选择为执行 UART0 模块的功能
GPIOPinConfigure(GPIO_PA0_U0RX);
GPIOPinConfigure(GPIO_PA1_U0TX);
// 对于 PA0 和 PA1 两个引脚,在将它们作为 UART 功能使用之前
//需要对它们做一些有关 UART 的配置
GPIOPinTypeUART(GPIO_PORTA_BASE, GPIO_PIN_0 | GPIO_PIN_1);
UARTStdioConfig(0, 115200, g_ui32SysClock);                    //波特率设为 115 200
}
```

6.2　四路同步串行接口（QSSI）

TM4C1294NCPDT 微控制器包括 4 个四同步串行接口（QSSI）模块。4 个模块都支持先进的 Bi-SSI 接口和 Quad-SSI 接口，以提高数据通量。每个 QSSI 模块都能以主机或从机方

式与片外器件进行同步串行通信，支持飞思卡尔（Freescale）串行外设接口（Serial Peripheral Interface，SPI）或者德州仪器（Texas Instruments，TI）的同步串行接口（SSI）。QSSI 模块能够将从外设接收到的数据进行“串-并”转换。

6.2.1 QSSI 功能与特点

TM4C1294NCPDT 的 QSSI 模块具有以下功能与特点。

1）拥有 Bi-SSI 和 Quad-SSI 功能的 4 个 QSSI 通道。

2）提供可编程控制的接口，可与飞思卡尔的 SPI 接口，或者 Texas Instruments 同步串行接口相连，在双 SSI 和四 SSI 模式下支持飞思卡尔 SPI 接口。

3）主机或从机工作方式。

4）可编程的时钟位速率以及预分频器。

5）相互独立的发送 FIFO 和接收 FIFO，二者均为 16 位宽、8 个单元深。

6）可编程的数据帧长度，4~16 位可选。

7）内部环回测试模式，能够很方便地实现诊断/调试。

8）标准 FIFO 中断以及发送结束中断。

9）采用微型直接内存访问（μDMA）进行高效传输。

- 相互独立的发送通道和接收通道。
- 当接收 FIFO 中有数据时产生单次请求；当接收 FIFO 中包含 4 个数据单元时产生猝发请求。
- 发送单次请求在 FIFO 有空闲单元时有效；发送猝发请求在有 4 个及以上条目可以写入 FIFO 中时有效。
- 可屏蔽的 μDMA 中断用于完成数据的发送和接收。

10）全局时钟（ALTCLK）资源和系统时钟（SYSCLK）可被用于产生波特时钟。

6.2.2 QSSI 内部结构

QSSI 内部结构如图 6-3 所示。

6.2.3 QSSI 功能描述

QSSI 对从片外器件接收的数据进行“串-并”转换。CPU 可访问数据、控制信息以及状态信息。发送及接收通道均内置 FIFO 存储器，在发送及接收模式下各自最多能缓冲 8 个 16 位数值。QSSI 还支持 μDMA 接口。可以将发送和接收 FIFO 配置成 μDMA 模块的目的地址/源地址。将 SSIDMACTL 寄存器中相应的位置位即可启用 μDMA 操作。

1. 位速率的产生

QSSI 模块内置可编程的位速率时钟分频器以及预分频器，通过分频产生串行输出时钟。QSSI 模块支持 2 MHz 或更高的位速率，实际使用时最高位速率通常由片外器件的性能决定。

串行位速率是由输入时钟（SYSCLK）分频后得到的。首先，使用 2~254 之间的偶数分频值 CPSDVSR 对输入时钟进行分频，该值在 SSI 时钟预分频（SSICPSR）寄存器中设置。然后再使用 1~256 之间的一个数（即 1 + SCR）对时钟进一步分频，此处的 SCR 在 SSI 控制

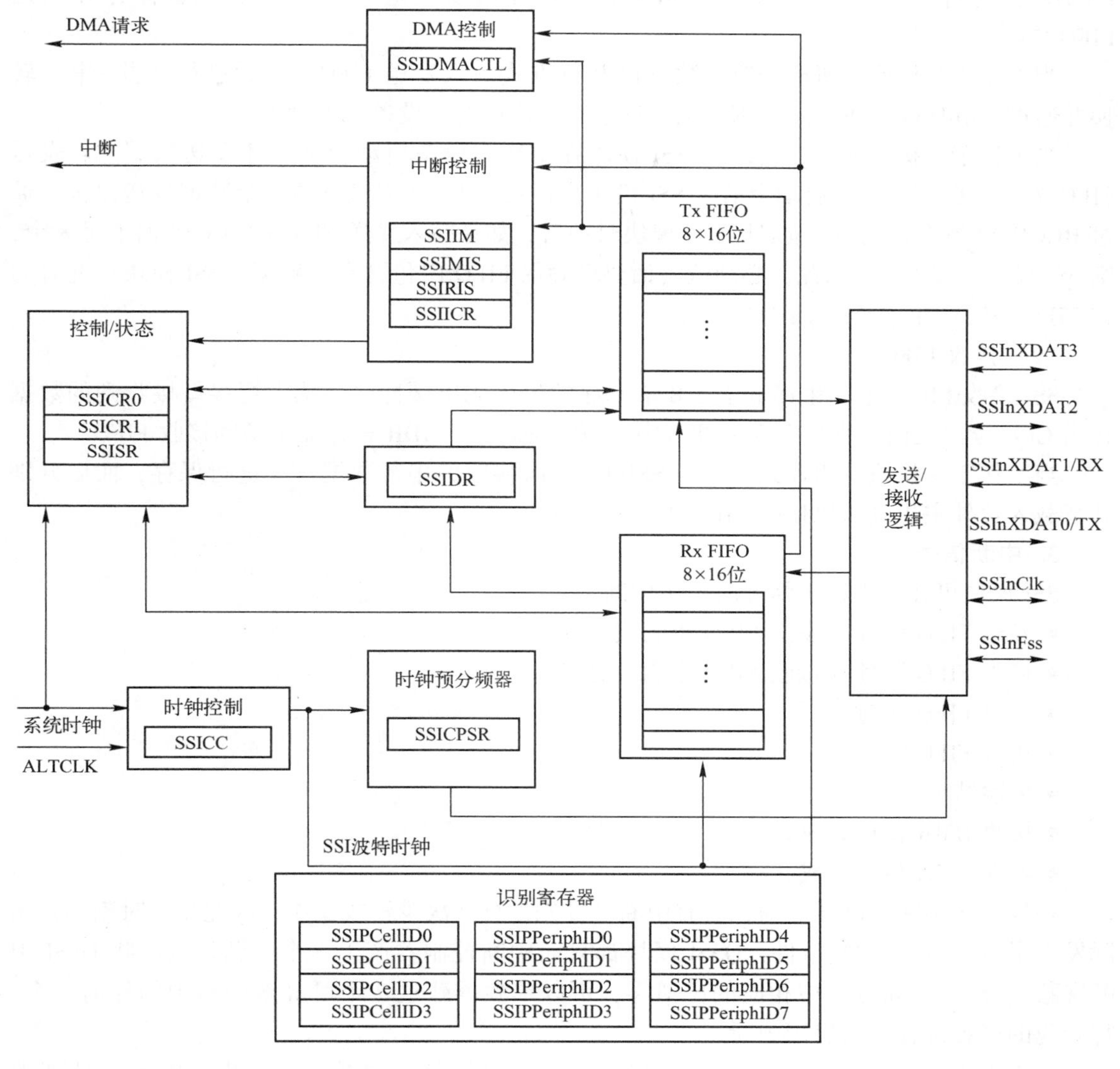

图 6-3　QSSI 内部结构

(SSICR0) 寄存器中设置。

因此输出时钟 SSInClk 的频率如式 (6-3) 所示。

$$SSInClk = SYSCLK/(CPSDVSR \times 1 + SCR) \tag{6-3}$$

📖 SYSCLK 或 ALTCLK 可用作 SSInClk 的源，取决于 SSI 时钟配置 (SSICC) 寄存器 CS 位域的配置。在主机模式下，系统时钟或 ALTCLK 的速度必须至少是 SSInClk 的两倍，而 SSInClk 不能超过 60 MHz。在从机模式下，系统时钟或 ALTCLK 的速度必须至少是 SSInClk 的 12 倍，而 SSInClk 不能超过 10 MHz。

2. FIFO 操作

(1) 发送 FIFO

SSI 发送 FIFO 是一组 16 位宽、8 单元深的先入先出缓冲区。CPU 通过写 SSI 数据

（SSIDR）寄存器将数据写入发送 FIFO，数据在由发送逻辑读出之前一直保存在发送 FIFO 中。

当工作于主机或从机模式时，数据以并行方式写入发送 FIFO，然后进行“并-串”转换并通过 SSInDAT0/SSInTx 引脚分别发送给片外连接的从设备或主设备。

当工作于从机模式时，传统的 SSI 模块在每次主设备启动会话后才发送数据。若发送 FIFO 为空，那么在主机启动会话时 SSI 模块会将发送 FIFO 中最近的一个数据发送出去。通过 RCGCSSI 寄存器的 Rn 位启用 SSI 模块时钟后，如果写入发送 FIFO 的有效数据不足 8 个，则 SSI 模块将发送 0。因此，必须依会话要求确保 FIFO 内包含有效数据。SSI 模块可配置为在 FIFO 空时产生中断或 μDMA 请求。

（2）接收 FIFO

SSI 接收 FIFO 是一组 16 位宽、8 单元深的先入先出缓冲区。从串行接口接收到的数据在由 CPU 读出之前一直保存在缓冲区中，CPU 通过读 SSIDR 寄存器来访问接收 FIFO。

当工作于主机或从机模式时，自 SSInRx 引脚接收的串行数据首先进行保存，而后分别并行载入片外主机或从机接收 FIFO 中。

3. 中断信号

SSI 模块可在出现以下情况时产生中断。

- 发送 FIFO 服务（发送 FIFO 半满或更低）。
- 接收 FIFO 服务（接收 FIFO 半满或更多）。
- 接收 FIFO 超时。
- 接收 FIFO 溢出。
- 传输结束。
- 接收 DMA 传输完成。
- 发送 DMA 传输完成。

在发送给中断控制器之前，所有中断事件先进行一次逻辑或操作，因此同一时刻不管实际发生了多少 QSSI 中断事件，QSSI 模块都只向中断控制器产生一个中断请求。将 QSSI 中断屏蔽（SSIIM）寄存器中相应的位清零，可以单独屏蔽这 7 个可屏蔽中断中的任何一个。将相应的屏蔽位置位来启用中断。

QSSI 模块不但提供组合的中断输出，还分别提供各个中断源的输出，因此在处理中断时既可采用全局中断服务子程序，又可采用模块化的设备驱动程序。动态的发送/接收数据流中断与静态的状态中断相互独立，方便即时响应 FIFO 触发电平进行读写操作。独立中断源的状态可以查询 SSI 原始中断状态（SSIRIS）和 SSI 屏蔽中断状态（SSIMIS）寄存器。

接收 FIFO 设有 32 个 SSInClk 时钟周期（不管此时 SSInClk 是否激活）的超时周期，并且只要接收 FIFO 从空状态变为非空状态即会启动。假如接收 FIFO 在接下来的 32 个 SSIClk 周期内再次变为空状态，超时周期才会中止并复位。因此中断服务程序应在读出接收 FIFO 后及时对 SSI 中断清除寄存器（SSIIC）的 RTIC 位写 1，以清除接收 FIFO 超时中断。此清除操作不得执行得太晚，否则有可能中断服务子程序在中断实际清除之前已经返回，此外也可能造成不必要地重复进入中断。

发送结束（EOT）中断指明数据已完全发送，只能有效用于主机模式设备/操作。该中断可以用来指示什么时候关闭 QSSI 模块的时钟或者进入休眠模式。另外由于数据的发送和接收是同时完成的，此中断也能即时指示接收 FIFO 中的数据已经就绪，无须等待接收 FIFO 超时了。

📖 仅在飞思卡尔 SPI 模式下，即便 FIFO 已满，也可实现每发送一个字节即产生一个 EOT 中断信号。如果集成的从机 QSSI 将 EOT 位置 0，而 μDMA 被配置为通过外部回送将该 QSSI 中的数据传输到设备所用主机 QSSI 中，那么即便 FIFO 已满，也可实现每发送一个字节，QSSI 从机就产生一个 EOT 中断信号。

4. TI 同步串行帧格式

图 6-4 显示了 TI 同步串行单次传输的帧格式。

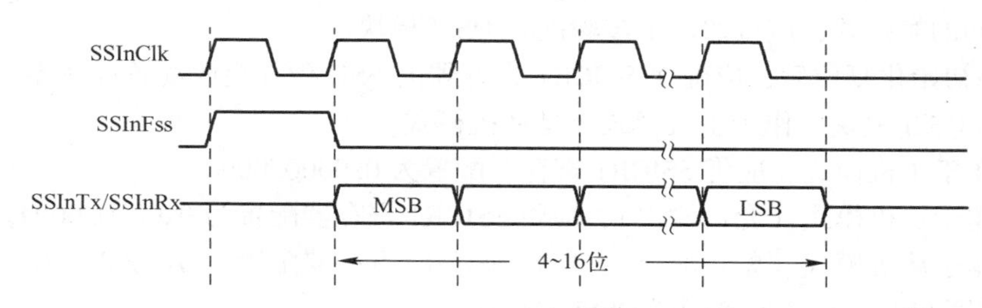

图 6-4　TI 同步串行帧格式（单次传输）

当 QSSI 模块处于空闲状态时，SSInClk 和 SSInFss 强制拉低，QSSI 发送数据引脚 SSInDAT0/SSInTx 被置为三态。一旦发送 FIFO 的底部入口包含数据，SSInFss 就会变为高电平并持续一个 SSInClk 周期。要发送的值也从发送 FIFO 传输到发送逻辑的串行移位寄存器中。在下一个 SSInClk 时钟上升沿，数据帧（长度为 4～16 位）的最高有效位移位输出到 SSInTx 引脚上。同样，接收到的数据的 MSB 也通过片外串行从器件移到 SSInDAT0/SSInRx 引脚上。

然后，QSSI 和片外串行从器件在 SSInClk 的每一个下降沿时将数据位逐个移入各自的串行移位器中。在锁存了 LSB 之后的第一个 SSInClk 上升沿，接收数据从串行移位器传输到接收 FIFO。

图 6-5 显示了 TI 同步串行帧格式连续传输的情况。

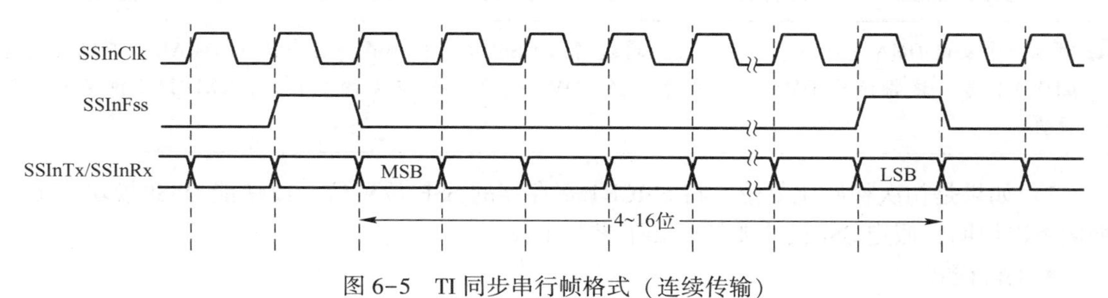

图 6-5　TI 同步串行帧格式（连续传输）

6.2.4　QSSI 初始化与配置

按照以下步骤使能和初始化 QSSI 模块。

1）用 RCGCSSI 寄存器启用 QSSI 模块。

2）通过 RCGCGPIO 寄存器启用相应 GPIO 模块的时钟。

3）将相应引脚的 GPIO AFSEL 位置位。

4）配置 GPIOPCTL 寄存器的 PMCn 位域，将 QSSI 信号赋给相应的引脚。

5）对 GPIODEN 寄存器编程，以启用引脚的数字功能。此外，必须配置驱动强度、开漏选择和上拉/下拉功能。

📖 上拉可用来避免 QSSI 引脚上不必要的切换，该切换会将从机带入错误状态。此外，如果通过 SSICR0 寄存器中的 SPO 位将 SSICLIK 信号配置为稳定的高电平状态，那么在 GPIO 上拉选择寄存器（GPIOPUR）中，也必须用软件配置 SSInClk 信号对应的 GPIO 引脚为上拉。

对于不同的帧格式，应按照以下步骤配置 QSSI 模块。

1）如果初始化复位后，应确保 SSICR1 寄存器的 SSE 位在更改配置前清零。

2）选择 QSSI 模块工作于主机模式还是从机模式。

- 若工作于主机模式，应将 SSICR1 寄存器配置为 0x0000. 0000。
- 若工作于从机模式（允许输出），应将 SSICR1 寄存器配置为 0x0000. 0004。
- 若工作于从机模式（禁止输出），应将 SSICR1 寄存器配置为 0x0000. 000C。

3）通过写 SSICC 寄存器来配置 QSSI 时钟源。

4）通过写 SSICPSR 寄存器配置时钟预分频除数。

5）通过 SSICR0 寄存器配置以下内容。

- 串行时钟速率（SCR）。
- 若采用飞思卡尔 SPI 帧格式，需配置时钟相位和时钟极性（SPH、SPO）。
- 协议模式：飞思卡尔 SPI、TI SSF。
- 数据长度（DSS）。

6）另外，按以下步骤配置 QSSI 模块为 μDMA。

- 配置 μDMA 用于 QSSI。
- 分别设置 SSIDMACT 寄存器中的 TXDMAE 位和 RXDMAE 位来使能 QSSI 模块的 TX FIFO 和 RX FIFO。
- 此外，设置 SSIIM 寄存器中的 DMATXIM 位或 DMARXIM 位来使能 μMDA 完成中断。

📖 对于一个发送 DMA 完成中断，软件必须通过清除 QSSIDMA 控制寄存器中的 TXDMAE 位来禁止使能 μDMA 传输。这将清除 DMA 完成中断。当 μDMA 需要传输更多的数据时，TXDMAE 位必须重新设置。

7）如果是初次初始化复位，将 SSICR1 寄存器的 SSE 位置位，以使能 QSSI 模块。下面举例予以说明，假定 SSI 模块要按照如下参数工作。

- 主机模式。
- 飞思卡尔 SPI 格式（SPO = 1，SPH = 1）。
- 位速率为 1 Mbit/s。
- 数据长度 8 位。

假设系统时钟 20 MHz，于是位速率计算公式为

$$\text{SSInClk}=\text{SYSCLK}/(\text{CPSDVSR}\times(1+\text{SCR}))$$

$$1\times10^{6}=20\times10^{6}/(\mathrm{CPSDVSR}\times(1+\mathrm{SCR}))$$

在此情况下，如果 CPSDVSR=0x2，SCR 必须为 0x9。

软件中的配置步骤如下。

- 确保 SSICR1 寄存器的 SSE 位清零。
- 对 SSICR1 寄存器写入 0x0000. 0000。
- 对 SSICPSR 寄存器写入 0x0000. 0002。
- 对 SSICR0 寄存器写入 0x0000. 09C7。
- 随后将 SSICR1 寄存器的 SSE 位置位，使能 SSI 模块。

6.2.5　QSSI 寄存器映射与描述

表 6-2 列出了 QSSI 寄存器映射。表中偏移量一列是指相对于 QSSI 基地址的十六进制地址增量，4 个 QSSI 模块的基地址分别如下。

- QSSI0：0x4000. 8000。
- QSSI1：0x4000. 9000。
- QSSI2：0x4000. A000。
- QSSI3：0x4000. B000。

配置这些寄存器之前必须先启用 QSSI 模块时钟。PRSSI 寄存器的 Rn 位必须读数为 0x1，才能访问任一 QSSI 模块寄存器。

表 6-2　QSSI 寄存器映射

偏 移 量	名　称	类　型	复位后默认值	描　述
0x000	SSICR0	RW	0x0000. 0000	QSSI 控制 0
0x004	SSICR1	RW	0x0000. 0000	QSSI 控制 1
0x008	SSIDR	RW	0x0000. 0000	QSSI 数据
0x00C	SSISR	RO	0x0000. 0003	QSSI 状态
0x010	SSICPSR	RW	0x0000. 0000	QSSI 时钟预分频
0x014	SSIIM	RW	0x0000. 0000	QSSI 中断屏蔽
0x018	SSIRIS	RO	0x0000. 0008	QSSI 原始中断状态
0x01C	SSIMIS	RO	0x0000. 0000	QSSI 屏蔽中断状态
0x020	SSIICR	W1C	0x0000. 0000	QSSI 中断清除
0x024	SSIDMACTL	RW	0x0000. 0000	QSSI DMA 控制
0xFC0	SSIPP	RO	0x0000. 000D	QSSI 外设属性
0xFC8	SSICC	RW	0x0000. 0000	QSSI 时钟配置
0xFD0	SSIPeriphID4	RO	0x0000. 0000	QSSI 外设标识 4
0xFD4	SSIPeriphID5	RO	0x0000. 0000	QSSI 外设标识 5
0xFD8	SSIPeriphID6	RO	0x0000. 0000	QSSI 外设标识 6
0xFDC	SSIPeriphID7	RO	0x0000. 0000	QSSI 外设标识 7

（续）

偏 移 量	名 称	类 型	复位后默认值	描 述
0xFE0	SSIPeriphID0	RO	0x0000. 0022	QSSI 外设标识 0
0xFE4	SSIPeriphID1	RO	0x0000. 0000	QSSI 外设标识 1
0xFE8	SSIPeriphID2	RO	0x0000. 0018	QSSI 外设标识 2
0xFEC	SSIPeriphID3	RO	0x0000. 0001	QSSI 外设标识 3
0xFF0	SSIPCellID0	RO	0x0000. 000D	QSSI 主单元标识 0
0xFF4	SSIPCellID1	RO	0x0000. 00F0	QSSI 主单元标识 1
0xFF8	SSIPCellID2	RO	0x0000. 0005	QSSI 主单元标识 2
0xFFC	SSIPCellID3	RO	0x0000. 00B1	QSSI 主单元标识 3

6.2.6 QSSI 应用例程

【例 6-2】使用 QSSI 的 API 来配置 QSSI 模块作为主设备，以及如何执行简单的发送数据。

```
void main()
{
//省略将 GPIO 配置为 QSSI 模式,以及配置系统时钟的初始化程序
char * pcChars = "SSI Master send data.";
int32_t i32Idx;
//
//配置 QSSI
//
SSIConfigSetExpClk(SSI_BASE, g_ui32SysClock, SSI_FRF_MOTO_MODE0,
SSI_MODE_MASTER, 2000000, 8);
SSIEnable(SSI_BASE);                    //使能 QSSI 模块
//
//发送数据
//
i32Idx = 0;
while(pcChars[i32Idx])
{
SSIDataPut(SSI_BASE, pcChars[i32Idx]);
i32Idx++;
}
}
```

6.3 I^2C 总线

内部集成电路（I^2C）总线通过双线设计（串行数据线 SDA 和串行时钟线 SCL）提

供双向数据传输以及连接外部 I^2C 设备的接口，例如，串行存储器（RAM 和 ROM）、网络设备、LCD、音频发生器等。I^2C 总线还可在产品开发和制造过程中用于系统测试和诊断。TM4C1294NCPDT 微控制器能够与总线上的其他 I^2C 备进行互动（发送和接收数据）。

6.3.1 I^2C 功能与特点

TM4C1294NCPDT 的 I^2C 模块具有以下功能与特点。

1）I^2C 总线上的设备可被指定为主机或从机。

- 在主机或从机模式下都支持发送和接收数据。
- 支持作为主机和从机的同步操作。

2）4 种 I^2C 模式。

- 主机发送。
- 主机接收。
- 从机发送。
- 从机接收。

3）两个 8 通道 FIFO 用于发送和接收数据。

FIFO 可独立的分配给主机或者从机。

4）4 种传输速度。

- 标准（100 kbit/s）。
- 快速（400 kbit/s）。
- 超快速（1 Mbit/s）。
- 高速（3.33 Mbit/s）。

5）故障抑制。

6）通过软件支持系统管理总线。

- 时钟低电平超时中断。
- 双从机地址功能。
- 快速指挥能力。

7）主机和从机产生中断。

- 主机因为传送或接收数据结束（或者是因为错误而取消）产生中断。
- 从机在主机向其发送数据或发出请求时，或检测到 START 或 STOP 信号时产生中断。

8）主机带有仲裁和时钟同步功能，支持多主机以及 7 位寻址模式。

9）采用微型直接内存访问（μDMA）进行高效传输。

- 独立的发送通道和接收通道。
- 能够使用 I^2C 中的 RX FIFO 和 TX FIFO 执行单个数据传输或突发数据传输。

6.3.2 I^2C 内部结构

I^2C 的内部结构如图 6-6 所示。

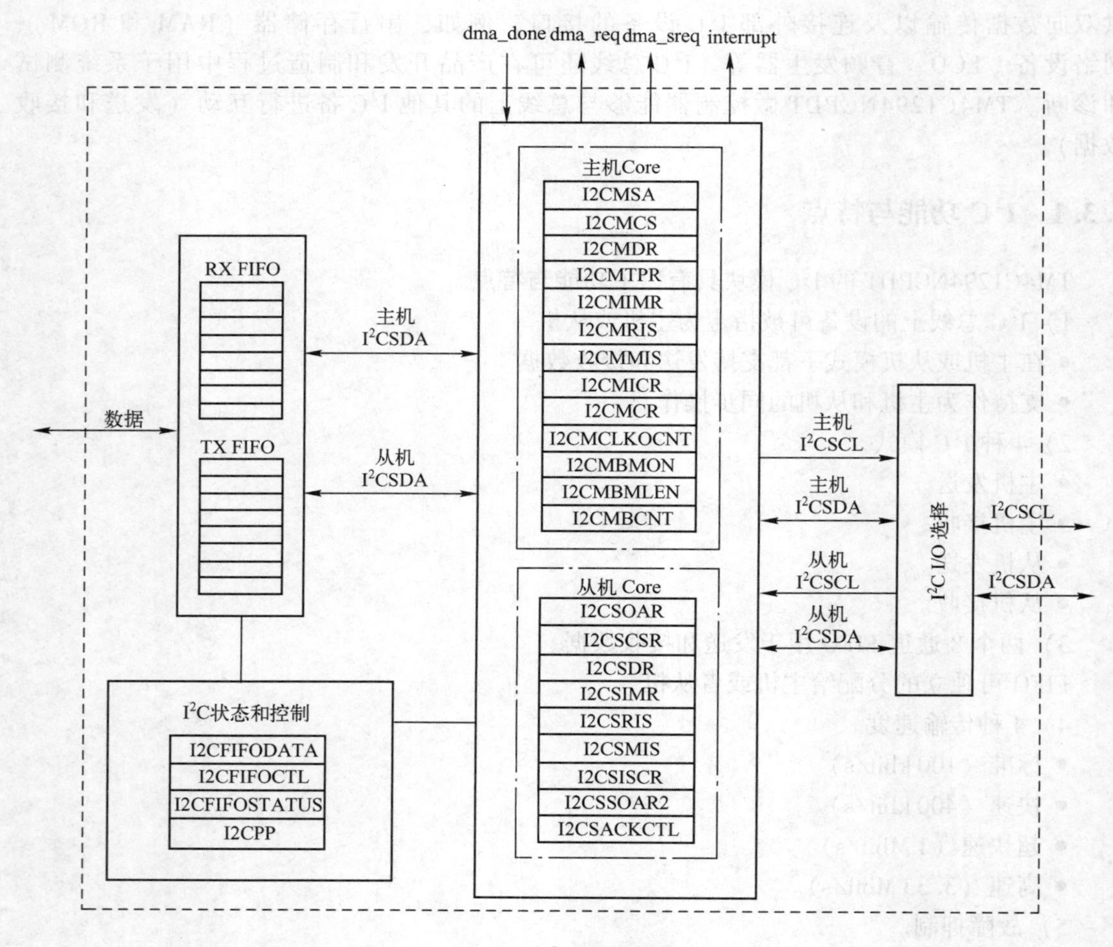

图 6-6　I²C 内部结构

6.3.3　I²C 功能描述

每个 I²C 模块由主机和从机两个功能组成，并通过唯一地址进行标识。主机发起的通信会产生时钟信号 SCL。为了实现正确操作，SDA 引脚必须配置为开漏信号。由于内部电路支持高速操作，SCL 引脚不得配置为开漏信号，即使内部电路会影响其发挥开漏信号的作用。SDA 和 SCL 信号必须使用上拉电阻连接到正向电源电压。典型的 I²C 总线配置如图 6-7 所示。

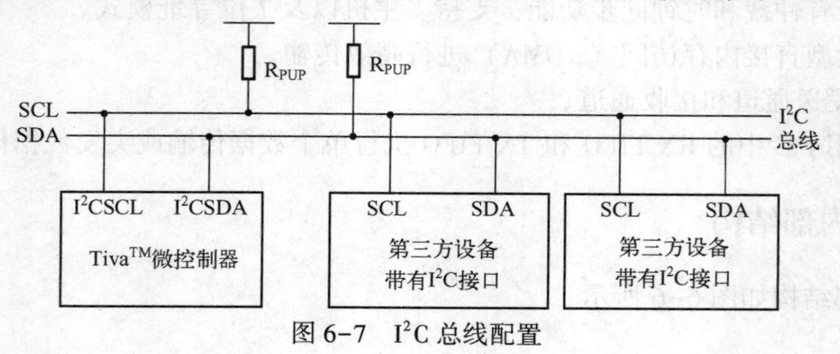

图 6-7　I²C 总线配置

1. I^2C 总线功能概览

I^2C 总线只使用两个信号：SDA 和 SCL。在 TM4C1294 微控制器中，SDA 和 SCL 分别对应 I^2CSDA 和 I^2CSCL。SDA 是双向的串行数据线，SCL 是双向的串行时钟线。当两根线都处于高电平的时候，总线处于空闲状态。

I^2C 总线每次传输的数据长度为 9 位，其中包括 8 位数据位和一位应答位。每次传输的字节数（定义为有效 START 和 STOP 条件之间的时间）没有限制，但是每个数据字节后面必须紧跟一位应答位，而且数据传输时必须首先传送最高有效位（MSB）。当接收器不能完整接收另一个字节时，它可以保持时钟线 SCL 为低电平，并迫使发送器进入等待状态。当接收器释放了时钟线 SCL 的时候，数据传输得以继续进行。

（1）START 和 STOP 条件

I^2C 总线协议定义了两种状态，以便开始和结束数据传输：START 和 STOP。当 SCL 为高电平时，SDA 线由高到低的跳变被定义为 START 信号；当 SCL 为高电平的时候，SDA 线由低到高的跳变被定义为 STOP 信号。总线在 START 条件之后被视为忙状态，在 STOP 条件之后被视为空闲（free）状态，如图 6-8 所示。

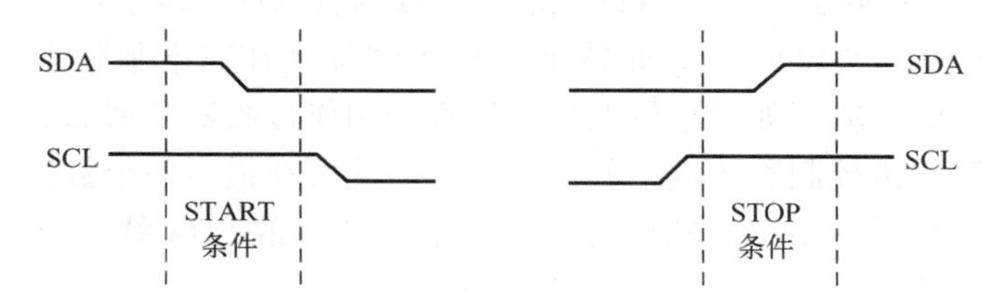

图 6-8　START 和 STOP 条件

STOP 位决定周期是在数据周期结束时停止，还是继续运行，直到发生重复的 START 条件。要产生单次传输，应在 I^2C 主机从机地址（I2CMSA）寄存器中写入所需的地址，并将 R/S 位清零，在控制寄存器中写入 ACK = X（0 或 1）、STOP = 1、START = 1 以及 RUN = 1，以便执行单次传输并停止。操作完成后（或者因为错误退出），中断引脚将激活，数据可能从 I^2C 主机数据（I2CMDR）寄存器中读出。I^2C 模块以主接收器模式运行时，ACK 位通常会被置位，这会让 I^2C 总线控制器在每个字节接收完之后自动发送一个应答。当 I^2C 总线控制器无须接收从发送器发送的数据时，该位必须清零。

当以从机模式运行时，I^2C 从机原始中断状态（I2CSRIS）寄存器中的 STARTRIS 和 STOPRIS 位用于监测总线上的开始和停止条件；通过配置 I^2C 从机屏蔽中断状态（I2CSMIS）寄存器可将 STARTRIS 和 STOPRIS 位转变成控制器中断（前提是启用了中断功能）。

（2）带有 7 位地址的数据格式

带 7 位地址的传输数据格式如图 6-9 所示。在达到开始条件之后，从机地址将被发送。地址共有 7 位，紧跟着的第 8 位是数据传输方向位（I2CMSA 寄存器的 R/S 位）。R/S 位清零表示传输操作（发送），此位置位表示数据请求（接收）。数据传输总是由主机生成一个停止条件终止的，但是主机可以在没有产生停止信号的时候，通过再产生一个开始信号和总线上另一个设备的地址，来与另一个设备通信。因此，在一次传输过程中可能会存在各种不同组合的接收/发送格式。

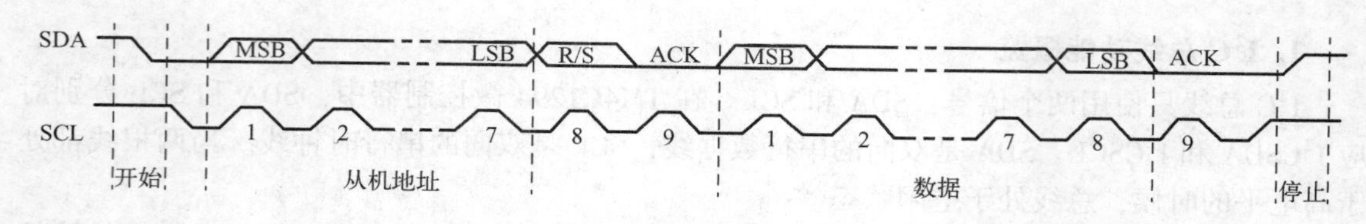

图 6-9 带 7 位地址的完整数据传输

第一字节中的前 7 位即构成从机地址（如图 6-10 所示），第 8 位确定报文的方向。R/S 位的值为 0 意味着主机将会传输（发送）数据给选定的从机，如果该位的值为 1 则表明主机将要从从机那接收数据。

（3）应答

总线上所有传输都要带有应答时钟周期，该时钟周期由主机产生。发送器（可以是主机或从机）在应答周期过程中释放 SDA 线，即 SDA 为高电平。为了响应传输，接收器必须在应答时钟周期过程中拉低 SDA。在应答周期内，接收器发出的数据必须遵循数据有效性要求。

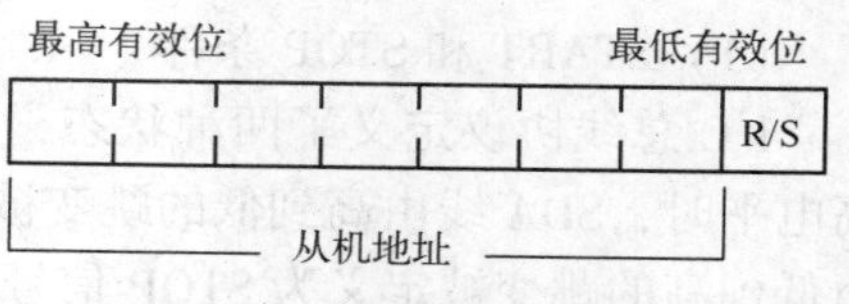

图 6-10 首字节的 R/S 位

当从机不能响应从机地址时，从机必须将 SDA 线保持在高电平状态，使得主机可产生停止条件来中止当前的传输。如果主机在传输过程中用作接收器，那么它有责任应答从机发出的每次传输。由于主机控制着传输中的字节数，因此可在最后一个数据字节上不产生应答来向从机发送器指示数据的结束。然后从机发送器必须释放 SDA 线，以便主机可以产生停止条件或重复起始条件。

如果从机需要提供手动的应答或者否定应答，I^2C 从机应答控制（I2CSACKCTL）寄存器可以让从机对无效数据或无效指令做出否定应答，或者对有效数据或有效指令做出应答。当启用该功能时，MCU 从机模块的 I^2C 时钟会在最后一个数据位之后拉低，直到该寄存器写入指定响应。

（4）双地址

I^2C 接口支持从机双地址功能。系统提供额外的可编程地址，启用后可以进行地址匹配。在传统模式中，双地址功能将被禁用，如果地址与 I2CSOAR 寄存器中的 OAR 位域相匹配，I^2C 从机会在总线上提供应答。在双地址模式下，如果 I2CSOAR 寄存器中的 OAR 位域与者 I2CSOAR2 位寄存器中的 OAR2 位域匹配，I^2C 从机会在总线上提供应答。双地址功能通过对 I2CSOAR2 寄存器中的 OAR2EN 位进行编程而启用，且传统地址不会被禁用。

I2CSCSR 寄存器中的 OAR2SEL 位可以显示出应答地址是否是复用地址。该位被清零时，表示处于传统操作，或者无地址匹配。

（5）可用的速度模式

I^2C 总线能够以标准模式（100 kbit/s）、快速模式（400 kbit/s）、超快模式（1 Mbit/s）或者高速模式（3.33 Mbit/s）运行。所选速度模式必须与总线上的其他 I^2C 设备相同。

通过 I^2C 主机定时器周期（I2CMTPR）寄存器中的数值可以选择标准、快速和超快模式，其 SCL 频率为标准模式 100 kbit/s、快速模式 400 kbit/s 或超快模式 1 Mbit/s。

I^2C 时钟速率取决于以下参数：CLK_PRD、TIMER_PRD、SCL_LP 和 SCL_HP。

- CLK_PRD 是系统时钟周期。

- SCL_LP 是 SCL 的低电平相位（固定为 6）。
- SCL_HP 是 SCL 的高电平相位（固定为 4）。
- TIMER_PRD 是 I2CMTPR 寄存器的编程值。通过替换以下公式中的已知变量并算出 TIMER_PRD 值即可得到该值。

I^2C 时钟周期计算方法如下：

$$SCL\_PERIOD = 2 \times (1 + TIMER\_PRD) \times (SCL\_LP + SCL\_HP) \times CLK\_PRD \quad (6-4)$$

例如：CLK_PRD = 50 ns，TIMER_PRD = 2，SCL_LP = 6，SCL_HP = 4，则产生的 SCL 频率是：1/SCL_PERIOD = 333 kHz。

表 6-3 给出了不同的系统时钟频率下产生标准、快速和超快模式 SCL 频率的定时器周期的示例。

表 6-3　I^2C 主机定时器周期与速度模式示例

系统时钟	定时器周期	标准模式	定时器周期	快速模式	定时器周期	超快模式
4 MHz	0x01	100 kbit/s	–	–	–	–
6 MHz	0x02	100 kbit/s	–	–	–	–
12. 5 MHz	0x06	89 kbit/s	0x01	312 kbit/s	–	–
16. 7 MHz	0x08	93 kbit/s	0x02	278 kbit/s	–	–
20 MHz	0x09	100 kbit/s	0x02	333 kbit/s	–	–
25 MHz	0x0C	96. 2 kbit/s	0x03	312 kbit/s	–	–
33 MHz	0x10	97. 1 kbit/s	0x04	330 kbit/s	–	–
40 MHz	0x13	100 kbit/s	0x04	400 kbit/s	0x01	1000 kbit/s
50 MHz	0x18	100 kbit/s	0x06	357 kbit/s	0x02	833 kbit/s
80 MHz	0x27	100 kbit/s	0x09	400 kbit/s	0x03	1000 kbit/s
100 MHz	0x31	100 kbit/s	0x0C	385 kbit/s	0x04	1000 kbit/s
120 MHz	0x3B	100 kbit/s	0x0E	400 kbit/s	0x05	1000 kbit/s

TM4C1294NCPDT 的 I^2C 外设支持在主机和从机模式下高速运行。高速模式的配置方法是将 I^2C 主机控制/状态（I2CMCS）寄存器的 HS 位置位。高速模式将以高位速率传输数据，其占空比为 66. 6%/33. 3%，但是通信和仲裁将以标准、快速或者超快模式的速度进行，用户可以选择其中一种模式。如果 I2CMCS 寄存器中的 HS 位被置位，那么当前模式的上拉功能将启用。可以使用以下公式选择时钟周期，但是在这种情况下，SCL_LP = 2，SCL_HP = 1。

$$SCL\_PERIOD = 2 \times (1 + TIMER\_PRD) \times (SCL\_LP + SCL\_HP) \times CLK\_PRD \quad (6-5)$$

例如：CLK_PRD = 25 ns，TIMER_PRD = 1，SCL_LP = 2，SCL_HP = 1，则产生的 SCL 频率是：1/ SCL_PERIOD = 3. 33 MHz。

2. 中断信号

1）对于主机模块，I^2C 会在发生以下条件时产生中断。

- 主机传输完毕（RIS 位）。
- 主机仲裁丢失（ARBLOSTRIS 位）。
- 主机地址/数据 NACK（NACKRIS 位）。
- 主机总线超时（CLKRIS 位）。

- 下个字节请求（RIS 位）。
- 总线检测到结束条件（STOPRIS 位）。
- 总线检测到开始条件（STARTRIS 位）。
- RX DMA 中断挂起（DMARXRIS 位）。
- TX DMA 中断挂起（DMATXRIS 位）。
- FIFO 达到触发值且 TX FIFO 请求挂起（TXRIS 位）。
- FIFO 达到触发值且 RX FIFO 请求挂起（RXRIS 位）。
- 发送 FIFO 为空（TXFERIS 位）。
- 接收 FIFO 为满（RXFFRIS 位）。

2）对于从机模块，I^2C 会在发生以下条件时产生中断。

- 从机发送接收（DATARIS 位）。
- 从机发送请求（DATARIS 位）。
- 从机下个字节发送请求（DATARIS 位）。
- 总线检测到结束条件（STOPRIS 位）。
- 总线检测到开始条件（STARTRIS 位）。
- RX DMA 中断挂起（DMARXRIS 位）。
- TX DMA 中断挂起（DMATXRIS 位）。
- FIFO 达到可编程的触发值且 TX FIFO 请求挂起（TXRIS 位）。
- FIFO 达到可编程的触发值且 RX FIFO 请求挂起（RXRIS 位）。
- 发送 FIFO 为空（TXFERIS 位）。
- 接收 FIFO 为满（RXFFRIS 位）。

I^2C 主机模块和从机模块有独立的中断寄存器。通过清除 I2CMIMR 或 I2CSIMR 寄存器中适当位来屏蔽中断。注意，Master Raw Interrupt Status（I2CMRIS）寄存器的 RIS 位和 Slave Raw Interrupt Status（I2CSRIS）寄存器的 DATARIS 位有多个中断原因，还包括下个字节传送请求，当主机和从机同时请求发送或接收时就会产生中断。

3. 回送操作

将 I^2C 主机配置（I2CMCR）寄存器中的 LPBK 位置位即可让 I^2C 模块进入内部回送模式，以便进行诊断或者调试工作。在回送模式中，主机的 SDA 和 SCL 信号与从机模块的 SDA 和 SCL 信号绑定，以便在不使用 I/O 接口的情况下对器件进行内部测试。

6.3.4　I^2C 初始化与配置

将 I^2C 模块配置为以主机身份传输单字节数据，以下示例显示了如何将 I^2C 模块配置为以主机身份传输单字节数据。这里假设系统时钟为 20 MHz。

1）用系统控制模块中的 RCGCI2C 寄存器启用 I^2C 时钟。

2）用系统控制模块中的 RCGCGPIO 寄存器启用适当的 GPIO 模块时钟。

3）在 GPIO 模块中，通过 GPIOAFSEL 寄存器启用相应引脚的复用功能。

4）启用 I^2CSDA 引脚以执行开漏操作。

5）设置 GPIOPCTL 寄存器中的 PMCn 位域，将 I^2C 信号分配到适当的引脚。

6）在 I2CMCR 寄存器中写入 0x0000.0010，以初始化 I^2C 主机。

7）通过向 I2CMTPR 寄存器写入正确的值来设置所需的 100 kbit/s。SCL 时钟速率写入 I2CMTPR 寄存器的值反映了在一个 SCL 时钟周期中系统时钟周期的数目。TPR 的值由式（6-5）决定。

$$TPR = (SYSCLK/(2\times(SCL\_LP + SCL\_HP)\times SCL\_CLK))-1 \tag{6-6}$$

代入相关参数后，可得

$$TPR = (20\,MHz/(2\times(6+4)\times 100000))-1 = 9$$

向 I2CMTPR 寄存器写入 0x0000.0009。

8）在 I2CMSA 寄存器中写入 0x0000.0076，以指定从机地址，并指明下一个操作是发送。这样会把从机地址设置为 0x3B。

9）向 I2CMDR 寄存器写入需要传送的数据，以此设置数据寄存器中待发送的数据（字节）。

10）通过向 I2CMCS 寄存器写入值 0x0000.0007 来开始从主机发送一个字节的数据到从机（STOP、START、RUN）。

11）等待传输结束（轮询 I2CMCS 寄存器的 BUSBSY 位是否已被清零）。

12）检查 I2CMCS 寄存器中的 ERROR 位，确认传输得到应答。

将 I^2C 主机配置为高速模式的方法如下。

1）用系统控制模块中的 RCGCI2C 寄存器启用 I^2C 时钟。

2）用系统控制模块中的 RCGCGPIO 寄存器启用适当的 GPIO 模块时钟。

3）在 GPIO 模块中，通过 GPIOAFSEL 寄存器启用相应引脚的复用功能。

4）启用 I^2CSDA 引脚以执行开漏操作。

5）设置 GPIOPCTL 寄存器中的 PMCn 位域，将 I^2C 信号分配到适当的引脚。

6）在 I2CMCR 寄存器中写入 0x0000.0010，以初始化 I^2C 主机。

7）通过向 I2CMTPR 寄存器写入正确的值来设置所需的 SCL 时钟速率 3.33 Mbit/s。写入 I2CMTPR 寄存器的值反映了在一个 SCL 时钟周期中系统时钟周期的数目。TPR 的值根据式（6-5），并代入相关参数可得。

$$\begin{aligned} TPR &= (SYSCLK/(2\times(SCL\_LP + SCL\_HP)\times SCL\_CLK))-1 \\ &= (80\,MHz/(2\times(2+1)\times 3330000))-1 \\ &= 3 \end{aligned}$$

向 I2CMTPR 寄存器写入 0x0000.0003。

8）要发送主机代码字节，软件应将主机代码字节的值置入 I2CMSA 寄存器，然后按需要在 I2CMCS 寄存器中写值。

9）对于标准的高速模式，将 0x13 写入 I2CMCS 寄存器。

10）对于突发数据传输的高速模式，将 0x50 写入 I2CMCS 寄存器。

11）这会将 I^2C 主机外设置于高速模式，所有之后的传输（直至 STOP 指令）都通过常规的 I2CMCS 命令位以高速数据速率进行，而无须将 I2CMCS 寄存器的 HS 位置位。

12）将 I2CMCS 寄存器中的 STOP 位置位，可结束 I^2C 高速模式。

13）等待传输结束（轮询 I2CMCS 寄存器的 BUSBSY 位是否已被清零）。

14）检查 I2CMCS 寄存器中的 ERROR 位，确认传输得到应答。

6.3.5 I²C 寄存器映射与描述

表 6-4 所示为 I²C 寄存器，所有给出的地址都相对于 I²C 基础地址的，具体如下。

- I²C0：0x4002. 0000。
- I²C1：0x4002. 1000。
- I²C2：0x4002. 2000。
- I²C3：0x4002. 3000。
- I²C4：0x400C. 0000。
- I²C5：0x400C. 1000。
- I²C6：0x400C. 2000。
- I²C7：0x400C. 3000。
- I²C8：0x400B. 8000。
- I²C9：0x400B. 9000。

📖 在对寄存器编程之前必须启用 I²C 模块的时钟。I²C 模块时钟启用之后必须延迟 3 个系统时钟，I²C 模块的寄存器才能访问。

TivaWare™驱动程序库中的 hw_i2c. h 文件将 0x800 作为 I²C 从机寄存器的基础地址。在使用偏移量为 0x800~0x818 的寄存器时，TivaWare™（适用于 C 系列）将使用从机基础地址，且偏移量介于 0x000~0x018。

表 6-4 I²C 寄存器

偏移量	名 称	类 型	复位后默认值	描 述
I²C 主机				
0x000	I2CMSA	RW	0x0000. 0000	I²C 主机从机地址
0x004	I2CMCS	RW	0x0000. 0020	I²C 主机控制/状态
0x008	I2CMDR	RW	0x0000. 0000	I²C 主机数据
0x00C	I2CMTPR	RW	0x0000. 0001	I²C 主机定时器周期
0x010	I2CMIMR	RW	0x0000. 0000	I²C 主机中断屏蔽
0x014	I2CMRIS	RO	0x0000. 0000	I²C 主机件原始中断状态
0x018	I2CMMIS	RO	0x0000. 0000	I²C 主机蔽中断状态
0x01C	I2CMICR	WO	0x0000. 0000	I²C 主机中断清除
0x020	I2CMCR	RW	0x0000. 0000	I²C 主机配置
0x024	I2CMCLKOCNT	RW	0x0000. 0000	I²C 主机时钟低电平超时计数
0x02C	I2CMBMON	RO	0x0000. 0003	I²C 主机总线监控器
0x030	I2CMBLEN	RW	0x0000. 0000	I²C 主机突发长度
0x034	I2CMBCNT	RO	0x0000. 0000	I²C 主机突发计数
I²C 从机				
0x800	I2CSOAR	RW	0x0000. 0000	I²C 从机地址
0x804	I2CSCSR	RO	0x0000. 0000	I²C 从机控制/状态

（续）

偏移量	名　称	类　型	复位后默认值	描　述
		I^2C 从机		
0x808	I2CSDR	RW	0x0000. 0000	I^2C 从机数据
0x80C	I2CSIMR	RW	0x0000. 0000	I^2C 从机中断屏蔽
0x810	I2CSRIS	RO	0x0000. 0000	I^2C 从机原始中断状态
0x814	I2CSMIS	RO	0x0000. 0000	I^2C 从机中断屏蔽状态
0x818	I2CSICR	WO	0x0000. 0000	I^2C 从机中断清除
0x81C	I2CSOAR2	RW	0x0000. 0000	I^2C 从机地址 2
0x820	I2CSACKCTL	RW	0x0000. 0000	I^2C 从机 ACK 控制
		I^2C 状态和控制		
0xF00	I2CFIFODATA	RW	0x0000. 0000	I^2C FIFO 数据
0xF04	I2CFIFOCTL	RW	0x0004. 0004	I^2C FIFO 控制
0xF08	I2CFIFOSTATUS	RO	0x0001. 0005	I^2C FIFO 状态
0xFC0	I2CPP	RO	0x0000. 0001	I^2C 外设属性
0xFC4	I2CPC	RO	0x0000. 0001	I^2C 外设配置

6. 3. 6　I^2C 应用例程

【例 6-3】 初始化配置 I^2C 模块，将 PB2 配置为 I^2C 时钟线，PB3 配置为数据线。

```
void I2CInit( )
{
//系统时钟设置
g_ui32SysClock = SysCtlClockFreqSet( ( SYSCTL_XTAL_25MHZ |
                                      SYSCTL_OSC_MAIN | SYSCTL_USE_PLL |
                                      SYSCTL_CFG_VCO_480) , 120000000) ;
SysCtlPeripheralEnable( SYSCTL_PERIPH_I2C0) ;          //使能 I2C0 模块
SysCtlPeripheralEnable( SYSCTL_PERIPH_GPIOB) ;         //使能 GPIO 端口 B

GPIOPinConfigure( GPIO_PB2_I2C0SCL) ;
GPIOPinConfigure( GPIO_PB3_I2C0SDA) ;

// PB2 配置为 I2C 时钟线,PB3 配置为数据线
GPIOPinTypeI2CSCL( GPIO_PORTB_BASE, GPIO_PIN_2) ;
GPIOPinTypeI2C( GPIO_PORTB_BASE, GPIO_PIN_3) ;

// 设 I²C 主机模式，使用系统时钟，400 kbit/s 的快速模式
I2CMasterInitExpClk( I2C0_MASTER_BASE, g_ui32SysClock, true) ;
I2CMasterEnable( I2C0_MASTER_BASE) ; //使能 I2C0 主机模式
}
```

【例 6-4】使用 I^2C 模块进行主机发送数据。

```
void main()
{
I2CInit();                                              //I²C 模块初始化
I2CMasterSlaveAddrSet(I2C0_BASE, 0x3B, false);          //设置从机地址,主机发送模式
I2CMasterDataPut(I2C0_BASE, 0xAB);                      //将待发送数据存入数据寄存器
//开始单次发送数据
I2CMasterControl(I2C0_BASE, I2C_MASTER_CMD_SINGLE_SEND);
//延时直到发送完成
while(I2CMasterBusBusy(I2C0_BASE))
{
}
}
```

6.4 CAN 总线

控制器局域网（Controller Area Network，CAN）是一种用于连接电子控制设备（EletronicControl Unit，ECU）的多主共享型串行总线标准。CAN 总线针对抗电磁干扰进行了专门设计，适用于具有较强电磁干扰的环境，不但可以使用与 RS-485 类似的差分平衡传输线，也可以使用更加可靠的双绞线。CAN 总线最初是针对汽车应用而研发的，不过时至今日已经广泛应用于各种嵌入式控制领域（例如，工业方面和医疗方面）。CAN 总线在总线长度小于 40 m 时最高可达 1 Mbit/s 位速率。位速率越低则有效通信距离越远（例如，125 Kbit/s 时通信距离可达 500 m）。

6.4.1 CAN 功能与特点

TM4C1294NCPDT 微控制器包括两个 CAN 单元，有如下功能与特点。

1）支持 CAN 2.0（A/B）协议。

2）位速率最高可达 1 Mbit/s。

3）32 个报文对象，每个报文对象都具有独立的标识符掩码。

4）可屏蔽中断。

5）支持禁用自动重新发送（Disable Automatic Retransmission，DAR）模式，因此可用于时间触发 CAN（Time Triggered CAN，TTCAN）应用。

6）可编程的回送模式，用于实现自检。

7）可编程的 FIFO 模式，能存储多个报文对象。

8）提供 CANnTX 和 CANnRX 引脚，可无缝连接片外 CAN 收发器。

6.4.2 CAN 控制器内部结构

CAN 控制器内部结构如图 6-11 所示。

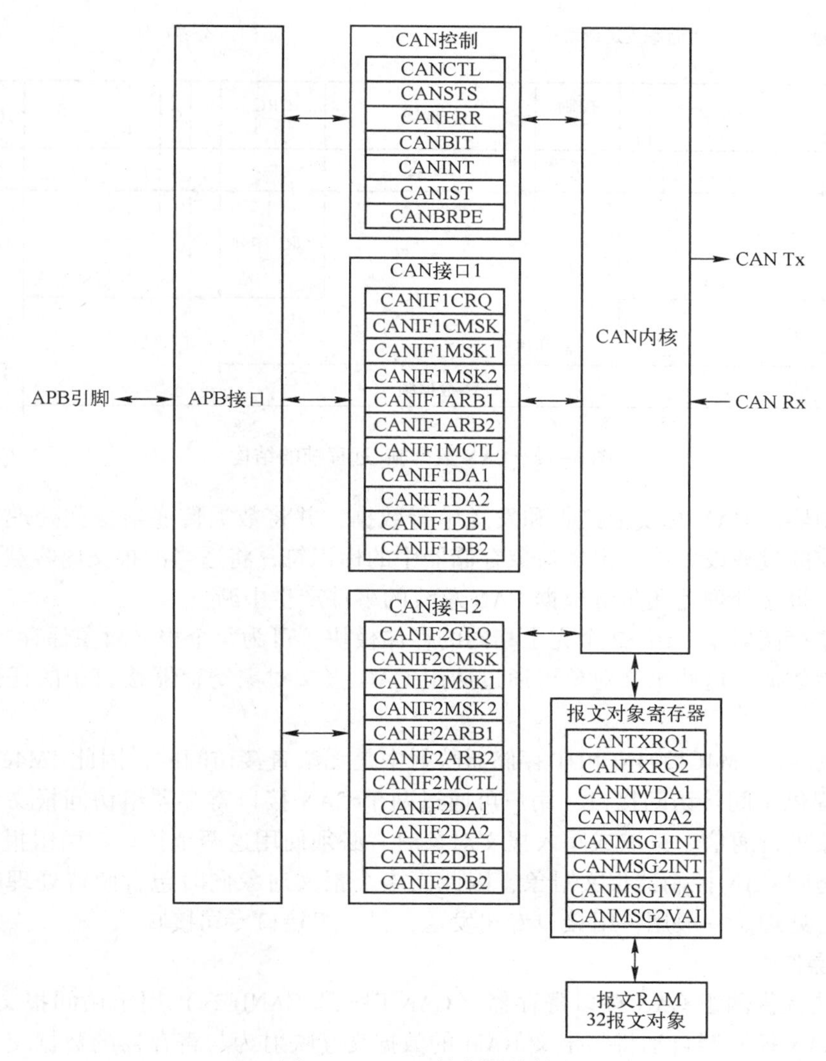

图 6-11　CAN 控制器结构

6.4.3　CAN 功能描述

TM4C1294NCPDT 的 CAN 控制器支持 CAN 2.0（A/B）协议。支持传输的报文类型包括带有 11 位标识符（标准）或 29 位标识符（扩展）的数据帧、远程帧、错误帧以及过载帧。通过编程，传输速率最高可达到 1 Mbit/s。

CAN 模块由 3 个主要部分组成。

1）CAN 协议控制器及报文处理器。

2）报文存储器。

3）CAN 寄存器接口。

数据帧中包含要发送的数据，而远程帧不包含任何数据，仅用于向其他节点请求指定的报文对象。CAN 数据帧/远程帧的结构如图 6-12 所示。

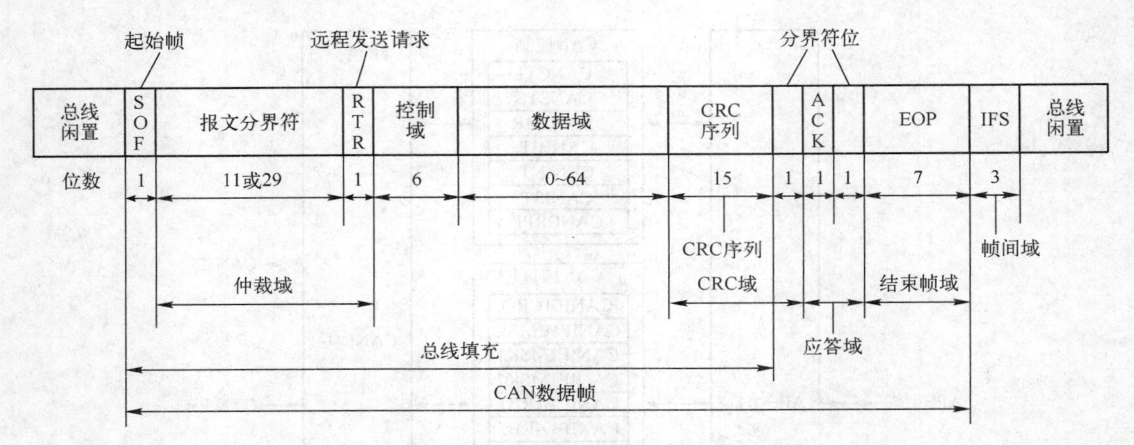

图 6-12　CAN 数据帧/远程帧的结构

协议控制器从 CAN 总线上接收和发送串行数据，并将数据传递给报文处理器。报文处理器基于当前的过滤设置以及报文对象存储器中的标识符，将适当的报文内容载入与之对应的报文对象。报文处理器还负责根据 CAN 总线的事件产生中断。

报文对象存储器是一组 32 个完全相同的存储模块，可为每个报文对象保存当前的配置、状态以及实际数据。这些报文对象可通过两组 CAN 报文对象寄存器接口中的任何一组进行访问。

报文存储器在 TM4C1294NCPDT 存储器映射中是无法直接访问的，因此 TM4C1294NCPDT CAN 控制器提供了间接访问接口，用户可通过两个 CAN 接口寄存器组访问报文存储器，以便与报文对象进行通信。读取或写入报文对象时，必须使用这两个接口。两组报文对象接口也可以并行访问 CAN 控制器报文对象，因此当多个报文对象同时包含亟待处理的新信息时完全可以并行处理。一般用一组接口专司发送，另一组接口专司接收。

1. 基本操作

CAN 模块提供两组 CAN 接口寄存器（CANIF1x 和 CANIF2x）用于访问报文 RAM 中的报文对象。CAN 控制器自动将与报文 RAM 的数据交互映射为与寄存器的数据交互。两组寄存器相互独立而又完全相同，可用于实现连续会话。

一旦 CAN 模块完成初始化并且 CANCTL 寄存器的 INIT 位清零，CAN 模块将自动与 CAN 总线同步，同步后将开始传输报文。收到的每个报文都需要经过报文处理器的验收过滤，如果能够通过才会保存到由 CAN IFn 指令请求寄存器（CANIFnCRQ）MNUM 位域所指定的报文对象中。整个报文（包括所有仲裁位、数据长度码以及 8 个数据字节）都将保存在报文对象中。假如使用到标识符掩码［CAN IFn 掩码寄存器 1 和 CAN IFn 掩码寄存器 2（CANIFnMSKn）］，那么报文对象中掩码设置为“无关”的仲裁位则可能会被覆盖。CPU 随时可以通过 CAN 接口寄存器读写任一报文。当出现同时访问的情况时，由报文处理器负责保障数据的一致性。

报文对象的发送是由管理 CAN 硬件的软件所管理的。报文对象既可以仅用于单次数据传输，也可以作为永久报文对象实现周期性的响应。永久报文对象的所有仲裁部分及控制部分都是预先设好的固定值，只需要不断刷新各数据字节。要启动发送报文，应将 CAN 发送请求寄存器 n（CANTXRQn）的 TXRQST 位置位，并且将 CAN 新数据寄存器 n（CANNWDAn）

的 NEWDAT 位置位。假如多个要发送的报文都使用同一报文对象（当报文对象不够用时），必须在请求发送报文之前完整配置报文对象。

CAN 控制器允许同时请求发送任意数量的报文对象；当多个报文对象同时等待发送时，发送顺序是按照内部优先级定义的，即按照报文对象的序号（MNUM）排序，其中 1 是最高优先级，32 是最低优先级。报文可以随时刷新或设置为无效，即使其发送请求正被挂起也是如此。当报文的发送请求已挂起并且尚未开始时，刷新报文内容时将丢弃旧内容。按照报文对象的配置，当收到标识符相同的远程帧时能够自动请求发送报文。

当收到匹配的远程帧时可以自动开始请求发送。要启用这种模式，应将 CAN IFn 报文控制寄存器（CANIFnMCTL）的 RMTEN 位置位。当收到匹配的远程帧时，会使得相应的 TXRQST 位置位，并且报文对象将自动发送数据部分或产生中断表示有远程帧的请求。远程帧可以是严格限定的某个报文标识符，也可以是报文对象所定义的一个标识符范围。通过 CAN 掩码寄存器（CANIFnMSKn）配置哪一组帧被识别为远程帧请求。CANIFnMSKn 寄存器的 MSK 位域通过 CANIFnMCTL 寄存器的 UMASK 位使能。如果准备以 29 位扩展标识符触发远程帧请求，则应将 CANIFnMSK2 寄存器的 MXTD 位置位。

2. 报文对象的发送

假如 CAN 模块的内部发送移位寄存器已经准备好装载，并且 CAN 接口寄存器与报文 RAM 之前无数据传输，那么已挂起发送请求并且优先级最高的有效报文对象将会被报文处理器装载入发送移位寄存器中，并开始发送流程。该报文对象在 CANNWDA 寄存器中对应的 NEWDAT 位将清零。当发送成功后，如果自开始发送以后该数据对象没有写入新的数据，则 CANTXRQn 寄存器的对应 TXRQST 位将清零。如果 CAN 控制器配置为每成功发送一个报文对象后即产生一次中断，并且 CAN IFn 报文控制寄存器（CANIFnMCTL）的 TXIE 位置位，则每次成功发送一个报文对象后 CANIFnMCTL 寄存器的 INTPND 位都将置位。如果 CAN 模块丢失仲裁（竞争总线失败）或在发送期间产生错误，该报文将在 CAN 总线一有空闲时立即重新发送。同时若有更高优先级的报文对象请求发送，那么将按照优先级的顺序依次发送报文。

待发送报文对象的配置如下。

1）在 CAN IFn 指令掩码寄存器（CANIFnCMSK）中可设置如下内容。

- 将 WRNRD 位置位，表明是对 CANIFnCMSK 寄存器的写操作；通过 MASK 位指定是否将报文对象的 IDMASK、DIR 和 MXTD 发送给 CAN IFn 寄存器组。
- 通过 ARB 位指定是否将报文对象的 ID、DIR、XTD 和 MSGVAL 发送给接口寄存器。
- 通过 CONTROL 位指定是否将控制位发送给接口寄存器。
- 通过 CLRINTPND 位指定是否将 CANIFnMCTL 寄存器的 INTPND 位清零。
- 通过 NEWDAT 位指定是否将 CANNWDAn 寄存器的 NEWDAT 位清零。
- 通过 DATAA 和 DATAB 位指定要发送哪些数据位。

2）通过 CANIFnMSK1 寄存器的 MSK[15:0]位域来指定 29 位或 11 位报文标识符中哪些位用于验收过滤。请注意，此寄存器的 MSK[15:0]位域只对应于 29 位标识符的[15:0]位域，而并不适用于 11 位标识符。当 MSK 位域的值为 0x00 时，表示任何报文均可通过验收过滤。同时应注意到，要想将这些位用于验收过滤，还应将 CANIFnMCTL 寄存器的 UMASK 位置位，使能验收过滤功能。

3）通过 CANIFnMSK2 寄存器的 MSK[12:0]位域来指定 29 位或 11 位报文标识符中哪些位用于验收过滤。请注意，此寄存器的 MSK[12:0]位域对应于 29 位标识符的[28:16]，MSK[12:2]位域对应于 11 位标识符的[10:0]。此外通过 MXTD 和 MDIR 位来指定 XTD 位和 DIR 位是否参与验收滤波。同时应注意到，要想将这些位用于验收过滤，还应将 CANIFnMCTL 寄存器的 UMASK 位置位，使能验收过滤功能。

4）对 29 位标识符，配置 CANIFnARB1 寄存器的 ID[15:0]位域，对应于报文标识符的[15:0]，配置 CANIFnARB2 寄存器的 ID[12:0]位域，对应于报文标识符的[28:16]。此外应将 XTD 位置位，表示采用扩展标识符；将 DIR 位置位，表示发送；将 MSGVAL 位置位，表示该报文对象有效。

5）对 11 位标识符，无须考虑 CANIFnARB1 寄存器，只需配置 CANIFnARB2 寄存器的 ID[12:2]位域，对应于报文标识符的[10:0]。此外应将 XTD 位清零，表示采用标准标识符；将 DIR 位置位，表示发送；将 MSGVAL 位置位，表示该报文对象有效。

6）在 CANIFnMCTL 寄存器中可设置如下内容。

- 可选设置：将 UMASK 位置位，使能掩码（CANIFnMSK1 寄存器和 CANIFnMSK2 寄存器中的 MSK、MXTD、MDIR 位）以便验收过滤。
- 可选设置：将 TXIE 位置位，这样每当成功发送一帧后，INTPND 位自动置位。
- 可选设置：将 RMTEN 位置位，这样每当收到匹配的远程帧后 TXRQST 位自动置位，从而允许自动传输。
- 将 EOB 位置位，表明只发送单个报文对象。
- 配置 DLC[3:0]位域，指定数据帧的长度。此时注意不要将 NEWDAT、MSGLST、INTPND 和 TXRQST 位置位。

7）将要发送的数据依次填入 CAN IFn 数据寄存器（CANIFnDA1、CANIFnDA2、CANIFnDB1、CANIFnDB2）中。CAN 数据帧的第 0 字节保存在 CANIFnDA1 寄存器的 DATA [7:0] 位域中。

8）在 CAN IFn 指令请求寄存器（CANIFnCRQ）的 MNUM 位域填写要发送的报文对象序号。

9）当所有配置都成功完成后，将 CANIFnMCTL 寄存器的 TXRQST 位置位。此标志位置位后，报文对象就会在总线空闲时按照优先级进行发送了。请注意，如果 CANIFnMCTL 寄存器的 RMTEN 位置位，则在接收到匹配的远程帧后也会自动开始发送报文。

3. 待发送报文对象的刷新

CPU 随时可以通过 CAN 接口寄存器刷新待发送报文对象的数据字节，而且在刷新之前并不一定需要将 CANIFnARB2 寄存器的 MSGVAL 位或 CANIFnMCTL 寄存器的 TXRQST 位清零。

在 CANIFnDAn/CANIFnDBn 寄存器的内容传递给报文对象之前，即使只需要刷新其中的几个数据字节，也必须保证 4 个字节全都有效。软件处理时既可以将所有 4 个字节直接写入 CANIFnDAn/CANIFnDBn 寄存器中，也可以先将报文对象载入 CANIFnDAn/CANIFnDBn 寄存器，然后再写入数据字节。

要想只更新报文对象中的数据字节，应将 CANIFnMSKn 寄存器的 WRNRD、DATAA 和 DATAB 位置位，随后将刷新数据写入 CANIFnDA1、CANIFnDA2、CANIFnDB1、CANI-

FnDB2 寄存器中，并将报文对象的序号写入 CAN IFn 指令请求寄存器（CANIFnCRQ）的 MNUM 位域中。要想尽快开始发送新的数据，应将 CANIFnMSKn 寄存器的 TXRQST 位置位。

如果在刷新数据时此报文对象的前一组数据正在发送，那么当其发送完成后会自动将 CANIFnMCTL 寄存器的 TXRQST 位清零，使填充新数据的报文对象停止发送。为了避免出现这种情况，应同时将 CANIFnMCTL 寄存器的 NEWDAT 位和 TXRQST 位置位。只要这两个位同时置位，则当开始新的发送过程后，NEWDAT 位将立即清零。

4. 报文对象的接收

当已接收报文的仲裁域和控制域（CANIFnARB2 寄存器的 ID 位域和 XTD 位、CANIFn-MCTL 寄存器的 RMTEN 位和 DLC［3：0］位域）已经全部移入 CAN 控制器后，报文处理器将开始扫描报文 RAM 搜索与之匹配的有效报文对象。在扫描报文 RAM 搜索匹配报文对象时，控制器通过 CANIFnMSKn 寄存器的掩码位域进行验收滤波（必须先通过 CANIFnMCTL 寄存器的 UMASK 位使能此功能）。控制器将从报文对象 1 开始逐个将有效报文对象与收到的报文进行比对，以期在报文 RAM 中找到匹配的报文对象。当找到匹配的报文对象后，扫描过程就此结束，随后报文处理器将根据收到的是数据帧还是请求帧分别予以处理。

（1）接收数据帧

报文处理器将来自 CAN 控制器接收移位寄存器报文保存到报文 RAM 中的匹配报文对象中，保存的内容包括数据字节、所有仲裁位、DLC 位域。即使采用了仲裁掩码，数据字节也是与标识符相关联的。CANIFnMCTL 寄存器的 NEWDAT 位置位时表示已经收到了新数据。CPU 在读取此报文对象之后必须将此标志位清零，告诉控制器已经接收处理此报文；且该条缓冲可用于接收新的报文了。假如当 NEWDAT 位已经置位时 CAN 控制器又接收了一条新的报文，那么 CANIFnMCTL 寄存器的 MSGLST 位将自动置位，表示前一条数据丢失。假如系统需要在成功接收完一帧后产生中断，则应将 CANIFnMCTL 寄存器的 RXIE 位置位。此后当某个报文对象成功接收一帧后，该寄存器的 INTPND 位将自动置位，使得 CANINT 寄存器指向该报文对象。注意该报文对象的 TXRQST 位应当清零，防止发送远程帧。

（2）接收远程帧

远程帧中不包含数据，而是通知其他节点指示应当发送哪一报文对象。当收到远程帧时，应考虑匹配表 5-5 报文对象的 3 种不同配置。

表 6-5　报文对象的配置

CANIFnMCTL 中的配置	描　述
■ CANIFnARB2 寄存器中的 DIR＝1（方向为发送） ■ RMTEN＝1（当收到匹配的远程帧时，CANIFnMCTL 寄存器的 TXRQST 位自动置 1 请求发送） ■ UMASK＝1 或 0	当收到匹配的远程帧时，该报文对象的 TXRQST 位将置位，报文对象的其余部分无变化。控制器将尽快开始自动发送该报文对象中的数据帧
■ CANIFnARB2 寄存器中的 DIR ＝1（方向为发送） ■ RMTEN＝0（当收到匹配的远程帧时，CANIFnMCTL 寄存器的 TXRQST 位无变化） ■ UMASK＝0（忽略 CANIFnMSKn 寄存器中的掩码设置）	当收到匹配的远程帧时，该报文对象的 TXRQST 位保持不变，远程帧将被忽略。在这种模式下相当于禁用了远程帧功能，控制器不会发送匹配的数据帧，也不会留下任何标志表明曾经接收过远程帧

（续）

CANIFnMCTL 中的配置	描　述
■ CANIFnARB2 寄存器中的 DIR = 1（方向为发送） ■ RMTEN = 0（当收到匹配的远程帧时，CANIFnMCTL 寄存器的 TXRQST 位无变化） ■ UMASK = 1（采用 CANIFnMSKn 寄存器中的 MSK、MSKD、MDIR 掩码用于验收过滤）	当收到匹配的远程帧时，该报文对象的 TXRQST 位将清零。来自移位寄存器的仲裁域与控制域（ID + XTD +RMTEN + DLC）将保存到报文 RAM 中的相应报文对象中，并且将该报文对象的 NEWDAT 位置位。报文对象的数据域保持不变；该远程帧按照收到的数据帧进行处理。当 TM4C1294 控制器并未有任何待发送的数据却收到来自其他 CAN 节点的远程数据请求时，这种模式将显得十分重要。此时软件应根据请求的对象自行填充数据并应答此远程帧

（3）接收/发送优先级

报文对象的接收/发送优先级是由报文对象的序号决定的，报文对象 1 的优先级总是最高，报文对象 32 的优先级总是最低。假如当前挂起的发送请求不止一个，那么将优先发送序号最小的那个报文对象。请注意，这里所说的优先级与 CAN 总线上通过报文标识符强制实现的总线优先级没有任何关系。例如，假如报文对象 1 和报文对象 2 同时有待发送的有效报文，那么报文对象 1 将总是优先发送，不管其报文标识符的总线优先级如何。

（4）接收报文对象的配置

1）配置 CAN IFn 指令掩码寄存器（CANIFnCMASK）。其中 WRNRD 位必须置位，表明向报文 RAM 执行写操作。

2）通过配置 CANIFnMSK1 和 CANIFnMSK2 寄存器选择将哪些位用于验收过滤。

3）配置 CANIFnMSK2 寄存器的 MSK[12:0]位域，定义在 29 位或 11 位标识符中哪些仲裁位用于验收过滤。请注意，对于 29 位报文标识符来说，MSK[12:0]位域对应于标识符的[28:16]；对于 11 位报文标识符来说，MSK[12:2]位域对应于标识符的[10:0]。通过 MTXD 和 MDIR 位可选择是否将 XTD 位和 DIR 位也用于验收过滤。若此寄存器写入 0x00，则所有报文均可通过验收过滤。此外还要注意，为了使这些用于验收过滤的掩码位生效，必须将 CANIFnMCTL 寄存器的 UMASK 位置位。

4）配置 CANIFnARB1 和 CANIFnARB2 寄存器。配置 XTD 位和 ID 位域用于验收滤波；将 MSGVAL 位置位表示报文有效；将 DIR 位清零表示用于接收。

5）通过寄存器 CANIFnMCTL 进行整体功能配置。

6）在 CAN IFn 指令请求寄存器（CANIFnCRQ）的 MNUM 位域中写入要接收报文对象的序号。当 CAN 总线上有匹配的帧时，将立即开始接收报文对象。

当报文处理器向数据对象保存一个数据帧时，会向其写入接收到的数据长度码（Data Length Code，DLC）以及 8 个数据字节（写入 CANIFnDA1、CANIFnDA2、CANIFnDB1、CANIFnDB2 寄存器中）。CAN 数据帧的数据字节 0 将保存在 CANIFnDA1 寄存器的 DATA[7:0] 位域中。假如数据长度码小于 8，那么报文对象的剩余数据字节将被随机值予以覆盖。

通过 CAN 掩码（CANIFnMSKn）寄存器可以允许某个报文对象只接收某些数据帧。而 CANIFnMCTL 寄存器的 UMASK 位控制着是否采用 CANIFnMSKn 寄存器的 MSK 位域过滤报文。如果报文对象用于接收扩展帧，则 CANIFnMSK2 寄存器中的 MXTD 位应当置位。

5. 接收完成的报文对象的处理

报文处理器状态机可以保障数据的一致性，因此 CPU 随时都能通过 CAN 接口寄存器组来读取已接收的报文。一般来说，CPU 应先向 CANIFnCMSK 寄存器写入 0x007F，随后向 CANIFnCRQ 寄存器写入报文对象的序号。这个操作组合将使已接收的整条报文从报文 RAM 移入报文缓冲寄存器中（CANIFnMSKn、CANIFnARBn、CANIFnMCTL 寄存器）。此外，报文 RAM 中的 NEWDAT 位和 INTPND 位也会清零，确认该报文对象已经被读出，并清除该报文对象所挂起的中断。假如报文对象设置了验收过滤的掩码，那么可以通过 CANIFnARBn 寄存器查询已接收的报文在掩码操作之前的完整 ID。

CANIFnMCTL 寄存器的 NEWDAT 位能够指示出自从上一次读取此报文对象之后是否又收到了新的报文。CANIFnMCTL 寄存器的 MSGLST 位能够指示出自从上一次读取此报文对象之后是否收到了不止一条报文。MSGLST 位不会自动清零，因此软件必须在每次读取其状态后手动将其清零。

通过运用远程帧，CPU 可以向 CAN 总线的其他节点请求新的数据。如果某个报文对象的方向已经设置为接收，则将该报文对象的 TXRQST 位置位时会以报文标识符的方式发送一个远程帧。此远程帧将触发其他 CAN 节点在总线上发送标识符匹配的数据帧。假如在远程帧发送完成之前收到了匹配的数据帧，那么 TXRQST 位将自动复位。这样在 CAN 总线上的其他节点已经发送数据帧（稍微早于预期的时间）时，可以避免发生数据丢失。

6.4.4　CAN 初始化与配置

要正常使用 CAN 控制器，必须先通过 RCGC0 寄存器使能外设时钟。此外，还必须通过 RCGC2 寄存器使能相关 GPIO 模块的时钟。此后，应将相关 GPIO 引脚的 AFSEL 位置位，并配置 GPIOPCTL 寄存器的 PMCn 位域，将 CAN 信号赋给相应的引脚。

将 CAN 控制寄存器（CANCTL）的 INIT 位置位（该标志位可通过软件置位，也会在硬件复位后自动置位）即可开始软件初始化；或当 CAN 控制器进入离线状态（发送器的错误计数超过 255）后也会开始软件初始化。当 INIT 位置位时，所有与 CAN 总线正在进行的收发任务都将中止，并且 CANnTx 引脚将保持拉高。进入初始化状态并不会改变 CAN 控制器、报文对象或错误计数器的配置。不过，某些配置寄存器只能在初始化状态下才能访问。

在初始化 CAN 控制器时，应设置 CAN 位定时寄存器（CANBIT）并依次配置每个报文对象。如果不需使用某个报文对象，只需在 CAN IFn 仲裁寄存器 2（CANIFnARB2）中将其标记为无效（将相应 MSGVAL 位清零）即可。如果需要使用某个报文对象，则应当详细初始化整个报文对象，因为一旦报文对象的某个域包含无效的数据将会导致无法预料的后果。必须将 CANCTL 寄存器的 INIT 位和 CCE 位都置位，这样才能访问 CANBIT 寄存器以及 CAN 波特率预分频系数扩展寄存器（CANBRPE）以配置位定时参数。要退出初始化状态，必须将 INIT 位清零。此后，内部比特流处理器（Bit Stream Processor，BSP）首先等待一个连续 11 个隐性位序列的产生（表明总线处于空闲状态），依此序列实现与 CAN 总线数据传输的同步，之后才能参与总线活动，开始报文传输。报文对象随时都可以初始化，与 CAN 控制器的初始化状态无关。不过，在开始传输报文之前必须保障所有报文对象已经配置有合适的标识符或已经被设置为无效。在正常工作时如果需要修改某个报文对象的配置，应先将 CANIFnARB2 寄存器的相应 MSGVAL 位清零，暂时将该报文对象设为无效；待修改配置后再重新将 MSGVAL 位置位，将该报文对象设为有效。

6.4.5 CAN 寄存器映射与描述

表 6-6 所示为 CAN 寄存器。表中偏移量一列是指相对于 CAN 基地址的十六进制地址增量，各个 CAN 模块的基地址如下。

- CAN0：0x4004.0000。
- CAN1：0x4004.1000。

请注意，在设置寄存器之前，应先启用 CAN 控制器时钟。启用 CAN 模块时钟后，必须要延迟 3 个系统时钟才可以访问 CAN 模块寄存器。

表 6-6 CAN 寄存器映射

偏移量	名 称	类 型	复位后默认值	描 述
0x000	CANCTL	RW	0x0000.0001	CAN 控制
0x004	CANSTS	RW	0x0000.0000	CAN 状态
0x008	CANERR	RO	0x0000.0000	CAN 错误计数器
0x00C	CANBIT	RW	0x0000.2301	CAN 位时序
0x010	CANINT	RO	0x0000.0000	CAN 中断
0x014	CANTST	RW	0x0000.0000	CAN 测试
0x018	CANBRPE	RW	0x0000.0000	CAN 波特率预分频器扩展
0x020	CANIF1CRQ	RW	0x0000.0001	CAN IF1 命令请求
0x024	CANIF1CMSK	RW	0x0000.0000	CAN IF1 命令掩码
0x028	CANIF1MSK1	RW	0x0000.FFFF	CAN IF1 掩码 1
0x02C	CANIF1MSK2	RW	0x0000.FFFF	CAN IF1 掩码 2
0x030	CANIF1ARB1	RW	0x0000.0000	CAN IF1 仲裁 1
0x034	CANIF1ARB2	RW	0x0000.0000	CAN IF1 仲裁 2
0x038	CANIF1MCTL	RW	0x0000.0000	CAN IF1 消息控制
0x03C	CANIF1DA1	RW	0x0000.0000	CAN IF1 数据 A1
0x040	CANIF1DA2	RW	0x0000.0000	CAN IF1 数据 A2
0x044	CANIF1DB1	RW	0x0000.0000	CAN IF1 数据 B1
0x048	CANIF1DB2	RW	0x0000.0000	CAN IF1 数据 B2
0x080	CANIF2CRQ	RW	0x0000.0001	CAN IF2 命令请求
0x084	CANIF2CMSK	RW	0x0000.0000	CAN IF2 命令掩码
0x088	CANIF2MSK1	RW	0x0000.FFFF	CAN IF2 掩码 1
0x08C	CANIF2MSK2	RW	0x0000.FFFF	CAN IF2 掩码 2
0x090	CANIF2ARB1	RW	0x0000.0000	CAN IF2 仲裁 1
0x094	CANIF2ARB2	RW	0x0000.0000	CAN IF2 仲裁 2
0x098	CANIF2MCTL	RW	0x0000.0000	CAN IF2 消息控制
0x09C	CANIF2DA1	RW	0x0000.0000	CAN IF2 数据 A1
0x0A0	CANIF2DA2	RW	0x0000.0000	CAN IF2 数据 A2
0x0A4	CANIF2DB1	RW	0x0000.0000	CAN IF2 数据 B1

（续）

偏移量	名　　称	类　　型	复位后默认值	描　　述
0x0A8	CANIF2DB2	RW	0x0000.0000	CAN IF2 数据 B2
0x100	CANTXRQ1	RO	0x0000.0000	CAN 传输请求 1
0x104	CANTXRQ2	RO	0x0000.0000	CAN 传输请求 2
0x120	CANNWDA1	RO	0x0000.0000	CAN 新数据 1
0x124	CANNWDA2	RO	0x0000.0000	CAN 新数据 2
0x140	CANMSG1INT	RO	0x0000.0000	CAN 消息 1 中断挂起
0x144	CANMSG2INT	RO	0x0000.0000	CAN 消息 2 中断挂起
0x160	CANMSG1VAL	RO	0x0000.0000	CAN 消息 1 有效
0x164	CANMSG2VAL	RO	0x0000.0000	CAN 消息 2 有效

6.4.6　CAN 应用例程

【例 6-5】 从 CAN 控制器 0 发送数据，CAN 控制器 1 接收，两个控制器被配置为 1 Mb 运行。

```
void main( )
{
tCANBitClkParmsCANBitClk;
tCANMsgObjectsMsgObjectRx;
tCANMsgObjectsMsgObjectTx;
uint8_t pui8BufferIn[8];
uint8_t pui8BufferOut[8];
//
//重设所有报文对象的状态和 CAN 模块的状态到已知状态
//
CANInit(CAN0_BASE);
CANInit(CAN1_BASE);
//
// 配置控制器为 1 Mb 运行
//
CANSetBitTiming(CAN1_BASE, &CANBitClk);
//
// CAN0 控制器退出 INIT 状态,使能 CAN0、CAN1
//
CANEnable(CAN0_BASE);
CANEnable(CAN1_BASE);
//
// 配置接收对象
//
sMsgObjectRx.ulMsgID = (0x400);
```

```
sMsgObjectRx.ulMsgIDMask = 0x7f8;
sMsgObjectRx.ulFlags = MSG_OBJ_USE_ID_FILTER | MSG_OBJ_FIFO;
//
//前三个报文对象具有 MSG_OBJ_FIFO 设置,指示它们为某个 FIFO 的一部分
//
CANMessageSet(CAN0_BASE, 1, &sMsgObjectRx, MSG_OBJ_TYPE_RX);
CANMessageSet(CAN0_BASE, 2, &sMsgObjectRx, MSG_OBJ_TYPE_RX);
CANMessageSet(CAN0_BASE, 3, &sMsgObjectRx, MSG_OBJ_TYPE_RX);
//
//最后的报文对象没有 MSG_OBJ_FIFO 设置,指示它是最后的报文
//
sMsgObjectRx.ulFlags = MSG_OBJ_USE_ID_FILTER;
CANMessageSet(CAN0_BASE, 4, &sMsgObjectRx, MSG_OBJ_TYPE_RX);
//
//配置以及启动报文对象
//
sMsgObjectTx.ulMsgID = 0x400;
sMsgObjectTx.ulFlags = 0;
sMsgObjectTx.ulMsgLen = 8;
sMsgObjectTx.pucMsgData = pui8BufferOut;
CANMessageSet(CAN0_BASE, 2, &sMsgObjectTx, MSG_OBJ_TYPE_TX);
//
// 等待新数据
//
while((CANStatusGet(CAN1_BASE, CAN_STS_NEWDAT) & 1) == 0)
{
//
// 从报文对象读取报文
//
  CANMessageGet(CAN1_BASE, 1, &sMsgObjectRx, true);
}
}
```

6.5 通用串行总线（USB）

TM4C1294NCPDT 的 USB 控制器支持 USB 主机/设备/OTG 功能，在点对点通信过程中可作为全速和低速功能控制器。它符合 USB 2.0 标准，包含挂起和唤醒信号，具有 16 个端点，其中两个用于控制传输的专用连接端点（一个用于输入，另一个用于输出）以及 14 个由固件定义的端点，并带有一个大小可动态变化的 FIFO，以支持多包队列。可通过 μDMA 来访问 FIFO，这将使系统软件的干扰降至最低。USB 设备启动方式灵活，可软件控制是否在启动时连接。USB 控制器遵从 OTG 标准的会话请求协议（SRP）和主机协商协议（HNP）。

6.5.1　USB 功能与特点

TM4C1294NCPDT USB 模块有如下功能与特点。

1）符合 USB-IF 认证标准。

2）集成的 ULPI 接口与外部 PHY 通信支持 USB 2.0 高速模式（480 Mbit/s）。

3）支持链路电源管理，使用链路状态感知来降低功耗。

4）4 种传输类型：控制传输、中断传输、批次传输和等时传输。

5）16 个端点。

- 1 个专用的输入控制端点和 1 个专用输出控制端点。
- 7 个可配置的输入端点和 7 个可配置的输出端点。

6）4 KB 专用端点内存空间：一个端点可定义为双缓存的 1023 字节最大包长的等时传输。

7）支持 VBUS 电压浮动检测，并产生中断信号。

8）集成 USB DMA 总线主控能力。

- 多达 8 个 RX 通道和 8 个 TX 通道。
- 每个通道在不同模式下可被独立编程操作。
- 支持 4 位、8 位、16 位或不确定位长度的猝发传输。

6.5.2　USB 内部结构

USB 内部结构如图 6-13 所示。

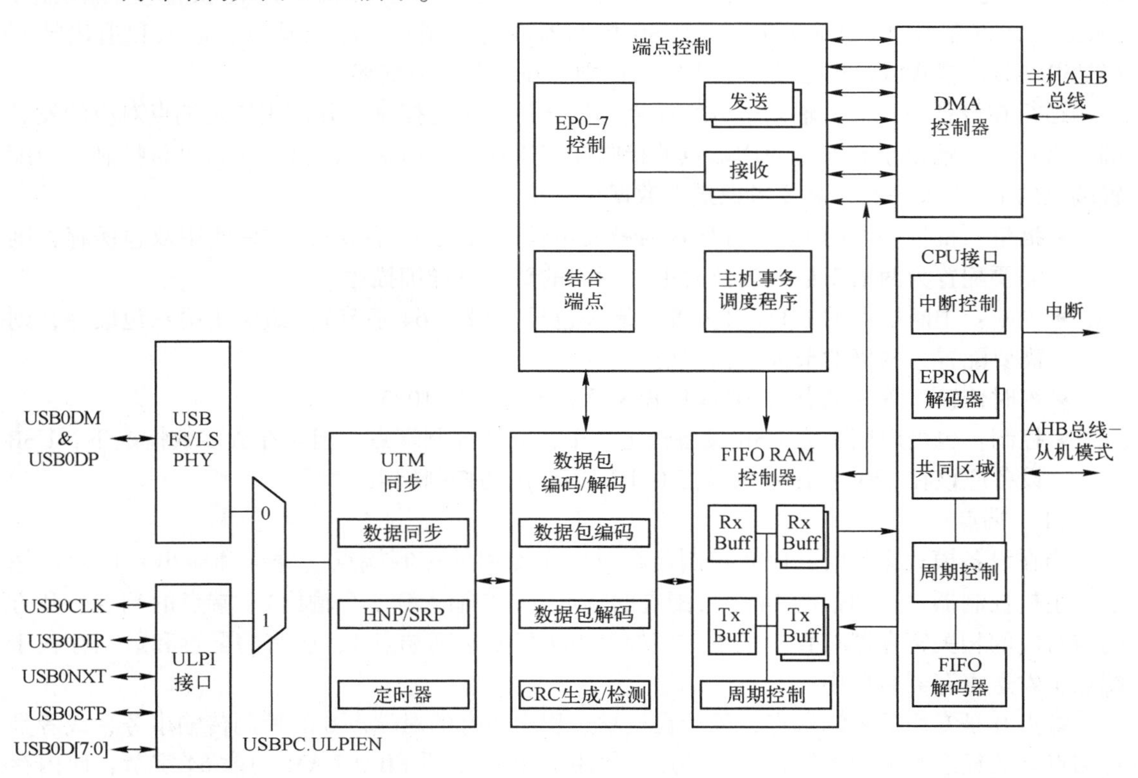

图 6-13　USB 内部结构

6.5.3 USB 功能描述

TM4C1294NCPDT USB 控制器支持会话请求协议（SRP）和主机协商协议（HNP），提供完整的 OTG 协商。回话请求协议（SRP）允许连接在 USB 线缆 B 端的 B 类设备向连接在 A 端的 A 类设备发出请求，通知 A 类设备打开 VBUS 电源。主机协商协议（HNP）用于在初始会话请求协议供电后，决定 USB 线缆哪端的设备作为 USB 主控制器。当该设备连接到非 OTG 外设或设备时，控制器可以检测出线缆终端所使用的设备类型，并提供一个寄存器来指示该控制器是用作主机控制器还是用作设备控制器。以上所提供的动作都是由 USB 控制器自动处理的。基于这种自动探测机制，系统使用 A 类/B 类连接器取代 AB 类连接器，可支持与另外的 OTG 设备完整的 OTG 协商。

另外，USB 控制器支持接入非 OTG 外设或主控制器，还可以被设置为专用主机或设备功能，此时 USB0VBUS 和 USB0ID 信号可用作 GPIO。但当 USB 控制器用作自供电设备时，必须将 GPIO 输入引脚或模拟比较器输入引脚连接到 VBUS 引脚上，并配置为在 VBUS 掉电时会产生中断。该中断禁用 USB0DP 信号上的上拉电阻。

🕮 当 USB 模块运行时，MOSC 必须为时钟源（无论是否使用 PLL），并且系统时钟必须至少为 20 MHz。

---

1. 作为设备时的操作

TM4C1294NCPDT USB 控制器用作 USB 设备时，在 USB 控制器的运行模式由设备模式改变为主机模式或由主机模式改变为设备模式之前，必须通过设置软件复位控制 2（SRCR2）寄存器中 USB0 位来复位 USB 控制器。输入端点、输出端点、进入和退出挂起（SUSPEND）模式以及帧起始（SOF）的识别都在本节有所描述。

运行在设备模式时，输入事务由端点的发送接口进行控制，并使用指定端点对应的发送端点寄存器。输出事务通过使用端点的接收端点寄存器，由端点的接收接口进行控制。当配置端点的 FIFO 大小时，需要考虑最大数据包大小。

- 批量：批量端点的 FIFO 可配置为最大包长（最大 64 字节），如果使用双包缓存，则需要配置为两倍于最大包长大小（后面的章节将详细描述）。
- 中断：中断端点的 FIFO 可配置为最大包长（最大 64 字节），如果使用双包缓存，则需要配置为两倍的最大包长大小。
- 等时传输：等时端点的 FIFO 比较灵活，最大支持 1023 字节。
- 控制：也可以用于为 USB 设备指定一个独立的控制端点。但是在大多数情况下，USB 设备应该在 USB 控制器的端点 0 上使用专用的控制端点。

（1）端点

当在设备模式运行时，USB 控制器提供两个专用的控制端点（输入和输出）以及可用于与主机控制器进行通信的 14 个可配置的端点（7 个输入和 7 个输出）。端点的端点号和方向与对应的相关寄存器有直接联系。例如，当主机发送到端点 1，所有的配置和数据存在于端点 1 发送寄存器接口中。

端点 0 是专用的控制端点，用于在枚举过程中所有的对端点 0 的控制传输事务，或者是对端点 0 的任意其他的控制请求。端点 0 使用 USB 控制器 FIFO RAM 的前 64 字节，此内存对于输入传输事务和输出传输事务是共用的。

其余 14 个端点可配置为控制端点、批量端点、中断端点或等时端点。它们应被作为 7 个可配置的输入端点和 7 个可配置的输出端点来对待。这些成对的端点的输入和输出的端点类型可以不同。例如，端点对的输出部分可以设置为批量端点，而输入部分可以设置为中断端点。每个端点的 FIFO 地址和大小可以根据应用需求来修改。

（2）作为设备时的输入事务

USB 控制器作为设备运行时，输入传输的数据通过发送端点的 FIFO 来处理。7 个可配置的输入端点的 FIFO 大小由 USB 发送 FIFO 起始地址（USBTXFIFOADD）寄存器决定。传输时发送端点 FIFO 中的最大数据包大小可编程配置，该大小由写入该端点的 USB 端点 n 最大传输数据（USBTXMAXPn）寄存器中的值决定。端点的 FIFO 可配置为双包缓存或单包缓存。当启用双包缓存时，FIFO 中可缓冲两个数据包，这就需要 FIFO 的大小至少为两个数据包大小。当不使用双包缓存时，即使数据包的大小小于 FIFO 大小的一半，也只能缓冲一个数据包。

- 单包缓存：如果发送端点 FIFO 的大小小于该端点最大包尺寸的两倍［由 USB 发送动态 FIFO 大小（USBTXFIFOSZ）寄存器设定］，只能在 FIFO 中缓冲一个数据包，并且只需要单包缓冲。当将每个数据包都成功地加载到发送 FIFO 时，USB 端点 n 发送控制和状态低字节（USBTXCSRLn）寄存器中的 TXRDY 位必须置位。如果 USB 端点 n 发送控制和状态高字节（USBTXCSRHn）寄存器中的 AUTOSET 位置位，则将最大的数据包装载进 FIFO 时，TXRDY 位会自动置位。对于包长小于最大包长的数据包，必须对 TXRDY 位手动置位。当 TXRDY 位被手动或自动置位时，表明要发送的数据包已准备好。如果数据包成功发送，TXRDY 位和 FIFONE 位将被清零，同时产生相应的发送端点中断信号。此时下一包数据可装载到 FIFO 中。
- 双包缓存：如果发送端点 FIFO 的大小至少两倍于该端点最大包长，允许使用双包缓存，FIFO 中可以缓冲两个数据包。当将每个数据包都加载到发送 FIFO 时，USBTXCSRLn 寄存器中的 TXRDY 位必须置位。如果 USBTXCSRHn 寄存器中的 AUTOSET 位置位，则将最大的数据包装载进 FIFO 时，TXRDY 位会自动置位。对于包长小于最大包长的数据包，必须对 TXRDY 位手动设置。当 TXRDY 位被手动或自动置位时，表明要发送的数据包已准备好。在装载完第一个包后，TXRDY 位会被立即清零，同时产生一个中断信号。此时，第二个数据包可装载到发送 FIFO 中，TXRDY 位会被重新置位（手动置位或当该数据包为最大包长时自动置位）。就此来说，两个要发送的包都已准备就绪。如果所有的数据包都成功发送，会将 TXRDY 位自动清零，同时产生相应的发送端点中断信号，此时下一包数据可装载到发送 FIFO 中。USBTXCSRLn 寄存器中的 FIFONE 位的状态表明此时可以装载多少个数据包。如果 FIFONE 位置位，表明 FIFO 中还有一个包未发送，只能装载一个数据包。如果 FIFONE 位清零，表明 FIFO 中没有未发送的包，还可以装载两个数据包。

（3）作为设备时的输出事务

USB 控制器作为设备运行时，输出事务的数据通过接收端点的 FIFO 来处理。7 个可配置的输出端点的 FIFO 大小由 USB 接收 FIFO 起始地址（USBRXFIFOADD）寄存器决定。任何数据包中端点能接收到的最大数据量是由写入 USB 端点 n 接收最大传输数据（USBRXMAXPn）寄存器中的值决定的。端点的 FIFO 可配置为双包缓存或单包缓存，当双包缓存使能时，FIFO 中可缓冲两个数据包。当不使用双包缓存时，即使数据包的大小小于 FIFO 大小的一半，也只能缓冲一个数据包。

- 单包缓存：如果接收端点 FIFO 的大小小于该端点最大包长的两倍，只能使用单包缓冲，在 FIFO 中缓冲一个数据包。当数据包被接收并存到接收 FIFO 中，USB 端点 n 接收控制和状态低字节寄存器（USBRXCSRLn）中的 RXRDY 和 FULL 位置位，同时发出相应的接收终端信号，表明接收 FIFO 中有一个数据包可以读出。当数据包读出后，必须将 RXRDY 位清零以允许接收后面的数据包。此动作会向主机控制器发送一个确认信号。如果 USB 端点 n 接收控制和状态高字节（USBRXCSRHn）寄存器中的 AUTOCL 位置位，且最大包长的数据包已从 FIFO 中读出，则会自动地将 RXRDY 位和 FULL 位清零。对于包长小于最大包长的数据包，必须对 RXRDY 位手动清零。
- 双包缓存：如果接收端点的 FIFO 大小不小于该端点的最大包长的两倍，可以使用双缓冲机制缓存两个数据包。当第一个数据包被接收并存到接收 FIFO 中，寄存器 USBRXCSRLn 中的 RXRDY 位置位，同时产生相应的接收端点中断信号，指示有一个数据包需要从 FIFO 中读出。

（4）调度

传输事务由主机控制器调度决定，设备无法控制事务调度。

TM4C1294NCPDT USB 控制器随时可建立传输事务。当传输事务完成或由于某些原因被终止时，会产生中断信号。当主控制器发起请求，而设备还没有准备好，设备会返回一个 NAK 忙信号。

（5）设备模式挂起

当 USB 总线空闲达到 3 ms 时，USB 控制器自动进入挂起（SUSPEND）模式。如果 USB 中断使能寄存器中的（SUSPEND）位使能，会挂起中断，此时会发出一个中断信号。当 USB 控制器进入挂起模式，USB PHY 也将进入挂起模式。当检测到恢复信号时，USB 控制器退出挂起模式，同时使 USB PHY 退出挂起模式。此时如果启用了恢复中断，将产生中断信号。设置 USB 电源（USBPOWER）寄存器中的 RESUME 位同样可以强制 USB 控制器退出挂起模式。当 RESDME 位置位，USB 控制器退出挂起模式，同时在总线上发出唤醒信号。RESUME 位必须在 10 ms（最大 15 ms）后清零来结束唤醒信号。为满足电源功耗需求，USB 控制器可进入深睡眠模式。

（6）帧起始

当 USB 控制器运行在设备模式，每 1ms 收到一次主机发出的帧起始包（SOF）。当收到 SOF 包时，将包中所含的 11 位帧号写入 USB 帧值寄存器（USBFRAME）中，同时发出 SOF 中断信号，由应用程序处理。一旦 USB 控制器开始收到 SOF 包，将预期每 1 ms 收到 1 次。如果超过 1.00358 ms 没有收到 SOF 包，将假定此包丢失，寄存器 USBFRAME 也将不更新。当 SOF 包重新成功接收时，USB 控制器继续，并重新同步这些脉冲。

（7）USB 复位

当 USB 控制器处于设备模式且在 USB 总线上检测到复位状态时，USB 控制器将自动进行下面的操作。

- 清空 USBFADDR 寄存器。
- 清空 USB 端点索引（USBEPIDX）寄存器。
- 清空所有端点 FIFO。

- 将所有控制/状态寄存器清零。
- 启用所有端点中断。
- 产生复位中断。

如果软件驱动USB控制器接收复位中断，所有打开的管道（pipe）将关闭，USB控制器等待总线开始设备枚举。

（8）连接/断开

USB控制器的USB总线连接是由软件控制的。USB PHY可以通过置位和清零USBPOWER寄存器中的SOFTCONN位，在正常模式和无驱动模式之间切换。当SOFTCONN位置位时，USB PHY处于正常模式，USB总线上的USB0DP/USB0DM线被使能。此时，USB控制器不响应除USB复位外的任何信号。

当SOFTCONN位清零，USB PHY处于无驱动模式，USB0DP和USB0DM呈三态，此时，USB控制器对于USB总线上的其他设备而言，处于断开状态。由于默认为无驱动模式，USB控制器呈断开状态，直到SOFTCONN位被置位。应用软件可以选择何时设置PHY进入正常模式。系统使用很长的初始化程序以确保初始化完成，并在连接USB总线之前，为设备枚举做好准备。一旦SOFTCONN位置位，USB控制器可以通过清零此位来断开连接。

2. 作为主机时的操作

当TM4C1294NCPDT USB控制器运行在主机模式时，可用于实现同其他USB设备的点对点通信，还可连接到集线器，与多个设备进行通信。在USB控制器的运行模式由设备模式改变为主机模式或由主机模式改变为设备模式之前，必须通过设置软件复位控制2（SRCR2）寄存器中的USB0位来复位USB控制器。USB控制器支持全速和低速设备，支持点对点通信和通过集线器操作。它通过自动执行必要的事务传输，允许USB 2.0集线器使用低速设备和全速设备；支持控制传输、批量传输、等时传输和中断传输。输入端点、输出端点、进入和退出挂起（SUSPEND）模式、复位都在本节有所描述。

当USB控制器运行在主机模式时，输入事务由端点的接收接口进行控制。所有输入事务使用端点的接收端点寄存器，所有输出事务使用端点的发送端点寄存器。和设备模式一样，当配置端点的FIFO大小时，需要考虑最大数据包的大小。

- 批量：批量断点的FIFO可配置为最大包长（最大64字节），如果使用双包缓存，则需要配置为两倍于最大包长大小。
- 中断：中断端点的FIFO可配置为最大包长（最大64字节），如果使用双包缓存，则需要配置为两倍的最大包长大小。
- 等时传输：等时端点的FIFO比较灵活，最大支持1023字节。
- 控制：USB设备可能指定一个独立的控制端点与设备通信。但在大多数情况，USB控制器应使用专用的控制端点与设备的端点0通信。

（1）端点

端点寄存器用于控制USB端点接口，通过这些接口可与连接的设备进行通信。端点由1个专用控制输入端点、1个专用控制输出端点、7个可配置的输出端点和7个可配置的输入端点组成。

专用的控制接口只能用于与设备的端点0之间的控制传输。它们用于设备枚举或其他使用设备端点0的控制功能。控制端点的输入和输出事务共享USB控制器FIFO内存的前

64 字节。其余输入和输出接口可配置为与控制端点、批量端点、中断端点或等时端点通信。

USB 接口可同时调度，用于与任何设备的任何端点的 7 个独立的输出事务和 7 个独立的输入事务。输入和输出控制有成对的 3 组寄存器。通过配置，USB 端点可以与不同类型的端点以及不同设备的不同端点进行通信。例如，第一对端点控制可分开进行，以便输出部分与设备的批量输出端点 1 通信，同时输入部分与设备的中断输入端点 2 通信。

无论是点对点通信还是通过集线器通信，在访问设备之前，必须设置每个接收或发送端点相关的 USB 端点 n 接收功能地址（USBRXFUNCADDRn）寄存器或 USB 端点 n 发送功能地址（USBTXFUNCADDRn）寄存器，以便记录将要访问的设备地址。

USB 控制器支持通过 USB 集线器连接设备，通过一个寄存器实现，该寄存器说明集线器地址和每个传输的端口。FIFO 的地址和大小可定制，并可指定用于任一 USB 输入和输出。定制包括每个传输一个 FIFO，不同传输共享 FIFO，以及双包缓存 FIFO。

(2) 作为主机时的输入事务

输入事务的处理采用与设备模式处理输出事务类似的方式，但传输事务必须通过设置 USBCSRL0 寄存器中的 REQPKT 位来发起，这也会向事务调度程序表明此端点存在一个活动的事务。此时事务调度向目标设备发送一个输入令牌包。当接收 FIFO 中接收并存放数据包时，USBCSRL0 寄存器中的 RXRDY 位置位，同时产生相应的接收端点中断信号，指示 FIFO 中有数据包可以读出。

当数据包被读出时，RXRDY 位必须清零。寄存器 USBRXCSRHn 中的 AUTOCL 位可用于当最大包长的包从 FIFO 中读出时，将 RXRDY 位自动清零。USBRXCSRHn 寄存器中的 AUTORQ 位用于当 RXRDY 位清零时将 REQPKT 位自动置位。AUTOCL 和 AUTORQ 位用于 μDMA 访问，以便在主处理器不干预时完成批量传输。当 RXRDY 位清零时，控制器向设备发送确认信号。当传输确定数量的数据包时，需要将端点相关的 USB 端点 n 块传输中请求包数量（USBRQPKTCOUNTn）寄存器配置为要传输的数据包数量。每次请求后，USB 控制器都减小 USBRQPKTCOUNTn 寄存器中的值。当 USBRQPKTCOUNTn 寄存器中的值减到 0 时，将 AUTORQ 位清零以阻止后面试图进行的事务。如果传输的数量未知，则应当将 USBRQPKTCOUNTn 位清零。AUTORQ 保持置位状态，直到接收到一个短包（小于寄存器 USBRXMAXPn 中的 MAXLOAD 值）才清零，此种情形可能在批量传输的末尾出现。

如果设备用 NAK 响应批量或中断传输的输入令牌，USB 主机控制器将重试，直到达到设置的 NAK 限制次数。如果目标设备通过 STALL 进行响应，USB 主机控制器将不重试传输，而将寄存器 USBCSRL0 中的 STALLED 位置位。如果目标设备在需要的时间内不响应输入令牌包，或者包存在 CRC 或位填充错误，USB 主机将重试传输。在 3 次尝试后目标设备仍无响应，USB 控制器将清除 REQPKT 位，置位 USBCSRL0 寄存器中的 ERROR 位。

(3) 作为主机时的输出事务

输出事务的处理，采用与设备模式处理输入事务类似的方式。当包装载到发送 FIFO 中时，USBTXCSRLn 寄存器中的 TXRDY 位必须置位。同时，如果置位了 USBTXCSRHn 寄存器中的 AUTOSET 位，那么当最大包长的包装载到 FIFO 中，TXRDY 位自动置位。此外，AUTOSET 位与 μDMA 控制器配合使用，可以在不需要软件干预的情况下完成批量传输。

如果目标设备用 NAK 响应输出令牌包，USB 主机控制器将重试，直到达到设置的 NAK 限制次数。如果目标设备通过 STALL 进行响应，USB 主机将不重试传输，而通过设置 USBTXCSRLn 寄存器中的 STALLED 位来中断主处理器。如果目标设备在需要的时间内不响应输出令牌包，或者包存在 CRC 或位填充错误，USB 主机将重试传输。如果 3 次尝试后，目标设备仍无响应，USB 控制器将清空 FIFO，并置位 USBTXCSRLn 寄存器中的 ERROR 位。

（4）事务调度

事务调度由 USB 主机控制器自动处理。主机控制器允许根据端点事务类型配置端点通信调度。中断传输可以是每一帧进行一次，也可以每 255 帧进行一次，可以在 1~255 帧之间以 1 帧增量调度。批量端点不允许调度参数，但在设备的端点不响应时，允许 NAK 超时。等时端点可以在 1~216 帧之间调度（2 的幂）。

USB 控制器维持帧计数。如果目标设备为全速设备，控制器在每帧开始时自动发送 SOF 包，同时帧计数加 1。如果目标设备为低速设备，将在总线上发送 K 状态（USB 2.0 将信号的传递状态分为 J 状态与 K 态。对于 J 状态而言，全速设备处于差动 1 的状态，低速设备则处于差动 0 的状态；对于 K 状态而言，全速设备处于差动 0 的状态，而低速设备则处于差动 1 的状态。所谓的差动 1，是指 D+是逻辑高电位，而 D-是逻辑低电位；差动 0 则刚好相反）来保持总线活动，防止低速设备进入挂起模式。

在 SOF 包发送后，USB 主机控制器巡检所有配置好的端点，寻找激活的传输事务。REQPKT 位置位的接收端点或 TXRDY 和/或 FIFONE 位置位的发送端点，被视为存在激活的传输事务。

如果传输建立在一帧的第一个调度周期，而且端点的间隔计数器减到 0，则等时传输和中断传输开始。所以每个端点的中断传输和等时传输每 N 帧才发生一次，N 是通过该端点的 USB 主机端点 n 发送间隔（USBTXINTERVALn）寄存器或 USB 主机端点 n 接收间隔（USBRXINTERVALn）寄存器设置的间隔。

如果在帧中下一个 SOF 包之前提供足够的时间完成传输，则激活的批量传输立即开始。如果传输需要重发时（例如，收到 NAK 或设备未响应），需要在调度器先检查完其他所有端点是否有激活的传输之后，传输才能重传。这保证了一个发送大量 NAK 响应的端点不阻塞总线上的其他传输正常进行。控制器同样允许用户设置目标设备发送 NAK 的端点的超时限制。

（5）超时干扰（Babble）

USB 主机控制器直到总线至少空闲最小包间隔的时间，才开始传输。USB 控制器不会发起事务传输，除非传输能在帧结束前完成。如果 USB 总线上在帧结束时仍有活动，USB 主机将假定连接的目标设备发生故障，同时 USB 控制器挂起所有传输事务，并产生超时干扰（Babble）中断信号。

（6）主机挂起

如果 USBPOWER 寄存器中的 SUSPEND 位置位，USB 主机控制器完成当前的传输事务，然后停止事务调度和帧计数。此时，不再启动事务传输和产生 SOF 包。

要想离开挂起模式，需置位 RESUME 位同时清除 SUSPEND 位。当 RESUME 位置位时，USB 主机控制器将在总线上产生唤醒（RESUME）信号。20 ms 之后，必须清除 RESUME 位，此时，帧计数和事务调度开始运行。主机支持远程唤醒检测。

(7) USB 复位

如果 USBPOWER 寄存器中的 RESET 位置位，USB 主机控制器将在总线上产生 USB 复位信号。RESET 位需要保持置位至少 20 ms，以确保目标设备的正确复位。CPU 清除此位后，USB 主机控制器开始帧计数和事务调度。

(8) 连接/断开

通过设置 USB 设备控制寄存器（USBDEVCTL）中的 SESSION 位来启动会话，使 USB 控制器等候设备连接。当检测到设备时，将产生连接中断信号。连接设备的速度通过读 USBDEVCTL 寄存器来决定。如果 FSDEV 位置位，连接的设备为全速设备；如果 LSDEV 位置位，连接的设备为低速设备。USB 控制器必须对设备发出一个复位信号，此时 USB 主机开始设备枚举。如果会话过程中设备断开连接，将产生断开中断信号。

3. OTG 模式

为了节省电源，USB OTG 允许当需要才给 VBUS 上电，当不使用 USB 总线时，则关断 VBUS。VBUS 总是由总线上的 A 设备提供。OTG 控制器通过 PHY 采样 ID 输入来决定哪个是 A 设备哪个是 B 设备。ID 信号拉低时，检测到插入 A 设备（表示 OTG 控制器作为 A 设备角色）；ID 信号为高时，检测到插入 B 设备（表示 OTG 控制器作为 B 设备角色）。注意，当在 OTG A 和 OTG B 之间切换时，控制器保留所有的寄存器内容。

在 OTG 模式，由于 USB0VBUS 和 USB0ID 是 USB 控制器专用的引脚，不需要被配置，直接连接到 USB 连接器的 VBUS 和 ID 信号。如果 USB 控制器用作专用主机或设备，USB 通用控制和状态寄存器（USBGPCS）中的 DEVMODOTG 和 DEVMOD 位可用于连接 USB0VBUS 和 USB0ID 到内部固定电平，释放 PB0 和 PB1 引脚用于 GPIO。当用作自供电的设备时，需要监测 VBUS 值，来确定主机是否断开 VBUS，从而禁止自供电设备 D+/D-上的上拉电阻。此功能可通过将一个标准 GPIO 连接到 VBUS 实现。

---

(1) 开始会话

当 USB OTG 控制器准备开始会话时，USBDEVCTL 寄存器中的 SESSION 位必须置位。此时 OTG 控制器启用 ID 引脚感应。当检测到 A 类型连接时，ID 输入为低；当检测到 B 类型连接时，ID 输入为高。同时 USBDEVCTL 寄存器中的 DEV 位置位，表明 USB OTG 控制器用作 A 设备还是 B 设备。USB OTG 控制器还提供中断信号，表明 ID 引脚已检测完成，USBDEVCTL 寄存器中的模式值是有效的。此中断通过 USBIDVIM 寄存器使能，通过 USBIDVISC 寄存器查看其状态。当 USB 控制器检测到处于线缆的 A 端，必须尽快在 100 ms 内使能 VBUS 电源。

如果 USB OTG 控制器是 A 设备，则它进入主机模式（A 设备总是默认为主机），打开 VBUS 电源，等待 VBUS 达到有效门限以上（USBDEVCTL 寄存器中的 VBUS 位域值变成 0x3）。此时，OTG 控制器等待外设接入。当检测到外设接入，则产生一个连接中断信号，USBDEVCTL 寄存器中的 FSDEV 或 LSDEV 位置位（取决于检测到的是全速设备还是低速设备）。这时，USB 控制器向接入的设备发送一个复位信号。可以通过将 USBDEVCTL 寄存器中的 SESSION 位清零来结束会话。如果发生超时干扰（babble）或 VBUS 掉到会话有效电压以下，OTG 控制器将自动结束会话。

如果 OTG 控制器用作 B 设备，需使用 USB OTG 规范中定义的会话请求协议来请求会话。首先 OTG 控制器释放 VBUS，然后当 VBUS 电平低于会话结束门限（USBDEVCTL 寄存器中的 VBUS 位域值变成 0x0)，且总线保持单端零状态（SE0）且大于 2 ms 时，OTG 控制器将依次向数据线和 VUBS 线发送脉冲。会话结束时，SESSION 位可通过 OTG 控制器或应用软件清零。OTG 控制器使 PHY 切断 D+上的上拉电阻，向 A 设备发送会话结束信号。

（2）活动性探测（Detecting Activity）

当 OTG 的其他设备希望发起会话时，如果是 A 设备，将 VBUS 电平提升到会话有效电压之上；如果是 B 设备，则向数据线盒 VBUS 线发送脉冲。USB 控制器依据这些动作，决定发起建立会话的是 A 设备还是 B 设备。如果 VBUS 提升到会话有效电压之上，则 USB 控制器用作 B 设备。USB 控制器将置位 USBDEVCTL 寄存器中的 SESSION 位。当探测到总线上有复位信号，将产生复位中断信号，作为会话的起始信号。

USB 控制器的默认模式是用作 B 设备的设备模式。会话结束时，A 设备关断 VBUS 电源。当 VBUS 下降到会话有效门限之下时，USB 控制器将检测到此下降信号，并清除 SESSION 位来指出会话已经结束，同时引发一个断开连接中断信号。如果检测到数据行和 VBUS 脉冲，则 USB 控制器用作 A 设备。该控制器产生会话请求中断信号来指示 B 设备在请求会话。必须置位 USBDEVCTL 寄存器中的 SESSION 位发起一个会话。

（3）主机协商

当 USB 控制器是 A 设备，ID 信号为低，当会话发起时将自动进入主机模式。当 USB 控制器是 B 设备，ID 信号为高，当会话发起时将自动进入设备状态。但是，软件可能要求通过设置 USBDEVCTL 寄存器中的 HOSTREQ 位将 USB 控制器从设备变为主机，可以在通过设置 USBDEVCTL 寄存器中的 SESSION 位发起会话请求的同时置位，也可以在会话开始之后的任意时刻置位。当 USB 控制器下次进入挂起模式时，如果 HOSTREQ 位保持置位，控制器进入主机模式，并开始主机协商（USB OTG 补充协议中规定），引发 PHY 断开 D+线上的上拉电阻，导致 A 设备切换到设备模式，并连接到自带的上拉电阻。当 USB 控制器检测到此情况，将产生连接中断信号，并将 USBPOWER 寄存器中的 RESET 位置位来复位 A 设备。USB 控制器自动开始复位序列，确保复位在 A 设备连接上拉电阻的 1 ms 内开始。主处理器应等待至少 20 ms，然后清除 RESET 位，开始 A 设备的枚举。

当 USB OTG 控制器 B 设备使用完总线，控制器将通过设置 USBPOWER 寄存器中的 SUSPEND 位进入挂起模式。A 设备检测此情况，则结束会话或恢复到主机模式。如果 A 设备是 OTG 控制器，将产生一个连接断开的中断信号。

4. DMA 操作

USB 外设提供了连接到 μDMA 控制器的接口。μDMA 控制器提供了 3 个发送端点和 3 个接收端点的独立通道。通过 USB DMA 选择（USBDMASEL）寄存器，软件选择哪个端点要使用 μDMA 通道服务。发送和接收通道分别通过 USBTXCSRHn 和 USBRXCSRHn 寄存器启用 USB 的 μDMA 操作。

6.5.4　USB 初始化与配置

要使用 USB 控制器，必须通过 RCGCUSB 寄存器启用外设时钟。另外，相应 GPIO 模块的时钟也必须通过系统控制模块中的 RCGCGPIO 寄存器来启用。配置 GPIOPCTL 寄存器中的 PMCn 位域，将 USB 信号指派给相应的引脚。

所有情况下的初始配置都需要在设置寄存器前，先由处理器使能 USB 控制器及其物理层接口 PHY，接下来使能 USB 的 PLL 来给 PHY 提供正确的时钟。为了确保不给总线提供错误的电压，须配置 USB0EPEN 和 USB0EPEN 引脚，使之从默认的 GPIO 功能改为 USB 控制器控制功能，从而在启动时禁用外部电源控制信号 USB0PFLT。

📖 TM4C1294 微处理器已内置 USB PHY 终端电阻，无须再使用外部电阻。如果 USB 工作于设备模式，D+上有一个 1.5 kΩ 的上拉电阻；如果 USB 工作于主机模式，D+和 D-上都有 15 kΩ 的下拉电阻。

1. 引脚配置

当在具有主机功能的系统中使用 USB 控制器的设备时，必须禁止向 VBUS 供电，而使用外部主机控制器供电。通常，USB0EPEN 信号用于控制外部稳压器，必须禁止使能，避免两个设备同时驱动 USB 连接器的电源引脚 USB0VBUS。

当 USB 控制器用作主机时，连接到外部电源的两个信号控制向 VBUS 提供电源。主机控制器使用 USB0EPEN 信号来使能或禁止向 USB 连接器的 USB0VBUS 引脚供电。输入引脚 USB0PFLT 用来在 VBUS 上的电源出现异常时提供反馈。USB0PFLT 信号可以被配置为自动禁止 USB0EPEN 信号来禁止电源，可配置为向中断控制器产生中断信号而对电源异常状况进行软件处理。USB0EPEN 和 USB0PFLT 的极性以及相关动作全部可以通过 USB 控制器配置。USB 控制器还能为设备的接入和断开提供中断信号，以使主机控制响应这些外部事件。

2. 端点配置

在主机或设备模式开始发起通信之前，必须先配置端点寄存器。在主机模式时，端点配置在端点寄存器和设备的端点之间建立连接。在设备模式时，设备枚举之前必须先配置端点。

由于端点 0 具有固定功能和固定 FIFO 大小，所以其配置是受限的。在设备和主机模式时，端点需要很少的设置，但在标准控制传输的建立、数据传输的过程中，需要一个基于软件的状态机。在设备模式中，端点都在设备枚举之前配置完成，在设备枚举之后，只有在主机选择代替配置时才改变端点配置。在主机模式中，端点必须配置为控制、批量、中断或等时端点。一旦端点的类型配置完成，必须给每个端点分配 FIFO 内存区域。对于批量传输、控制和中断端点，每个事务最大可传输 64 B。等时端点则每包最大支持 1023 B。端点的最大包长必须在发送和接收数据前设置。

配置端点的 FIFO 时，将为每个端点配置整体 USB FIFO 内存 RAM 的一部分。整个 FIFO RAM 为 2 KB，前 64 B 为端点 0 保留。端点的 FIFO 至少应与最大的数据包大小相等。端点的 FIFO 大小至少为最大包长，同时也可配置为双包缓存 FIFO，此时每个包传输结束后都将产生中断，并允许填充 FIFO 的另一半。

如果作为设备运行，当设备准备开始通信时，必须启用软件连接来通知主机已准备好开始枚举。如果作为主机控制器运行，必须禁止设备软件连接，并通过 USB0EPEN 信号给 VBUS 提供电源。

【例 6-6】将 USB 初始化。

```
void main( )
{
//
// 配置端点 1
```

```
//
USBDevEndpointConfigSet(USB0_BASE, USB_EP_1, 64, DISABLE_NAK_LIMIT,
USB_EP_MODE_BULK | USB_EP_DEV_IN);
//
// 配置 FIFO,输入端点起始地址为 64,大小为 64 字节
//
USBFIFOConfig(USB0_BASE, USB_EP_1, 64, USB_FIFO_SZ_64,
USB_EP_DEV_IN);
...
//
//将数据存入 FIFO
//
USBEndpointDataPut(USB0_BASE, USB_EP_1, pucData, 64);
//
// 开始数据传送
//
USBEndpointDataSend(USB0_BASE, USB_EP_1, USB_TRANS_IN);
}
```

6.5.5　USB 寄存器映射与描述

表 6-7 所示为 USB 寄存器。所有给出的地址都是相对于 0x4005.0000 的 USB 基地址而言的。注意，在可以对寄存器编程之前，必须先启用 USB 控制器的时钟。USB 模块时钟启用后，必须等待至少 3 个系统时钟才可访问 USB 模块寄存器。

表 6-7　USB 寄存器

偏 移 量	名　　称	描　　述
0x000	USBFADDR	USB Device 设备功能地址
0x001	USBPOWER	USB 电源
0x002	USBTXIS	USB 发送中断状态
0x004	USBRXIS	USB 接收中断状态
0x006	USBTXIE	USB 发送中断使能
0x008	USBRXIE	USB 接收中断使能
0x00A	USBIS	USB 通用中断状态
0x00B	USBIE	USB 中断使能
0x00C	USBFRAME	USB 帧值
0x00E	USBEPIDX	USB 端点索引
0x00F	USBTEST	USB 测试模式
0x020	USBFIFO0	USB FIFO 端点 0
0x024	USBFIFO1	USB FIFO 端点 1
0x028	USBFIFO2	USB FIFO 端点 2

（续）

偏 移 量	名 称	描 述
0x02C	USBFIFO3	USB FIFO 端点 3
0x030	USBFIFO4	USB FIFO 端点 4
0x034	USBFIFO5	USB FIFO 端点 5
0x038	USBFIFO6	USB FIFO 端点 6
0x03C	USBFIFO7	USB FIFO 端点 7
0x060	USBDEVCTL	USB 设备控制
0x061	USBCCONF	USB 通用配置
0x062	USBTXFIFOSZ	USB 发送动态 FIFO 大小
0x063	USBRXFIFOSZ	USB 接收动态 FIFO 大小
0x064	USBTXFIFOADD	USB 发送 FIFO 起始地址
0x066	USBRXFIFOADD	USB 接收 FIFO 起始地址
0x070	ULPIVBUSCTL	USB ULPI VBUS 控制
0x074	ULPIREGDATA	USB ULPI 寄存器数据
0x075	ULPIREGADDR	USB ULPI 寄存器地址
0x076	ULPIREGCTL	USB ULPI 寄存器控制
0x078	USBEPINFO	USB 端点信息
0x079	USBRAMINFO	USB RAM 信息
0x07A	USBCONTIM	USB 连接时序
0x07B	USBVPLEN	USB OTG VBUS 脉冲时序
0x07C	USBHSEOF	USB 高速模式下最后的传输与帧结束时序
0x07D	USBFSEOF	USB 全速模式下最后的传输与帧结束时序
0x07E	USBLSEOF	USB 低速模式下最后的传输与帧结束时序
0x080	USBTXFUNCADDR0	USB 发送端点 0 功能地址
0x082	USBTXHUBADDR0	USB 发送端点 0 集线器地址
0x083	USBTXHUBPORT0	USB 发送端点 0 集线器端口
0x088	USBTXFUNCADDR1	USB 发送端点 1 功能地址
0x08A	USBTXHUBADDR1	USB 发送端点 1 集线器地址
0x08B	USBTXHUBPORT1	USB 发送端点 1 集线器端口
0x08C	USBRXFUNCADDR1	USB 接收端点 1 功能地址
0x08E	USBRXHUBADDR1	USB 接收端点 1 集线器地址
0x08F	USBRXHUBPORT1	USB 接收端点 1 集线器端口
0x090	USBTXFUNCADDR2	USB 发送端点 2 功能地址
0x092	USBTXHUBADDR2	USB 发送端点 2 集线器地址
0x093	USBTXHUBPORT2	USB 发送端点 2 集线器端口
0x094	USBRXFUNCADDR2	USB 接收端点 2 功能地址
0x096	USBRXHUBADDR2	USB 接收端点 2 集线器地址

（续）

偏 移 量	名 称	描 述
0x097	USBRXHUBPORT2	USB 接收端点 2 集线器端口
0x098	USBTXFUNCADDR3	USB 发送端点 3 功能地址
0x09A	USBTXHUBADDR3	USB 发送端点 3 集线器地址
0x09B	USBTXHUBPORT3	USB 发送端点 3 集线器端口
0x09C	USBRXFUNCADDR3	USB 接收端点 3 功能地址
0x09E	USBRXHUBADDR3	USB 接收端点 3 集线器地址
0x09F	USBRXHUBPORT3	USB 接收端点 3 集线器端口
0x0A0	USBTXFUNCADDR4	USB 发送端点 4 功能地址
0x0A2	USBTXHUBADDR4	USB 发送端点 4 集线器地址
0x0A3	USBTXHUBPORT4	USB 发送端点 4 集线器端口
0x0A4	USBRXFUNCADDR4	USB 接收端点 4 功能地址
0x0A6	USBRXHUBADDR4	USB 接收端点 4 集线器地址
0x0A7	USBRXHUBPORT4	USB 接收端点 4 集线器端口
0x0A8	USBTXFUNCADDR5	USB 发送端点 5 功能地址
0x0AA	USBTXHUBADDR5	USB 发送端点 5 集线器地址
0x0AB	USBTXHUBPORT5	USB 发送端点 5 集线器端口
0x0AC	USBRXFUNCADDR5	USB 接收端点 5 功能地址
0x0AE	USBRXHUBADDR5	USB 接收端点 5 集线器地址
0x0AF	USBRXHUBPORT5	USB 接收端点 5 集线器端口
0x0B0	USBTXFUNCADDR6	USB 发送端点 6 功能地址
0x0B2	USBTXHUBADDR6	USB 发送端点 6 集线器地址
0x0B3	USBTXHUBPORT6	USB 发送端点 6 集线器端口
0x0B4	USBRXFUNCADDR6	USB 接收端点 6 功能地址
0x0B6	USBRXHUBADDR6	USB 接收端点 6 集线器地址
0x0B7	USBRXHUBPORT6	USB 接收端点 6 集线器端口
0x0B8	USBTXFUNCADDR7	USB 发送端点 7 功能地址
0x0BA	USBTXHUBADDR7	USB 发送端点 7 集线器地址
0x0BB	USBTXHUBPORT7	USB 发送端点 7 集线器端口
0x0BC	USBRXFUNCADDR7	USB 接收端点 7 功能地址
0x0BE	USBRXHUBADDR7	USB 接收端点 7 集线器地址
0x0BF	USBRXHUBPORT7	USB 接收端点 7 集线器端口
0x102	USBCSRL0	USB 端点 0 控制和状态低字节
0x103	USBCSRH0	USB 端点 0 控制和状态高字节
0x108	USBCOUNT0	USB 端点 0 接收字节数量
0x10A	USBTYPE0	USB 端点 0 类型
0x10B	USBNAKLMT	USB NAK 限制

（续）

偏移量	名称	描述
0x110	USBTXMAXP1	USB 发送端点 1 最大传输数据
0x112	USBTXCSRL1	USB 端点 1 发送控制和状态低字节
0x113	USBTXCSRH1	USB 发送端点 1 控制和状态高字节
0x114	USBRXMAXP1	USB 接收端点 1 最大传输数据
0x116	USBRXCSRL1	USB 接收端点 1 控制和状态低字节
0x117	USBRXCSRH1	USB 接收端点 1 控制和状态高字节
0x118	USBRXCOUNT1	USB 接收端点 1 字节计数
0x11A	USBTXTYPE1	USB 端点 1 主机发送配置类型
0x11B	USBTXINTERVAL1	USB 端点 1 主机发送间隔
0x11C	USBRXTYPE1	USB 端点 1 主机配置接收类型
0x11D	USBRXINTERVAL1	USB 端点 1 主机接收轮询间隔
0x120	USBTXMAXP2	USB 发送端点 2 最大传输数据
0x122	USBTXCSRL2	USB 端点 2 发送控制和状态低字节
0x123	USBTXCSRH2	USB 发送端点 2 控制和状态高字节
0x124	USBRXMAXP2	USB 接收端点 2 最大传输数据
0x126	USBRXCSRL2	USB 接收端点 2 控制和状态低字节
0x127	USBRXCSRH2	USB 接收端点 2 控制和状态高字节
0x128	USBRXCOUNT2	USB 接收端点 2 字节计数
0x12A	USBTXTYPE2	USB 端点 2 主机发送配置类型
0x12B	USBTXINTERVAL2	USB 端点 2 主机发送间隔
0x12C	USBRXTYPE2	USB 端点 2 主机配置接收类型
0x12D	USBRXINTERVAL2	USB 端点 2 主机接收轮询间隔
0x130	USBTXMAXP3	USB 发送端点 3 最大传输数据
0x132	USBTXCSRL3	USB 端点 3 发送控制和状态低字节
0x133	USBTXCSRH3	USB 发送端点 3 控制和状态高字节
0x134	USBRXMAXP3	USB 接收端点 3 最大传输数据
0x136	USBRXCSRL3	USB 接收端点 3 控制和状态低字节
0x137	USBRXCSRH3	USB 接收端点 3 控制和状态高字节
0x138	USBRXCOUNT3	USB 接收端点 3 字节计数
0x13A	USBTXTYPE3	USB 端点 3 主机发送配置类型
0x13B	USBTXINTERVAL3	USB 端点 3 主机发送间隔
0x13C	USBRXTYPE3	USB 端点 3 主机配置接收类型
0x13D	USBRXINTERVAL3	USB 端点 3 主机接收轮询间隔
0x140	USBTXMAXP4	USB 发送端点 4 最大传输数据
0x142	USBTXCSRL4	USB 端点 4 发送控制和状态低字节
0x143	USBTXCSRH4	USB 发送端点 4 控制和状态高字节

（续）

偏 移 量	名 称	描 述
0x144	USBRXMAXP4	USB 接收端点 4 最大传输数据
0x146	USBRXCSRL4	USB 接收端点 4 控制和状态低字节
0x147	USBRXCSRH4	USB 接收端点 4 控制和状态高字节
0x148	USBRXCOUNT4	USB 接收端点 4 字节计数
0x14A	USBTXTYPE4	USB 端点 4 主机发送配置类型
0x14B	USBTXINTERVAL4	USB 端点 4 主机发送间隔
0x14C	USBRXTYPE4	USB 端点 4 主机配置接收类型
0x14D	USBRXINTERVAL4	USB 端点 4 主机接收轮询间隔
0x150	USBTXMAXP5	USB 发送端点 5 最大传输数据
0x152	USBTXCSRL5	USB 端点 5 发送控制和状态低字节
0x153	USBTXCSRH5	USB 发送端点 5 控制和状态高字节
0x154	USBRXMAXP5	USB 接收端点 5 最大传输数据
0x156	USBRXCSRL5	USB 接收端点 5 控制和状态低字节
0x157	USBRXCSRH5	USB 接收端点 5 控制和状态高字节
0x158	USBRXCOUNT5	USB 接收端点 5 字节计数
0x15A	USBTXTYPE5	USB 端点 5 主机发送配置类型
0x15B	USBTXINTERVAL5	USB 端点 5 主机发送间隔
0x15C	USBRXTYPE5	USB 端点 5 主机配置接收类型
0x15D	USBRXINTERVAL5	USB 端点 5 主机接收轮询间隔
0x160	USBTXMAXP6	USB 发送端点 6 最大传输数据
0x162	USBTXCSRL6	USB 端点 6 发送控制和状态低字节
0x163	USBTXCSRH6	USB 发送端点 6 控制和状态高字节
0x164	USBRXMAXP6	USB 接收端点 6 最大传输数据
0x166	USBRXCSRL6	USB 接收端点 6 控制和状态低字节
0x167	USBRXCSRH6	USB 接收端点 6 控制和状态高字节
0x168	USBRXCOUNT6	USB 接收端点 6 字节计数
0x16A	USBTXTYPE6	USB 端点 6 主机发送配置类型
0x16B	USBTXINTERVAL6	USB 端点 6 主机发送间隔
0x16C	USBRXTYPE6	USB 端点 6 主机配置接收类型
0x16D	USBRXINTERVAL6	USB 端点 6 主机接收轮询间隔
0x170	USBTXMAXP7	USB 发送端点 7 最大传输数据
0x172	USBTXCSRL7	USB 端点 7 发送控制和状态低字节
0x173	USBTXCSRH7	USB 发送端点 7 控制和状态高字节
0x174	USBRXMAXP7	USB 接收端点 7 最大传输数据
0x176	USBRXCSRL7	USB 接收端点 7 控制和状态低字节
0x177	USBRXCSRH7	USB 接收端点 7 控制和状态高字节

（续）

偏 移 量	名 称	描 述
0x178	USBRXCOUNT7	USB 接收端点 7 字节计数
0x17A	USBTXTYPE7	USB 端点 7 主机发送配置类型
0x17B	USBTXINTERVAL7	USB 端点 7 主机发送间隔
0x17C	USBRXTYPE7	USB 端点 7 主机配置接收类型
0x17D	USBRXINTERVAL7	USB 端点 7 主机接收轮询间隔
0x200	USBDMAINTR	USB DMA 中断
0x204	USBDMACTL0	USB DMA 控制 0
0x208	USBDMAADDR0	USB DMA 地址 0
0x20C	USBDMACOUNT0	USB DMA 计数 0
0x214	USBDMACTL1	USB DMA 控制 1
0x218	USBDMAADDR1	USB DMA 地址 1
0x21C	USBDMACOUNT1	USB DMA 计数 1
0x224	USBDMACTL2	USB DMA 控制 2
0x228	USBDMAADDR2	USB DMA 地址 2
0x22C	USBDMACOUNT2	USB DMA 计数 2
0x234	USBDMACTL3	USB DMA 控制 3
0x238	USBDMAADDR3	USB DMA 地址 3
0x23C	USBDMACOUNT3	USB DMA 计数 3
0x244	USBDMACTL4	USB DMA 控制 4
0x248	USBDMAADDR4	USB DMA 地址 4
0x24C	USBDMACOUNT4	USB DMA 计数 4
0x254	USBDMACTL5	USB DMA 控制 5
0x258	USBDMAADDR5	USB DMA 地址 5
0x25C	USBDMACOUNT5	USB DMA 计数 5
0x264	USBDMACTL6	USB DMA 控制 6
0x268	USBDMAADDR6	USB DMA 地址 6
0x26C	USBDMACOUNT6	USB DMA 计数 6
0x274	USBDMACTL7	USB DMA 控制 7
0x278	USBDMAADDR7	USB DMA 地址 7
0x27C	USBDMACOUNT7	USB DMA 计数 7
0x304	USBRQPKTCOUNT1	USB 端点 1 块传输中请求包数量
0x308	USBRQPKTCOUNT2	USB 端点 2 块传输中请求包数量
0x30C	USBRQPKTCOUNT3	USB 端点 3 块传输中请求包数量
0x310	USBRQPKTCOUNT4	USB 端点 4 块传输中请求包数量
0x314	USBRQPKTCOUNT5	USB 端点 5 块传输中请求包数量
0x318	USBRQPKTCOUNT6	USB 端点 6 块传输中请求包数量

（续）

偏 移 量	名　　称	描　　述
0x31C	USBRQPKTCOUNT7	USB 端点 7 块传输中请求包数量
0x340	USBRXDPKTBUFDIS	USB 接收双包缓存禁用寄存器
0x342	USBTXDPKTBUFDIS	USB 发送双包缓存禁用寄存器
0x344	USBCTO	USB 调频超时
0x346	USBHHSRTN	USB 高速到 UTM 操作延时
0x348	USBHSBT	USB 高速超时加法
0x360	USBLPMATTR	USB LPM 属性
0x362	USBLPMCNTRL	USB LPM 控制
0x363	USBLPMIM	USB LPM 中断屏蔽
0x364	USBLPMRIS	USB LPM 原始中断状态
0x365	USBLPMFADDR	USB LPM 功能地址
0x400	USBEPC	USB 外部电源控制
0x404	USBEPCRIS	USB 外部电源控制原始中断状态
0x408	USBEPCIM	USB 外部电源控制中断屏蔽
0x40C	USBEPCISC	USB 外部电源控制中断状态和清除寄存器
0x410	USBDRRIS	USB 设备恢复原始中断状态寄存器
0x414	USBDRIM	USB 设备唤醒（RESUME）中断屏蔽
0x418	USBDRISC	USB 设备唤醒（RESUME）中断状态和清除
0x41C	USBGPCS	USB 通用控制和状态
0x430	USBVDC	USB VBUS 浮动控制寄存
0x434	USBVDCRIS	USB VBUS 浮动控制原始中断状态寄存器
0x438	USBVDCIM	USB VBUS 浮动控制中断屏蔽寄存器
0x43C	USBVDCISC	USB VBUS 浮动控制中断状态和清除寄存器
0xFC0	USBPP	USB 外设属性
0xFC4	USBPC	USB 外设配置
0xFC8	USBCC	USB 时钟配置

6.6　以太网控制器

以太网控制器由一个完全集成的媒体访问控制器（MAC）和网络物理（PHY）接口器件组成。以太网控制器遵循 IEEE 802.3 规范，完全支持 10BASE-T 和 100BASE-TX 标准。

6.6.1 以太网控制器的功能与特点

以太网控制器具有以下功能与特点。

1）遵循 IEEE 802.3 规范。

- 遵循 10 基址-T/100BASE-TX IEEE-802.3。
- 支持 10/100 Mbit/s 数据传输速率。
- 支持全双工和半双工（CSMA/D）操作。
- 支持流控和背压。
- 全功能和增强型自协商。
- 支持 IEEE 802.1 Q VLAN 标记检测。

2）符合 IEEE 1588-2002 精确时间协议和 IEEE 1588-2008 高级时间戳规范。

- 发送和接收帧的时间戳。
- 精确时间协议。
- 每秒输出灵活脉冲。
- 支持粗糙和精细校正方法。

3）多地址模式。

- 4 个 MAC 地址过滤器。
- 可编程的 64 位散列过滤器，用于组播地址过滤。
- 支持混杂模式。

4）处理器卸载。

- 可编程的前言和起始帧数据的插入（TX）和删除（RX）。
- 可编程的 CRC 校验和填充数据的产生（TX）和删除（RX）。
- IP 报头和硬件校验检查（IPv4，IPv6，TCP/UDP/ICMP）。

5）高度可配置。

- LED 活动选择。
- 支持具有 RMON/MIB 计数器的网络统计。
- 支持唤醒数据包和唤醒帧。

6）使用 μDMA 的高效数据传输。

- 双缓冲（环）或链表（链）描述符。
- TX/RX 之间的循环或固定优先级仲裁。
- 支持高达 8 KB 的传输块。
- 为实现灵活系统提供可编程中断。

7）物理媒体的操作。

- 自动 MDI/MDI-X 交叉校验。
- 寄存器可编程的发送幅度。
- 自动极性校正和 10BASE-T 型号接收。

6.6.2 以太网控制器的内部结构

以太网控制器的内部结构如图 6-14 所示。

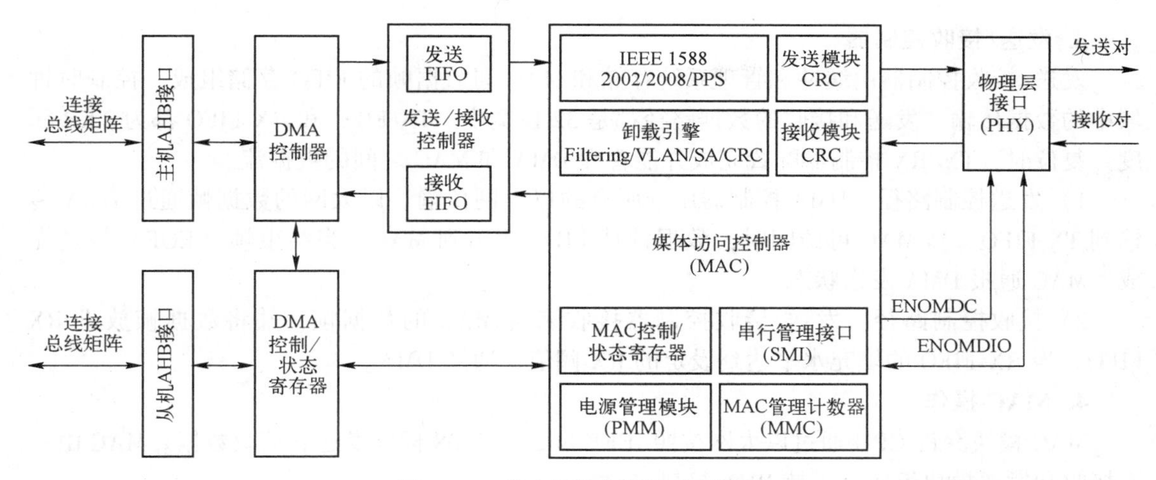

图 6-14　以太网控制器的内部结构

6.6.3　以太网控制器的功能描述

以太网控制器由以下几个子模块组成。

1）时钟控制。

2）DMA 控制器。

3）发送/接收控制器。

4）媒体存取控制器（MAC）。

5）AHB 总线接口。

6）PHY 接口。

以下将描述这些子模块的特征和功能。

1. 以太时钟控制

以太网控制模块和内部集成的 PHY 接收两个时钟源的输入。

- 一个用于以太 MAC 控制和状态寄存器（CSR）时钟源的门控系统时钟。休眠、深度休眠模式的 SYSCLK 频率由系统控制模块中编程设定。
- PHY 接收频率必须为 25 MHz±50 ppm 的主晶振（MOSC）才能正常工作。

2. DMA 控制器

以太控制器集成的 DMA 用于优化 MAC 和系统 SRAM 之间的数据传输。DMA 拥有独立的发送和接收模块。DMA 发送部分从系统存储中发送数据到以太 TX/RX 控制器，接收部分从 RX FIFO 接收数据，存储到系统中。DMA 控制器采用描述符有效地将数据从源移动到目的区域。DMA 设计用于数据包传输，如以太网中的帧。重试或猝发终止响应时，可以重定义触发，支持固定的猝发长度有 1、4、8 或 16 字。对于重复猝发，如果剩余的地址数大于 1，并且以太 MAC DMA 总线模式（EMACDMABUSMOD）寄存器中的 RIB 位为 0，则将在一个连续的猝发中再次发送数据。当剩下一个传输时将作为一个单猝发，之后，传输立刻终止。如果 RIB 位置位，DMA 以 1、4、8 或 16 字固定的猝发大小发送剩下的数据。

3. 发送/接收控制器

发送/接收控制器由缓冲和管理系统存储和 MAC 间数据帧的 FIFO 存储组成，控制时钟域中的数据传输。发送和接收的数据路径都是 32 位宽度。TX FIFO 和 RX FIFO 都为 2 KB 深度。复位时，TX/RX 控制器配置完成并能管理 DMA 和 MAC 之间的数据流。

1）发送控制路径：DMA 控制器用于所有的以太网传输。以太网的数据帧通过 DMA 传输到 TX FIFO。当 MAC 可访问时，数据帧从 FIFO 输出到 MAC。当结束帧（EOF）发送完成，MAC 通报 DMA 发送状态。

2）接收控制路径：发送/接收控制器接收来自 MAC 的数据帧，并将数据帧放进 RX FIFO。当 RX FIFO 的填充水平达到设定的 RX 阈值，通知 DMA。

4. MAC 操作

MAC 模块允许 CPU 通过以太网按照 IEEE 802. 3-2008 标准发送和接收数据。MAC 由一个接收和发送模块组成，支持 PHY 接口。

1）MAC 发送模块：当 TX/RX 控制器发送帧开始（SOF）信号数据时，MAC 传输开启。检测到 SOF 信号后，MAC 接收数据，并开始向 PHY 传输。在此之前，MAC 不接收 TX/RX 控制器的数据。

2）MAC 接收模块：当 MAC 检测到起始帧数据（SFD）时，开始接收操作。在继续处理帧前，MAC 先剥去序文和 SFD。头字段用于验证滤波器，FCS 位域用于验证帧的 CRC 校验。在地址过滤前，接收到的帧存储在缓冲器中。如果地址过滤失败，帧将被遗弃。

6. 6. 4　以太网控制器的初始化与配置

复位时，MAC 模块和寄存器会被使能并且上电。当复位完成时，应该通过设定以太网控制器运行模式时钟门控控制（RCGCEMAC）寄存器来使能以太网 MAC 时钟，偏移量为 0x69C。当 PREMAC 寄存器（偏移量为 0xA9C）读到 0x0000. 0001 时，EMAC 寄存器已经准备好进行访问。

运用以太网 DMA 的初始化如下。

1）写以太网 MAC DMA 总线模式（EMACDMABUSMOD）寄存器来设置主机总线参数。

2）写以太网 MAC DMA 中断屏蔽（EMACDMAIM）寄存器来屏蔽不必要的中断。

3）创建发送和接收描述符列表，然后写以太网 MAC 接收描述符列表地址（EMACRX-DLADDR）寄存器和以太网 MAC 发送描述符列表地址（EMACTXDLADDR）寄存器，给 DMA 每个列表提供起始地址。

4）写以太网 MAC 帧过滤（EMACFRAMEFLTR）寄存器、以太网 MAC 散列表高（EM-ACHASHTBLH）寄存器以及以太网 MAC 散列表低（EMACHASHTBLL）寄存器，用于所需要的过滤器选项。

5）写以太网 MAC 配置（EMACCFG）寄存器来配置操作模式和使能发送操作。

6）基于在自动协商之后的 PHY 状态寄存器接收或读取的线程状态，编程 EMACCFG 寄存器的位 15（PS）和位 11（DM）。

7）写以太网 MAC DMA 操作模式（EMACDMAOPMODE）寄存器，设置位 13 和位 1 来启动发送和接收。

8）写 MEACCFG 寄存器来使能接收操作。

发送和接收引擎进入运行状态，并且尝试从各自的描述符列表中获取描述符，接着开始处理接收和发送操作。发送和接收过程是相互独立的，可分别启动或者停止。

1. 以太网 PHY 初始化

复位后，EMACPC 寄存器的默认复位值可以被采样用于配置 PHY。配置的结果可以通过以下 FPHY 寄存器读取到。

- EPHYBMCR 寄存器（MR0）。
- EPHYCFG1 寄存器（MR9）。
- EPHYCFG2 寄存器（MR10）。
- EPHY CFG3 寄存器（MR11）。
- EPHYCTL 寄存器（MR25）。

复位时，MAC 模块和寄存器会被使能并上电。当复位完成且通过设定以太网控制运行模式时钟门控控制寄存器（RCGCEMAC，偏移量为 0x69C）的 R0 位来使能以太网 MAC 时钟后，可以选择默认配置［由以太网 MAC 外设配置（EMACPC）寄存器定义］来使能 PHY 或者自定义配置。

2. 默认配置

用默认配置来使能以太网 PHY 的步骤如下。

1）在配置期间确保以太网 PHY 没有在传送数据，将 EMACPC 寄存器的 PHYHOLD 位置 1。

2）写 0x000.0001 到以太网 PHY 运行模式时钟门控控制寄存器（RCGCEPHY，偏移量为 0x630）来使能 PHY 模块的时钟，然后延时 30 个时钟周期。

3. 自定义配置

如果以太网 PHY 需要自定义配置，复位后可以编程配置寄存器，自定义配置的步骤如下。

1）在配置期间确保以太网 PHY 没有在传送数据，将 EMACPC 寄存器的 PHYHOLD 位置 1。

2）写 0x000.0001 到以太网 PHY 运行模式时钟门控控制（RCGCEPHY 寄存器，偏移量为 0x630）来使能 PHY 模块的时钟，然后延时 30 个时钟周期。

3）向以太网运行时钟控制器（RCGCEPHY，偏移量为 0x69c）写入 0x0000.0001 使能时钟。

4）一旦以太网 PHY 外设就绪（PREPHY）寄存器读到 0x0000.0001 时，软件可将需要的值写入 EMACPC 寄存器。

5）软件配置完成之后，必须设置以太网 PHY 配置寄存器 1（EPHYCFG1，偏移量 0x009）的 DONE 位。

6.6.5　以太网控制器的寄存器映射与描述

表 6-8 所示为以太网控制器的 MAC 和 PHY 寄存器。

表 6-8　以太网控制器的 MAC 和 PHY 寄存器

偏移量	名　称	类型	复位后默认值	描　述
			以太网 MAC（以太网偏移量）	
0x000	EMACCFG	RW	0x0000.8000	以太网 MAC 配置
0x004	EMACFRAMEFLTR	RW	0x0000.0000	以太网 MAC 帧滤波器
0x008	EMACHASHTBLH	RW	0x0000.0000	以太网 MAC Hash 表（高位）
0x00C	EMACHASHTBLL	RW	0x0000.0000	以太网 MAC Hash 表（低位）
0x010	EMACMIIADDR	RW	0x0000.0000	以太网 MAC MII 地址
0x014	EMACMIIDATA	RW	0x0000.0000	以太网 MAC MII 数据寄存器
0x018	EMACFLOWCTL	RW	0x0000.0000	以太网 MAC 流控制
0x01C	EMACVLANTG	RW	0x0000.0000	以太网 MAC VLAN 标签
0x024	EMACSTATUS	RO	0x0000.0000	以太网 MAC 状态
0x028	EMACRWUFF	RW	0x0000.0000	以太网 MAC 远程唤醒帧滤波器
0x02C	EMACPMTCTLSTAT	RW	0x0000.0000	以太网 MAC PMT 控制和状态寄存器
0x038	EMACRIS	RO	0x0000.0000	以太网 MAC 原始中断状态
0x03C	EMACIM	RW	0x0000.0000	以太网 MAC 中断屏蔽
0x040	EMACADDR0H	RW	0x8000.FFFF	以太网 MAC 地址 0 高位
0x044	EMACADDR0L	RW	0xFFFF.FFFF	以太网 MAC 地址 0 低位
0x048	EMACADDR1H	RW	0x0000.FFFF	以太网 MAC 地址 1 高位
0x04C	EMACADDR1L	RW	0xFFFF.FFFF	以太网 MAC 地址 1 低位
0x050	EMACADDR2H	RW	0x0000.FFFF	以太网 MAC 地址 2 低位
0x054	EMACADDR2L	RW	0xFFFF.FFFF	以太网 MAC 地址 2 低位
0x058	EMACADDR3H	RW	0x0000.FFFF	以太网 MAC 地址 3 低位
0x05C	EMACADDR3L	RW	0xFFFF.FFFF	以太网 MAC 地址 3 低位
0x0DC	EMACWDOGTO	RW	0x0000.0000	以太网 MAC 看门狗超时
0x100	EMACMMCCTRL	RW	0x0000.0000	以太网 MAC MMC 控制
0x104	EMACMMCRXRIS	RO	0x0000.0000	以太网 MAC MMC 接收原始中断状态
0x108	EMACMMCTXRIS	R	0x0000.0000	以太网 MAC MMC 发送原始中断状态
0x10C	EMACMMCRXIM	RW	0x0000.0000	以太网 MAC MMC 接收中断屏蔽
0x110	EMACMMCTXIM	RW	0x0000.0000	以太网 MAC MMC 发送中断屏蔽
0x118	EMACTXCNTGB	RO	0x0000.0000	以太网 MAC 发送好帧和坏帧数
0x14C	EMACTXCNTSCOL	RO	0x0000.0000	以太网 MAC 接收好的单播帧数
0x584	EMACVLNINCREP	RW	0x0000.0000	以太网 MAC 包含或替换标签
0x588	EMACVLANHASH	RW	0x0000.0000	以太网 MACVLAN Hash 表
0x700	EMACTIMSTCTRL	RW	0x0000.2000	以太网 MAC 时间戳控制
0x704	EMACSUBSECINC	RW	0x0000.0000	以太网 MAC 子秒增量
0x708	EMACTIMSEC	RO	0x0000.0000	以太网 MAC 系统时间-秒
0x70C	EMACTIMNANO	RO	0x0000.0000	以太网 MAC 系统时间-纳秒

（续）

偏移量	名　称	类型	复位后默认值	描　述
以太网MAC（以太网偏移量）				
0x710	EMACTIMSECU	RW	0x0000.0000	以太网MAC系统时间-秒更新
0x714	EMACTIMNANOU	RW	0x0000.0000	以太网MAC系统时间-纳秒更新
0x718	EMACTIMADD	RW	0x0000.0000	以太网MAC时间戳加数
0x71C	EMACTARGSEC	RW	0x0000.0000	以太网MAC目标时间-秒
0x720	EMACTARGNANO	RW	0x0000.0000	以太网MAC目标时间-纳秒
0x724	EMACHWORDSEC	RW	0x0000.0000	以太网MAC系统时间-高位字-秒
0x728	EMACTIMSTAT	RO	0x0000.0000	以太网MAC时间戳状态
0x72C	EMACPPSCTRL	RW	0x0000.0000	以太网MAC PPS控制
0x760	EMACPPS0INTVL	RW	0x0000.0000	以太网MAC PPS0间隔
0x764	EMACPPS0WIDTH	RW	0x0000.0000	以太网MAC PPS0宽度
0xC00	EMACDMABUSMOD	RW	0x0002.0101	以太网MAC DMA总线模式
0xC04	EMACTXPOLLD	WO	0x0000.0000	以太网MAC发送轮询需求
0xC08	EMACRXPOLLD	WO	0x0000.0000	以太网MAC接收轮询需求
0xC0C	EMACRXDLADDR	RW	0x0000.0000	以太网MAC接收描述符列表地址
0xC10	EMACTXDLADDR	RW	0x0000.0000	以太网MAC发送描述符列表地址
0xC14	EMACDMARIS	RW	0x0000.0000	以太网MAC DMA中断状态
0xC18	EMACDMAOPMODE	RW	0x0000.0000	以太网MAC DMA操作模式
0xC1C	EMACDMAIM	RW	0x0000.0000	以太网MAC DMA中断掩码寄存器
0xC20	EMACMFBOC	RO	0x0000.0000	以太网MAC丢失帧和缓冲区溢出计数器
0xC24	EMACRXINTWDT	RW	0x0000.0000	以太网MAC接收中断看门狗定时器
0xC48	EMACHOSTXDESC	R	0x0000.0000	以太网MAC当前主机发送描述符
0xC4C	EMACHOSRXDESC	RO	0x0000.0000	以太网MAC当前主机接收描述符
0xC50	EMACHOSTXBA	R	0x0000.0000	以太网MAC当前主机发送缓冲地址
0xC54	EMACHOSRXBA	R	0x0000.0000	以太网MAC当前主机接收缓冲地址
0xFC0	EMACPP	RO	0x0000.0103	以太网MAC外设属性寄存器
0xFC4	EMACPC	RW	0x0080.040E	以太网MAC外设配置寄存器
0xFC8	EMACCC	RO	0x0000.0000	以太网MAC时钟配置寄存器
0xFD0	EPHYRIS	RO	0x0000.0000	以太网PHY原始中断状态
0xFD4	EPHYIM	RW	0x0000.0000	以太网PHY中断屏蔽
0xFD8	EPHYMISC	RW1C	0x0000.0000	以太网PHY屏蔽中断状态和清除
MII管理（通过访问EMACMIADDR寄存器）				
-	EPHYBMCR	RW	0x3100	以太网PHY基本模式控制-MR0
-	EPHYBMSR	RO	0x7849	以太网PHY基本模式状态-MR1
-	EPHYID1	R	0x2000	以太网PHY标识符寄存器1-MR2
-	EPHYID2	R	0xA221	以太网PHY标识符寄存器2-MR3

（续）

偏移量	名　称	类型	复位后默认值	描　述
MII 管理（通过访问 EMACMIADDR 寄存器）				
–	EPHYANA	RW	0x01E1	以太网 PHY 自动协商广播-MR4
–	EPHYANLPA	RO	0x0000	以太网 PHY 自动协商链路伙伴能力-MR5
–	EPHYANER	RO	0x0004	以太网 PHY 自动协商扩展-MR6
–	EPHYANNPTR	RW	0x2001	以太网 PHY 自动协商 TX-MR7
–	EPHYANLNPTR	RO	0x0000	以太网 PHY 自动协商链路伙伴能力-MR8
–	EPHYCFG1	RW	0x0000	以太网 PHY 配置 1-MR9
–	EPHYCFG2	RW	0x0004	以太网 PHY 配置 2-MR10
–	EPHYCFG3	RW	0x0000	以太网 PHY 配置 3-MR11
–	EPHYREGCTL	WO	0x0000	以太网 PHY 寄存器控制-MR13
–	EPHYADDAR	WO	0x0000	以太网 PHY 地址或数据-MR14
–	EPHYSTS	RO	0x0002	以太网 PHY 状态-MR16
–	EPHYSCR	RW	0x0103	以太网 PHY 特定控制-MR17
–	EPHYMISR1	RW	0x0000	以太网 PHY MII 中断状态 1—MR18
–	EPHYMISR2	RW	0x0000	以太网 PHY MII 中断状态 2—MR19
–	EPHYFCSCR	RO	0x0000	以太网 PHY 伪载波侦听计数器 MR20
–	EPHYRXERCNT	RO	0x0000. 0000	以太网 PHY 接收错误计数-MR21
–	EPHYBISTCR	RW	0x0100	以太网 PHY BIST 控制-MR22
–	EPHYLEDCR	RW	0x0400	以太网 PHY LED 控制-MR24
–	EPHYCTL	RW	0x8000	以太网 PHY 控制-MR25
–	EPHY10BTSC	RW	0x0000	以太网 PHY 10BASE-T 状态/控制-MR26
–	EPHYBICSR1	RW	0x007D	以太网 PHY BIST 控制和状态 1 -MR27
–	EPHYBICSR2	RW	0x05EE	以太网 PHY BIST 控制和状态 2 -MR28
–	EPHYCDCR	RO	0x0102	以太网 PHY 电缆诊断控制-MR30
–	EPHYRCR	RW	0x0000	以太网 PHY 复位控制-MR31
–	EPHYLEDCFG	RW	0x0000. 0510	以太网 PHY LED 配置-MR37

6.7 思考与练习

1. 9600 波特率是指每秒钟传输________位。

A. 9600×8

B. 9600/8

C. 9600

D. 除去起始位和结束位之外 9600

2. 简述异步模式与同步模式的区别。

3. TM4C1294 的 I^2C 模块有 4 种传输速度，分别为________、________、________

和________。

4. I^2C 总线有哪几个信号，分别有什么作用？

5. 请给出 I^2C 总线的 START 条件和 STOP 条件。

6. 假设系统时钟周期 CLK_PRD 为 10 ns，SCL 低电平相位为 6，高电平相位为 4，TIMER_PRD 的值为 2，请计算 I^2C 的时钟频率。

7. USB 通信属于串行通信还是并行通信？

8. 简述 CAN 模块的组成。

9. 简述以太网控制器的组成。

第7章　TM4C1294 微处理器的模拟外设

本章主要介绍 TM4C1294 微处理器的模拟外设，包括 TM4C1294 微处理器的模拟比较器以及模-数转换器。详细描述了 TM4C1294 微处理器的模拟比较器的内部结构、功能、内部参考电压编程、初始化配置方法和寄存器映射，以及模-数转换器的功能、内部结构、初始化配置方法和寄存器映射等。

7.1　TM4C1294 微处理器的模拟比较器

模拟比较器是一个外设，能比较两个模拟电压的大小，并通过自身提供的逻辑输出端将比较结果以逻辑信号的形式输出。

比较器可以向器件引脚提供输出，以替换板上的模拟比较器。比较器也可以通过中断信号示意应用程序在 ADC 中开始采样序列，或者直接触发采样。中断产生和 ADC 触发是各自独立的。这就意味着，中断可以在上升沿产生，而 ADC 在下降沿触发。

TM4C1294 微控制器提供 3 个独立的集成模拟比较器，具有如下功能。

1）可以比较外部输入引脚或内部可编程的参考电压。

2）比较器可将测试电压与下面的其中一种电压作比较。

- 独立的外部参考电压。
- 共用的外部参考电压。
- 共用的内部参考电压。

7.1.1　模拟比较器的内部结构

图 7-1 为模拟比较器模块的结构图。

7.1.2　模拟比较器的功能描述

比较器通过比较 V_{IN-} 和 V_{IN+} 输入来产生输出 V_{OUT}。

$V_{IN-} < V_{IN+}$，$V_{OUT} = 1$；

$V_{IN-} > V_{IN+}$，$V_{OUT} = 0$；

如图 7-2 所示，V_{IN-} 的输入源是外部输入 Cn-，其中 n 指模拟比较器编号。除了外部输入 Cn+之外，V_{IN+} 输入源还可以是 C0+或者是内部参考电源 V_{IREF}。

7.1.3　模拟比较器的内部参考电压编程

模拟比较器的内部参考电压结构如图 7-3 所示，该内部参考电压由配置 ACREFCTL 寄存器控制。

内部参考电压可设置为两种模式（低电平或高电平），具体取决于 ACREFCTL 寄存器的 RNG 位。当 RNG 位被清零时，内部参考电压处于高电平模式；当 RNG 被置位时，内部参考电压处于低电平模式。

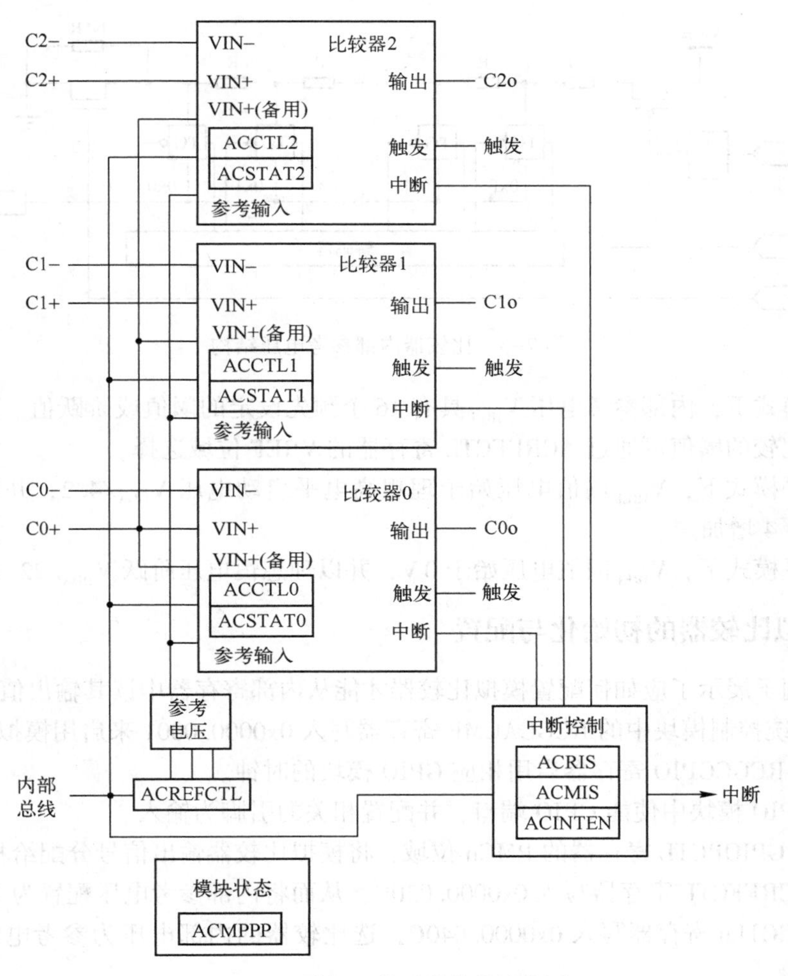

图 7-1　模拟比较器模块的结构图

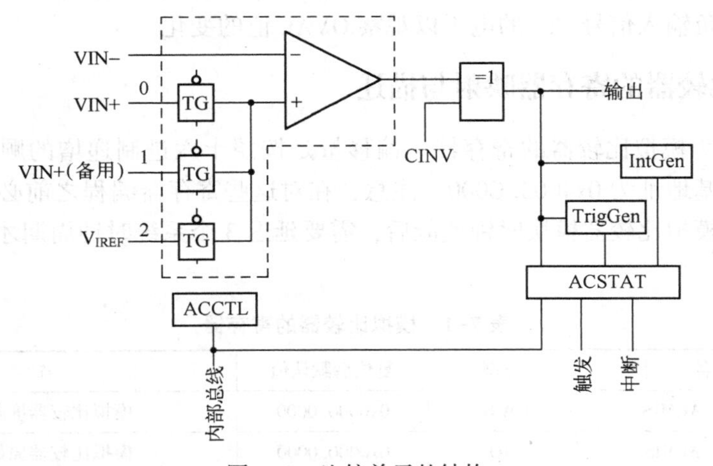

图 7-2　比较单元的结构

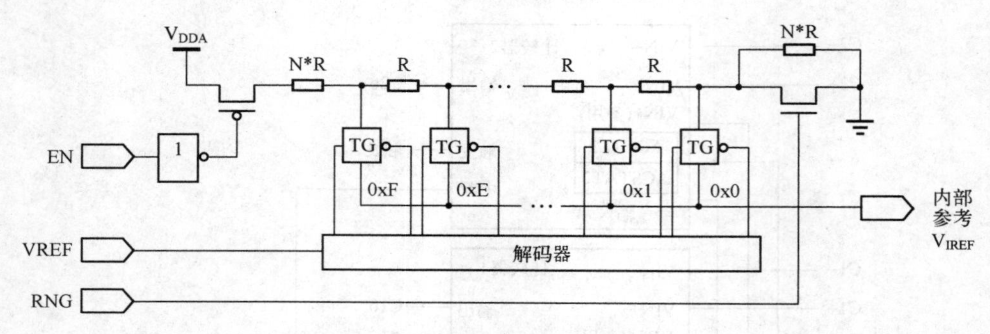

图 7-3　比较器内部参考电压结构

在每种模式下，内部参考电压 V_{IREF}具有 16 个预先设定的阈值或阶跃值。用于与外部输入电压进行比较的阈值可通过 ACREFCTL 寄存器的 VREF 位域选择。

在高电平模式下，V_{IREF} 阈值电压始于理想高电平启动电压 V_{DDA}/4.2，并以理想恒电压阶跃 V_{DDA}/29.4 增加。

在低电平模式下，V_{IREF} 阈值电压始于 0 V，并以理想恒电压阶跃 V_{DDA}/22.12 增加。

7.1.4　模拟比较器的初始化与配置

下面的例子展示了应如何配置模拟比较器才能从内部寄存器中读其输出值。

1）向系统控制模块中的 RCGCACMP 寄存器写入 0x0000.0001 来启用模拟比较器时钟。

2）通过 RCGCGPIO 寄存器启用相应 GPIO 模块的时钟。

3）在 GPIO 模块中使能 GPIO 端口，并配置相关的引脚为输入。

4）配置 GPIOPCTL 寄存器的 PMCn 位域，将模拟比较器输出信号分配给相应的引脚。

5）向 ACREFCTL 寄存器写入 0x0000.030C，从而将内部参考电压配置为 1.65 V。

6）向 ACCTLn 寄存器写入 0x0000.040C，选比较器的内部电压为参考电源，并且不将输出翻转。

7）延迟 10 μs。

8）通过读取 ACSTATn 寄存器的 OVAL 值，获得比较器的输出值。

改变比较器负输入信号 Cn-的电平以观察 OVAL 值的变化。

7.1.5　模拟比较器的寄存器映射与描述

表 7-1 所示为模拟比较器的寄存器。偏移量是按照十六进制递增的顺序排列的，模拟比较器寄存器的基地址为 0x4003.C000。注意，在对这些寄存器编程之前必须先使能模拟比较器的时钟。在模拟比较器模块时钟使能后，需要延迟 3 个系统时钟周期才能访问模拟比较器模块寄存器。

表 7-1　模拟比较器的寄存器

偏移量	名　称	类型	复位后默认值	描　述
0x000	ACMIS	RW1C	0x0000.0000	模拟比较器屏蔽中断状态
0x004	ACRIS	RO	0x0000.0000	模拟比较器原始中断状态
0x008	ACINTEN	RW	0x0000.0000	模拟比较器中断使能

（续）

偏移量	名　称	类型	复位后默认值	描　述
0x010	ACREFCTL	RW	0x0000. 0000	模拟比较器参考电压控制
0x020	ACSTAT0	RO	0x0000. 0000	模拟比较器状态 0
0x024	ACCTL0	RW	0x0000. 0000	模拟比较器控制 0
0x040	ACSTAT1	RO	0x0000. 0000	模拟比较器状态 1
0x044	ACCTL1	RW	0x0000. 0000	模拟比较器控制 1
0x060	ACSTAT2	RO	0x0000. 0000	模拟比较器状态 2
0x064	ACCTL2	RW	0x0000. 0000	模拟比较器控制 2
0xFC0	ACMPPP	RO	0x0007. 0007	模拟比较器外设特性

7.1.6　模拟比较器的应用例程

【例 7-1】将模拟比较器 0 配置成内部参考电压为 1.65 V，不触发 ADC 转换，输出高低电平产生中断，输出不翻转。

```
void main( )
{
int output;
//初始化系统时钟
g_ui32SysClock = SysCtlClockFreqSet( ( SYSCTL_XTAL_25MHZ |
                                     SYSCTL_OSC_MAIN | SYSCTL_USE_PLL |
                                     SYSCTL_CFG_VCO_480), 120000000);
//设置为内部参考电压为 1.65 V
ComparatorRefSet( COMP_BASE, COMP_REF_1_65V);
//配置模拟比较器 0,不触发 ADC 转换( COMP_TRIG_NONE),用内部产生的电压
//作为参考电压( COMP_ASRCP_REF),模拟比较器正常输出到器件引脚,不翻转
//( COMP_OUTPUT_NORMAL)
ComparatorConfigure( COMP_BASE, 0,( COMP_TRIG_NONE | COMP_ASRCP_REF | COMP_OUTPUT_
NORMAL));
//延时
SysCtlDelay( g_ui32SysClock / 12);
//读取比较器的输出值
output = ComparatorValueGet( COMP_BASE, 0);
}
```

7.2　TM4C1294 微处理器的模-数转换器（ADC）

模-数转换器（Analog-to-Digital Converter，ADC）是一种能够将连续的模拟电压信号转换为离散的数字量的外设，包含两个完全相同的转换器模块，共用 20 个输入通道。

TM4C1294 的 ADC 模块的转换分辨率为 12 位，并提供 20 个输入通道和一个内部温度传

感器。每个 ADC 模块都包含 4 个可编程的序列发生器，无须控制器干预即可自动完成对多个模拟输入源的采样。每个采样序列发生器都可灵活配置其输入源、触发事件、中断的产生和序列发生器的优先级等内容。此外，还可选择将转换结果转移给数字比较器模块。每个 ADC 模块提供 8 个数字比较器，每路数字比较器均可将 ADC 转换结果数值与两个由用户定义的门限值进行比较，以确定信号的工作范围。ADC0 和 ADC1 可各自采用不同的触发源，也可采用相同的触发源；可各自采用不同的模拟输入端，也可采用同一模拟输入端。ADC 模块内部还具有移相器，可将采样开始时间（采样点）延后指定的相角。因此当两个 ADC 模块同时工作时，其采样点既可以配置为同相工作，又可以配置为相互错开一定的相角工作。

7.2.1 ADC 功能与特点

TM4C1294 微处理器提供两个 ADC 模块，每个模块都具有以下功能与特点。

1）20 个共用模拟输入通道。

2）12 位精度的 ADC。

3）可配置为单端输入或差分输入。

4）内置片上温度传感器。

5）最高 1 MHz 的采样率。

6）可编程控制的移相器。

7）4 个可编程的采样转换序列发生器，序列长度 1 到 8 个单元不等，且各自带有相应长度的转换结果 FIFO。

8）灵活的转换触发控制。

- 控制器（软件）触发。
- 定时器触发。
- 模拟比较器触发。
- PWM。
- GPIO。

9）硬件可对多达 64 个采样值进行平均计算。

10）8 个数字比较器。

11）用 VREFA+和 GNDA 作为转换的参考电压。

12）模拟部分的电源地与数字部分的电源地相互独立。

13）采用微型直接内存访问（μDMA）有效地传输数据。

- 每个采样序列发生器各自有专用的通道。
- ADC 模块的 DMA 操作均采用猝发请求。

7.2.2 ADC 内部结构

TM4C1294 微控制器内置两个相同的模-数转换器（ADC）模块。这两个模块（ADC0 和 ADC1）共用相同的 20 个模拟输入通道。两个 ADC 模块的工作相互独立，因此可同时执行不同的采样序列，随时对任一模拟输入通道进行采样，并各自产生不同的中断和触发事件。图 7-4 给出了 ADC 模块中控制寄存器及数据寄存器的配置情况，图 7-5 显示了这两个 ADC 模块是如何与模拟输入端以及系统总线连接的。

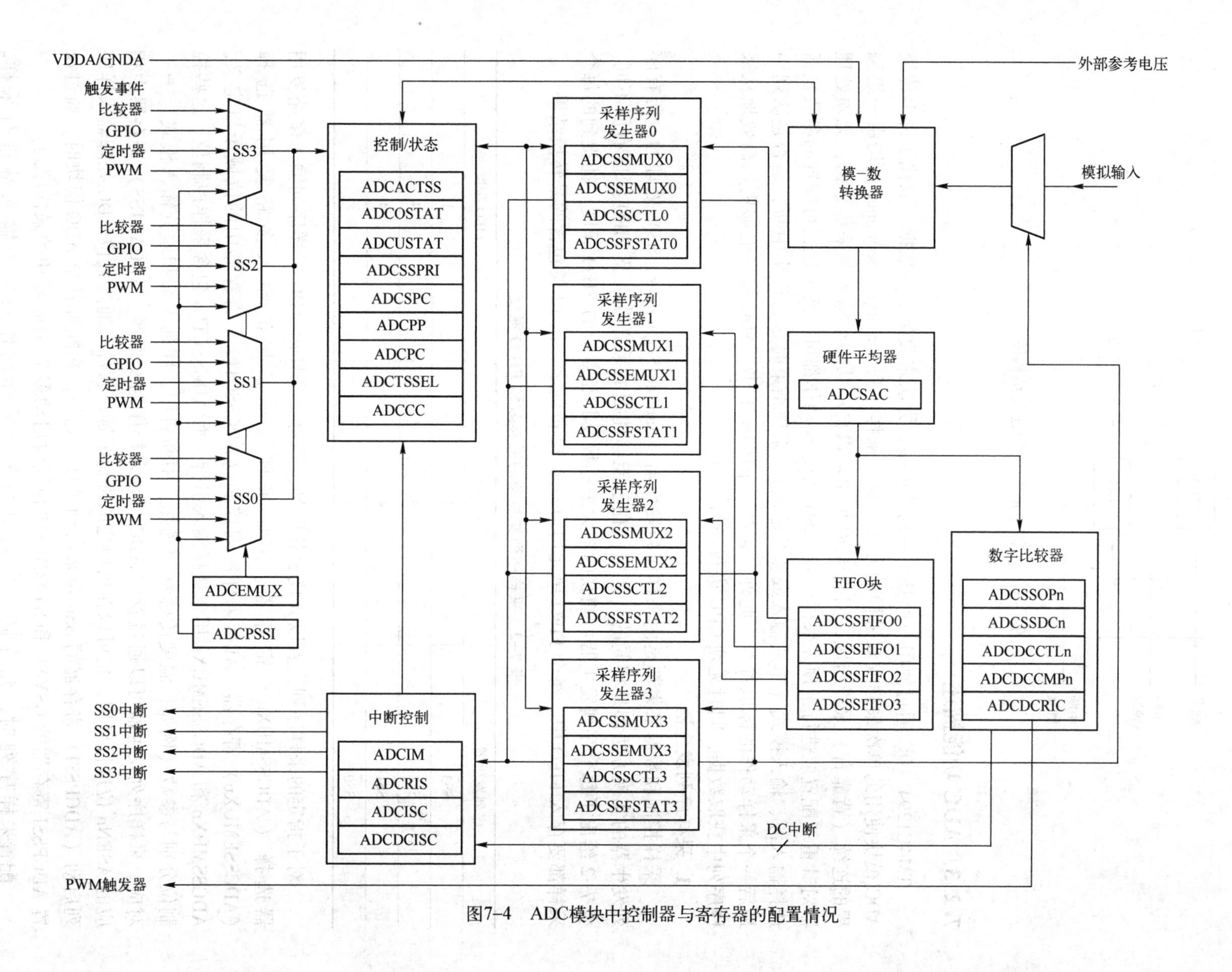

图7-4　ADC模块中控制器与寄存器的配置情况

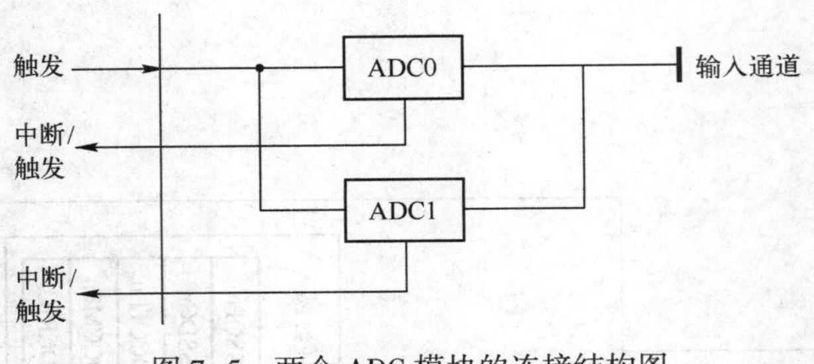

图 7-5　两个 ADC 模块的连接结构图

7.2.3　ADC 功能描述

TM4C1294 ADC 通过使用一种基于序列的可编程方法来收集采样数据，取代了许多传统 ADC 模块使用的单次采样或双采样的方法。每个采样序列（Sample Sequence）均由一组编程的连续（背靠背）采样组成，因此 ADC 模块可以自动从多个输入源采集数据，无须处理器对其重新配置或进行干预。采样序列中的每个采样动作都可灵活编程，可配置的参数包括选择输入源、输入模式（单端输入或差分输入）、采样结束时是否产生中断、是否是队列中最后一个采样动作的标识符等。此外，若结合 μDMA 工作，ADC 模块能够更加高效地从采样序列中获取数据，同时无须 CPU 进行任何干预。

1. 采样序列发生器

采样控制和数据采集都是由采样序列发生器（Sample Sequencer，SS）处理的。所有序列发生器的实现方法都是相同的，区别仅在于能够捕捉的采样数以及 FIFO 深度有所不同。表 7-2 给出了每个序列发生器可捕获的最大采样数及其相对应的 FIFO 深度。捕捉到的每个采样都要存入 FIFO 中。每个 FIFO 单元均为一个 32 位的字，低 12 位包含的是转换结果。

表 7-2　采样序列发生器的采样数和 FIFO 深度

序列发生器	采样数	FIFO 深度
SS3	1	1
SS2	4	4
SS1	4	4
SS0	8	8

对于指定的采样序列，若以 n 代表其序号，则每个采样由 ADC 采样序列输入多路复用器选择（ADCSSMUXn）寄存器、ADC 采样序列扩展的输入多路复用器选择（ADCSSEMUXn）寄存器、ADC 采样序列控制（ADCSSCTLn）寄存器中的位域予以定义。ADCSSMUXn 和 ADCSSEMUXn 用于选择输入引脚，而 ADCSSCTLn 包含采样控制位，这些控制位分别与参数（例如，温度传感器的选择、中断启用、序列末端和差分输入模式）一一对应。采样序列发生器可以通过置位 ADC 活动采样序列发生器（ADCACTSS）寄存器中相应的 ASENn 位进行启用，也可以在启用之前进行配置。软件可通过置位 ADC 处理器采样序列启动（ADCPSSI）寄存器的 SSn 位来启动采样。此外，在配置各个 ADC 模块时，通过设置 ADCPSSI 寄存器的 GSYNC 和 SYNCWAIT 位同时启动多个 ADC 模块的采样序列。

配置采样序列时，允许同一序列中的多个采样动作对同一输入端进行采样。

ADCSSCTLn 寄存器中的 IEn 位可针对任意采样动作组合置位，如此可在必要时允许在采样序列的每个采样动作后产生中断。同样，END 位也可在采样序列的任意时刻置位。举例来说，假设使用采样序列 0，那么可在与第 5 个采样动作相关的半字中将 END 位置位，从而使采样序列 0 在完成第 5 个采样动作后结束整个采样序列。

当采样序列执行结束后，可从 ADC 采样序列结果 FIFO（ADCSSFIFOn）寄存器中读取采样结果数据。ADC 模块的 FIFO 均为简单的环型缓冲区，反复读取同一地址（ADCSSFIFOn）即可依次“弹出”结果数据。为了方便软件调试，通过 ADC 采样序列 FIFO 状态（ADCSSFSTATn）寄存器可查询到 FIFO 头指针和尾指针的位置以及 FULL 和 EMPTY 状态标志。如果 FIFO 已满，在进行写操作时，该写操作会失败，FIFO 会出现上溢状况。通过 ADCOSTAT 和 ADCUSTAT 寄存器可监控上溢和下溢状态。

2. 模-数转换器

模-数转换器（ADC）模块采用逐次逼近寄存器（Successive Approximation Register，SAR）架构实现低功耗、高精度的 12 位 A/D 转换。该逐次逼近架构使用开关电容阵列执行两种功能：采集和保持信号，提供 12 位 ADC 操作。

ADC 模块同时由 3.3 V 模拟电源和 1.2 V 数字电源供电，在不要求 ADC 转换精度时，可以将 ADC 时钟配置为低功耗。模拟信号通过特殊的平衡输入通道连接到 ADC，尽量减少输入信号的失真和串扰。图 7-6 所示的是 ADC 输入端等效框图。

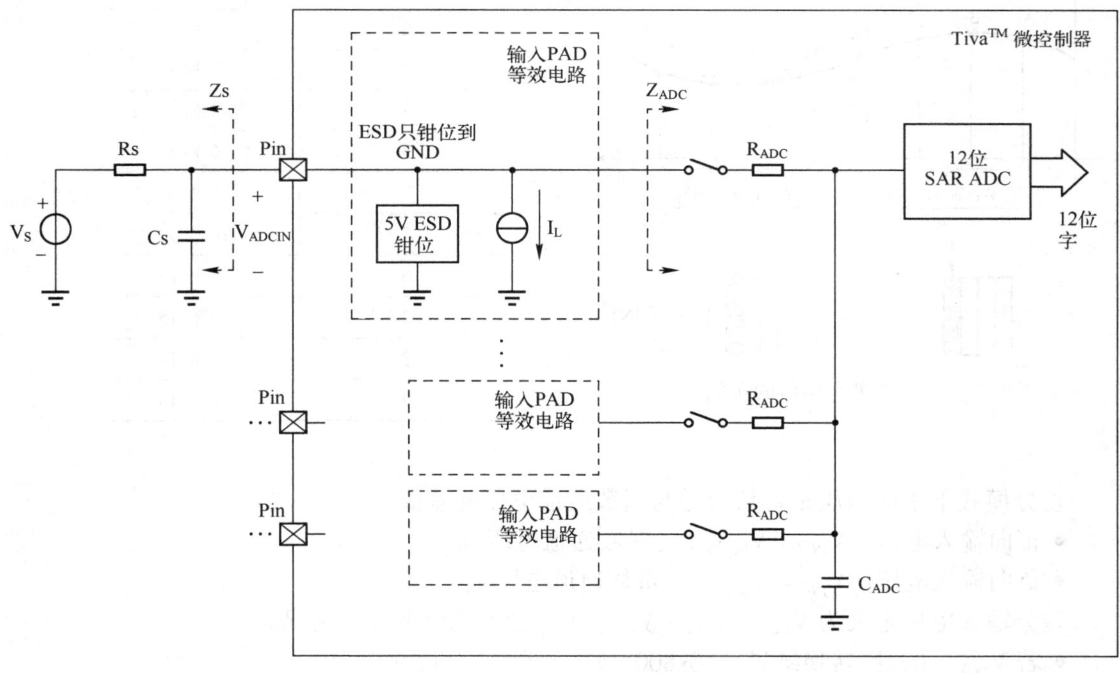

图 7-6　ADC 输入端等效框图

3. 硬件采样平均电路

启用硬件采样平均电路可以获得更高的精度，与此同时付出的代价是吞吐率将成比例地降低。硬件采样平均电路最高可将 64 次采样结果累加并计算出平均值，以平均值作为单次采样的数据写入序列发生器 FIFO 的 1 个单元中。由于是算术平均值，因此吞吐率与求平均值的采样数目成反比。例如，若取 16 次采样进行平均值计算，那么吞吐率将降为 1/16。

在默认情况下，硬件采样平均电路是关闭的，转换器捕捉的所有数据直接送入序列发生器的 FIFO 中。进行平均计算的硬件由 ADC 采样平均控制（ADCSAC）寄存器进行控制。每个 ADC 模块只有一个平均电路，不论单端输入还是差分输入都会被执行相同的求平均值操作。

图 7-7 中显示一个采样求平均值的实例。在该实例中，ADCSAC 寄存器设置为 0x2 以进行 4 倍硬件过采样，IE1 被置位以提供采样队列，第 2 个平均值储存进 FIFO 后，将产生中断信号。

4. 差分采样

除了传统的单端采样，ADC 模块还支持对两个模拟输入通道进行差分采样。要启用差分采样功能，软件必须在某个采样步骤的配置半字节中将 ADCSSCTL0n 寄存器的 Dn 位置位。若采样序列中某个采样动作配置为差分采样，必须在 ADCSSMUXn 寄存器中配置输入的差分信号对。差分信号对 0 对模拟输入端 0 和 1 进行采样，差分信号对 1 对模拟输入端 2 和 3 进行采样，依此类推（见表 7-3）。ADC 不支持差分信号对的随意组合，如模拟输入端 0 和模拟输入端 3 无法作为一对差分信号输入。

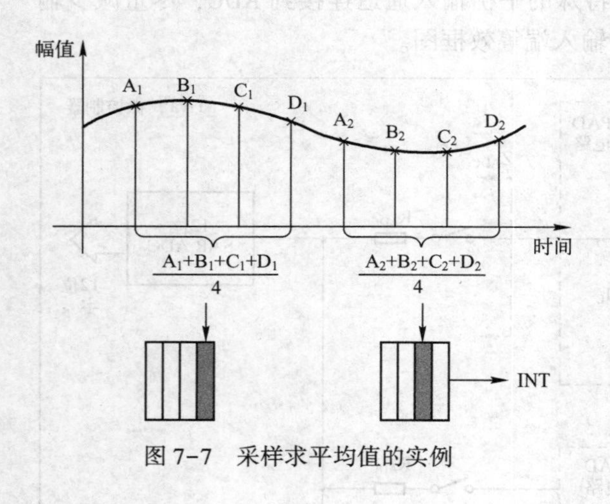

图 7-7　采样求平均值的实例

表 7-3　差分采样对

差分信号对	模 拟 输 入
0	0 和 1
1	2 和 3
2	4 和 5
3	6 和 7
4	8 和 9
5	10 和 11
6	12 和 13
7	14 和 15
8	16 和 17
9	18 和 19

差分模式下采样电压是奇数通道与偶数通道电压的差值。

- 正向输入电压：$V_{IN+} = V_{IN\_EVEN}$（偶数通道电压）。
- 负向输入电压：$V_{IN-} = V_{IN\_ODD}$（奇数通道电压）。

差分输入电压定义为 $V_{IND} = V_{IN+} - V_{IN-}$，$V_{IND}$ 会出现以下几种情况。

- 若 $V_{IND} = 0$，则转换结果 = 0x800。
- 若 $V_{IND} > 0$，则转换结果 > 0x800（范围是 0x800~0xFFF）。
- 若 $V_{IND} < 0$，则转换结果 < 0x800（范围是 0~0x800）。

使用差分采样时，还需考虑以下定义。

- 输入共模电压：$V_{INCM} = (V_{IN+} + V_{IN-})/2$。
- 正向参考电压：V_{REFP}。

- 负向参考电压：V_{REFN}。
- 差分参考电压：$V_{REFD} = V_{REFP} - V_{REFN}$。
- 参考共模电压：$V_{REFCM} = (V_{REFP} + V_{REFN})/2$。

差分模式在以下条件时效果最佳。

- V_{IN_EVEN}和 V_{IN_ODD}必须在 $V_{REFP} \sim V_{REFN}$范围内，否则无法得到有效的转换结果。
- 最大可能的差分输入摆幅或最大的差分范围为$-V_{REFD} \sim +V_{REFD}$，因此最大的峰峰差分输入信号为$(+V_{REFD})-(-V_{REFD}) = 2 \times V_{REFD} = 2 \times (V_{REFP} - V_{REFN})$。
- 为了利用最大可能的差分输入摆幅，V_{INCM}应非常接近 V_{REFCM}。

如图 7-8 所示，如果 V_{INCM}不等于 V_{REFCM}，那么在最大或最小电压下，差分输入信号可能减弱（这是因为任何单端输入都不能大于 V_{REFP}或小于 V_{REFN}），而且无法实现全摆幅。因此输入电压和参考电压之间的任何共模差异都会限制 ADC 的差分动态范围。由于最大的峰峰差分信号电压为 $2 \times (V_{REFP} - V_{REFN})$，ADC 读数表示为：

$$\text{AD 采样数字量中最低位对应的模拟量值} = (2 \times (V_{REFP} - V_{REFN})) / 4096 \quad (7\text{-}1)$$

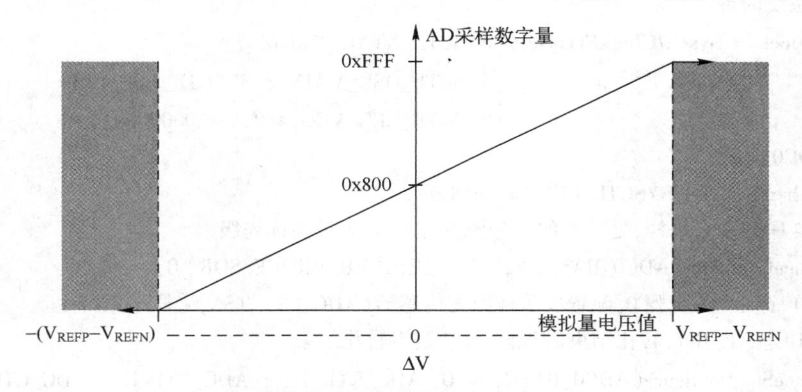

图 7-8　差分电压表达式

5. 内部温度传感器

温度传感器的主要作用是当芯片温度过高或过低时向系统给予提示，保障芯片稳定工作。温度传感器没有单独的启用/禁用操作，因为它还关系到带隙参考电压的产生，必须始终启用。该参考电压不仅提供给 ADC 模块，还需要提供给其他所有模拟模块。内部温度传感器将温度测量值转换为电压。此电压值 V_{TSENS}可以通过以下公式得出（其中 TEMP 指温度，单位为℃）：

$$V_{TSENS} = 2.7 - ((TEMP + 55) / 75) \quad (7\text{-}2)$$

片上温度和电压的关系如图 7-9 所示。

通过将 ADCSSCTLn 寄存器中的 TSn 位置位，即可在采样队列中得到温度感应器的读数。也可以从温度传感器的 ADC 结果通过函数转换得到温度读数。根据 ADC 读数（ADCCODE，定义为 0~4095 的一个不带正负号的十进制数）和最大的 ADC 电压范围（$V_{REFP} - V_{REFN}$）计算温度（TEMP，单位为℃）。

$$TEMP = 147.5 - ((75 \times (V_{REFP} - V_{REFN}) \times ADCCODE) / 4096) \quad (7\text{-}3)$$

【**例 7-2**】配置片上温度传感器，使用采样序列 3，处理器信号触发采样。

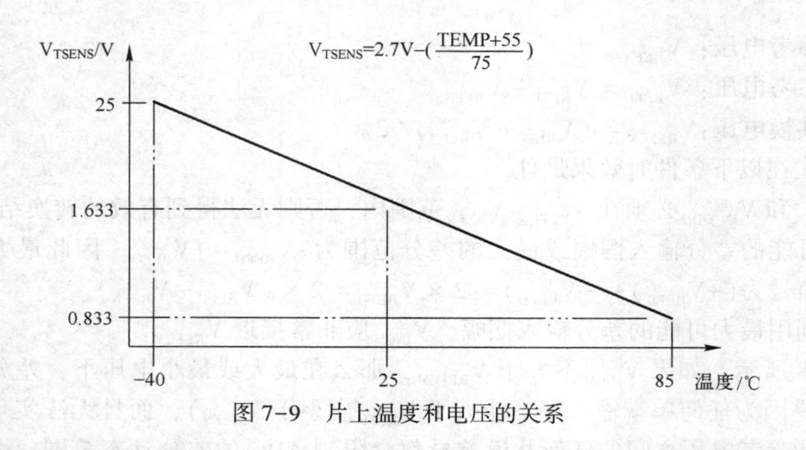

图 7-9　片上温度和电压的关系

```
void main()
{
//初始化系统时钟
g_ui32SysClock = SysCtlClockFreqSet((SYSCTL_XTAL_25MHZ |
                                    SYSCTL_OSC_MAIN | SYSCTL_USE_PLL |
                                    SYSCTL_CFG_VCO_480), 120000000);
//开启 ADC0 时钟
SysCtlPeripheralEnable(SYSCTL_PERIPH_ADC0);
//使用采样序列 3 来采样,处理器的信号触发方式,0 为最高优先级
ADCSequenceConfigure(ADC0_BASE, 3, ADC_TRIGGER_PROCESSOR, 0);
//配置采样序列 3 的步骤 0,配置成采样温度传感器(ADC_CTL_TS),采样结束产生
//中断(ADC_CTL_IE),转化结束后告诉 ADC 逻辑转化结束
ADCSequenceStepConfigure(ADC0_BASE, 3, 0, ADC_CTL_TS | ADC_CTL_IE |ADC_CTL_END);
//使能采样序列 3
ADCSequenceEnable(ADC0_BASE, 3);
//开始采样前先清除采样序列 3 产生的中断
ADCIntClear(ADC0_BASE, 3);
}
```

6. 中断信号

采样序列发生器和数字比较器的寄存器配置可以监控产生原始中断的事件，但对中断是否真正发送给中断控制器没有控制权。ADC 模块是否产生中断信号是由 ADC 中断掩码（ADCIM）寄存器的 MASK 位决定的。中断状态可以从以下两个位置查询：ADC 原始中断状态（ADCRIS）寄存器显示各个中断信号的原始状态；ADC 中断及清除（ADCISC）寄存器显示经 ADCIM 寄存器启用后的实际中断状态。通过向 ADCISC 寄存器对应的 IN 位写 1 来清除中断。请注意，数字比较器中断不是通过本寄存器清除的，而是通过向 ADC 数字比较器中断状态及清除（ADCDCISC）寄存器的对应位写 1 来清除的。

7.2.4　ADC 初始化与配置

1. 模块初始化

ADC 模块的初始化流程比较简单，只有很少几个步骤。启用 ADC 的时钟，禁用待用模拟输入引脚的模拟隔离电路，并重新配置采样序列发生器优先级（如果有必要的话）。

ADC 的初始化步骤如下所示。

1）使用 RCGCADC 寄存器启用 ADC 时钟。

2）通过 RCGCGPIO 寄存器启用相应 GPIO 模块的时钟。

3）将 ADC 输入引脚的 AFSEL 位置位。

4）通过将 GPIO 数字使能（GPIODEN）寄存器中相应 DEN 位清零，将 AINx 引脚配置为模拟输入。

5）通过为 GPIOAMSEL 寄存器的相应位写 1，禁用待用模拟输入引脚的模拟隔离电路。

6）假如应用有相关需求，则应通过 ADCSSPRI 寄存器重新配置采样序列发生器的优先级。默认配置是采样序列发生器 0 的优先级最高，采样序列发生器 3 的优先级最低。

2. 采样序列发生器的配置

与模块的初始化流程相比，采样序列发生器的配置稍微复杂一些，这大概是因为每个采样序列发生器都是完全可编程的。

每个采样序列发生器的配置步骤应如下。

1）将 ADCACTSS 寄存器的相应 ASENn 位清零，禁用采样序列发生器。采样序列发生器不用使能也可以进行配置。不过如果在配置期间禁用采样序列发生器，可以有效防止在此期间因满足触发条件而造成的误执行。

2）在 ADCEMUX 寄存器中为采样序列发生器配置触发事件。

3）当使用 PWM 发生器作为猝发源时，要使用 ADC 触发源选择（ADCTSSEL）寄存器来指定该 PWM 发生器在哪个 PWM 模块中。默认寄存器复位将为所有发生器选择 PWM 模块 0。

4）在 ADCSSMUXn 寄存器中为采样序列的每个采样配置相应的输入源。

5）针对采样序列中的每个采样动作，对 ADCSSCTLn 寄存器中相应半字节的采样控制位进行配置。在配置最后一个半字节时，应确保 END 位置位。如果 END 不置位，将导致不可预测的执行结果。

6）假如打算采用中断，则应将 ADCIM 寄存器中相应的 MASK 位置位。

7）将 ADCACTSS 寄存器的 ASENn 位置位，启用采样序列发生器逻辑单元。

7.2.5　ADC 寄存器映射与描述

表 7-4 所示为 ADC 寄存器映射。表中偏移量一列是指相对于 ADC 模块基地址的十六进制地址增量，两个 ADC 模块的基地址如下。

- ADC0：0x4003. 8000。
- ADC1：0x4003. 9000。

表 7-4　ADC 寄存器映射表

偏移量	名　称	类型	复位后默认值	描　述
0x000	ADCACTSS	RW	0x0000. 0000	ADC 主动采样序列发生器
0x004	ADCRIS	RO	0x0000. 0000	ADC 原始中断状态
0x008	ADCIM	RW	0x0000. 0000	ADC 中断屏蔽
0x00C	ADCISC	RW1C	0x0000. 0000	ADC 中断状态和清除
0x010	ADCOSTAT	RW1C	0x0000. 0000	ADC 溢出状态

（续）

偏移量	名　称	类型	复位后默认值	描　述
0x014	ADCEMUX	RW	0x0000. 0000	ADC 事件多路复用器选择
0x018	ADCUSTAT	RW1C	0x0000. 0000	ADC 下溢状态
0x01C	ADCTSSEL	RW	0x0000. 0000	ADC 触发源选择
0x020	ADCSSPRI	RW	0x0000. 3210	ADC 采样序列发生器优先级
0x024	ADCSPC	RW	0x0000. 0000	ADC 采样相位控制
0x028	ADCPSSI	RW	–	ADC 处理器采样序列初始化
0x030	ADCSAC	RW	0x0000. 0000	ADC 采样平均控制
0x034	ADCDCISC	RW1C	0x0000. 0000	ADC 数字比较器中断状态和清除
0x038	ADCCTL	RW	0x0000. 0040	ADC 控制
0x040	ADCSSMUX0	RW	0x0000. 0000	ADC 采样序列输入多路复用器选择 0
0x044	ADCSSCTL0	RW	0x0000. 0000	ADC 采样序列控制 0
0x048	ADCSSFIFO0	RO	–	ADC 采样序列结果 FIFO 0
0x04C	ADCSSFSTAT0	RO	0x0000. 0100	ADC 采样序列 FIFO 0 状态
0x050	ADCSSOP0	RW	0x0000. 0000	ADC 采样序列 0 操作
0x054	ADCSSDC0	RW	0x0000. 0000	ADC 采样序列 0 数字比较器选择
0x058	ADCSSEMUX0	RW	0x0000. 0000	ADC 采样序列扩展输入复用器选择 0
0x05C	ADCSSTSH0	RW	0x0000. 0000	ADC 采样序列 0 采样保持时间
0x060	ADCSSMUX1	RW	0x0000. 0000	ADC 采样序列输入多路复用器选择 1
0x064	ADCSSCTL1	RW	0x0000. 0000	ADC 采样序列控制 1
0x068	ADCSSFIFO1	RO	–	ADC 采样序列结果 FIFO 1
0x06C	ADCSSFSTAT1	RO	0x0000. 0100	ADC 采样序列 FIFO 1 状态
0x070	ADCSSOP1	RW	0x0000. 0000	ADC 采样序列 1 操作
0x074	ADCSSDC1	RW	0x0000. 0000	ADC 采样序列 1 数字比较器选择
0x078	ADCSSEMUX1	RW	0x0000. 0000	ADC 采样序列扩展输入复用器选择 1
0x07C	ADCSSTSH1	RW	0x0000. 0000	ADC 采样序列 1 采样保持时间
0x080	ADCSSMUX2	RW	0x0000. 0000	ADC 采样序列输入多路复用器选择 2
0x084	ADCSSCTL2	RW	0x0000. 0000	ADC 采样序列控制 2
0x088	ADCSSFIFO2	RO	–	ADC 采样序列结果 FIFO 2
0x08C	ADCSSFSTAT2	RO	0x0000. 0100	ADC 采样序列 FIFO 2 状态
0x090	ADCSSOP2	RW	0x0000. 0000	ADC 采样序列 2 操作
0x094	ADCSSDC2	RW	0x0000. 0000	ADC 采样序列 2 数字比较器选择
0x098	ADCSSEMUX2	RW	0x0000. 0000	ADC 采样序列扩展输入复用器选择 2
0x09C	ADCSSTSH2	RW	0x0000. 0000	ADC 采样序列 2 采样保持时间
0x0A0	ADCSSMUX3	RW	0x0000. 0000	ADC 采样序列输入多路复用器选择 3
0x0A4	ADCSSCTL3	RO	0x0000. 0000	ADC 采样序列控制 3
0x0A8	ADCSSFIFO3	RO	–	ADC 采样序列结果 FIFO 3
0x0AC	ADCSSFSTAT3	RW	0x0000. 0100	ADC 采样序列 FIFO 3 状态
0x0B0	ADCSSOP3	RW	0x0000. 0000	ADC 采样序列 3 操作
0x0B4	ADCSSDC3	RW	0x0000. 0000	ADC 采样序列 3 数字比较器选择
0x0B8	ADCSSEMUX3	RW	0x0000. 0000	ADC 采样序列扩展输入复用器选择 3

（续）

偏移量	名　称	类型	复位后默认值	描　述
0x0BC	ADCSSTSH3	RW	0x0000. 0000	ADC 采样序列 3 采样保持时间
0xD00	ADCDCRIC	WO	0x0000. 0000	ADC 数字比较器复位初始条件
0xE00	ADCDCCTL0	RW	0x0000. 0000	ADC 数字比较器控制 0
0xE04	ADCDCCTL1	RW	0x0000. 0000	ADC 数字比较器控制 1
0xE08	ADCDCCTL2	RW	0x0000. 0000	ADC 数字比较器控制 2
0xE0C	ADCDCCTL3	RW	0x0000. 0000	ADC 数字比较器控制 3
0xE10	ADCDCCTL4	RW	0x0000. 0000	ADC 数字比较器控制 4
0xE14	ADCDCCTL5	RW	0x0000. 0000	ADC 数字比较器控制 5
0xE18	ADCDCCTL6	RW	0x0000. 0000	ADC 数字比较器控制 6
0xE1C	ADCDCCTL7	RW	0x0000. 0000	ADC 数字比较器控制 7
0xE40	ADCDCCMP0	RW	0x0000. 0000	ADC 数字比较器范围 0
0xE44	ADCDCCMP1	RW	0x0000. 0000	ADC 数字比较器范围 1
0xE48	ADCDCCMP2	RW	0x0000. 0000	ADC 数字比较器范围 2
0xE4C	ADCDCCMP3	RW	0x0000. 0000	ADC 数字比较器范围 3
0xE50	ADCDCCMP4	RW	0x0000. 0000	ADC 数字比较器范围 4
0xE54	ADCDCCMP5	RW	0x0000. 0000	ADC 数字比较器范围 5
0xE58	ADCDCCMP6	RW	0x0000. 0000	ADC 数字比较器范围 6
0xE5C	ADCDCCMP7	RW	0x0000. 0000	ADC 数字比较器范围 7
0xFC0	ADCPP	RO	0x01B0. 2147	ADC 外设特性
0xFC4	ADCPC	RW	0x0000. 0007	ADC 外设配置
0xFC8	ADCCC	RW	0x0000. 0001	ADC 时钟配置

7.2.6　ADC 的应用例程

【例 7-3】 配置 PE3 口为 ADC 单端采样模式，使用采样序列 3，处理器信号触发采样。

```
void main()
{
int pui32ADC0Value;

//初始化系统时钟
g_ui32SysClock = SysCtlClockFreqSet((SYSCTL_XTAL_25MHZ |
                                     SYSCTL_OSC_MAIN | SYSCTL_USE_PLL |
                                     SYSCTL_CFG_VCO_480), 120000000);
//开启 ADC0 时钟
SysCtlPeripheralEnable(SYSCTL_PERIPH_ADC0);
//使能 GPIOE 口
SysCtlPeripheralEnable(SYSCTL_PERIPH_GPIOE);
//将 PE3 口配置成 ADC 输入模式
GPIOPinTypeADC(GPIO_PORTE_BASE, GPIO_PIN_3);
```

```
//使用采样序列 3,处理器信号触发方式采样,0 为最高优先级
ADCSequenceConfigure(ADC0_BASE, 3, ADC_TRIGGER_PROCESSOR, 0);
//配置采样序列 3 的步骤 0,配置模拟通道 0(ADC_CTL_CH0),采样结束产生中断
//(ADC_CTL_IE),转化结束后告诉 ADC 逻辑转化结束
ADCSequenceStepConfigure(ADC0_BASE, 3, 0, ADC_CTL_CH0 | ADC_CTL_IE |ADC_CTL_END);
//使能采样序列 3
ADCSequenceEnable(ADC0_BASE, 3);
//开始采样前先清除采样序列 3 产生的中断
ADCIntClear(ADC0_BASE, 3);
while(1)
{
//触发 ADC 转换
ADCProcessorTrigger(ADC0_BASE, 3);
//等待转换结束
while(! ADCIntStatus(ADC0_BASE, 3, false))
{   }
//清除中断标志
ADCIntClear(ADC0_BASE, 3);
// 读取 ADC 转化的值
ADCSequenceDataGet(ADC0_BASE, 3, pui32ADC0Value);
//延时
SysCtlDelay(g_ui32SysClock / 12);
}
}
```

【例 7-4】 差分采样实例：配置差分采样，使用差分对 0，使用采样序列 3，处理器信号触发采样。

```
void main()
{
//初始化系统时钟
g_ui32SysClock = SysCtlClockFreqSet((SYSCTL_XTAL_25MHZ |
                                     SYSCTL_OSC_MAIN | SYSCTL_USE_PLL |
                                     SYSCTL_CFG_VCO_480), 120000000);
//开启 ADC0 时钟
SysCtlPeripheralEnable(SYSCTL_PERIPH_ADC0);
//使能 GPIOE 口
SysCtlPeripheralEnable(SYSCTL_PERIPH_GPIOE);
//将 PE2、PE3 口配置成 ADC 输入模式
GPIOPinTypeADC(GPIO_PORTE_BASE, GPIO_PIN_2| GPIO_PIN_3);
//使用采样序列 3,处理器信号触发方式采样,0 为最高优先级
ADCSequenceConfigure(ADC0_BASE, 3, ADC_TRIGGER_PROCESSOR, 0);
```

```
//配置采样序列 3 的步骤 0,配置差分模式下(ADC_CTL_D)的通道 0(ADC_CTL_CH0),
//采样结束产生中断(ADC_CTL_IE),转化结束后告诉 ADC 逻辑转化结束
ADCSequenceStepConfigure(ADC0_BASE, 3, 0, ADC_CTL_D | ADC_CTL_CH0 | ADC_CTL_IE | ADC
_CTL_END);
//使能采样序列 3
ADCSequenceEnable(ADC0_BASE, 3);
//开始采样前先清除采样序列 3 产生的中断
ADCIntClear(ADC0_BASE, 3);
while(1)
{
//触发 ADC 转换
ADCProcessorTrigger(ADC0_BASE, 3);
//等待转换结束
while(! ADCIntStatus(ADC0_BASE, 3, false))
{
}
//清除中断标志
ADCIntClear(ADC0_BASE, 3);
// 读取 ADC 转化的值
ADCSequenceDataGet(ADC0_BASE, 3, pui32ADC0Value);
//延时
SysCtlDelay(g_ui32SysClock / 12);
}
}
```

7.3　思考与练习

1. 简述 TM4C1294 模拟比较器的参考电压有哪几种形式。

2. TM4C1294 的 ADC 模块的转换分辨率为________位，并提供________个输入通道和________个内部温度传感器。

3. 采样序列发生器有最多采样个数的是 SS________，有________个采样数，有________个 FIFO 深度。

4. 若差分采样的 V_{REFP} 为 3.3 V，V_{REFN} 为 0 V，当转换结果为 0x8FF，那么 V_{IN+}________V_{IN-}，当转换结果为 0x800，那么 V_{IN+}________V_{IN-}，当转换结果为 0x7FF，那么 V_{IN+}________V_{IN-}。

5. 若 ADC 内部温度传感器检测到的温度为 30℃，那么测得的电压值为________。

6. 请简述 ADC 的功能特性。

第 8 章　TM4C1294 微处理器的运动控制外设

本章主要介绍 TM4C1294 微处理器的运动控制外设，包括脉冲宽度调制和正交编码器接口。本章详细描述了脉冲宽度调制的特点、内部结构、功能、初始化配置方法和寄存器映射；正交编码器的功能、内部结构、功能、初始化配置方法和寄存器映射等。

8.1　脉冲宽度调制（PWM）

脉宽调制（Pulse Width Modulation，PWM）是一项功能强大的技术，是一种对模拟信号电平进行数字化编码的方法。在脉宽调制中使用高分辨率计数器来产生方波，并且可以通过调整方波的占空比来对模拟信号电平进行编码。PWM 通常应用于开关电源（switching power）和电机控制中。

8.1.1　PWM 功能与特点

TM4C1294 微控制器拥有一个 PWM 模块，由 4 个 PWM 发生器模块和 1 个控制模块组成。控制模块决定了 PWM 信号的极性，以及将哪个信号传递到引脚。每个 PWM 发生器模块产生两个 PWM 信号，这两个信号共享同一个定时器和频率，并且可以用独立的动作编程，或者作为插入了死区延时的一对互补信号。PWM 发生模块的输出信号（pwmA 和 pwmB）在被发送到 MnPWM0、MnPWM1、MnPWM2 和 MnPWM3 之类的引脚之前通过输出控制模块来管理。

TM4C1294 的 PWM 模块具有极大的灵活性，可以产生简单的 PWM 信号，如简易充电泵需要的信号；也可以产生带死区延迟的成对 PWM 信号，如供半 H 桥驱动电路使用的信号。3 个发生器模块也可产生 3 相反相器桥所需的 6 通道门控。

每个 PWM 发生器模块具有以下功能与特点。

1）4 个能快速处理故障的元件，提供低延迟关机，并防止损坏被控制的电动机。

2）一个 16 位计数器。

- 运行在递减或先递增后递减模式。
- 通过 16 位装载值，输出频率可控。
- 装载值可被同步更新。
- 可在零值和装载值时产生输出信号。

3）两个 PWM 比较器。

- 比较器的值可被同步更新。
- 产生相匹配的输出信号。

4）PWM 信号发生器。

- 在计数器和 PWM 比较器输出信号的基础上构建输出 PWM 信号。
- 产生两个独立的 PWM 信号。

5）死区发生器。

- 产生两个死区延迟可编程的 PWM 信号，适合驱动半 H 桥。

● 能被旁路，让输入的 PWM 信号不被修改。

6）能初始化一个 ADC 采样时序。

控制模块决定传递到引脚的 PWM 信号的极性和哪个信号传递到引脚，输出控制模块管理传递到引脚之前的 PWM 发生模块的输出。PWM 控制模块具有以下特性。

1）每个 PWM 信号的 PWM 输出使能。

2）每个 PWM 信号可选输出反相（极性控制）。

3）每个 PWM 信号可选故障处理。

4）PWM 发生器模块内，定时器的同步。

5）PWM 发生器模块之间，定时器/比较器的同步更新。

6）PWM 发生器模块之间，PWM 输出使能同步。

7）PWM 发生器模块中断状态汇总。

8）扩展的 PWM 故障处理，具有多个故障信号、可编程极性和滤波。

9）PWM 发生器可独立操作或者与其他发生器同步操作。

8.1.2　PWM 内部结构

图 8-1 所示为 TM4C1294 的 PWM 模块内部结构，图 8-2 所示为 PWM 发生器更详细的结构图。TM4C1294 包含 4 个发生器模块，可产生 8 个独立的 PWM 信号或者 4 对插入带死区延迟的 PWM 信号。

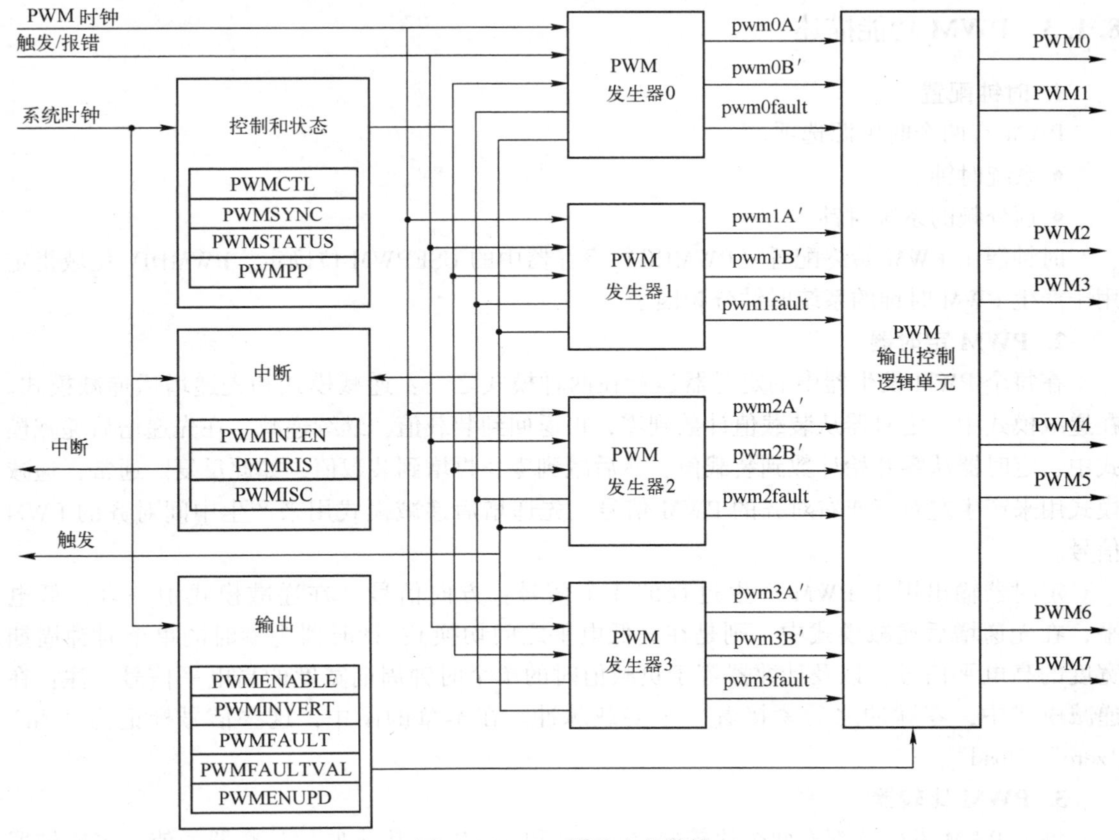

图 8-1　PWM 模块内部结构

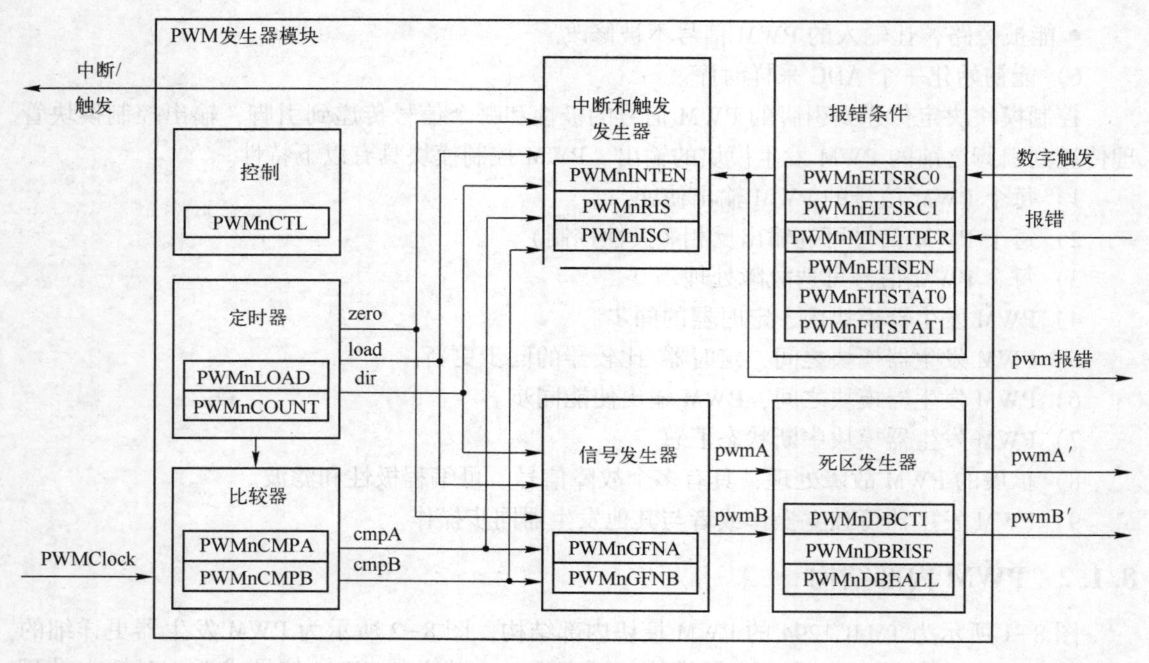

图 8-2　PWM 发生器结构图

8.1.3　PWM 功能描述

1. 时钟配置

PWM 有两个时钟源选项。

- 系统时钟。
- 预分频的系统时钟。

时钟源由 PWM 始终配置（PWMCC）寄存器中的 USEPWM 位确定。PWMDIV 位域指定用于产生 PWM 时钟的系统时钟分频因子。

2. PWM 定时器

在每个 PWM 发生器中的定时器运行在两种模式之一：递减模式和先递增后递减模式。在递减模式中，定时器从装载值计数到零，再返回到装载值，继续递减。在先递增后递减模式中，定时器从零开始计数到装载值，然后减到零，再增到装载值，如此反复。通常，递减模式用来产生左对齐或右对齐的 PWM 信号，先递增后递减模式用来产生中间对齐的 PWM 信号。

定时器输出用于 PWM 产生过程的 3 个信号：方向信号（在递减模式中一直是低电平，在先递增后递减模式中，则是在高低电平之间切换）；计时器为零时的单个时钟周期宽度的高电平信号；以及计数器等于负载值时的单个时钟周期宽度的高电平信号。注：在递减模式中，零脉冲之后紧接着一个装载脉冲。在本章的图中，这些信号标记为“dir”“zero”“load”。

3. PWM 比较器

每个 PWM 发生器都有两个比较器（cmpA 和 cmpB），用来监控计数器的值；当比较器与计数器的值相等时，比较器输出一个宽度等于时钟周期的高电平信号。在先递增后递减模式中，比较器在递增和递减模式计数时都要进行比较，因此必须通过计数器的方向信号来限定，这些限定脉冲在生产 PWM 信号的过程中使用。如果任一比较器的值大于计时器的装载值，则该比较器永远不会输出高电平。图 8-3 所示为计数器在递减模式下与这些脉冲之间的关系。图 8-4 所示为计数器在先递增后递减模式下与这些脉冲之间的关系。图 8-3 和图 8-4 中相关参数的含义如下。

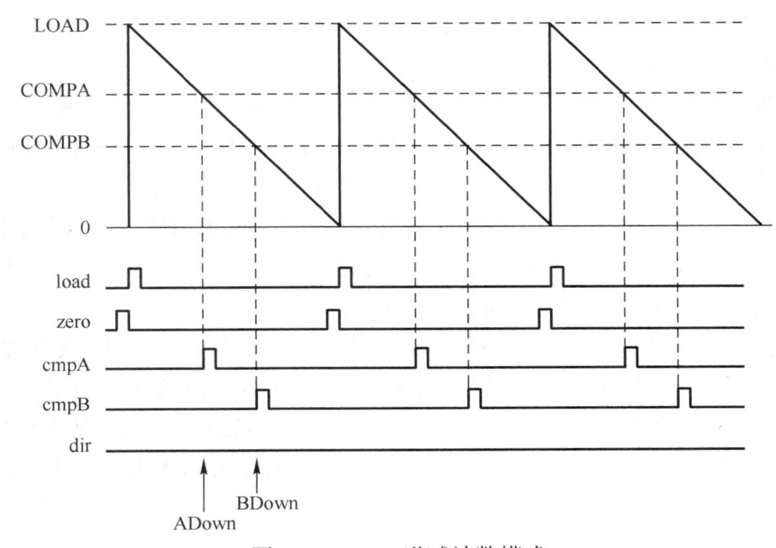

图 8-3　PWM 递减计数模式

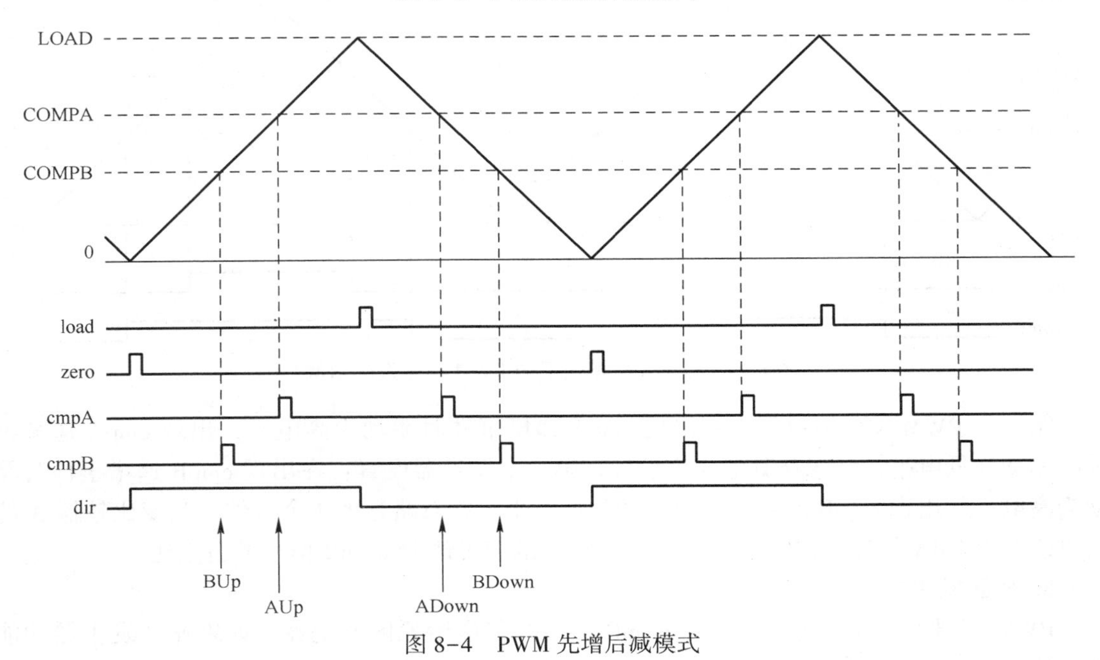

图 8-4　PWM 先增后减模式

- LOAD 是 PWMnLOAD 寄存器里的值。
- COMPA 是 PWMnCMPA 寄存器里的值。

- COMPB 是 PWMnCMPB 寄存器里的值。
- 0 表示计数器值是 0。
- load 表示当计数器的值等于装载值时的宽度为单时钟周期的内部信号。
- zero 表示当计数器的值是零宽度为单时钟周期的内部信号。
- cmpA 表示当计数器值等于 COMPA 时的宽度为单时钟周期的内部信号。
- cmpB 表示当计数器值等于 COMPB 时的宽度为单时钟周期的内部信号。
- dir 表示计数方向的内部信号。

4. PWM 信号发生器

PWM 信号发生器捕获 load、zero、cmpA 和 cmpB 脉冲（由方向信号来限定），并产生两个 PWM 信号。在递减计数模式中，能够影响 PWM 的事件有 4 个：zero、load、cmpA 递减、cmpB 递减。在先递增后递减模式中，能够影响 PWM 信号的事件有 6 个：zero、load、cmpA 递增、cmpB 递增、cmpA 递减、cmpB 递减。当 cmpA 或 cmpB 事件与零或者装载事件重合时，它们可以被忽略。如果 cmpA 和 cmpB 时间重合，则第一个信号 PWMA 只根据 cmpA 事件生成，第二个信号 PWMB 只根据 cmpB 事件生成。

各个事件对 PWM 输出信号的影响都是可编程的，可以保留（忽略该事件）、翻转、驱动为低电平或驱动为高电平。这些动作可用来产生一对不同位置和不同占空比的 PWM 信号，这对信号可以重叠或不重叠。图 8-5 所示为在先递增后递减计数模式产生的一对中心对齐，含有不同占空比的重叠 PWM 信号。图 8-5 显示的是 pwmA 和 pwmB 信号传递到死区发生器之前的信号。

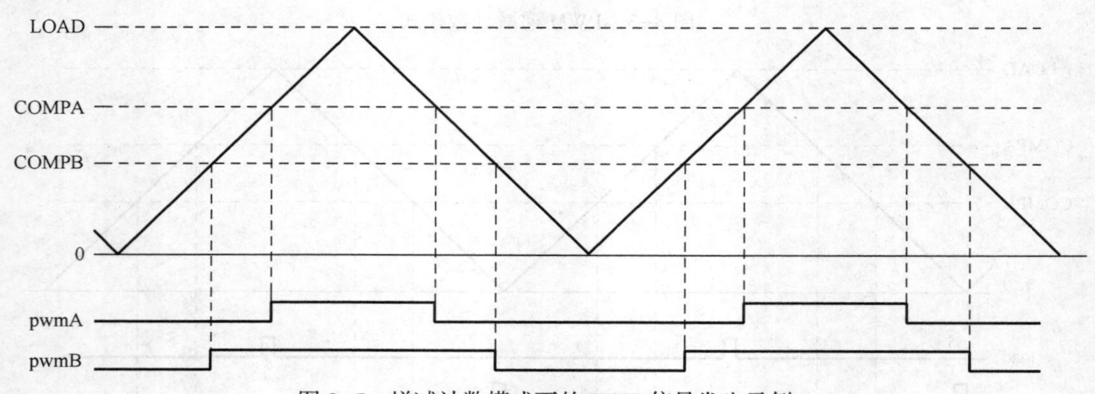

图 8-5　增减计数模式下的 PWM 信号发生示例

第一个 PWM 发生器设置：在出现 cmpA 递增事件时驱动为高电平，出现 cmpA 递减事件时驱动为低电平，并忽略其他 4 个事件。第二个发生器设置：在出现 cmpB 递增事件时驱动为高电平，出现 cmpB 递减事件时驱动为低电平，并忽略其他 4 个事件。改变比较器 A 的值可改变 PWMA 信号的占空比，改变比较器 B 的值可改变 pwmB 信号的占空比。

5. 死区发生器

PWM 信号发生器产生 pwmA 和 pwmB 信号并传递给死区发生器。如果死区发生器功能没有使能，则 PWM 信号只简单地通过该模块得到 pwmA'和 pwmB'，而不会发生改变。如果死区发生器使能，则丢弃 pwmB 信号，并在 pwmA 信号的基础上产生两个 PWM 信号。第一个输出 PWM 信号 pwmA'是 pwmA 上升沿延迟可编程的信号；第二个输出 PWM 信号 pwmB'是在 pwmA 信号反相信号，并在 pwmA 信号的下降沿和 pwmB'信号的上升沿之间增加了可编程的延迟时间。

pwmA'和 pwmB'是一对高电平有效的信号，并且其中一个信号总是为高电平，但在跳变处的可编程延时时间段都为低电平。这样两个信号便可用来驱动半-H 桥，又由于它们带有死区延迟，因而还可以避免击穿电流破坏电力电子器件。图 8-6 显示了 pwmA 信号在死区发生器作用后，信号 pwmA'和 pwmB'被送到输出控制模块。

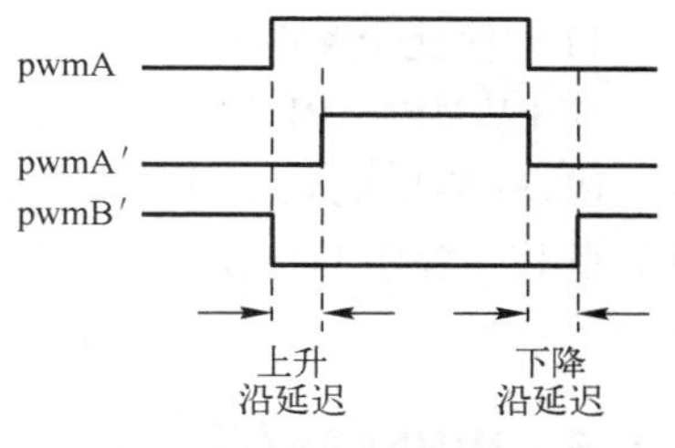

图 8-6 PWM 死区发生器

6. 输出控制块

输出控制块在 pwmA'和 pwmB'信号被作为 PWMn 信号发送到引脚之前还要做最后的调整。通过一个独立的寄存器，即 PWM 输出使能（PWNENABLE）寄存器来修改实际送到引脚的一组信号。例如，这个功能可被用来通过对单个寄存器执行写操作来与无刷直流电动机通信（不需要修改单个的 PWM 发生器，而只需要通过反馈控制回路的修改即可）。另外，对 PWMENABLE 寄存器中位的更新来配置局部或全局同步下一个更新，前提是通过 PWM 使能更新（PWMENUPD）寄存器来使能更新功能。

8.1.4 PWM 初始化与配置

以下是对 PWM 发生器 0 进行初始化的示例，要求频率为 25 kHz，PWM0 引脚上的占空比为 25%，PWM1 引脚上的占空比为 75%，这个实例假定系统时钟为 20 MHz。

1）通过设定系统控制模块中的 RCGCPWM 寄存器的相应位使能 PWM 时钟。

2）通过系统控制模块中的 RCGCGPIO 寄存器使能对应 GPIO 时钟模块。

3）在 GPIO 模式中，根据引脚具体的功能，使用 GPIOAFSEL 寄存器来使能相应的引脚。

4）配置 GPIOPCTL 寄存器中的 PMCn 字段，为相应的引脚分配 PWM 信号。

5）设置 PWM 时钟配置寄存器（PWMCC）为使用 PWM 分频（USEPWMDIV），并将分频器（PWMDIV）设置为分频 2（0x0）。

6）将 PWM 发生器配置为递减计数模式，并立即更新参数。

- 向 PWM0CTL 寄存器写入 0x0000.0000。
- 向 PWM0GENA 寄存器写入 0x0000.008C。
- 向 PWM0GENB 寄存器 0x0000.080C。

7）设置周期。若要得到 25 kHz 频率，即周期为 1/25000（40 μs）。PWM 时钟源为 10 MHz，由系统时钟 2 分频得到。这意味着一个定时器周期等于 400 个 PWM 时钟。然后用这个值来设置 PWM0LOAD 寄存器。在递减模式中，将 PWM0LOAD 寄存器的 load 字段设置为请求的周期减 1。

向 PWM0LOAD 寄存器写入 0x0000.018F（399）。

8）将 PWM0 引脚的脉冲宽度设置为 25%占空比。

向 PWM0CMPA 寄存器写入 0x0000.012B（299）。

9）将 PWM1 引脚的脉冲宽度设置为 75%占空比。

向 PWM0CMPB 寄存器写入 0x0000.0063（99）。

10）启动 PWM 发生器 0 中的定时器。

向 PWM0CTL 寄存器写入 0x0000.0001。

11）使能 PWM 输出。

向 PWMENABLE 寄存器写入 0x0000.0003。

PWM 输出的频率计算非常简单，将 PWM 模块的时钟频率（系统时钟或预分频后的时钟）除以 PWM0LOAD 中的值就为 PWM 的频率，如式（8-1）所示。

$$PWMFreq = PWMCLK / PWM0LOAD \tag{8-1}$$

8.1.5 PWM 寄存器映射

表 8-1 所示为 PWM 模块寄存器映射。偏移量为寄存器地址相对基址 0x4002.8000 的十六进制增量。

表 8-1 PWM 模块寄存器映射

偏移量	名 称	类型	复位后默认值	描 述
0x000	PWMCTL	RW	0x0000.0000	PWM 主机控制
0x004	PWMSYNC	RW	0x0000.0000	PWM 时基同步
0x008	PWMENABLE	RW	0x0000.0000	PWM 输出使能
0x00C	PWMINVERT	RW	0x0000.0000	PWM 输出反向
0x010	PWMFAULT	RW	0x0000.0000	PWM 输出故障
0x014	PWMINTEN	RW	0x0000.0000	PWM 中断使能
0x018	PWMRIS	RO	0x0000.0000	PWM 原始中断状态
0x01C	PWMISC	RW1C	0x0000.0000	PWM 中断状态和清除
0x020	PWMSTATUS	RO	0x0000.0000	PWM 状态
0x024	PWMFAULTVAL	RW	0x0000.0000	PWM 故障状态值
0x028	PWMENUPD	RW	0x0000.0000	PWM 启用更新
0x040	PWM0CTL	RW	0x0000.0000	PWM0 控制
0x044	PWM0INTEN	RW	0x0000.0000	PWM0 中断和触发使能
0x048	PWM0RIS	RO	0x0000.0000	PWM0 原始中断状态
0x04C	PWM0ISC	RW1C	0x0000.0000	PWM0 中断状态和清除
0x050	PWM0LOAD	RW	0x0000.0000	PWM0 装载
0x054	PWM0COUNT	RO	0x0000.0000	PWM0 计数器
0x058	PWM0CMPA	RW	0x0000.0000	PWM0 比较 A
0x05C	PWM0CMPB	RW	0x0000.0000	PWM0 比较 B
0x060	PWM0GENA	RW	0x0000.0000	PWM0 发生器 A 控制
0x064	PWM0GENB	RW	0x0000.0000	PWM0 发生器 B 控制
0x068	PWM0DBCTL	RW	0x0000.0000	PWM0 死区控制
0x06C	PWM0DBRISE	RW	0x0000.0000	PWM0 死区上升沿延迟
0x070	PWM0DBFALL	RW	0x0000.0000	PWM0 死区下降沿延迟
0x074	PWM0FLTSRC0	RW	0x0000.0000	PWM0 故障源 0

（续）

偏移量	名　称	类型	复位后默认值	描　述
0x078	PWM0FLTSRC1	RW	0x0000.0000	PWM0故障源1
0x07C	PWM0MINFLTPER	RW	0x0000.0000	最小故障周期
0x080	PWM1CTL	RW	0x0000.0000	PWM1控制
0x084	PWM1INTEN	RW	0x0000.0000	PWM1中断和触发使能
0x088	PWM1RIS	RO	0x0000.0000	PWM1原始中断状态
0x08C	PWM1ISC	RW1C	0x0000.0000	PWM1中断状态和清除
0x090	PWM1LOAD	RW	0x0000.0000	PWM1装载
0x094	PWM1COUNT	RO	0x0000.0000	PWM1计数器
0x098	PWM1CMPA	RW	0x0000.0000	PWM1比较A
0x09C	PWM1CMPB	RW	0x0000.0000	PWM1比较B
0x0A0	PWM1GENA	RW	0x0000.0000	PWM1发生器A控制
0x0A4	PWM1GENB	RW	0x0000.0000	PWM1发生器B控制
0x0A8	PWM1DBCTL	RW	0x0000.0000	PWM1死区控制
0x0AC	PWM1DBRISE	RW	0x0000.0000	PWM1死区上升沿延迟
0x0B0	PWM1DBFALL	RW	0x0000.0000	PWM1死区下降沿延迟
0x0B4	PWM1FLTSRC0	RW	0x0000.0000	PWM1故障源0
0x0B8	PWM1FLTSRC1	RW	0x0000.0000	PWM1故障源1
0x0BC	PWM1MINFLTPER	RW	0x0000.0000	PWM1最小故障周期
0x0C0	PWM2CTL	RW	0x0000.0000	PWM2控制
0x0C4	PWM2INTEN	RW	0x0000.0000	PWM2中断和触发使能
0x0C8	PWM2RIS	RO	0x0000.0000	PWM2原始中断状态
0x0CC	PWM2ISC	RW1C	0x0000.0000	PWM2中断状态和清除
0x0D0	PWM2LOAD	RW	0x0000.0000	PWM2装载
0x0D4	PWM2COUNT	RO	0x0000.0000	PWM2计数器
0x0D8	PWM2CMPA	RW	0x0000.0000	PWM2比较A
0x0DC	PWM2CMPB	RW	0x0000.0000	PWM2比较B
0x0E0	PWM2GENA	RW	0x0000.0000	PWM2发生器A控制
0x0E4	PWM2GENB	RW	0x0000.0000	PWM2发生器B控制
0x0E8	PWM2DBCTL	RW	0x0000.0000	PWM2死区控制
0x0EC	PWM2DBRISE	RW	0x0000.0000	PWM2死区上升沿延迟
0x0F0	PWM2DBFALL	RW	0x0000.0000	PWM2死区下降沿延迟
0x0F4	PWM2FLTSRC0	RW	0x0000.0000	PWM2故障源0
0x0F8	PWM2FLTSRC1	RW	0x0000.0000	PWM2故障源1
0x0FC	PWM2MINFLTPER	RW	0x0000.0000	PWM2最小故障周期
0x100	PWM3CTL	RW	0x0000.0000	PWM3控制
0x104	PWM3INTEN	RW	0x0000.0000	PWM3中断和触发使能

（续）

偏移量	名　称	类型	复位后默认值	描　述
0x108	PWM3RIS	RO	0x0000.0000	PWM3 原始中断状态
0x10C	PWM3ISC	RW1C	0x0000.0000	PWM3 中断状态和清除
0x110	PWM3LOAD	RW	0x0000.0000	PWM3 装载
0x114	PWM3COUNT	RO	0x0000.0000	PWM3 计数器
0x118	PWM3CMPA	RW	0x0000.0000	PWM3 比较 A
0x11C	PWM3CMPB	RW	0x0000.0000	PWM3 比较 B
0x120	PWM3GENA	RW	0x0000.0000	PWM3 发生器 A 控制
0x124	PWM3GENB	RW	0x0000.0000	PWM3 发生器 B 控制
0x128	PWM3DBCTL	RW	0x0000.0000	PWM3 死区控制
0x12C	PWM3DBRISE	RW	0x0000.0000	PWM3 死区上升沿延迟
0x130	PWM3DBFALL	RW	0x0000.0000	PWM3 死区下降沿延迟
0x134	PWM3FLTSRC0	RW	0x0000.0000	PWM3 故障源 0
0x138	PWM3FLTSRC1	RW	0x0000.0000	PWM3 故障源 1
0x13C	PWM3MINFLTPER	RW	0x0000.0000	PWM3 最小故障周期
0x800	PWM0FLTSEN	RW	0x0000.0000	PWM0 故障引脚逻辑意义
0x804	PWM0FLTSTAT0	-	0x0000.0000	PWM0 故障状态 0
0x808	PWM0FLTSTAT1	-	0x0000.0000	PWM0 故障状态 1
0x880	PWM1FLTSEN	RW	0x0000.0000	PWM1 故障引脚逻辑意义
0x884	PWM1FLTSTAT0	-	0x0000.0000	PWM1 故障状态 0
0x888	PWM1FLTSTAT1	-	0x0000.0000	PWM1 故障状态 1
0x900	PWM2FLTSEN	RW	0x0000.0000	PWM2 故障引脚逻辑意义
0x904	PWM2FLTSTAT0	-	0x0000.0000	PWM2 故障状态 0
0x908	PWM2FLTSTAT1	-	0x0000.0000	PWM2 故障状态 1
0x980	PWM3FLTSEN	RW	0x0000.0000	PWM3 故障引脚逻辑意义
0x984	PWM3FLTSTAT0	-	0x0000.0000	PWM3 故障状态 0
0x988	PWM3FLTSTAT1	-	0x0000.0000	PWM3 故障状态 1
0xFC0	PWMPP	RO	0x0000.0344	PWM 外设特性
0xFC8	PWMCC	RW	0x0000.0005	PWM 时钟配置

8.1.6　PWM 应用例程

【例 8-1】 给出 PWM 工作于立即更新且减计数输出方式的配置程序。

```
void PWMinit( )
{
//
```

```
// 设置时钟频率为 50 MHz
//
g_ui32SysClock = SysCtlClockFreqSet((SYSCTL_XTAL_25MHZ |
                 SYSCTL_OSC_MAIN | SYSCTL_USE_PLL |
                 SYSCTL_CFG_VCO_480), 50000000);
//
// 设置 PWM 预分频时钟
//
PWMClockSet(PWM0_BASE,PWM_SYSCLK_DIV_4);
//
// 使能 PWM0
//
SysCtlPeripheralEnable(SYSCTL_PERIPH_PWM0);
//
// 使能相应引脚
//
SysCtlPeripheralEnable(SYSCTL_PERIPH_GPIOF);
//
// 设置引脚复用功能为 PWM
//
GPIOPinConfigure(GPIO_PF0_M0PWM0);
GPIOPinConfigure(GPIO_PF1_M0PWM1);
GPIOPinConfigure(GPIO_PF2_M0PWM2);
GPIOPinConfigure(GPIO_PF3_M0PWM3);
//
// 配置相应引脚用于 PWM 功能
//
GPIOPinTypePWM(GPIO_PORTF_BASE, GPIO_PIN_0);
GPIOPinTypePWM(GPIO_PORTF_BASE, GPIO_PIN_1);
GPIOPinTypePWM(GPIO_PORTF_BASE, GPIO_PIN_2);
GPIOPinTypePWM(GPIO_PORTF_BASE, GPIO_PIN_3);
//
// 配置 PWM 发生器为减计数、立即更新方式
//
PWMGenConfigure(PWM0_BASE, PWM_GEN_0, PWM_GEN_MODE_DOWN |
PWM_GEN_MODE_NO_SYNC);
PWMGenConfigure(PWM0_BASE, PWM_GEN_1, PWM_GEN_MODE_DOWN |
PWM_GEN_MODE_NO_SYNC);
//
// 配置 PWM 工作频率为 50 MHz / 4 / 10000 = 1.25 kHz
//
```

```
PWMGenPeriodSet(PWM0_BASE, PWM_GEN_0, 10000);
PWMGenPeriodSet(PWM0_BASE, PWM_GEN_1, 10000);
//
// 设置 PWM0、1 输出占空比为 25%,PWM2、3 输出占空比为 50%。
//
PWMPulseWidthSet(PWM0_BASE, PWM_OUT_0,
PWMGenPeriodGet(PWM0_BASE, PWM_OUT_0) / 4);
PWMPulseWidthSet(PWM0_BASE, PWM_OUT_1,
PWMGenPeriodGet(PWM0_BASE, PWM_OUT_1) / 4);
PWMPulseWidthSet(PWM0_BASE, PWM_OUT_2,
PWMGenPeriodGet(PWM0_BASE, PWM_OUT_2) / 2);
PWMPulseWidthSet(PWM0_BASE, PWM_OUT_3,
PWMGenPeriodGet(PWM0_BASE, PWM_OUT_3) / 2);
//
// 使能 PWM 输出信号
//
PWMOutputState(PWM0_BASE, PWM_OUT_0_BIT | PWM_OUT_1_BIT |
PWM_OUT_2_BIT | PWM_OUT_3_BIT, true);
//
// 使能相应 PWM 发生器模块
//
PWMGenEnable(PWM0_BASE, PWM_GEN_0);
PWMGenEnable(PWM0_BASE, PWM_GEN_1);
}
```

例 8-1 是最基本的 PWM 输出配置，注意，由于系统时钟的配置会有一定误差，所以 PWM 频率也可能有相应误差，如例 8-1 的实际系统时钟频率为 48 MHz，PWM 频率为 1.2 kHz。

带死区的 PWM 信号常用于在驱动 H 桥电路时防止上下桥臂同时导通，保护电路不会短路。在实际应用中，很多 H 桥驱动芯片，像 IR2104 这类芯片在硬件设计上就带有 PWM 死区功能，也能防止 H 桥上下桥臂同时导通。在配置时，仅需要多使用一个 PWMDeadBandEnable 函数。

【例 8-2】 给出了带死区输出的 PWM 信号配置程序。

```
void PWMDeadBand()
{
    //
    // 类似例 8-1 配置引脚、工作频率和工作方式
    // 设置 PWM0 输出占空比为 25%,PWM1 输出占空比为 75%
    //
    PWMPulseWidthSet(PWM0_BASE, PWM_OUT_0,
    PWMGenPeriodGet(PWM0_BASE, PWM_OUT_0) / 4);
```

```
    //
    // 使能 PWM 发生器 0 的死区发生器。PWM0、PWM1 会在
// 上升、下降沿都有 160 个时钟周期的延时,PWM1 为增加了延时时间的 PWM0 的反相信号
    PWMDeadBandEnable(PWM0_BASE, PWM_GEN_0, 160, 160);
    //
    // 使能 PWM 输出信号
    //
    PWMOutputState(PWM0_BASE, PWM_OUT_0_BIT | PWM_OUT_1_BIT, true);
    //
    // 使能相应 PWM 发生器模块
    //
    PWMGenEnable(PWM0_BASE, PWM_GEN_0);
}
```

在实际使用时，要根据芯片或电路设计要求，调整死区时间。

8.2　正交编码器接口（QEI）

正交编码器（Quadrature Encoder Interface，QEI），又名双通道增量式编码器，用于将线性位移转换成脉冲信号，可以对多种电机实现闭环控制。通过监控脉冲的数目和两个信号的相对相位，用户可以跟踪旋转的位置、方向和速度。此外还有第三个通道，称为索引信号，可用来对位置计数器进行复位，以确定绝对位置。

8.2.1　QEI 功能与特点

TM4C1294 正交编码模块对正交编码器轮产生的代码进行解码，将它们解释成位置对时间的积分，并确定旋转的方向。另外，它还能够捕获编码器轮运转时的大致速度。TM4C1294 微处理器拥有 1 个 QEI 模块，具有以下功能与特点。

1）使用位置积分器来跟踪编码器的位置。
2）输入可编程噪声过滤。
3）使用内置定时器来捕获速度。
4）QEI 输入部分的输入频率可达 1/4 主频（例如，50 MHz 系统为 12.5 MHz）。
5）QEI 在下列事件发生时将产生中断。

- 检测到索引脉冲。
- 速度定时器发生计满返回事件。
- 旋转方向发生改变。
- 检测到正交错误。

8.2.2　QEI 内部结构

图 8-7 所示为 TM4C1294 QEI 模块内部框图，PhA、PhB 为进入正交编码的内部信号。外部信号为 PhAn 和 PhBn，已经完成翻转和交换逻辑，如图 8-8 所示。QEI 模块可以对信

号进行翻转，交换逻辑。

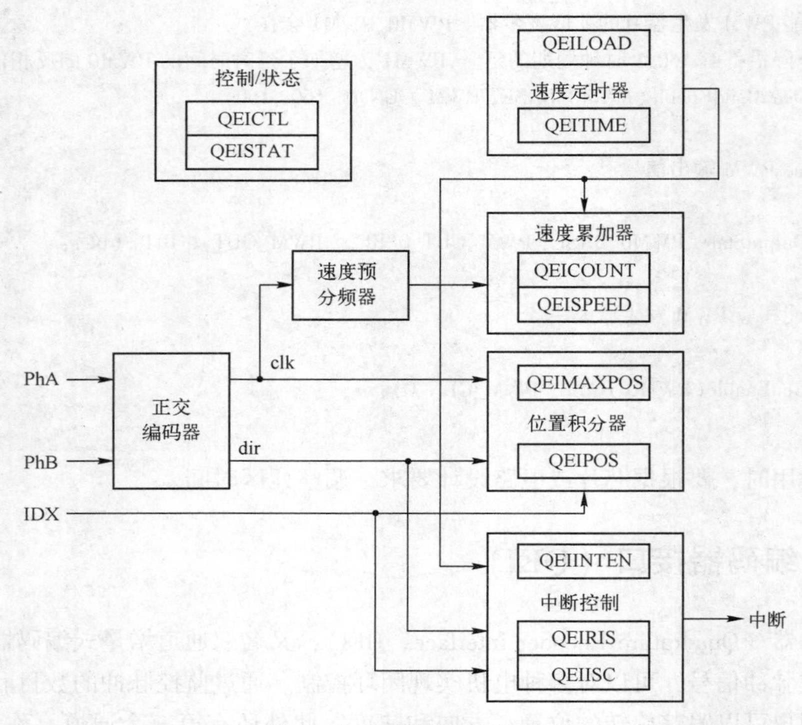

图 8-7　QEI 模块内部框图

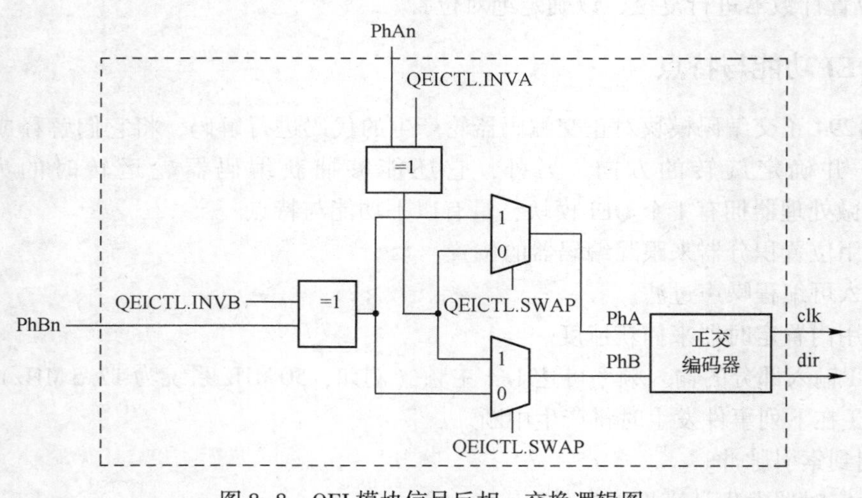

图 8-8　QEI 模块信号反相，交换逻辑图

本节所有的 PhA、PhB 都是指由 QEI 控制（QEICTL）寄存器控制，经过翻转或交换逻辑的内部信号。

8.2.3　QEI 功能描述

QEI 模块对正交编码器轮产生的两位格雷码（Gray Code）进行解码，将它们解释成位置对时间的积分并确定旋转的方向。另外，它还能够捕获编码器轮运转时的大致速度。

虽然必须在使能速度捕获前使能位置积分器，但仍然可以单独使能位置积分器和速度捕获。PhA 和 PhB 这两个相位信号在被 QEI 模块解码前可以进行交换，以改变正向和反向的意义和纠正系统的错误接线（miswiring）。另外，相位信号也可以解释为时钟和方向信号，将它们作为某些编码器的输出。

QEI 模块输入引脚上有数字噪声滤波器，能够防止假操作，噪声滤波器要求在更新边沿检测器之前。对于特定数目的连续时钟周期，输入是稳定的，该滤波器由控制（QEICTL）寄存器中的 FITE 位启用，输入更新的频率可以使用 QEICTL 寄存器中的 FIELTCNT 位进行编程。

QEI 模块支持两种信号操作模式：正交相位模式和时钟/方向模式。在正交相位模式中，编码器产生两个相位差为 90°的时钟信号；它们的边沿关系被用来确定旋转方向。在时钟/方向模式中，编码器产生一个时钟信号和一个方向信号，分别表示步长和旋转方向。这两种模式的选择由 QEI 控制（QEICTL）寄存器中的 SigMode 位确定。在将 QEI 模块设置为使用正交相位模式（SigMode 位为 0）时，位置积分器的捕获模式可设置成在 PhA 信号的上升沿和下降沿或是在 PhA 和 PhB 的上升沿和下降沿对位置计数器进行更新。在 PhA 和 PhB 的上升沿和下降沿上更新位置计数器提供更高精度的数据（更多位置计数），但位置计数器的计数范围却相对变少了。

当 PhA 的边沿超前于 PhB 的边沿时，位置计数器加 1。当 PhA 的边沿滞后于 PhB 的边沿时，位置计数器减 1。当一对上升沿和下降沿出现在其中一个相位上，而在其他相位上没有任何边沿时，这表示旋转方向已经发生了改变。

位置计数器遇到下列其中一种情况时将自动复位：检测到索引脉冲；位置计数器的值达到最大值。复位模式由 QEI 控制（QEICTL）寄存器的 ResMode 位确定。当 ResMode 位为 1 时，位置计数器在检测到索引脉冲时复位。在该模式下，位置计数器的值限制在［0:N-1］内，N 为编码器轮旋转一圈得到的相位边沿数。QEIMAXPOS 寄存器必须设置为 N-1，这样，从位置 0 反向就可以使位置计数器移到 N-1。在该模式中，一旦出现索引脉冲，位置寄存器就包含了编码器相对于索引（或发起）位置的绝对位置信息。当 ResMode 位为 0 时，位置计数器的范围限制在［0:M］内，M 为可编程的最大值。在该模式中，位置计数器将忽略索引脉冲。

速度捕获包含一个可配置的定时器和一个计数寄存器。定时器在给定时间周期内对相位边沿进行计数（使用与位置积分器相同的配置）。控制器通过 QEISPEED 寄存器来获得上一个时间周期内的边沿计数值，而当前时间周期的边沿计数在 QEICOUNT 寄存器中进行累加。当前时间周期一结束，在该段时间内计得的边沿总数便可以从 QEISPEED 寄存器中获得（上一个值丢失）。这时 QEICOUNT 复位为 0，并在一个新的时间周期开始计数。在给定时间周期内所计得的边沿数目与编码器的速度成正比例。

图 8-9 显示了 TM4C1294 正交编码器如何将相位输入信号转换为时钟脉冲、方向信号，以及速度预分频器如何操作（在 4 分频模式中）。

定时器的周期由 QEILOAD 寄存器中指定的定时器装载值来确定。定时器到达 0 时可触发一次中断，硬件将 QEILOAD 的值重新装载到定时器中，并继续递减计数。在编码器速度较低的情况下，需要一个较长的定时器周期，以便捕获足够多的边沿，从而使得结果有意

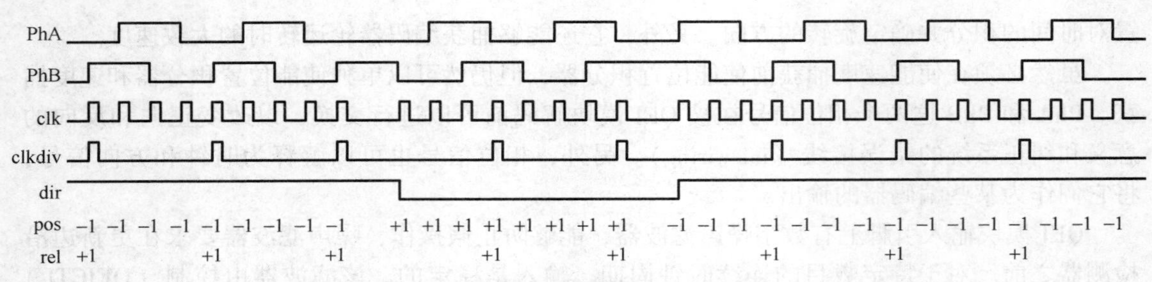

图 8-9　正交编码器和速度预分频器操作

义。在编码器速度较高的情况下，可以使用较短的定时器周期，也可以使用速度预分频器。

可以使用式（8-2）将速率计数器的值转换为 RPM（每分钟的转数）。

$$RPM = (clock \times (2 \wedge VELDIV) \times SPEED \times 60) \div (LOAD \times ppr \times edge) \quad (8-2)$$

式中，clock 是控制器的时钟速率；ppr 是实际编码器旋转一圈的脉冲数；edge 是 2 或 4，根据 QEICTL 寄存器中设置的捕获模式来决定（CapMode 设为 0 时，edge 为 2；CapMode 为 1 时，edge 为 4）。

例如，有一个运行速率为 600 r/m 的电机。在电机上连接一个每转可产生 2048 个脉冲的正交编码器，CapMode 设置为 1。这样，每转可获得 8192 个相位边沿。当相位预分频器设置为 1 分频（即 VelDIV 设置为 0）并在 PhA 和 PhB 边沿上计时时，每秒可获得 81 920 个脉冲（电机每秒转动 10 次）。如果定时器的时钟频率为 10 kHz，装载值为 2 500（可定时 0. 25 s），则每次更新定时器时，可计得 20 480 个脉冲。将参数代入式（8-2）得到：

$$RPM = (10\,000 \times 1 \times 20\,480 \times 60) \div (2\,500 \times 2\,048 \times 4) = 600\ rpm$$

现在，假设电机速率增加到 3000 rpm。这时正交编码器每秒产生 409 600 个脉冲，即每 0. 25 s 可产生 102 400 个脉冲。再次使用式（8-2）得到

$$RPM = (10\,000 \times 1 \times 102\,400 \times 60) \div (2\,500 \times 2\,048 \times 4) = 3\,000\ rpm$$

由于某些立即数可能会超过 32 位整数，因此，在计算这个等式时要特别注意。在上面的例子中，时钟为 10 000，除法器为 2 500，可以将这两个值预先除以 100（如果它们在编译时是常数），因此这两个值就变为 100 和 25。事实上，如果这两个值在编译时是常数，则可将简化为只简单地乘以 4，而又由于边沿计数因子为 4，因此两个值刚好抵消。

8. 2. 4　QEI 初始化与配置

1）用系统控制模块中的 RCGCQEI 寄存器使能 QEI 时钟。

2）通过系统控制模块中的 RCGCGPIO 寄存器使能相应 GPIO 时钟。

3）在 GPIO 模块中，使用 GPIOAFSEL 寄存器来使能对应引脚的第二功能。

4）配置 GPIOPCTL 寄存器中的 PMCn 字段来分配 QEI 信号到相应的引脚。

5）将正交编码器配置为捕获两个信号的边沿，并在索引脉冲复位时保存绝对位置的信息。使用 1000 线编码器，每条线有 4 个边沿，因此每转一圈产生 4 000 个脉冲；位置计数器从 0 开始计数，所以将最大位置计数值设置为 3 999（0xF9F）。

- 向 QEICTL 寄存器写入 0x0000. 0018。
- 向 QEIMAXPOS 寄存器写入 0x0000. 0F9F。

6）将 QEICTL 寄存器的位 0 置位以使能正交编码器。

📖 一旦通过 QEICTL 寄存器中的 ENABLE 位使能 QEI 模块，便不能被停止。唯一清除复位模块 ENABLE 位的方法是使用正交编码接口软件复位（SRQEI）寄存器。

7）延迟一段时间。

8）读取 QEIPOS 寄存器以获取编码器的位置信息。

8.2.5　QEI 寄存器映射与描述

表 8-2 所示为 QEI 寄存器映射，偏移量为相对于 QEI 模块基址的 16 进制变量，基址 QEI0 为 0x4002. C000。

表 8-2　QEI 寄存器映射

偏移量	名　称	类型	复位后默认值	描　述
0x000	QEICTL	RW	0x0000. 0000	QEI 控制
0x004	QEISTAT	RO	0x0000. 0000	QEI 状态
0x008	QEIPOS	RW	0x0000. 0000	QEI 位置
0x00C	QEIMAXPOS	RW	0x0000. 0000	QEI 最大位置
0x010	QEILOAD	RW	0x0000. 0000	QEI 定时器加载
0x014	QEITIME	RO	0x0000. 0000	QEI 定时器
0x018	QEICOUNT	RO	0x0000. 0000	QEI 速度计数器
0x01C	QEISPEED	RO	0x0000. 0000	QEI 速度
0x020	QEIINTEN	RW	0x0000. 0000	QEI 中断使能
0x024	QEIRIS	RO	0x0000. 0000	QEI 原始中断状态
0x028	QEIISC	RW1C	0x0000. 0000	QEI 中断状态和清除

注意，配置这些寄存器之前必须先使能 QEI 模块时钟。使能后，在访问任何 QEI 模块寄存器前，必须先延迟 3 个系统时钟周期。

8.2.6　QEI 应用例程

【例 8-3】 使用 QEI 读取绝对位置的配置方法。

```
void QEIinit( )
{
//
// 配置 QEI 双边沿捕捉,在索引脉冲复位时保存绝对位置的信息
// 使用 1 000 线编码器,每条线有 4 个边沿,因此每转一圈产生 4 000 个脉冲
// 位置计数器从 0 开始计数,所以将最大位置计数值设置为 3 999(0xF9F)
//
QEIConfigure(QEI_BASE, (QEI_CONFIG_CAPTURE_A_B | QEI_CONFIG_RESET_IDX | QEI_CONFIG
_QUADRATURE | QEI_CONFIG_NO_SWAP), 3999);
//
```

```
// 使能正交编码器
//
QEIEnable(QEI_BASE);
//
//延时一段时间
//
SysCtlDelay(300);
//
// 读取编码器位置
//
QEIPositionGet(QEI_BASE);
}
```

8.3 思考与练习

1. 阐述 PWM 发生器中定时器的工作模式。
2. 阐述 PWM 死区发生器的工作原理。
3. 试编写 PWM 初始化程序，要求：设系统时钟频率为 40 MHz，PWM 信号发生器 0 工作在先增后减，立即同步方式，频率为 10 kHz。
4. QEI 支持哪两种信号操作模式？
5. 如何判断正交编码器的旋转方向发生了改变？

第 9 章　基于 TM4C12x 的综合应用实例

TM4C123 微处理器与 TM4C1294 微处理器都隶属于 TI Tiva C 系列微处理器，并且都是基于 ARM Cortex-M4 架构的 32 位微处理器，都包括一个 ARM CortexM4F 微处理器内核、系统控制外设、多种内部存储器、模拟比较器以及高速 ADC 功能、多种串行通信功能、高级运动控制功能等，同时都集成了 JTAG 和 ARM 串行线调试接口。TM4C123 微处理器相比于 TM4C1294 微处理器主频低一些，同时不集成网口。

本章首先介绍了基于 TM4C123 LaunchPad 的硬件平台以及运行在此平台上的步进电动机驱动应用实例；然后介绍了基于 TM4C1294 LaunchPad 的 Wi-Fi 应用实例；最后介绍了基于 TM4C1294 的 AY-SCMP Kit 实验开发板以及运行在开发板上的综合应用实例（重力感应球、音乐播放器和贪吃蛇游戏），包括实验板的系统组成、部分硬件资源以及综合应用实例的设计流程、部分软件实现和实例现象展示。

9.1　基于 TM4C123 LaunchPad 的硬件平台介绍

TI Tiva™ C 系列 TM4C123G LaunchPad（型号 EK-TM4C123GXL，实物图如图 9-1 所示）

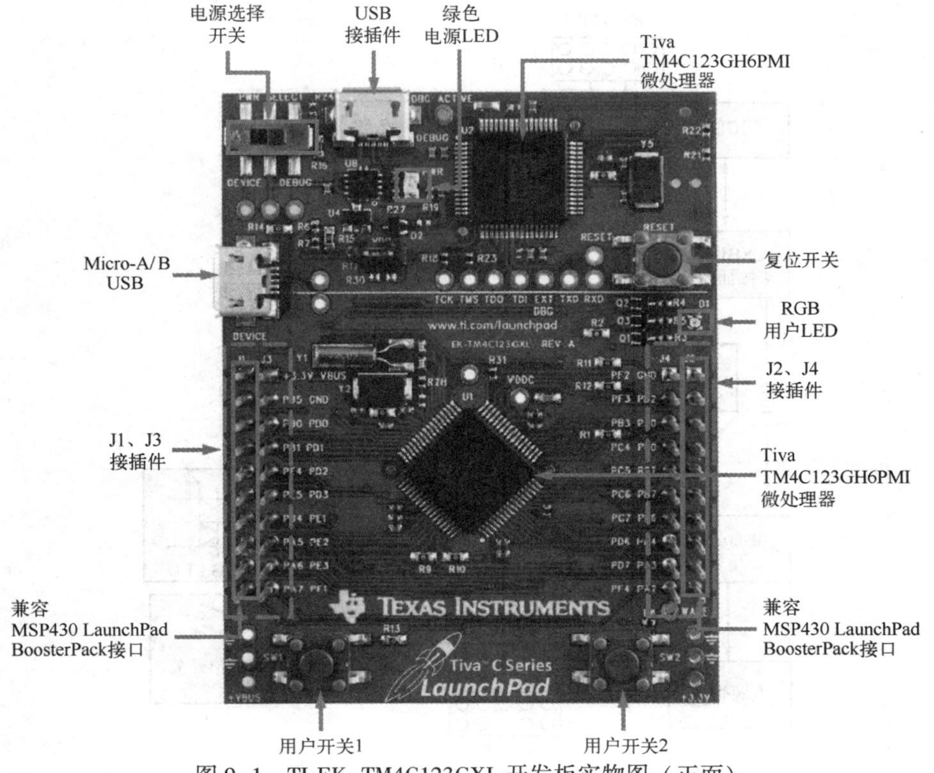

图 9-1　TI EK-TM4C123GXL 开发板实物图（正面）

是 TI MCU EVM 生态系统的成员之一，是基于 ARM Cortex-M4F 的一款低成本最小开发系统。该开发板集成了 USB 2.0 接口，休眠功能以及电机驱动模块等功能，Lauchpad 同时设计了板载仿真模块、按键、RGB 三色 LED 和外设扩展端口，为用户进行扩展应用提供了便利。

9.1.1 硬件平台性能概述

TI Tiva™ C 系列 TM4C123G LaunchPad 包含如下硬件模块。

- Tiva TM4C123GH6PMI 微处理器。
- 电机控制 PWM 模块。
- USB Micro-A 和 Micro-B 端口可实现 USB 设备、主控设备和 OTG 功能。
- RGB 功能实现 LED 灯控制。
- 两个用户按键（1 个应用按键，1 个复位按键）。
- 40 针 TI 标准 LauchPad 排针。
- 板载仿真器。
- 板上供电通道选择（板载仿真 USB 端口供电/USB 应用端口供电）。

9.1.2 硬件平台功能模块介绍

TM4C123G LaunchPad 最小系统板基于 TI Tiva Cortex-M4 系列中的 TM4C123GH6PM 进行开发，该平台搭载板载仿真器方便用户入门和开发，同时该平台基于 TI 标准 LaunchPad 接口，可实现不同外设灵活扩展，基本功能框图如图 9-2 所示。

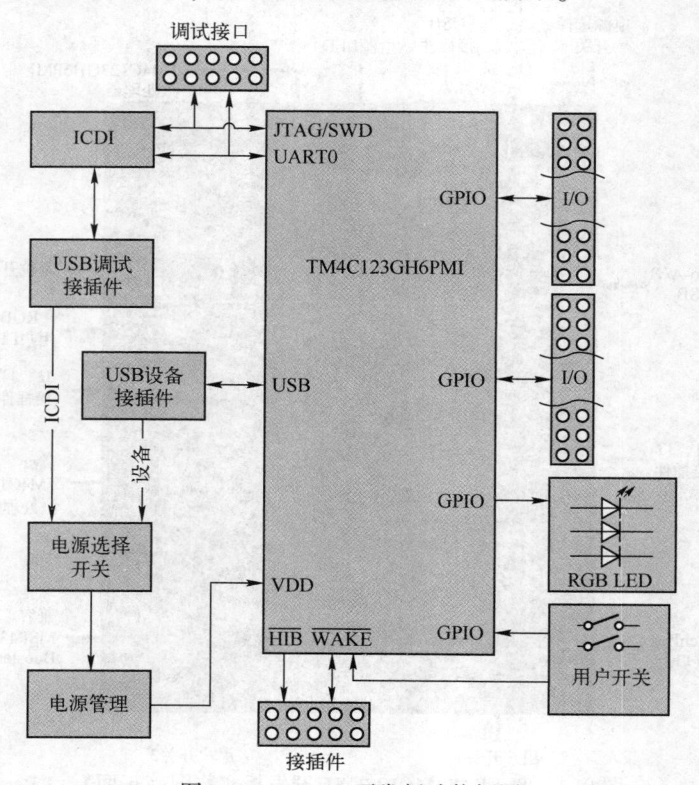

图 9-2 TIVA C 开发板功能框图

1. 微处理器

TM4C123GH6PM 为一款基于 ARM Cortex-M4 架构的 32 位微处理器，拥有 80 MHz 主频、256 KB Flash、32 KB SRAM、USB 外设功能、休眠模块和定时器、ADC、串行通信端口等丰富外设模块。

对于该开发板，在出厂时就烧写了快速启动程序在 TM4C123GH6PM 的 Flash 中，每次上电该程序将自动运行。用户开发过程中，第一次下载程序后，出厂程序将被覆盖。

2. USB 连接

TM4C123GH6PM 芯片带有 USB 外设功能，EK-TM4C123GXL 开发板的硬件设计中带有 USB 开发端口，无须做任何硬件上的调整即可开启 USB 相关的开发应用。USB 功能的两个引脚只作为 USB 功能使用，不与板上外扩的 40 个引脚复用。USB 引脚说明如表 9-1 所示。

表 9-1　USB 功能引脚

GPIO 引脚	引 脚 功 能	USB 引脚
PD4	USB0DM	D-
PD5	USB0DP	D+

基于 TM4C123GH6PM 开发的 USB 具有 On-The-Go（OTG）的功能，既可以做主机又可以做外设设备。在使用 OTG 功能的时候，将 R25 和 R29 的 0 欧姆电阻焊接上，如图 9-3 所示。其中 R25 将 USB ID 端口与芯片 PB0 引脚相连，R29 将 USB VBUS 端口与芯片 PB1 引脚相连。当这两个电阻焊接上时，在软件设置上，需保证这两个引脚被设置为 USB 使用。而 PB0 和 PB1 在开发板中又作为 I/O 引脚被引到外扩的 40 根排针上，因此这两个引脚功能设置一定要谨慎。

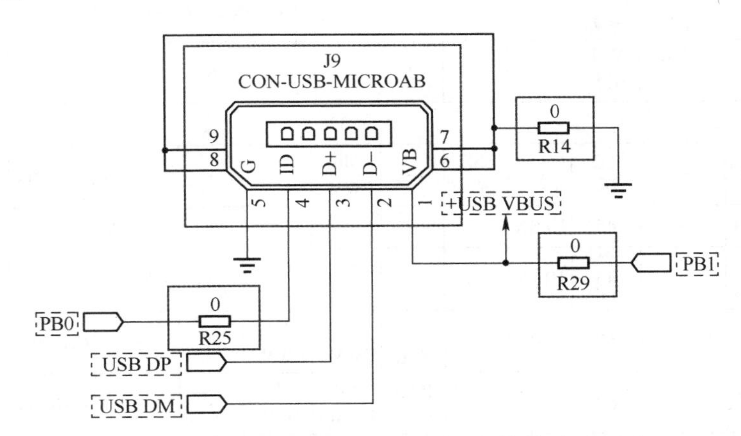

图 9-3　TI EK-TM4C123GXL USB 硬件单元原理图

3. 电机控制

EK-TM4C123GXL 具有 Tiva C 系列的 PWM 电机驱动模块，具备两个 PWM 模块，共 16 个 PWM 输出端口。可灵活配置每个 PWM 端口的输出信号，适用于不同应用场景。如需要死区控制的 H 桥电路，或者 6 路 PWM 控制的 3 相逆变器应用。正交编码单元（QEI）为电机闭环控制提供可能性。

4. 用户开关和 RGB LED

Tiva C 系列的 LaunchPad 均具备 1 个三色 LED 灯，供开发者快速入门使用，其出厂自带程序中有 LED 使用例程。两个用户按键，其中一个按键在出厂自带程序中用来控制三色 LED 灯，另一个用来控制单片机休眠和复位。具体信号连接如表 9-2 所示。

表 9-2　用户按键和 RGB LED 灯控制信号

GPIO 引脚	引 脚 功 能	USB 引脚
PF4	GPIO	按键 1（SW1）
PF0	GPIO	按键 2（SW2）
PF1	GPIO	RGB LED（红色）
PF2	GPIO	RGB LED（蓝色）
PF3	GPIO	RGB LED（绿色）

5. 板上扩展端口 BoosterPacks 说明

为方便用户使用，EK-TM4C123GXL 将 TM4C123GH6PM 的 GPIO 通过两组双排共 40 个引脚进行了外扩。在板上分别以 J1、J2、J3 和 J4 标注，引脚间距 2. 54 mm。该两组双排插针为 TI 标准接口形式，Tiva C 系列基于 TM4C123G LaunchPad 有一系列的 BoosterPack 模块，都可以与该 EVM 板配套使用。其中 J1～J4 端口与芯片的一一对应如表 9-3～表 9-6 所示。为方便用户更快配置 MCU 的引脚，TI 提供了针对 Tiva C 系列的 Pinmux Utility 的辅助引脚配置工具，下载地址为 www. ti. com/tool/lm4f_pinmux。

表 9-3　J1 端口说明

J1 引脚	GPIO	模拟功能 GPIO AMSEL	板上功能	Tiva C 系列 MCU 引脚	GPIOPCTL 寄存器配置										
					1	2	3	4	5	6	7	8	9	14	15
1. 01	3. 3 V														
1. 02	PB5	AIN11	–	57	–	SSI2 Fss	–	M0 PWM3	–	–	T1CCP1	CAN0Tx	–	–	–
1. 03	PB0	USB0ID	–	45	U1RX	–	–	–	–	–	T2CCP0	–	–	–	–
1. 04	PB1	USB0 VBUS	–	46	U1TX	–	–	–	–	–	T2CCP1	–	–	–	–
1. 05	PE4	AIN9	–	59	U5RX	–	I^2C2 SCL	M0 PWM4	M1 PWM2	–	–	CAN0Rx	–	–	–
1. 06	PE5	AIN8	–	60	U5TX	–	I^2C2 SDA	M0 PWM5	M1 PWM3	–	–	CAN0Tx	–	–	–
1. 07	PB4	AIN10	–	58	–	SSI2 Clk	–	M0 PWM2	–	–	T1CCP0	CAN0Rx	–	–	–
1. 08	PA5	–	–	22	–	SSI2 0Tx	–	–	–	–	–	–	–	–	–
1. 09	PA6	–	–	23	–	–	I^2C1 SCL	–	M1 PWM2	–	–	–	–	–	–
1. 10	PA7	–	–	24	–	–	I^2C1 SDA	–	M1 PWM3	–	–	–	–	–	–

表 9-4　J2 端口说明

J2 引脚	GPIO	模拟功能 GPIO AMSEL	板上功能	Tiva C 系列 MCU 引脚	GPIOPCTL 寄存器配置										
					1	2	3	4	5	6	7	8	9	14	15
2.01	GND														
2.02	PB2	–	–	47	–	–	I^2C0 SCL	–	–	–	T3 CCP0	–	–	–	–
2.03	PE0	AIN3	–	9	U7Rx	–	–	–	–	–	–	–	–	–	–
2.04	PF0	–	USR_ SW2/ WAKE（R1）	28	U1 RTS	SSI1 Rx	CAN0 Rx	–	M1P WM4	PhA0	T0 CCP0	NMI	C0o	–	–
2.05	RESET														
2.06	PB7	–	–	4	–	SSI2 Tx	–	M0P WM1	–	–	T0 CCP1	–	–	–	–
	PD1	AIN6	MSP430 兼容性连接（R10）	62	SSI3 Fss	SSI1 Fss	I^2C3 SDA	M0P WM7	M1P WM1	–	WT2 CCP1	–	–	–	–
2.07	PB6	–	–	1	–	SSI2 Rx	–	M0P WM0	–	–	T0 CCP0	–	–	–	–
	PD0	AIN7	MSP430 兼容性连接（R9）	61	SSI3 Clk	SSI1 Clk	I^2C3 SCL	M0P WM6	M1P WM0	–	WT2 CCP0	–	–	–	–
2.08	PA4	–	–	21	–	SSI0 Rx	–	–	–	–	–	–	–	–	–
2.09	PA3	–	–	20	–	SSI0 Fss	–	–	–	–	–	–	–	–	–
2.10	PA2	–	–	19	–	SSI0 Clk	–	–	–	–	–	–	–	–	–

表 9-5　J3 端口说明

J3 引脚	GPIO	模拟功能 GPIO AMSEL	板上功能	Tiva C 系列 MCU 引脚	GPIOPCTL 寄存器配置										
					1	2	3	4	5	6	7	8	9	14	15
3.01	5.0 V														
3.02	GND														
3.03	PD0	AIN7	–	61	SSI3 Clk	SSI1 Clk	I^2C3 SCL	M0P WM6	M1P WM0	–	WT2 CCP0	–	–	–	–
	PB6	–	MSP430 兼容性连接（R9）	1	–	SSI2 Rx	–	M0P WM0		–	T0 CCP0	–	–	–	–
3.04	PD1	AIN6	–	92	SSI3 Fss	SSI1 Fss	I^2C3 SDA	M0P WM7	M1P WM1	–	WT2 CCP1	–	–	–	–
	PB7	–	MSP430 兼容性连接（R10）	4	–	SSI2 Tx	–	M0P WM1	–	–	T0 CCP1	–	–	–	–

（续）

J3引脚	GPIO	模拟功能 GPIO AMSEL	板上功能	Tiva C 系列 MCU 引脚	GPIOPCTL 寄存器配置										
					1	2	3	4	5	6	7	8	9	14	15
3.05	PD2	AIN5		63	SSI3Rx	SSI1Rx	–	M0FAULT0	–	–	WT3CCP0	USB0EPEN	–	–	–
3.06	PD3	AIN4	–	64	SSI3Tx	SSI1Tx	–	–	–	–	WT3CCP1	USB0PFLT	–	–	–
3.07	PE1	AIN2	–	8	U7Tx	–	–	–	–	–	–	–	–	–	–
3.08	PE2	AIN1	–	7	–	–	–	–	–	–	–	–	–	–	–
3.09	PE3	AIN0	–	6	–	–	–	–	–	–	–	–	–	–	–
3.10	PF1	–	–	29	U1CTS	SSI1Tx	–	–	M1PWM5	–	T0CCP1	–	C1o	TRD1	–

表 9-6　J4 端口说明

J4引脚	GPIO	模拟功能 GPIO AMSEL	板上功能	Tiva C 系列 MCU 引脚	GPIOPCTL 寄存器配置										
					1	2	3	4	5	6	7	8	9	14	15
4.01	PF2	–	Blue LED（R11）	30	–	SSI1Clk	–	M0FAULT0	M1PWM6	–	T1CCP0	–	–	–	TRD0
4.02	PF3	–	Green LED（R12）	31	–	SSI1Fss	CAN0Tx	–	M1PWM7	–	T1CCP1	–	–	–	TRCLK
4.03	PB3	–	–	48	–	–	I^2C0SDA	–	–	–	T3CCP1	–	–	–	
4.04	PC4	C1–	–	16	U4Rx	U1Rx	–	M0PWM6	–	IDX1	WT0CCP0	U1RTS	–	–	
4.05	PC5	C1+	–	15	U4Tx	U1Tx	–	M0PWM7	–	PhA1	WT0CCP1	U1CTS	–	–	
4.06	PC6	C0+	–	14	U3Rx	–	–	–	–	PhB1	WT1CCP0	USB0EPEN	–	–	
4.07	PC7	C0–	--	13	U3Tx	–	–	–	–	–	WT1CCP1	USB0PFLT	–	–	
4.08	PD6	–	–	53	U2Rx	–	–	–	–	PhA0	WT5CCP0	–	–	–	
4.09	PD7	–	–	10	U2Tx	–	–	–	–	PhB0	WT5CCP1	NMI	–	–	
4.10	PF4	–	USR_SW1（R13）	5	–	–	–	–	M1FAULT0	IDX0	T2CCP0	USB0EPEN	–	–	

其中 J1 和 J2 两排插针与 MSP430 的外排插针相互兼容。TI 对应的 LaunchPad 和 BoosterPack 可通过链接下载：www.ti.com/tm4c123g-launchpad。

6. 电源管理单元

EK-TM4C123GXL 整个板上供电方案有两种选择。

- 板载仿真端口的 USB 端。

- 用户应用的 USB 端口，板上 SW3 用来选择由哪个 USB 端口进行供电，根据电路图标识进行选择。

（1）休眠模式应用

EK-TM4C123GXL 板上提供了一个外部 32.768 kHz（Y1）的低频晶振时钟源，可作为 TM4C123GH6PM 休眠模块的时钟源。通过对该 EVM 的小调整，从而测试休眠状态下整个 LaunchPad 的电流消耗。

TM4C123GH6PM 具有一个控制单片机休眠的单元，基于该功能，可满足电池供电需求。当单片机进入休眠状态后，可通过唤醒 RTC 功能或者 WAKE 引脚来触发，唤醒单片机。板上 SW2 是与 WAKE 引脚直接相连的，同时配合 VDD 和 HIB 引脚，从而配置单片机是否进入休眠状态。

该 LaunchPad 没有提供电池供电的部分，所以单片机进入休眠时只能使用 VDD3ON 的电源控制机制（可具体参考数据手册），该机制通过休眠单元内部的开关控制处理器和其他外设单元控制断电，但保持 I/O 端口的状态。

板上有一个跳线帽，板上标识 VDD，可将该跳线帽移除，连接进电流表，从而可测试单片机的功耗。

（2）时钟

EK-TM4C123GXL 板上有 2 个晶振，其中一个 16 MHz（Y2）晶振，供 TM4C123GH6PM 内部主要时钟系统使用；内部的 PLL 将该时钟频率进行倍频，可根据软件配置出需要的各种频率供处理器内核和外设使用。休眠模块由另一个晶振 32.768 kHz（Y1）提供。

（3）复位电路

复位信号通过 RESET 按键与单片机连接，同时与板上仿真电路的复位端口相连。外部复位在以下任一情况时都可以产生。

- 上电复位。
- RESET 引脚复位。
- 板载仿真复位。

7. 板载仿真（ICDI）

（1）Tiva LaunchPad 都具有板载仿真器（In-Circuit Debug Interface，ICDI）

板载的仿真单元为用户下载和调试程序提供了极大的便利，同时利用板载仿真器可实现基于 LM Flash Programmer（http://www.ti.com/tool/LMFLASHPROGRAMMER）的程序下载。板载 ICDI 基于 JTAG 仿真技术，外部仿真接口可以通过串行调试接口技术 SWD 和 SWO 进行连接，实现其他的仿真方式。表 9-7 为 JTAG 和 SWD 仿真接口引脚介绍。在板上都预留了相应的仿真端口连接点，供用户灵活选择。

表 9-7　ICDI 引脚介绍

GPIO 引脚	引 脚 功 能
PC0	TCK/SWCLK，JTAG 测试时钟输入/SW 测试时钟输入
PC1	TMS/SWDIO，JTAG 测试模式选择/SW 测试数据传输
PC2	TDI，JTAG 测试数据输入
PC3	TDO/SWO，JTAG 测试数据输出/SW 模式输出

（2）虚拟串口

当通过 USB 线，连接计算机和 LaunchPad 上 Debug USB 端口后，该设备会在计算机上显示仿真端口和虚拟串口两个端口。表 9-8 为虚拟串口的端口引脚介绍。

表 9-8 虚拟串口端口引脚介绍

GPIO 引脚	引 脚 功 能
PA0	U0RX，UART0 读引脚
PA1	U0TX，UART0 写引脚

9.1.3 软件介绍

（1）TivaWare 软件开发包

TI 针对 Tiva 系列单片机提供 TivaWare 软件包，该软件包包含了所有针对 Tiva 系列芯片的例程和应用案例。其中所包含的 “Tiva C Series Peripheral Driver Library” 能够为 Tiva C 系列的芯片提供外设配置的对应例程。TivaWare 为初级入门者提供了快速学习的例程和应用。

（2）软件开发工具

TI 推荐使用的软件开发工具为 Code Composer Studio™ IDE，该工具为免费开发工具平台，适用于所有 TI 处理器平台。

针对 Tiva C 系列的 LaunchPad，推荐先下载 TivaWare，步骤如下。

1）从 CCS 进入，选择 “Help” → “Getting Started” 命令，如图 9-4 所示。

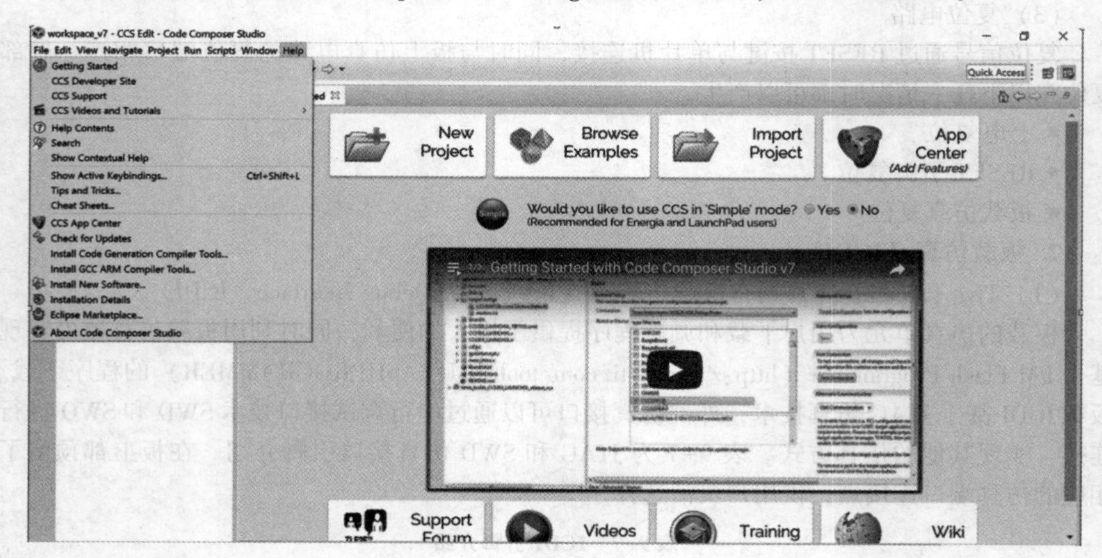

图 9-4 CCS Getting Started 界面

2）单击界面中的 “App Center”，在搜索框中输入 “TivaWare”，然后单击对应的 “Download” 按钮，如图 9-5 所示。

3）下载完成后，单击 “Browse Examples” 按钮，如图 9-6 所示。

4）选择 “TM4C ARM Cortex-M4F MCU”，如图 9-7 所示。

图 9-5　TivaWare 软件下载界面

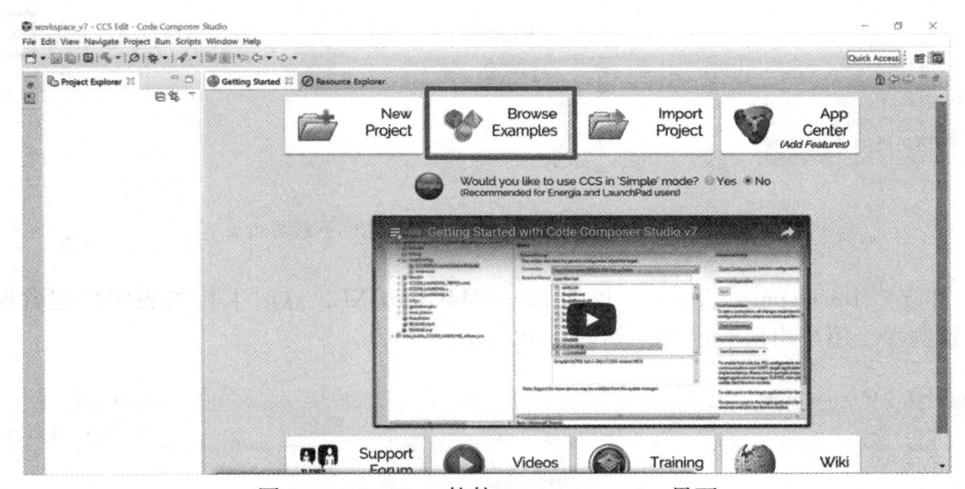

图 9-6　TivaWare 软件 Browse Examples 界面

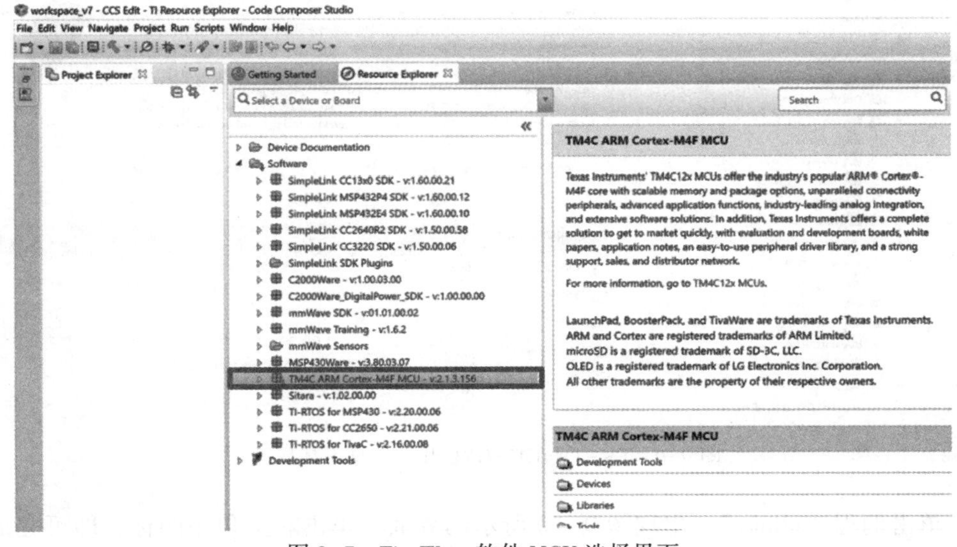

图 9-7　TivaWare 软件 MCU 选择界面

5）在对应的下拉列表中单击右下角的“下载”按钮，相应的软件会默认下载至 C:\ti 文件夹下，如图 9-8 所示。

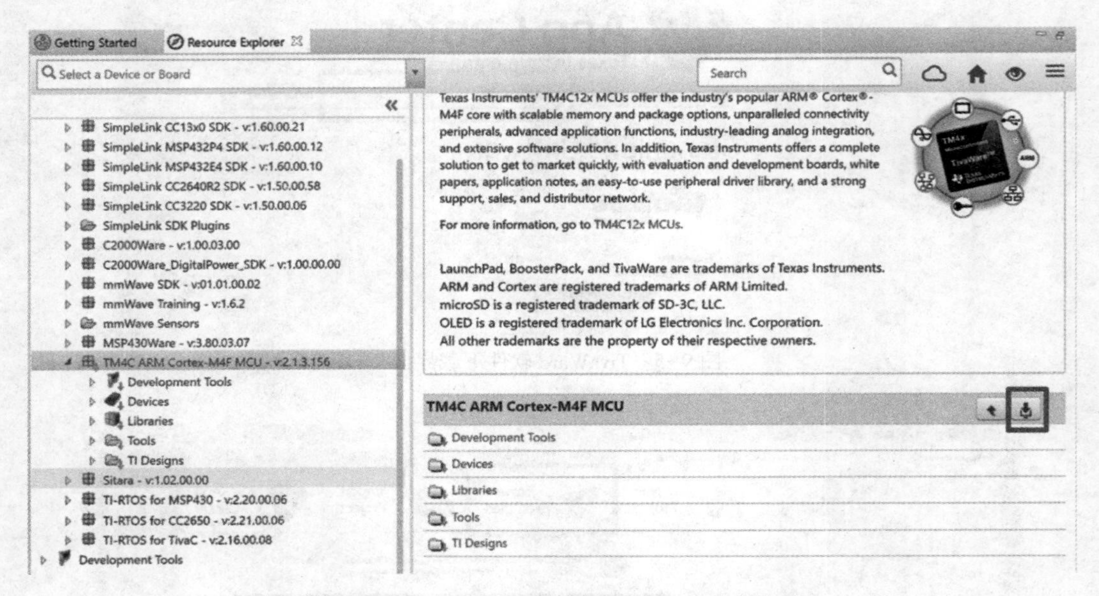

图 9-8　TM4C ARM Cortex-M4F MCU 下载界面

6）单击“Development Tool”，找到 EK-TM4C123GXL，这时下拉列表中将包含所有的外设配置例程、用户出厂程序等，如图 9-9 所示。

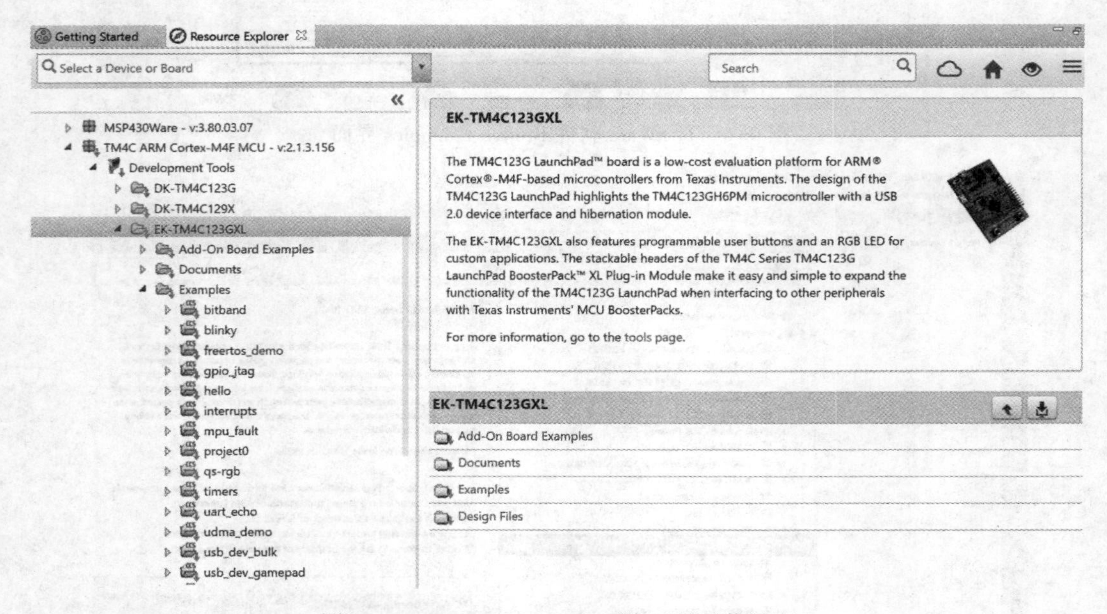

图 9-9　EK-TM4C123GXL 开发工具下载界面

7）单击例程“blinky”，出现图 9-10 所示的界面，单击右上角小图标，即可完成程序的导入。

8）一个最基本的基于 LaunchPad 的程序即以工程的形式出现在 CCS 的编程环境中。可根据自己的需求修改端口，修改程序，进行编译和连接，如图 9-11 所示。

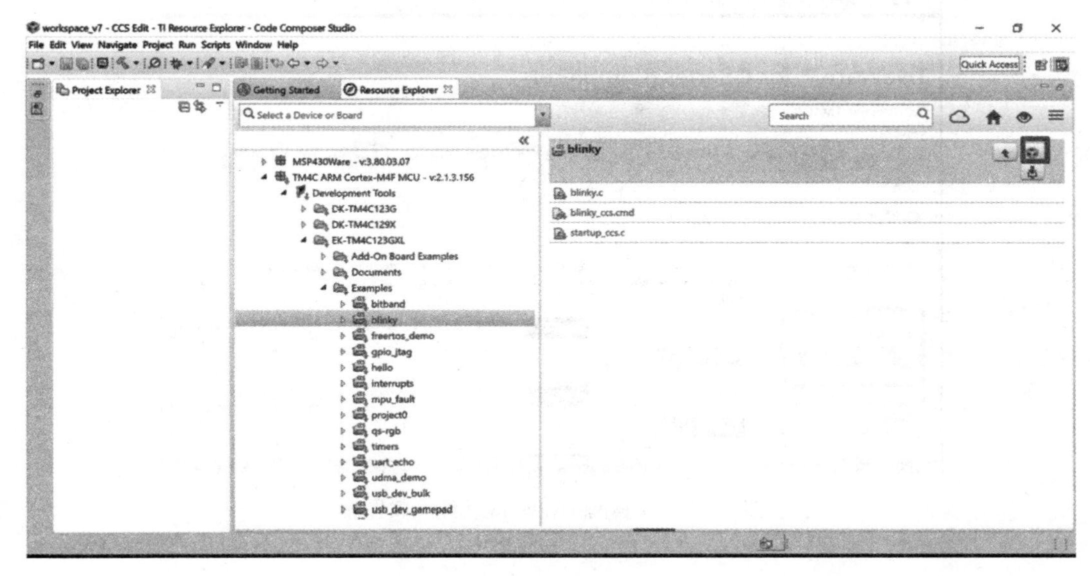

图 9-10　例程程序导入界面

workspace_v7 - CCS Edit - blinky/blinky.c - Code Composer Studio

File Edit View Navigate Project Run Scripts Window Help

Project Explorer　Getting Started　Resource Explorer　blinky.c

- blinky [Active - Debug]
  - Binaries
  - Includes
  - Debug
  - blinky_ccs.cmd
  - blinky.c
  - startup_ccs.c
  - macros.ini_initial
  - target_config.ccxml [Active/Default]

```
45 //*****************************************************************************
46 int
47 main(void)
48 {
49     volatile uint32_t ui32Loop;
50
51     //
52     // Enable the GPIO port that is used for the on-board LED.
53     //
54     SysCtlPeripheralEnable(SYSCTL_PERIPH_GPIOF);
55
56     //
57     // Check if the peripheral access is enabled.
58     //
59     while(!SysCtlPeripheralReady(SYSCTL_PERIPH_GPIOF))
60     {
61     }
62
63     //
64     // Enable the GPIO pin for the LED (PF3).  Set the direction as output, and
65     // enable the GPIO pin for digital function.
66     //
67     GPIOPinTypeGPIOOutput(GPIO_PORTF_BASE, GPIO_PIN_3);
68
69     //
70     // Loop forever.
71     //
72     while(1)
73     {
74         //
75         // Turn on the LED.
```

/blinky/blinky.c

图 9-11　基于 LaunchPad 程序的工程创建界面

📖 如果 CCS 下载 TivaWare 比较缓慢，可进入 TI 官网（http://www.ti.com/tool/sw-tm4c?DCMP=tivac-series&HQS=tivaware）直接下载，如图 9-12 所示。下载完成后，根据默认的模式安装可达到与上述相同的效果。

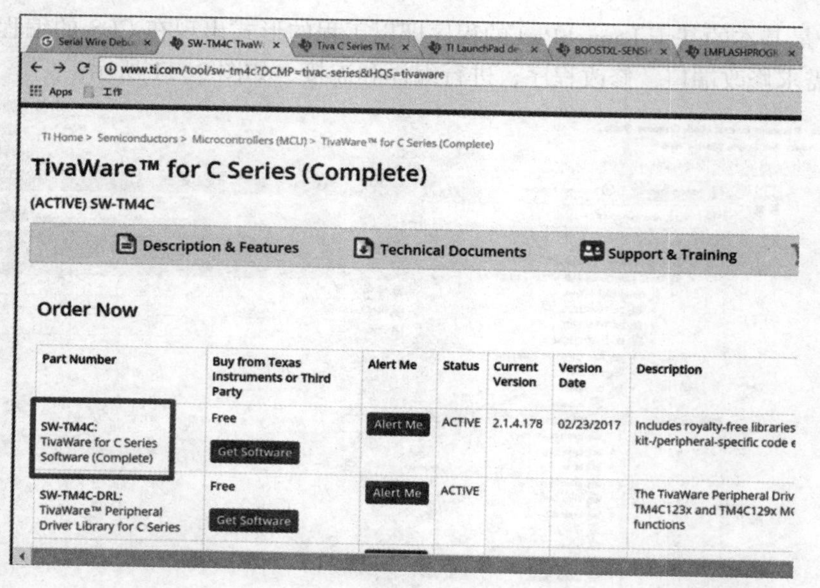

图 9-12　TI 官网 TivaWare 软件下载界面

9.2　基于 TM4C123 LaunchPad 的步进电动机驱动应用设计

TI TM4C123 微处理器具有丰富的外设模块，如 GPIO/16 位定时器/多路 PWM 输出/正交编码器/ADC 等功能。本小节选择 TI 参考设计方案，基于 TM4C123 并结合 TI DRV 系列电机驱动芯片，可作为直流电动机或者步进电动机的低成本解决方案。通过 TM4C123 的 GPIO 端口控制 DRV8833 的 H 桥，基于全桥和半桥控制方式实现步进电动机的启动、停止、速度和方向控制。该应用适用于工业电机控制，对精度要求较高的电机控制场合。

9.2.1　TM4C123GH6PM 微处理器介绍

TM4C123GH6PM 可应用于不同的工业应用场景中，例如，远程监控、工业测试测量设备、网络应用、楼宇自动化、电子开关、游戏设备、电机控制和工业运输设备中。

TM4C123GH6PM 有 43 路可编程控制的具有中断功能的 GPIO 端口。6 路 32 位（可编程实现 12 路 16 位）的通用定时器单元，8 路 UART 端口，4 组 SSI 通信模块，4 组 I^2C 通信端口，2 组具有 12 通道、采样率可达 1MHz 的片上 ADC，8 个 PWM 输出模块，2 个 QEI 模块和具有 OTG 功能的 USB 通信模块。同时该处理器还集成有 32 通道的可编程控制的 μDMA 控制器，为大规模数据快速传输提供可能。图 9-13 为 TM4C123GH6PM 功能框图。

9.2.2　DRV8833 步进电动机驱动器

DRV8833 内部具有 2 路 H 桥驱动单元，该器件内部集成 N 沟道的 MOSFET，可直接驱动 2 个有刷直流电机、1 个双极步进电动机、电磁线圈和其他电感式的负载。每个 H 桥还集成了电机过流保护电路，其内部的保护电路可实现过流、过压、过热和短路保护，同时还具有休眠功能。内部结构框图如图 9-14 所示。

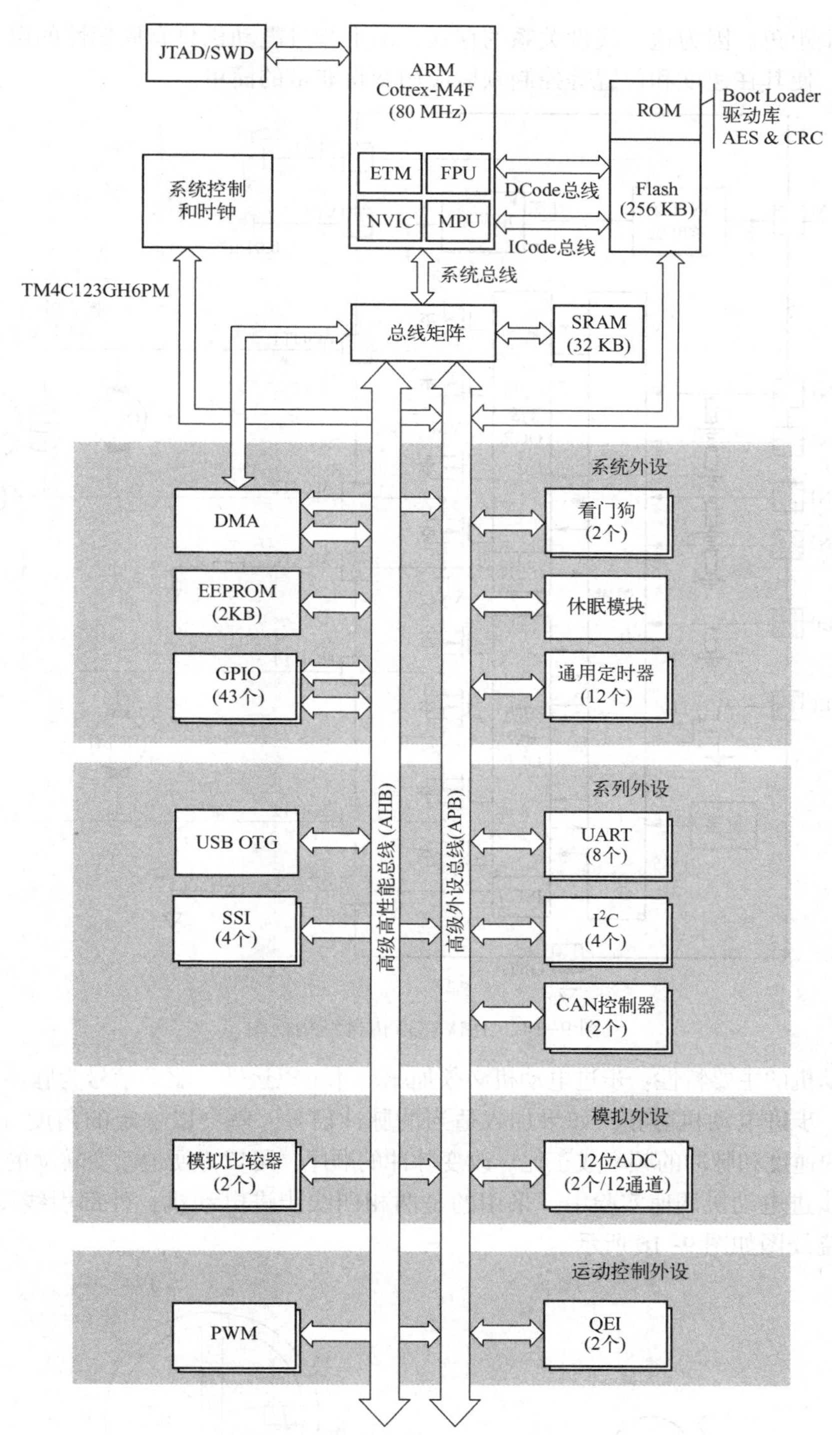

图 9-13　TM4C123GH6PM 功能框图

在本应用实例中，主要实现了双极步进电动机的驱动。步进电动机是将电脉冲信号转变为角位移或线位移的开环控制元件。在非超载的情况下，电动机的转速、停止的位置只取决于脉冲信号的频率和脉冲数，而不受负载变化的影响，即给电动机加一个脉冲信号，电动机则转过一个步距角。因为这一线性关系的存在，加上步进电动机只有周期性的误差而无累积误差等特点，使其在速度和位置等控制领域应用变得非常的简单。

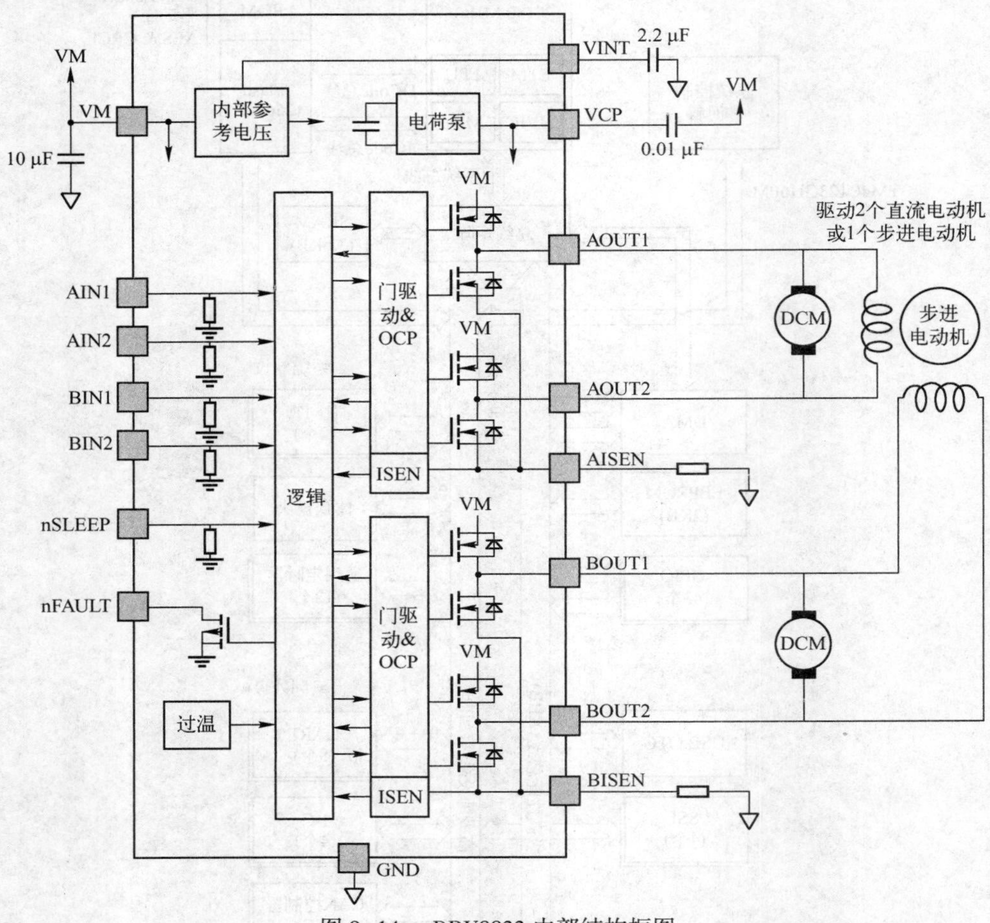

图 9-14　DRV8833 内部结构框图

步进电动机的主要特性：步进电动机必须加驱动才可以运转，驱动信号为脉冲信号，没有脉冲的时候，步进电动机静止，如果加入适当的脉冲信号，就会以一定的角度（称为步角）转动。转动的速度和脉冲的频率成正比。改变脉冲的顺序，可以方便地改变转动的方向。

在本次步进电动机调速实验中，采用的是两相四线步进电动机，外部引线图如图 9-15 所示，内部绕线图如图 9-16 所示。

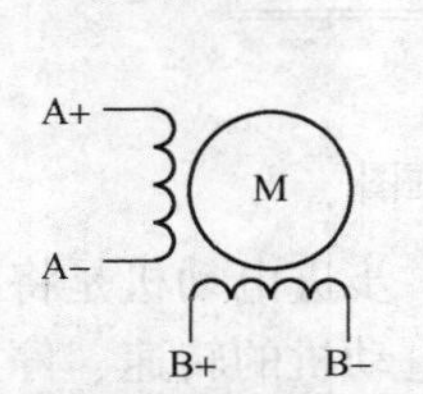

图 9-15　两相步进电动机外部引线图

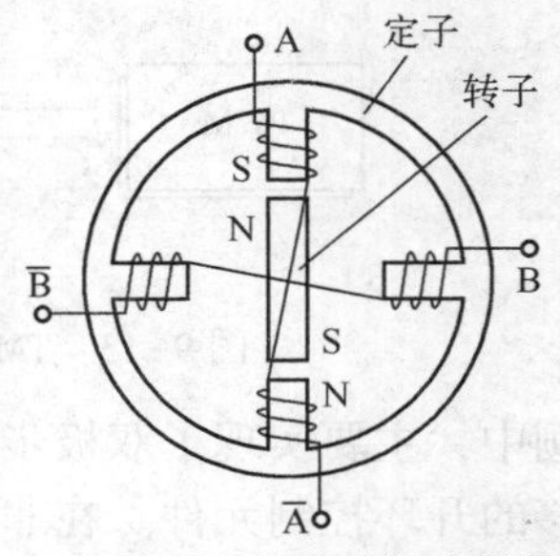

图 9-16　两相步进电动机内部绕线图

两相步进电动机的驱动方式可以选择单四拍与双四拍。这里的“单”指的是每次只有单相通电，“四拍”指的是一个循环通电中包含 4 次切换，其中单四拍的通电顺序为：A-B-$\overline{A}$-$\overline{B}$。双四拍通电顺序为：$\overline{A}\,\overline{B}$-$\overline{B}$A-AB-B$\overline{A}$。需要注意的是，当一相为高时，该相的另一端应该置低。

根据步进电动机的控制原理，DRV8833 可通过简单的 PWM 控制，实现电动机的启停、转速和方向的控制，控制框图如图 9-17 所示。

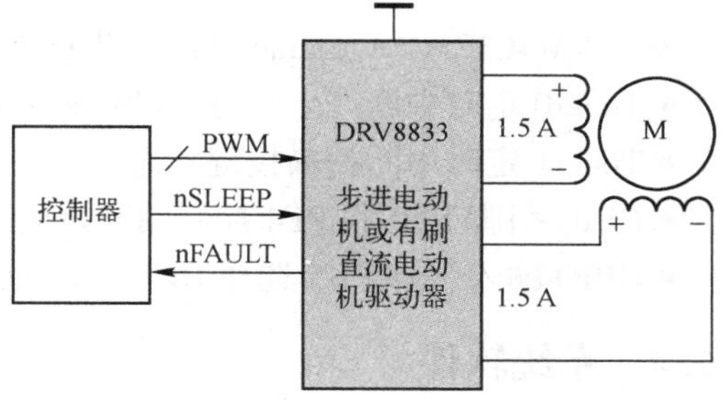

图 9-17　DRV8833 步进电动机控制框图

H 桥控制逻辑如表 9-9 所示，其中 AIN1 和 AIN2 输入引脚控制 AOUT1 和 AOUT2 的输出状态，BIN1 和 BIN2 输入引脚控制 BOUT1 和 BOUT2 的状态。因此，只需要使用单片机的 4 个 GPIO 与 DRV8833 的 AIN1、AIN2、BIN1 和 BIN2 相连，并按照步进电动机的时序控制，即可实现步进电机控制系统。

表 9-9　H 桥逻辑控制表

xIN1	xIN2	xOUT1	xOUT2	功　能
0	0	Z	Z	平稳/快速衰减
0	1	L	H	反向
1	0	H	L	正向
1	1	L	L	制动/缓慢衰减

9.2.3　系统硬件

该系统由 EK-TM4C123GXL LaunchPad 和 DRV8833 驱动板组成，这两块电路板均可从 TI 官网直接获取。硬件连接如图 9-18 所示，引脚连接如表 9-10 所示。

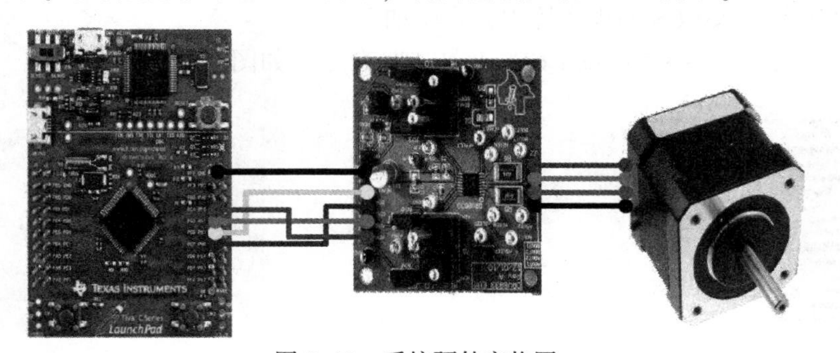

图 9-18　系统硬件实物图

表 9-10　引脚连接图

TM4C123GXL LaunchPad	DRV8833
PC4	AIN1
PC5	AIN2
PC6	BIN2

(续)

TM4C123GXL LaunchPad	DRV8833
PC7	BIN1
GND	GND

基于 TM4C123GXL LaunchPad 的步进电动机驱动应用中使用的 TM4C123 的外设如下。

- Timer0 定时中断产生步进电动机需要的脉冲。
- Timer1 定时中断扫描按键状态。
- GPIO 引脚 PF0 和 PF4 控制用户按键。
- GPIO 输入引脚 PB5 选择 DRV8833 驱动模式。

9.2.4 系统软件

TM4C123 电机控制软件流程图如图 9-19 所示。TI TivaWare 软件库为 TM4C123 提供了相应的基于硬件外设的软件开发包。该程序中使用了 2 个定时器中断控制，定时器 Timer0 在中断到来时进入中断服务程序修改电机控制的引脚，包括电机速度、方向和时序的控制。第 2 个定时器循环扫描 LaunchPad 上按键的状态。SW1 短按，控制电动机的启动和停止；SW1 长按，提高电动机转速。SW2 短按，控制电动机方向；SW2 长按，降低电动机转速。根据前面讲到的步进电动机的控制原理可知，通过改变定时器的周期，即可产生不同频率的脉冲，从而控制电动机的转速。

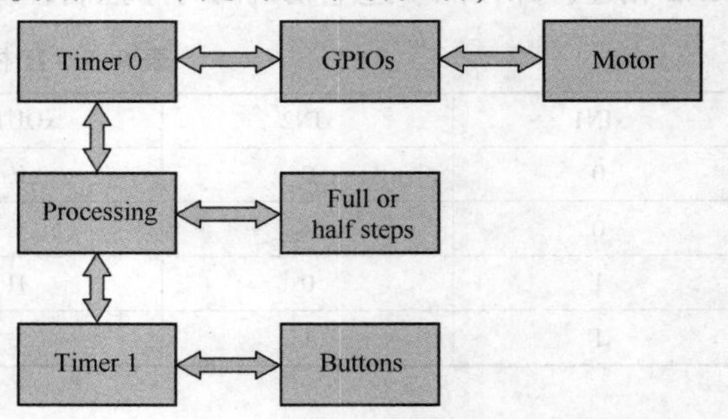

图 9-19 TM4C123 电机控制软件流程图

该应用实例提供了完整的例程，可到如下链接下载：http://www.ti.com/tool/TIDM-TM4C123StepperMotor。下载完成后，安装文件，会自动将程序安装到 C:\ti 根目录文件下。这时可将整个工程导入 CCS 编程环境中，步骤如下。

1）选择“Project”→“Import CCS Project”命令，如图 9-20 所示。

图 9-20 导入 CCS 工程界面

2）在 C:\ti 根目录下找到 steppermotor 对应的程序文件夹，如图 9-21 所示。

3）单击“Finish”按钮以后，该工程即导入了 CCS 编程环境，如图 9-22 所示。

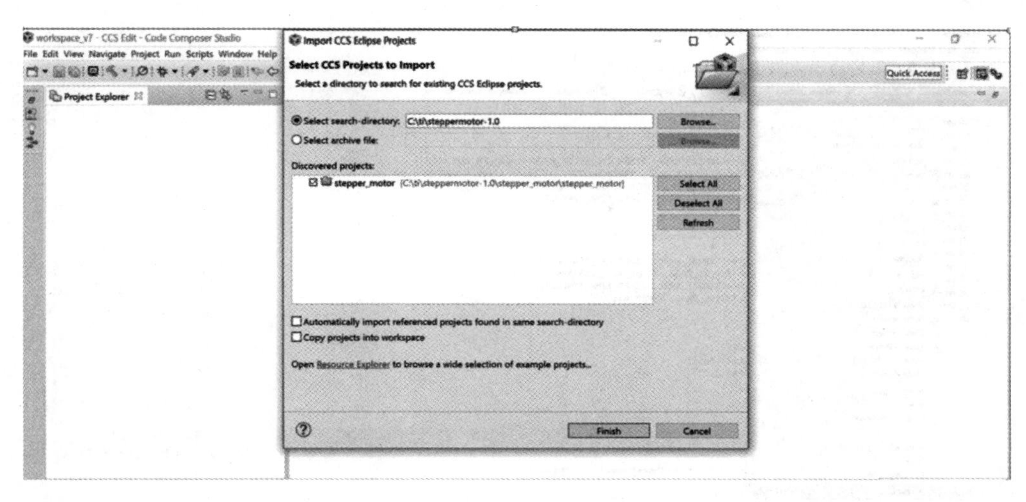

图 9-21　选择 steppermotor 程序文件夹

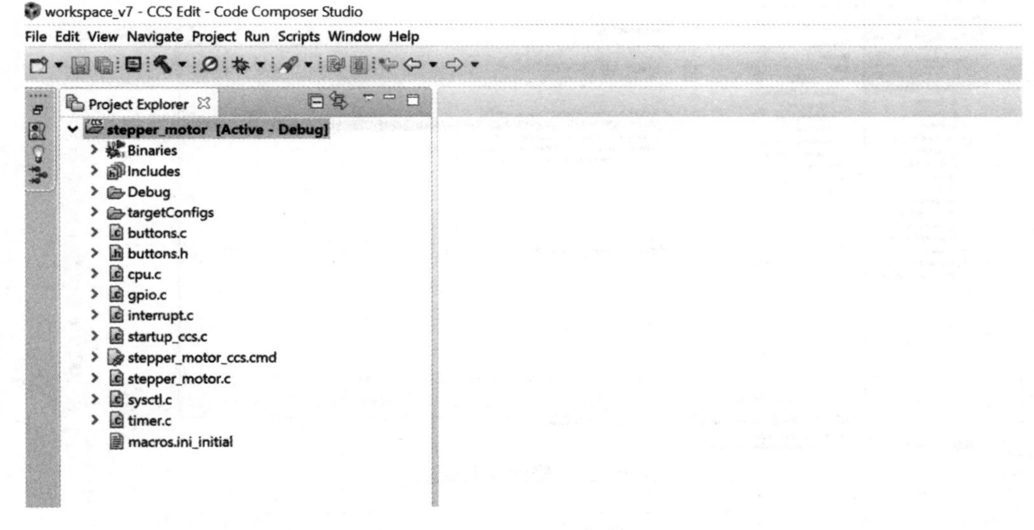

图 9-22　工程导入完成界面

4）选择电机 stepper_motor. c 文件，该文件中包含了基于 DRV8833 的控制程序。

📖 在程序导入工程以后，需要注意如下事项，因为该工程是在其他计算机中经过编译并且成功的工程。工程中会包含很多头文件，而这些头文件是 TivaWare 中的内容，根据每位用户安装 TivaWare 版本和位置的不同，在编译导入的工程时可能会有出错，这时就需要修改包含头文件的位置。首先需要找到计算机上 TivaWare 的安装根目录，然后在工程项目上右击，在弹出的快捷菜单中选择“Propertities”，如图 9-23 所示。

5）选择“Build”→“Include Options”命令，根据目前包含的路径，一一对应地修改成用户系统的文件所在的路径，如图 9-24 所示。

6）选择“ARM Linker”→“File Search Path”命令，与上一步骤相同，如图 9-25 所示。完成这两步修改后，工程即可编译通过。

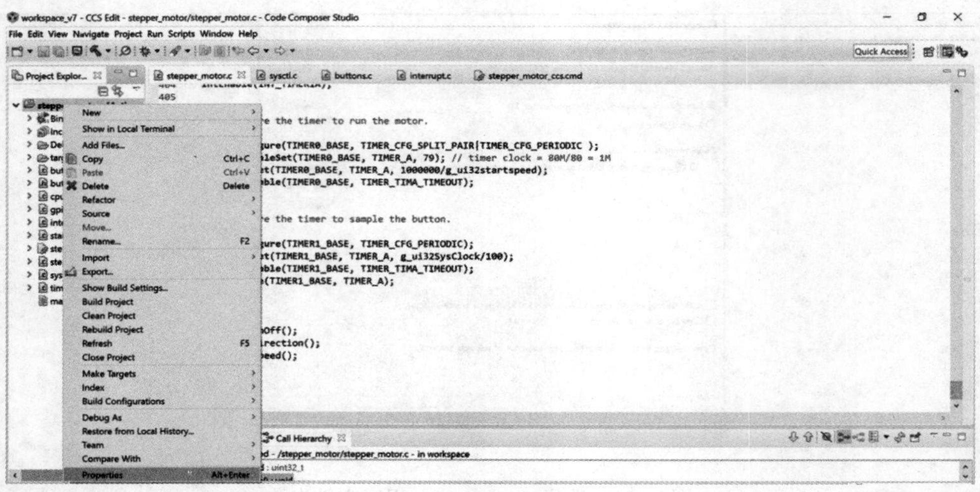

图 9-23　修改文件路径 1

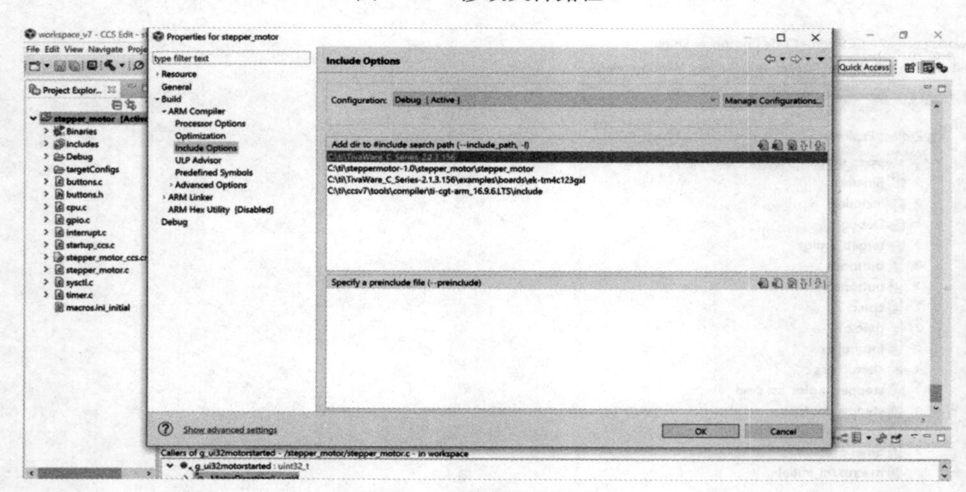

图 9-24　修改文件路径 2

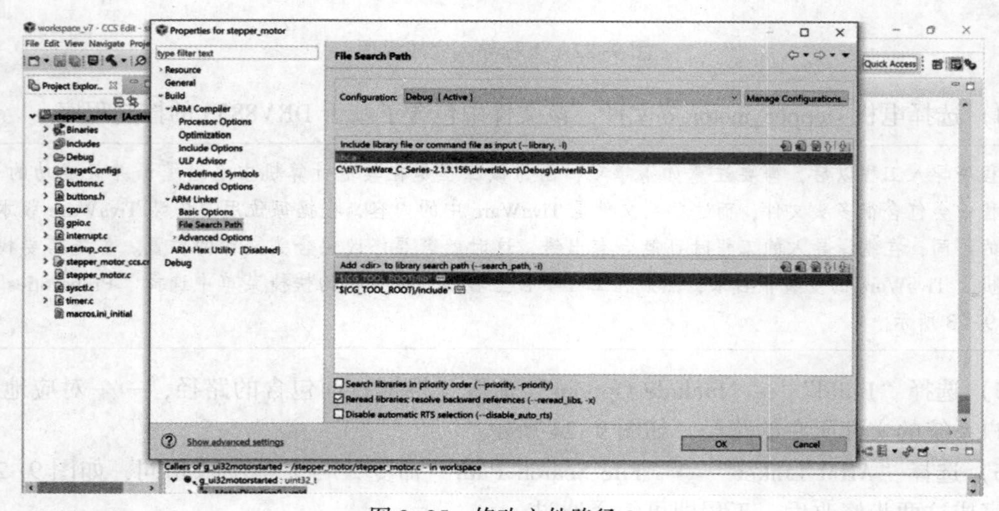

图 9-25　修改文件路径 3

7）在 main 函数中，先对单片机进行初始化，TivaWare 为 TM4C 系列微处理器提供了非常便于应用的函数库，在进行时钟配置时，只需要调用 SysCtlClockSet 即可完成时钟设置。

```
// Setup the system clock to run at 80 Mhz from PLL with crystal reference
SysCtlClockSet(SYSCTL_SYSDIV_2_5|SYSCTL_USE_PLL|SYSCTL_XTAL_16MHZ|SYSCTL_OSC_MAIN);

//Read back system clock.
g_ui32SysClock = SysCtlClockGet();
//
```

8）然后对整个硬件中使用到的各外设模块进行初始化，包括 GPIO 口配置、定时器配置等。

```
//set GPIO port F for driving the LED (1-3)and reading the buttons (0 & 4)
//
SysCtlPeripheralEnable(SYSCTL_PERIPH_GPIOF);
GPIOPinTypeGPIOOutput(GPIO_PORTF_BASE, (GPIO_PIN_1 + GPIO_PIN_2 + GPIO_PIN_3));
GPIOPinTypeGPIOInput(GPIO_PORTF_BASE, (GPIO_PIN_0 + GPIO_PIN_4));

//
//set GPIO port B5 for reading full/half step input
//
SysCtlPeripheralEnable(SYSCTL_PERIPH_GPIOB);
GPIOPinTypeGPIOInput(GPIO_PORTB_BASE, GPIO_PIN_5);
GPIOPadConfigSet(GPIO_PORTB_BASE, GPIO_PIN_5, GPIO_STRENGTH_2MA, GPIO_PIN_TYPE_STD_WPU);
g_ui32fullhalf = GPIOPinRead(GPIO_PORTB_BASE, GPIO_PIN_5);

//
//set GPIO port C4-7 for driving the motor
//
SysCtlPeripheralEnable(SYSCTL_PERIPH_GPIOC);
GPIOPinTypeGPIOOutput(GPIO_PORTC_BASE, (GPIO_PIN_4 + GPIO_PIN_5 + GPIO_PIN_6 + GPIO_PIN_7));
STEP_ALL_OFF;

//
// Enable the timers used by this example.
//
SysCtlPeripheralEnable(SYSCTL_PERIPH_TIMER0);
SysCtlPeripheralEnable(SYSCTL_PERIPH_TIMER1);
```

9）在完成一系列初始化以后，即可以配置定时器并设置中断，配置完定时器以后，系统即会在定时时间到后，进入中断服务程序完成相应的任务。

```
//
// Enable processor interrupts.
//
IntMasterEnable();
IntEnable(INT_TIMER0A);
IntEnable(INT_TIMER1A);

//
// Configure the timer to run the motor.
//
TimerConfigure(TIMER0_BASE, TIMER_CFG_SPLIT_PAIR|TIMER_CFG_PERIODIC );
TimerPrescaleSet(TIMER0_BASE, TIMER_A, 79); // timer clock = 80M/80 = 1M
TimerLoadSet(TIMER0_BASE, TIMER_A, 1000000/g_ui32startspeed);
TimerIntEnable(TIMER0_BASE, TIMER_TIMA_TIMEOUT);
```

```
//
// Configure the timer to sample the button.
//
TimerConfigure(TIMER1_BASE, TIMER_CFG_PERIODIC);
TimerLoadSet(TIMER1_BASE, TIMER_A, g_ui32SysClock/100);
TimerIntEnable(TIMER1_BASE, TIMER_TIMA_TIMEOUT);
TimerEnable(TIMER1_BASE, TIMER_A);
```

10）在 main.c 函数中有一个 while 循环，在整个 while 循环中实现了按键的硬件扫描，控制启停方向和速度。

```
while(1)
{
    MotorOnOff();
    MotorDirection();
    MotorSpeed();
}
```

9.3　基于 TM4C1294 LaunchPad 的 Wi-Fi 应用

随着网络技术的发展，近几年物联网技术逐渐成了热点话题，并在人们的生产生活中发挥了越来越显著的作用。TI 的 Tiva 系列微处理器，由于具有低功耗、外设功能丰富等特点，可与 TI SimplELink 系列等具有无线功能的微处理器配合使用，从而实现如蓝牙、Wi-Fi 或者 Sub-1 GHz 等物联网应用，同时 TI 基于这些应用提供了完整的开发包和库文件，方便用户学习和快速开发使用。本小节将选择 TM4C1294 LaunchPad 与 CC3100 BoosterPack 作为案例，介绍基于 TM4C1294+CC3100 搭建 Wi-Fi HTTP 服务器的应用实例，为开发者提供入门介绍。

9.3.1　TM4C1294 和 CC3100 介绍

（1）TM4C1294 性能介绍

主要介绍如何利用 TM4C1294 LaunchPad 和 CC3100 Wi-Fi 网络处理器搭建一个 Wi-Fi 节点。用户可以通过网页浏览器远程控制 TM4C1294 LaunchPad。根据该应用案例的控制方式，在实际应用中可通过无线连接，从而扩展到实现无线控制微处理器的各种高级功能的目的。

TM4C1294 LaunchPad 的微处理器型号为 TM4C1294NCPDT，具有 120 MHz 主频，1 MB 的片上 Flash，256 KB 的片上 SRAM；该微处理器还集成以太网 MAC+PHY 硬件功能，可实现网络应用；同时还具有高性能的通信接口，并口 EPI 可实现与外扩存储单元的通信；USB 2.0 高速数字端口，可与其他 USB 设备应用相连接。达到 4MSPS 采样率的 12 位 ADC 以及电机控制端口。TM4C1294NCPDT 微处理器结构框图如图 9-26 所示。

（2）CC3100 介绍

CC3100 是 TI Wi-Fi 无线处理器系列中的一个 Wi-Fi 网络处理器，该器件包含一个专用 ARM MCU，其所实现的 Wi-Fi 无线网络处理器能够兼容 IEEE 802.11b/g/n 协议，具有强大加密引擎的 MAC，以实现支持 256 位加密的快速、安全互联网连接。CC3100 器件支持基站、访问点和 Wi-Fi 直接模式，支持 WPA2 个人和企业安全性以及 WPS 2.0，还集成了嵌入式 TCP/IP 和 TLS/SSL 堆栈，HTTP 服务器和多个互联网协议。图 9-27 为 CC3100 硬件结构框图。

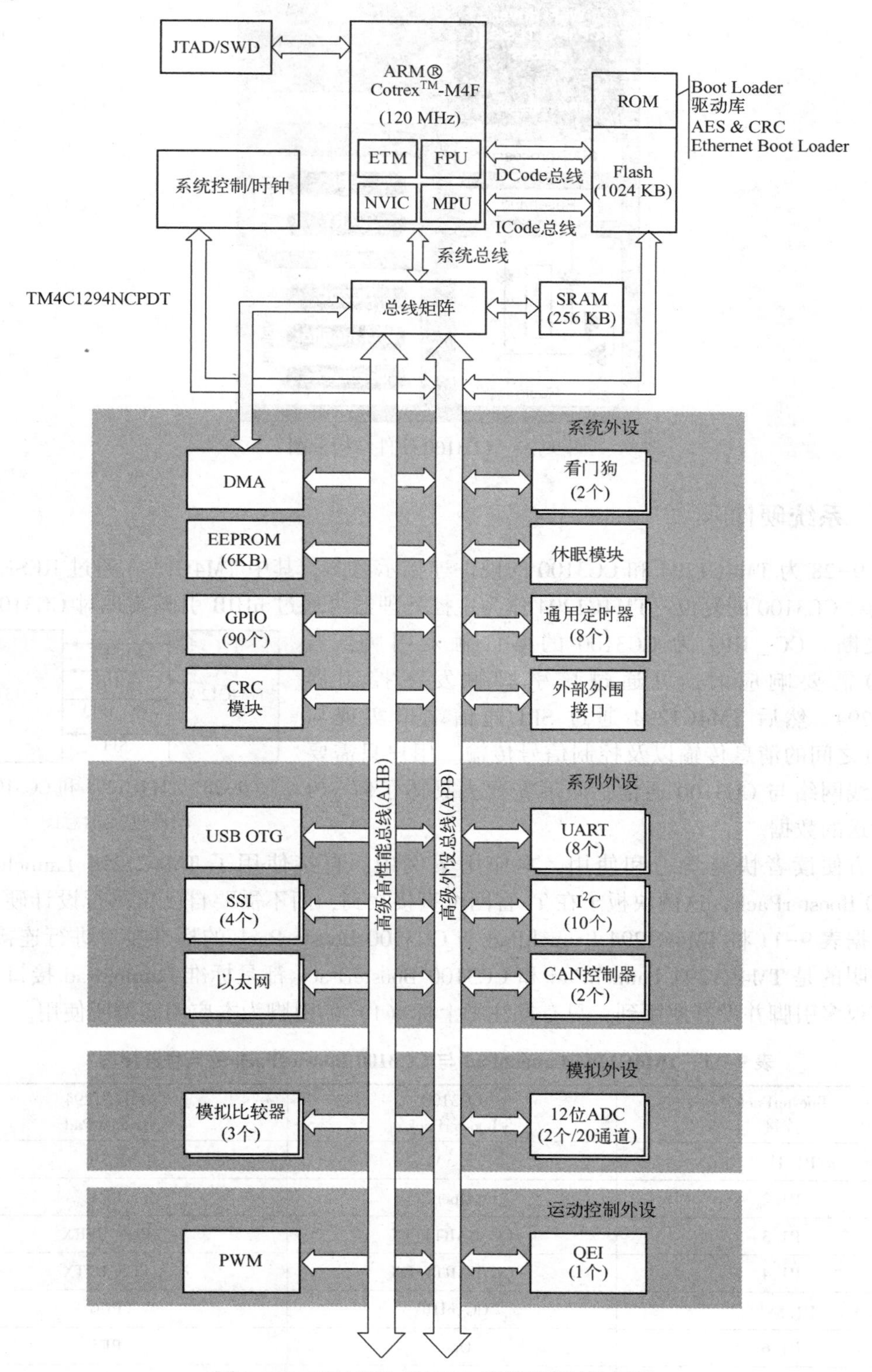

图 9-26　TM4C1294NCPDT 微处理器结构框图

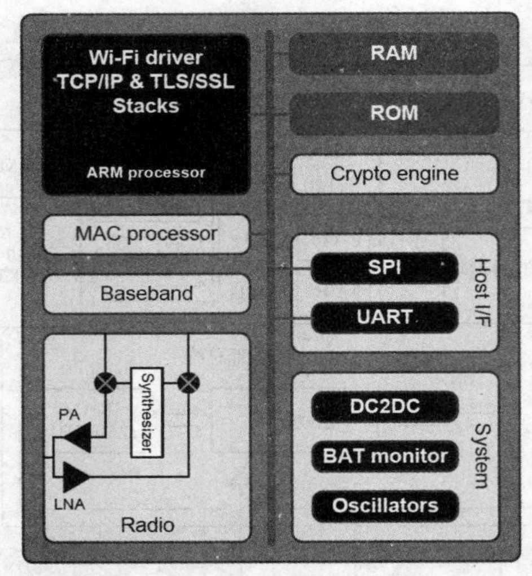

图 9-27 CC3100 硬件结构框图

9.3.2 系统硬件

图 9-28 为 TM4C1294 和 CC3100 的硬件连接示意图。其中 TM4C1294 通过 RESET 引脚可实现对 CC3100 的复位。TM4C1294 作为主控处理器可通过 nHIB 引脚实现对 CC3100 的使能和关断。CC_IRQ 为 CC3100 的事件触发引脚，当 CC3100 需要响应时，可通过该引脚触发主控制器 TM4C1294。然后 TM4C1294 通过 SPI 通信端口实现与 CC3100 之间的消息传输以及控制信号传输。用户只需要通过无线网络与 CC3100 通信，而不需要去具体了解 SPI 协议发送的数据。

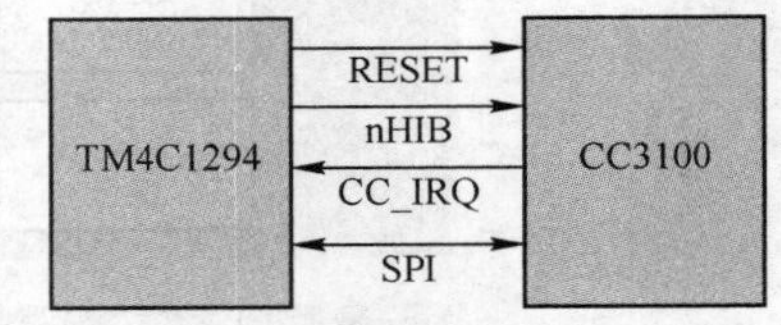

图 9-28 TM4C1294 和 CC3100 的硬件连接示意图

为方便读者快速学习和使用，本应用案例中，直接使用了 TM4C1294 LaunchPad 与 CC3100 BoosterPack，这两块板子在 TI 官网可直接找到，而不需要自己再另行设计硬件。只需要根据表 9-11 将 TM4C1294 LaunchPad 与 CC3100 BoosterPack 的标准接口进行连接即可。需要说明的是 TM4C1294 LaunchPad 和 CC3100 BoosterPack 都是标准 LaunchPad 接口，所以表中有很多引脚并没有使用到，只有标注了上标（1）的引脚为本应用案例所使用。

表 9-11 TM4C1294 LaunchPad 与 CC3100 BoosterPack 的信号连接图

BoosterPack 连接	CC3100 BoosterPack	TM4C1294 LaunchPad
P1.1(1)	3.3 V	3.3 V
P1.2	Open	PE4
P1.3	CC_UART1_TX	PC4_U7RX
P1.4	CC_UART1_RX	PC5_U7TX
P1.5(1)	CC_nHIB	PC6
P1.6	Open	PE5
P1.7(1)	CC_SPI_CLK	PD3_SSI2CLK

（续）

BoosterPack 连接	CC3100 BoosterPack	TM4C1294 LaunchPad
P1. 8	Open	PC7
P1. 9	Test_3	PB2
P1. 10	FORCE_AP	PB3
P2. 1(1)	GND	GND
P2. 2(1)	CC_IRQ	PM3
P2. 3(1)	CC_SPI_CS	PH2
P2. 4	Open	PH3
P2. 5(1)	MCU_RESET_IN	RESET
P2. 6(1)	CC_SPI_DIN	PD1_SSI2XDAT0
P2. 7(1)	CC_SPI_DOUT	PD0_SSIXDATA1
P2. 8	Test_63	PN2
P2. 9	Test_64	PN3
P2. 10	Test_18	PP2
P3. 1(1)	5V	5V
P3. 2(1)	GND	GND
P3. 3	Open	PE0
P3. 4	Open	PE1
P3. 5	Open	PE2
P3. 6	Open	PE3
P3. 7	Open	PD7
P3. 8	Open	PA6
P3. 9	Open	PM4
P3. 10	Open	PM5
P4. 1	Test_29	PF1
P4. 2	Test_30	PF2
P4. 3	Open	PF3
P4. 4	CC_URT1_CTS	PG0
P4. 5	CC_URT1_RTS	PL4
P4. 6	Open	PL5
P4. 7	CC_NWP_UART_TX	PL1
P4. 8	CC_WL_UART_TX	PL2
P4. 9	CC_WLRS232_RX	PL3
P4. 10	CC_WLRS232_TX	PL4

TM4C1294 作为主控处理器，为控制 CC3100 而使用到的外设单元如下。

- SSI2 实现 3 线 SPI 模式（CLK、MOSI 和 SOMI）。
- GPIO 输出端口 PH2 作为 SPI 的 CS 端使用，控制 CC3100。
- GPIO 输入端口 PM3 的中断功能打开，去捕获 CC3100 的触发。
- GPIO 输出端口 PC6 用来控制 CC3100 的开启和关断。

其他使用到的 TM4C1294 的主要功能如下。

- Timer1 产生 1ms 的系统时基。
- Timer2 控制 LED 的闪烁。
- Time0 每 10 ms 扫描按键和温度传感器。
- GPIO 输出引脚 PN0 控制 LED。
- GPIO 输入引脚 PJ0 和 PJ1 采样按键状态。
- ADC0 的通道 3 采样内部温度传感器的值。
- UART0 配置成波特率为 115 200 的串行通信端口。

硬件连接实物图如图 9-29 所示。

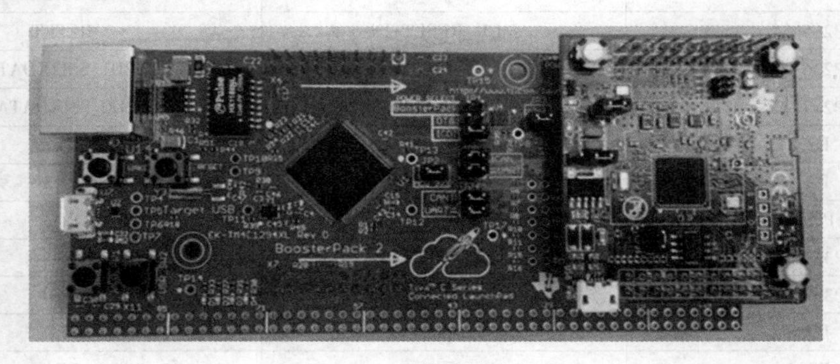

图 9-29　硬件连接实物图

9.3.3　系统软件

（1）TM4C Wi-Fi 节点实现 Wi-Fi AP 模式

Wi-Fi AP 模式连接如图 9-30 所示。在该模式中，Wi-Fi 网络客户端直接与 TM4C Wi-Fi 节点相连，这时 TM4C Wi-Fi 被配置成了无线接入模式。该功能配置下并不提供接入互联网的功能，而是实现了远程控制 TM4C1294 LaunchPad。

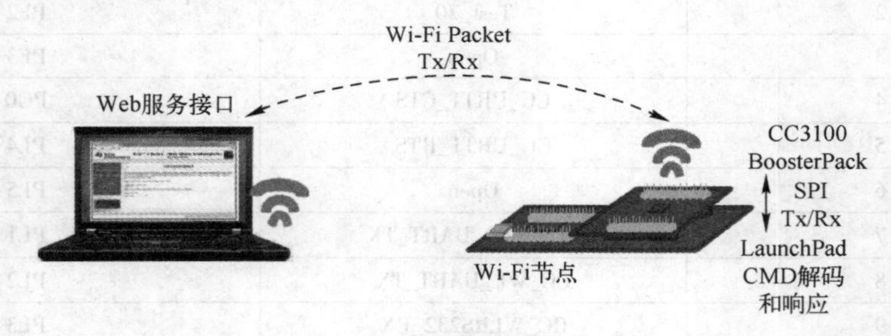

图 9-30　Wi-Fi AP 模式连接

（2）TM4C Wi-Fi 节点实现 Wi-Fi station 模式

Wi-Fi station 连接如图 9-31 所示。在该模式中，TM4C Wi-Fi 节点可与无线网络相连接，并且需要给它一个 IP 地址。通过不同的网络浏览器可访问该节点。其他网络客户端可通过无线网络向 TM4C Wi-Fi 节点发送控制命令，CC3100 接收到相应信号后，将通过 SPI 传递给 LaunchPad，从而实现控制。

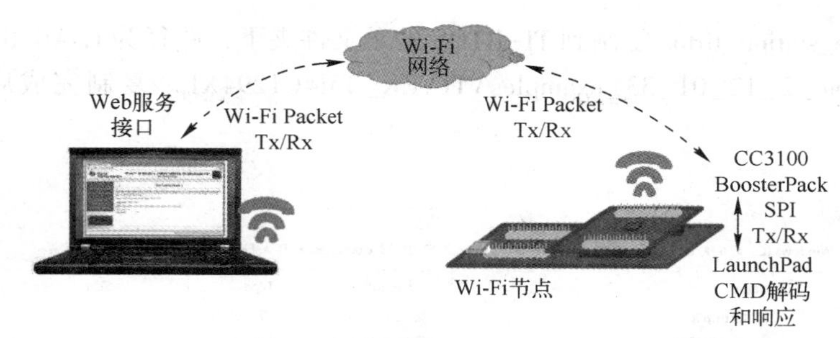

图 9-31　Wi-Fi station 连接

（3）整体软件架构

在基于 TM4C1294 LaunchPad 的 Wi-Fi 应用中用到两种嵌入式处理器，一种为 TM4C1294，另一种为 CC3100。针对 TM4C1294，TI 提供了 Tiva Ware 库（在上一个应用案例中已经详细介绍过，这里就不再做过多介绍）。针对 CC3100，TI 提供 SimpleLink 驱动库为无线开发提供方便，同时 TI 还提供 RTOS 来处理事件进程。图 9-32 为 TM4C 软件结构示意图。

（4）软件安装

1）在进行软件开发之前，需要下载和安装如下软件和软件包。

- CCS v6. 0. 1 及以上版本，调试编程环境。
- Uniflash v3. 2. 0，用来为 CC3100 更新代码。
- CC3100 SDK，CC3100 驱动库。
- TI-RTOS for Tiva v2. 12. 01. 33，桥接 TM4C 和 CC3100 两个平台的代码。

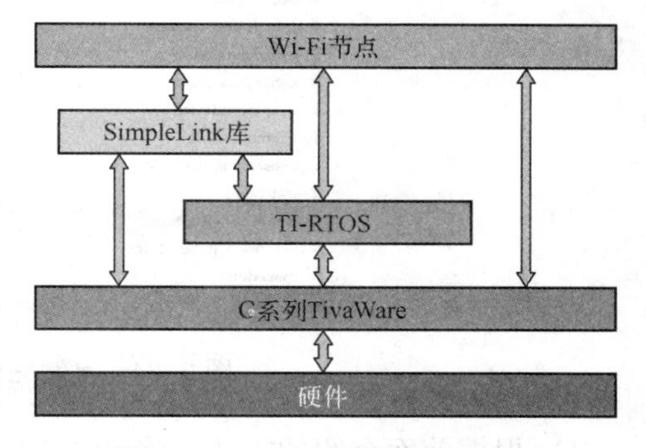

图 9-32　TM4C 软件结构示意图

上述软件包均可直接在 TI 官网进行免费下载。注意，可能每个软件包都有不同版本，请务必安装上述介绍的版本。

2）进入链接 http://www. ti. com/tool/TIDM-TM4C129XWIFI 下载相应的代码包。一直找到页面最下方的 software 即可下载。下载完成后，安装 . exe 文件，如果不更改安装目录会安装到 C:\ti 根目录下，出现如图 9-33 所示的文件夹，其中 wifi_node_ap_tirtos 和 wifi_node_station_tirtos 即为实现两种不同模式的程序包。在实现不同模式时，需要选择不同的程序包来进行程序编译和调试。

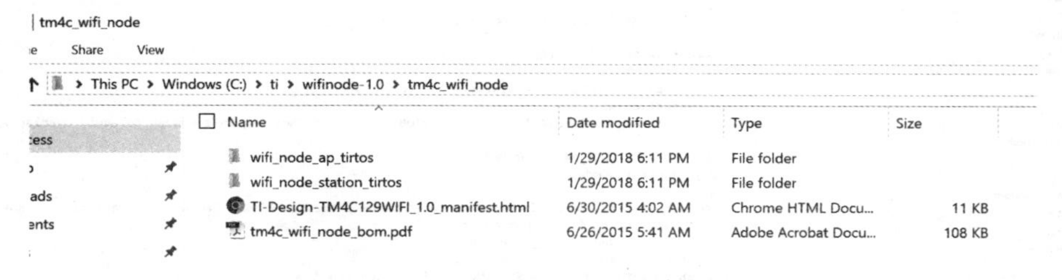

图 9-33　TM4C Wi-Fi 程序包

3）根据准备工作所完成的任务，之前已经安装好了 TI-RTOS for Tiva v2. 12. 01. 33。安装目录为 C:\ti\tirtos_tivac_2_12_01_33，下面将步骤 2 中介绍到的两个文件夹 wifi_node_ap_ tirtos 和 wifi_node_station_tirtos 复制到 TI-RTOS 的子文件夹下，路径为 C:\ti\tirtos_tivac_2_12_01_33\tirtos_tivac_2_12_01_33_examples\TI\EK_TM4C1294XL。复制完成后，如图 9-34 所示。

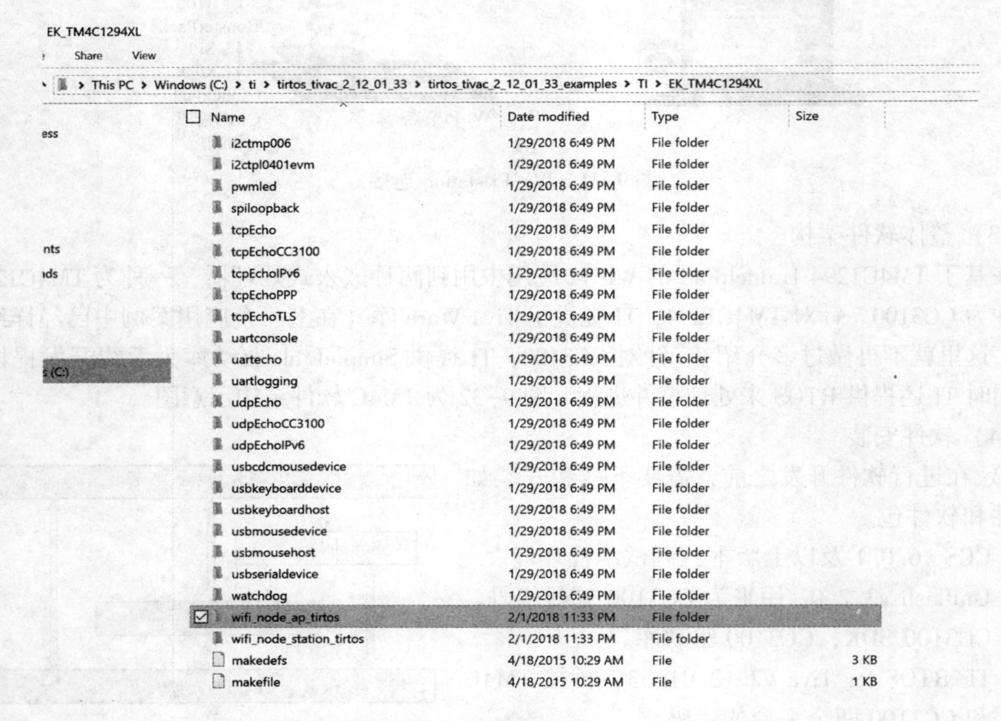

图 9-34　复制完成后的 TM4C Wi-Fi 程序包

4）根据前面介绍的方法，将 CCS 应用程序导入到 CCS WorkSpace 中，如图 9-35 所示。

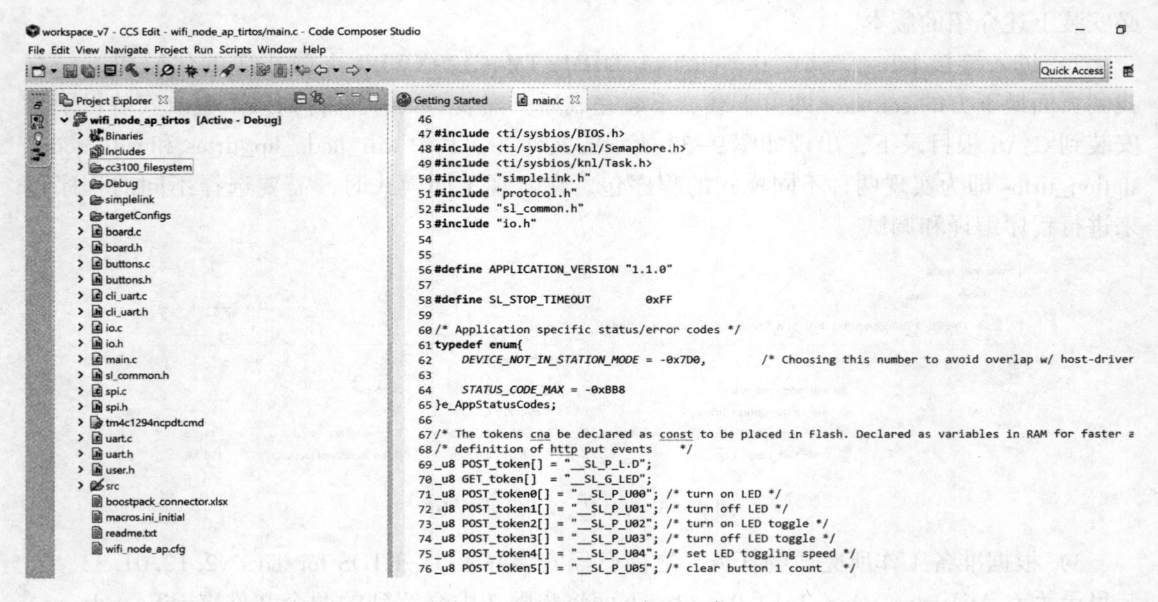

图 9-35　导入 CCS 应用程序

5）程序的移植会导致编译文件路径发生变化，需要在用户的系统上做对应修改，修改前的编译路径如图 9-36～图 9-38 所示。

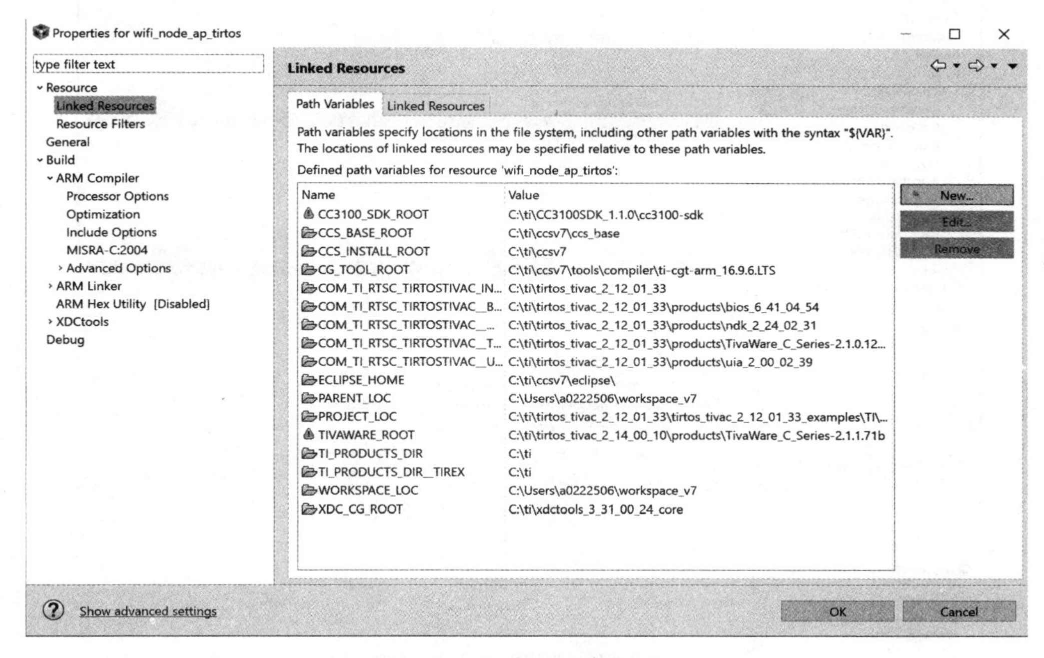

图 9-36　修改前的编译路径 1

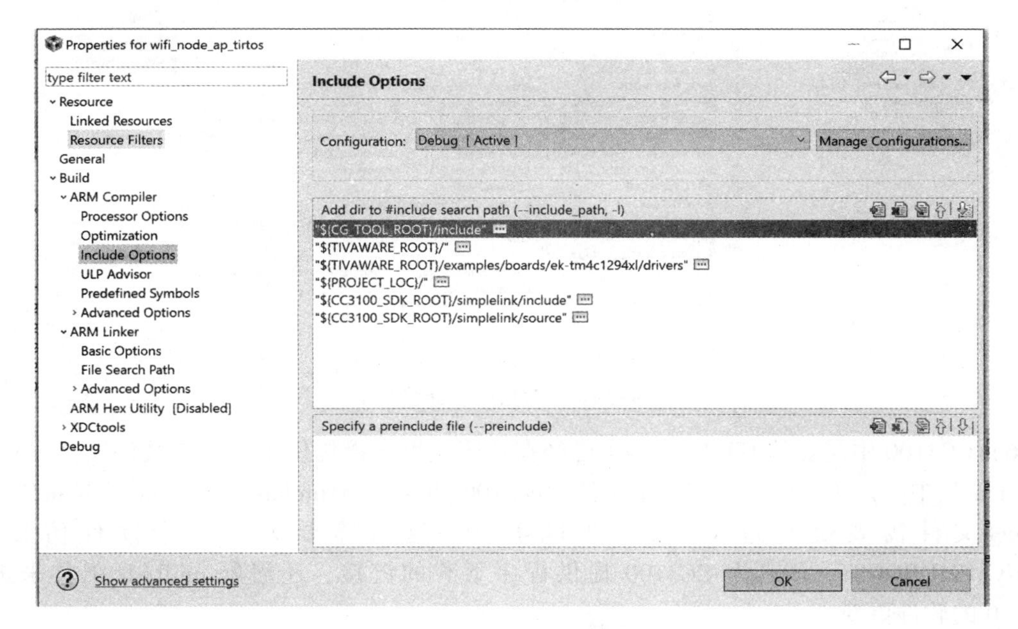

图 9-37　修改前的编译路径 2

修改后的编译路径如图 9-39～图 9～41 所示。

注意：在程序中 main. c 函数中包含了 http 的回调函数。wifi_node_ap. cfg 是 TI-RTOS 的配置文件。sl_common. h 中包含了 AP 接入时需要的 SSID 和密码等信息。

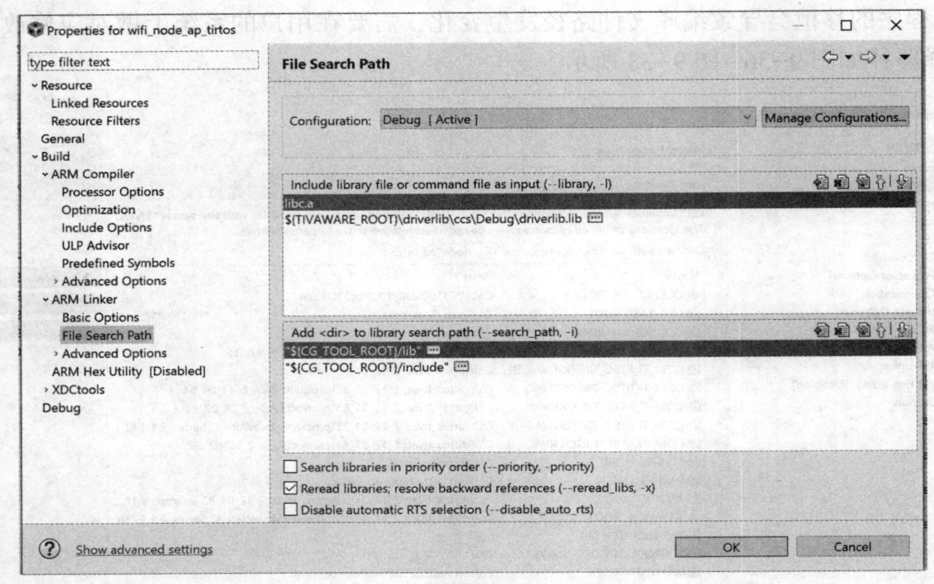

图 9-38　修改前的编译路径 3

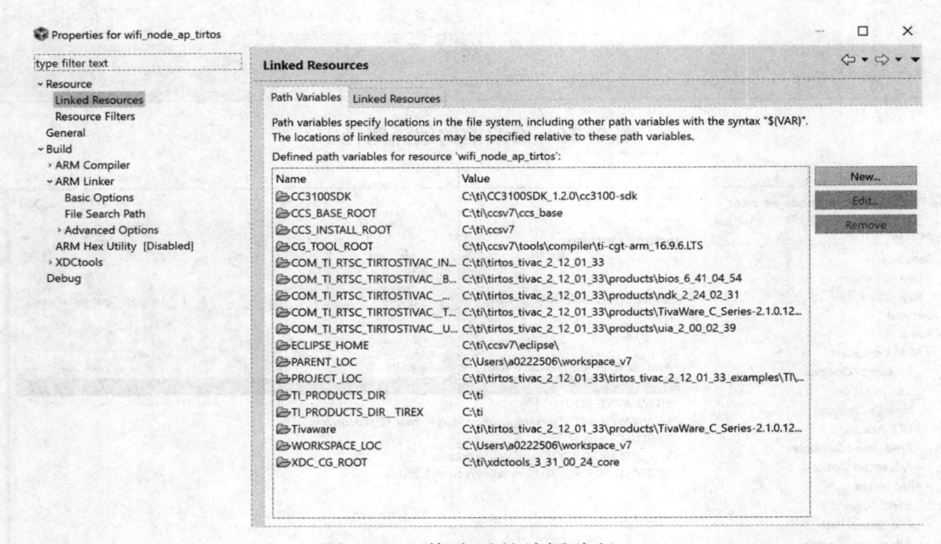

图 9-39　修改后的编译路径 1

6）CC3100 中需要的 HTML 代码也已经在程序包里直接提供了，在子文件夹“cc3100_filesystem”中，该子文件夹下有一个文件“cc3100_filesystem\uniflash_template\oob. ucf”，该 oob. ucf 文件需要烧写进 CC3100 的 Flash 中，这时需要另外一个硬件仿真板：CC31XXEMUBOOST，用来为 CC3100 提供程序下载的链接，还需要 uniflash 工具来进行 CC3100 的软件更新。

7）上述步骤完成后，确认硬件连接正确，利用 CCS 对代码进行编译并下载到 TM4C 单片机中。系统上电以后，在 PC 端即可查到 CC3100 的 Wi-Fi 节点 CC3100zz，单击进行连接。AP 和 Station 模式虽然是两个不同的程序，但服务端的网页界面是相同的，在浏览器中输入 http://mysimplelink. net，用户名和密码都是“admin”，出现图 9-42 所示的界面。

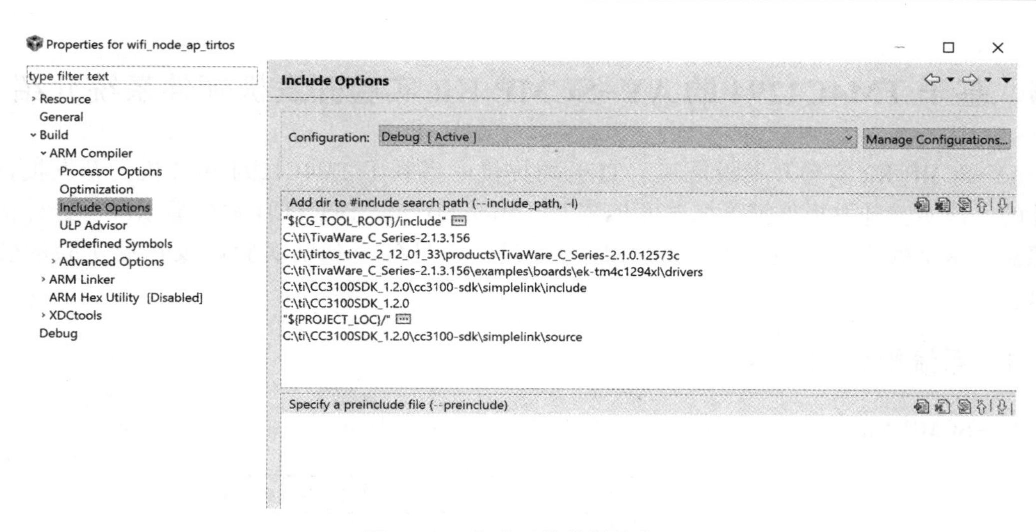

图 9-40　修改后的编译路径 2

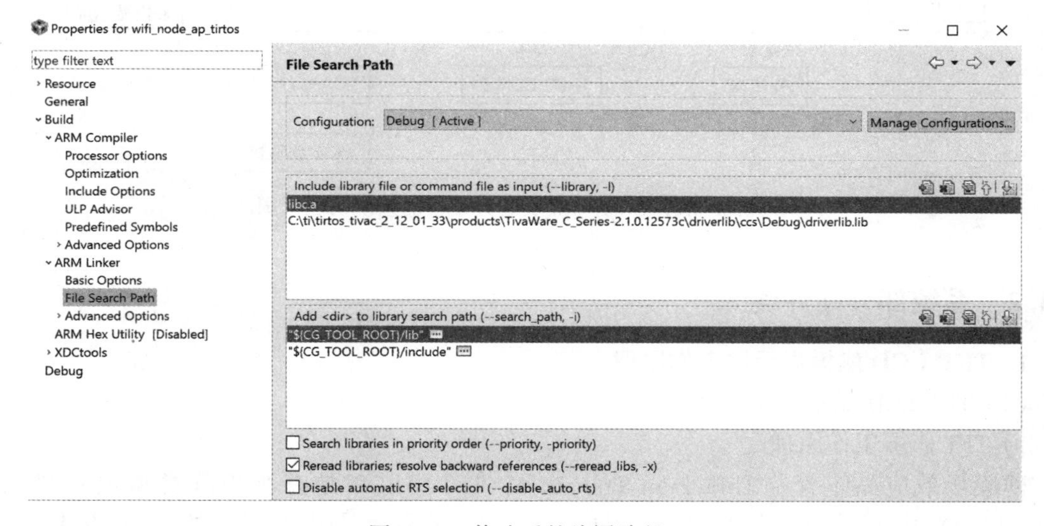

图 9-41　修改后的编译路径 3

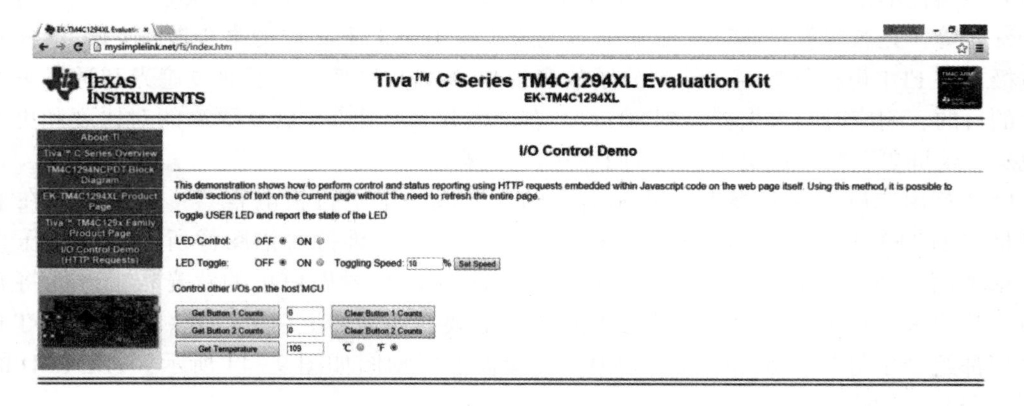

图 9-42　服务端的网页界面显示

9.4 基于 TM4C1294 的 AY-SCMP Kit 实验开发板硬件系统介绍

AY-SCMP Kit 实验开发板是基于 TI 公司提供的搭载了 TM4C1294 单片机的开发板自主设计的。该实验开发板外扩了加速度传感器、MicroSD 卡、TFT LCD 触摸显示屏、红外接收传感器、米字数码管、矩阵按键和 LED 等外设，满足各个基础实验以及扩展实验的硬件需求。

9.4.1 系统组成和功能框图

AY-SCMP Kit 实验开发板的系统功能框图如图 9-43 所示。

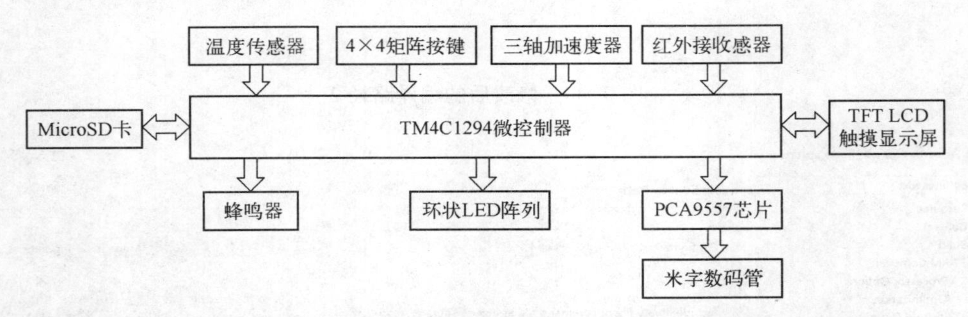

图 9-43 AY-SCMP Kit 实验开发板的系统功能框图

9.4.2 系统部分硬件资源

1. TFT LCD 触摸显示屏工作原理

(1) TFT LCD 显示工作原理

1) TFT 彩屏工作原理。

薄膜场效应晶体管（Thin Film Transistor，TFT）LCD 是有源矩阵类型液晶显示器（AM-LCD）中的一种。和 TN 技术不同的是，TFT 的显示采用“背透式”照射方式——假想的光源路径不是像 TN 液晶那样从上至下，而是从下向上。这样的做法是在液晶的背部设置特殊光管，光源照射时通过下偏光板向上透出。由于上下夹层的电极改成 FET 电极和共通电极，在 FET 电极导通时，液晶分子的表现也会发生改变，可以通过遮光和透光来达到显示的目的，响应时间大大提高到 80 ms 左右。因其具有比 TN LCD 更高的对比度和更丰富的色彩，荧屏更新频率也更快，故 TFT 俗称“真彩”。

LCD 是由二层玻璃基板夹住液晶组成的，形成一个平行板电容器，通过嵌入在下玻璃基板上的 TFT 对这个电容器和内置的存储电容充电，维持每幅图像所需要的电压直到下一幅画面更新。液晶的彩色都是透明的，必须给 LCD 衬以白色的背光板上才能将五颜六色表达出来，而要使白色的背光板有反射就需要在四周加上白色灯光。因此在 TFT LCD 的底部都组合了灯具，如 CCFL 或 LED。实验板上实物图如图 9-44 所示，TFT LCD 的接线图如图 9-45 所示。

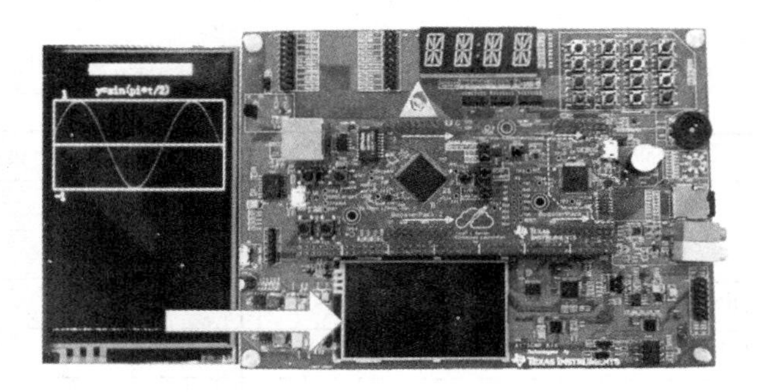

图 9-44　实验板 TFT 触摸屏实物图

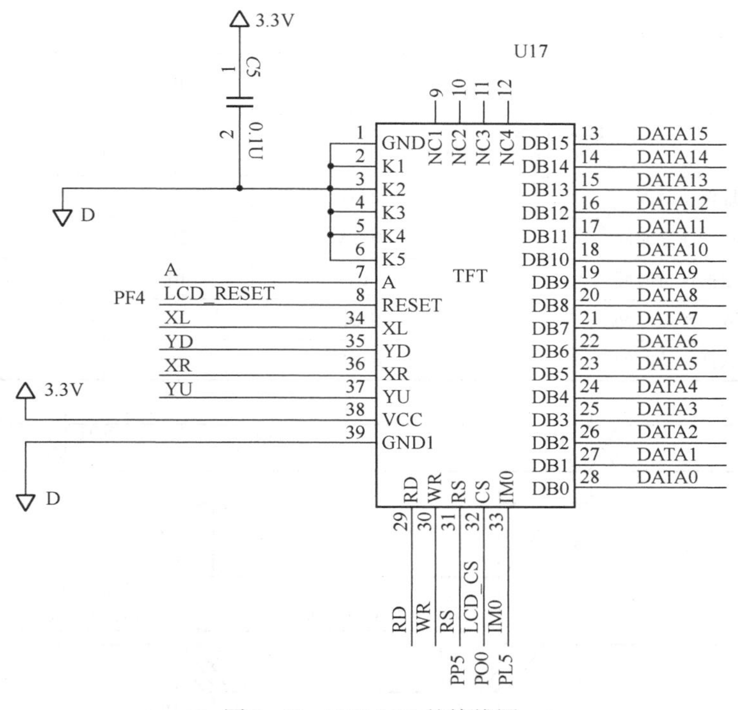

图 9-45　TFT LCD 的接线图

2）OTM4001A 控制芯片简介。

OTM4001A 是一款 262 144 色，用于中小型 TFT LCD 显示屏的片上系统（System on Chip，SoC）驱动芯片，通过指定用于图形数据的 RAM 能支持达 240×RGB×432 分辨率。OTM4001A 内部的时序控制器能为不同的需求提供不同的接口方式，OTM4001A 提供的系统接口包括 8/9/16/18 位并口和 SPI 串口方式（本实验采用 16 位并口方式）；OTM4001A 也提供了 6/16/18 位 RGB 接口，用于动态显示图片。OTM4001A 的主要特性还有窗口地址功能能限制数据重写区域，并减少数据传输；内部 6 位 DAC 输出 64γ 颜色校准；内部 233 280 字节的 RAM；背光引脚输出控制的内置自适应背光控制功能（CABC）；逻辑供电电压范围为 2. 5~3. 6 V，I/O 接口支持操作电压为 1. 65~3. 6 V，模拟供电电压范围为 2. 5~3. 6 V；内置内部晶振与硬件复位。

本实验中，采用 80 系统总线的 16 位并口方式，对 TFT LCD 进行常规写操作的时序特征和时序图分别如表 9-12 和图 9-46 所示。

表 9-12　16 位并口方式时序特征

项　目		符　号	最小值/ns	典型值/ns	最大值/ns
总线周期	写	tCYCW	150	–	–
	读	tCYCR	450	–	–
写低电平脉冲宽度		PWLW	55	–	–
读取低电平脉冲宽度		PWLR	170	–	–
写高电平脉冲宽度		PWHW	70	–	–
读取高电平脉冲宽度		PWHR	250	–	–
写/读　上升/下降时间		tWRr，WRf	–	–	10
建立时间	Write（RS to CS＊，WR＊）	tAS	0	–	–
	Read（RS to CS＊，RD＊）		10	–	–
地址保持时间		tAH	2	–	–
写入数据建立时间		tDSW	25	–	–
写入数据保持时间		tH	10	–	–
读取数据延迟时间		tDDR	–	–	150
读取数据保持时间		tDHR	5	–	–

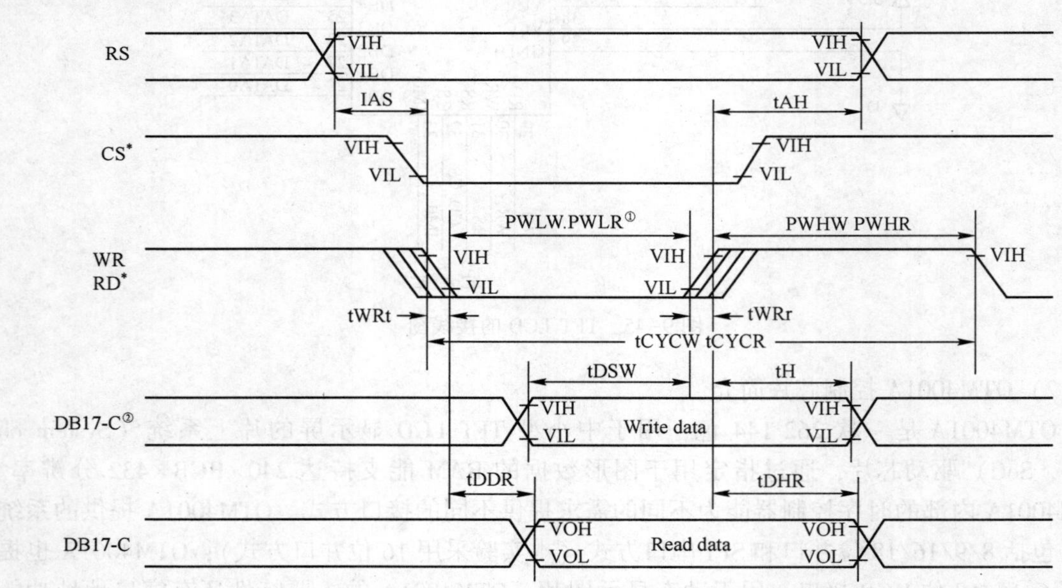

图 9-46　16 位并口方式时序图

为使液晶正常工作，需要在初始化之前先复位液晶，复位液晶的时序特征和时序图分别如表 9-13 和图 9-47 所示。

表 9-13　TFT LCD 复位时序特征

项　　目	符　　号	单　　位	最 小 值	典 型 值	最 大 值
复位低电平宽度	tRES	ms	1	–	–
复位上升时间	trRES	μs	–	–	10

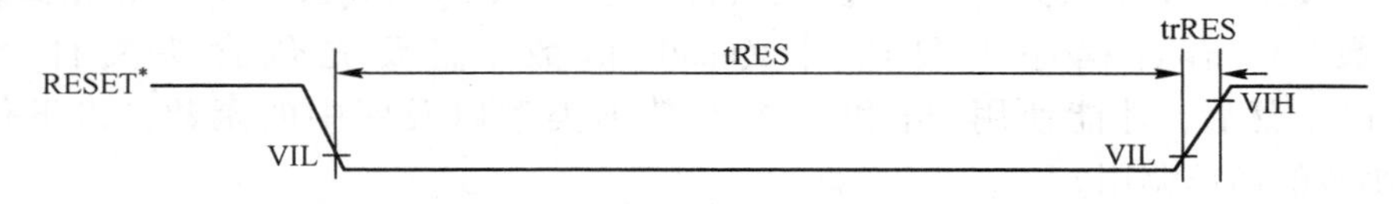

图 9-47　TFT LCD 复位时序图

为减少数据访问次数，OTM4001A 还有窗口访问功能，能指定对液晶的操作区域，相关寄存器如下。

- 窗口水平 RAM 起始地址（R210h）。

W	1	0	0	0	0	0	0	0	0	HSA7 (0)	HSA6 (0)	HSA5 (0)	HSA4 (0)	HSA3 (0)	HAS2 (0)	HSA1 (0)	HSA0 (0)

- 窗口水平 RAM 结束地址（R211h）。

W	1	0	0	0	0	0	0	0	0	HEA7 (1)	HEA6 (1)	HEA5 (1)	HEA4 (1)	HEA3 (1)	HEA2 (1)	HEA1 (1)	HEA0 (1)

- 窗口垂直 RAM 起始地址（R212h）。

W	1	0	0	0	0	0	0	0	VSA8 (0)	VSA7 (0)	VSA6 (0)	VSA5 (0)	VSA4 (0)	VSA3 (0)	VSA2 (0)	VSA1 (0)	VSA0 (0)

- 窗口垂直 RAM 结束地址（R213h）。

W	1	0	0	0	0	0	0	0	VEA8 (1)	VEA7 (1)	VEA6 (1)	VEA5 (1)	VEA4 (1)	VEA3 (1)	VES2 (1)	VEA1 (1)	VEA0 (1)

HSA7-0 和 HEA7-0 代表了水平方向的窗口起始和结束地址，VSA8-0 和 VEA8-0 代表垂直方向的窗口起始和结束地址。要使用窗口功能需满足下式：

“00”h ≤ HSA7-0< HEA7-0 ≤ “EF”h 且 HEA-HAS>=“04h”

“00”h ≤ VSA8-0< VEA8-0 ≤ “1AF”h

窗口访问功能定义如图 9-48 所示。

通过上述寄存器设置好访问的 RAM 之后，写入一个数据将会写到指定的区域，不需要完全擦除所有数据，这样大大减少了操作时间。

理解 OTM4001A 的操作时序与窗口访问功能后，就能对 TFT LCD 进行初始化了，让 LCD 显示需要的文字或图片。OTM4001A 有运行模式、睡眠模式和深度睡眠模式，其中睡眠模式和深度睡眠模式用于当不用显示时，节省电量

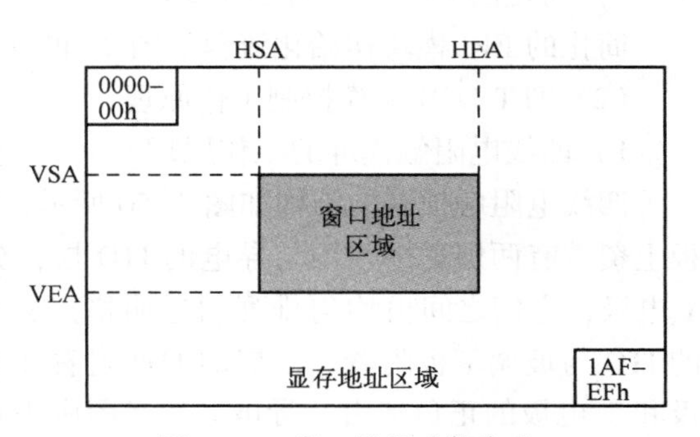

图 9-48　窗口访问功能定义

开销，对于其他寄存器的操作，请参考 TFTdisplay. pdf。

3）TivaWare C series 的数学库 IQmathLib. h。

Tiva™ IQmath. h 是一个高度优化和高精度的数学函数库，帮助 C/C++程序员在 Tiva 器件上无缝地将浮点运算转化为定点计算。计算速度将显著快于浮点运算。IQmath 库采用 32 位定点带符号数作为基本数据类型。这些定点数的格式从 IQ1～IQ30，IQ 数据格式代表了数的小数位数。C 语言程序中要调用 IQmath 函数，需要先包含头文件“IQmath/IQmathLib. h”。然后，才能使用_iq 和_iqN 的数据类型以及库中的函数，以下代码是对 IQmath 库函数的简单调用。

```
#include "IQmath/IQmathLib. h"
int main(void)
{
_iq24 X, Y, Z;
X = _IQ24(1.0);
Y = _IQ24(7.0);
Z = _IQ24div(X, Y);
}
```

IQmath 库函数的具体使用请参阅 TivaWare™ IQmath Library User's Guide。

4）实验用到的主要库函数简介。

void EPIModeSet(uint32_t ui32Base, uint32_t ui32Mode)函数用于选择 EPI 的工作方式。ui32Base 为 EPI 模块的基地址；ui32Mode 为 EPI 的工作模式，本实验选择为 EPI_MODE_HB16，配置成 16 位总线模式。

void EPIConfigHB16Set(uint32_t ui32Base, uint32_t ui32Config, uint32_t ui32MaxWait)函数用于 16 位总线工作模式的详细设置。ui32Base 为 EPI 模块的基地址；ui32Config 为 16 位总线工作方式的配置参数；ui32MaxWait 为等待的最大外部时钟数。

void EPIAddressMapSet(uint32_t ui32Base, uint32_t ui32Map)函数用于配置外部设备的地址映射。ui32Base 为 EPI 模块的基地址；ui32Map 是地址映射参数，由一些宏定义的参数通过逻辑与组成。对于存储设备，EPI 将外设视为一块连续的存储空间；对于无地址设备，EPI 将外设视为一个地址。

5）简化的 EPI 模块初始化步骤。

简化的 EPI 模块初始化流程如图 9-49 所示。

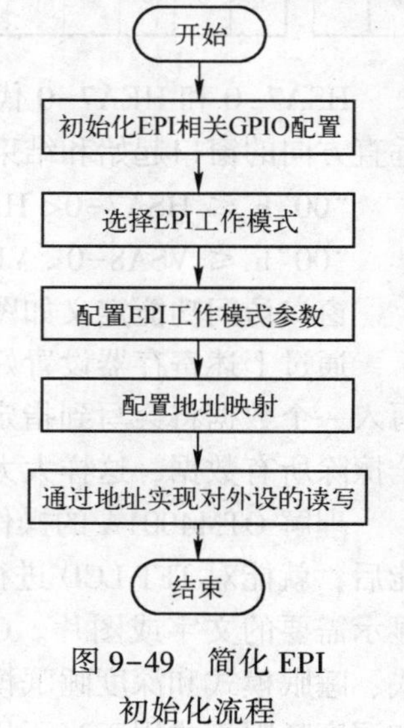

图 9-49　简化 EPI 初始化流程

（2）TFT LCD 触摸控制工作原理

1）四线电阻触摸屏的工作原理。

四线电阻触摸屏的结构如图 9-50 所示，在玻璃或丙烯酸基板上覆盖有两层透平、均匀导电的 ITO 层，分别作为 X 电极和 Y 电极，它们之间由均匀排列的透明格点分开绝缘。其中下层的 ITO 与玻璃基板附着，上层的 ITO 附着在 PET 薄膜上。X 电极和 Y 电极的正负端由“导电条”（图中黑色条形部分）分别从两端引出，且 X 电极和 Y 电极导电条的位置相互垂直。引出端为 X-、X+、Y-、Y+共 4 条线。当有物体接触触摸屏并施以一定的压力时，上层的 ITO 导电层发生形变与下层 ITO 接触，该结构可以等效为相应的电路，如图 9-51 所示。

2）触点坐标计算方法。

计算 Y 坐标，在 Y+电极施加驱动电压 V_{drive}，Y-电极接地，X+作为引出端测量得到接触点的电压，由于 ITO 层均匀导电，触点电压与 V_{drive} 电压之比等于触点 Y 坐标与屏高度之比。

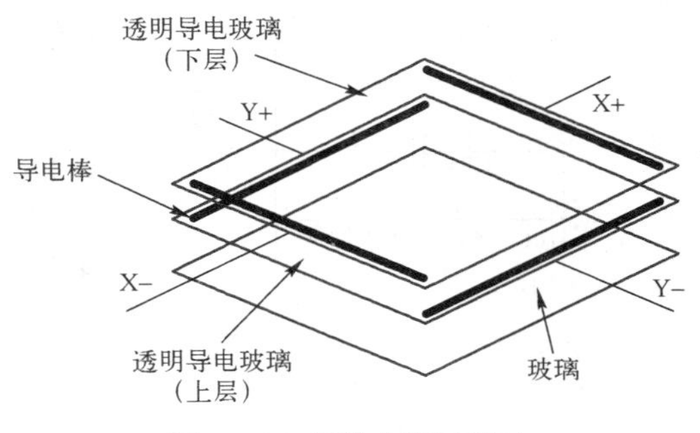

图 9-50　四线电阻屏结构

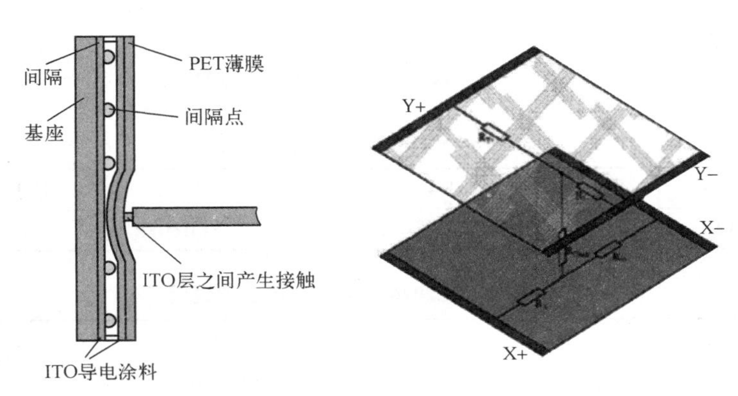

图 9-51　触摸的等效电路

计算 X 坐标，在 X+电极施加驱动电压 V_{drive}，X-电极接地，Y+作为引出端测量得到接触点的电压，由于 ITO 层均匀导电，触点电压与 V_{drive} 电压之比等于触点 X 坐标与屏宽度之比。

测得的电压通常由 ADC 转化为数字信号，再进行简单处理就可以作为坐标判断触点的实际位置。上面的计算有一个缺陷，就是没有考虑电极抽头引线和驱动电极的电路寄生电阻，这部分电阻并不包含在 ITO 电阻之内，而且受环境温度影响阻值波动，很可能影响计算的正确性。

3）TSC2046 控制芯片简介。

TSC2046 为 TI 的一款低电压 I/O 触摸屏控制器，是 ADS7846 触屏控制器的下一代产品，支持 4 线 SPI，I/O 口操作电压为 1.5~5.25 V，与 ADS7846 芯片 100%兼容引脚，提供 2.5 V 辅助输入参考电压、电源监控以及温度测量模式。当不需要内部参考电压时，也能让参考电压掉电。TSC2046 小于 0.75 mW 的电源消耗（2.7 V 工作电压，参考电压掉电的情况下），高达 125 kHz 的采样速率，是一款用于电池供电系统的电阻屏，例如，是 PDA 等设备的理想选择。TSC2046 控制芯片接线图如图 9-52 所示。

TSC2046 支持单端工作模式与差分工作模式，精度支持 8 位与 12 位，本实验配置 TSC2046 工作于 12 位差分工作模式。内部控制寄存器以及各位的作用分别如表 9-14、表 9-15 所示。

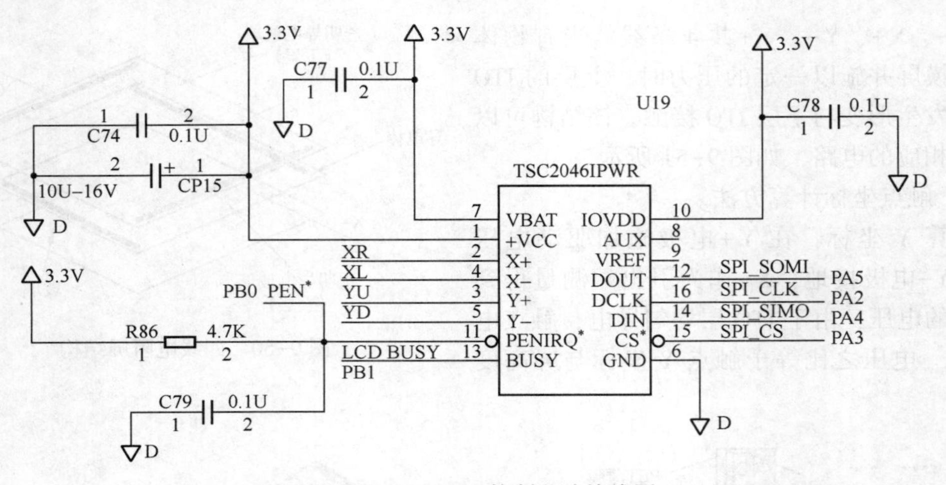

图 9-52　TSC2046 控制芯片接线图

表 9-14　TSC2046 内部寄存器

BIT 7（MSB）	BIT 6	BIT 5	BIT 4	BIT 3	BIT 2	BIT 1	BIT 0（LSB）
S	A2	A1	A0	MODE	SER/DFR	PD1	PD0

表 9-15　TSC2046 内部寄存器各位说明

位	名　称	描　述
7	S	开始位。控制字节从 DIN 上的第一个高位开始。新的控制字节可以在 12 位转换模式下每 15 个时钟周期开始一次，或者在 8 位转换模式下每 11 个时钟周期开始一次
4~6	A0~A2	通道选择位，与 SER/$\overline{\text{DFR}}$位一起控制多路复用器输入、触摸驱动器开关和参考输入的设置
3	MODE	12 位/8 位转换选择位。该位控制下一次转换的位数：12 位（低）或 8 位（高）
2	SER/DFR	单端/差分参考选择位，与位 A2-A0 一起控制多路复用器输入、触摸驱动器开关和参考输入的设置
0~1	PD0~PD1	掉电模式选择位

PD1 和 PD0 省电模式选择如表 9-16 所示。

表 9-16　TSC2046 PD1 和 PD0 省电模式选择

PD1	PD0	$\overline{\text{PENIRQ}}$	描　述
0	0	启用	在转换之间断电。每次转换完成后，转换器进入低功耗模式。在下一次转换开始时，设备立即通电至全功率。不需要额外的延迟来确保完整的操作，并且第一次转换是有效的。断电时 Y 开关打开
0	1	禁用	参考关闭，ADC 打开
1	0	启用	参考打开，ADC 关闭
1	1	禁用	设备始终通电，参考打开并且 ADC 打开

对采样通道 A0~A2 的选择如表 9-17 所示。

表 9-17　TSC2046 采样通道选择

A2	A1	A0	+REF	-REF	Y-	X+	Y+	Y-位置	X-位置	Z1-位置	Z2-位置	驱动
0	0	1	Y+	Y-		+IN		测量				Y+, Y-
0	1	1	Y+	X-		+IN				测量		Y+, X-
1	0	0	Y+	X-	+IN						测量	Y+, X-
1	0	1	X+	X-			+IN		测量			X+, X-

通过上述介绍，了解控制寄存器的各位作用后，需要配置 TSC2046 工作于 12 位差分模式读取 X 轴测量值和 Y 轴测量值，需要通过 SSI 写入 0xD0，读取 X 方向转换数据，写入 0x90，读取 Y 方向转换数据。对 TSC2046 的 SSI 操作时序特性和时序图分别如表 9-18 和图 9-53 所示。

表 9-18　TSC2046 的时序特性

符　　号	描　　述	+VCC 2.7 V，+VCC IOVDD 1.5 V，C_{LOAD} = 50 pF		
		最小值/ns	典型值/ns	最大值/ns
t_{ACQ}	采集时间	1.5		
t_{DS}	DIN 在 DCLK 上升之前有效	100		
t_{DH}	DIN 在 DCLK 高电平之后保持	50		
t_{DO}	DCLK 降至 DOUT 有效			200
t_{DV}	$\overline{CS}$降至 DOUT 使能			200
t_{TR}	$\overline{CS}$降至 DOUT 禁用			200
t_{CSS}	$\overline{CS}$降至首次 DCLK 上升	100		
t_{CSH}	$\overline{CS}$升至 DCLK 被忽略	10		
t_{CH}	DCLK 为高电平	200		
t_{CL}	DCLK 为低电平	200		
t_{BD}	DCLK 降至 BUSY 上升/下降			200
t_{BDV}	$\overline{CS}$降至 BUSY 使能			200
t_{BTR}	$\overline{CS}$降至 BUSY 禁用			200

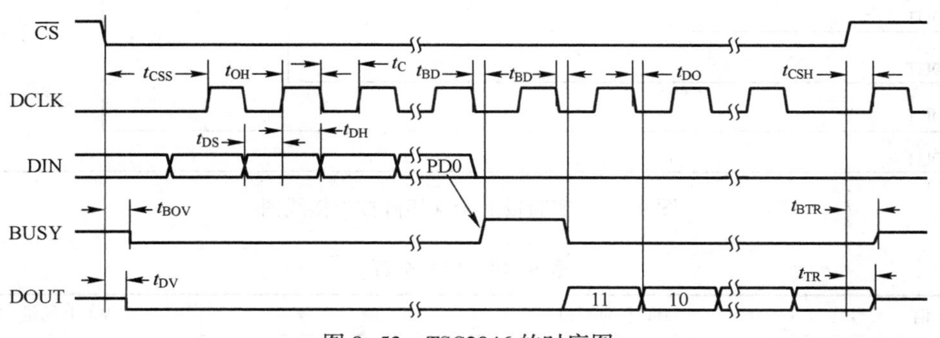

图 9-53　TSC2046 的时序图

2. 4×4 矩阵按键工作原理

矩阵按键实物图与接线图如图 9-54 与图 9-55 所示，又称为行列式按键，是用 4 条 I/O 线作为行线，4 条 I/O 线作为列线组成的按键，在行线和列线的每一个交叉点上，设置一个按键。这样矩阵中就有 4×4 个按键，这种行列式键盘结构能够有效地提高单片机系统中 I/O 口的利用率，4×4 矩阵键盘的行线、列线以及主板上 4 盏 LED 等对应的端口如表 9-19 所示。

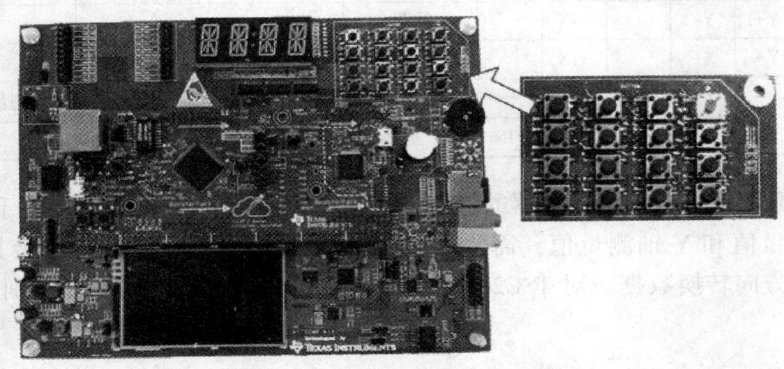

图 9-54 实验板实拍矩阵按键模块

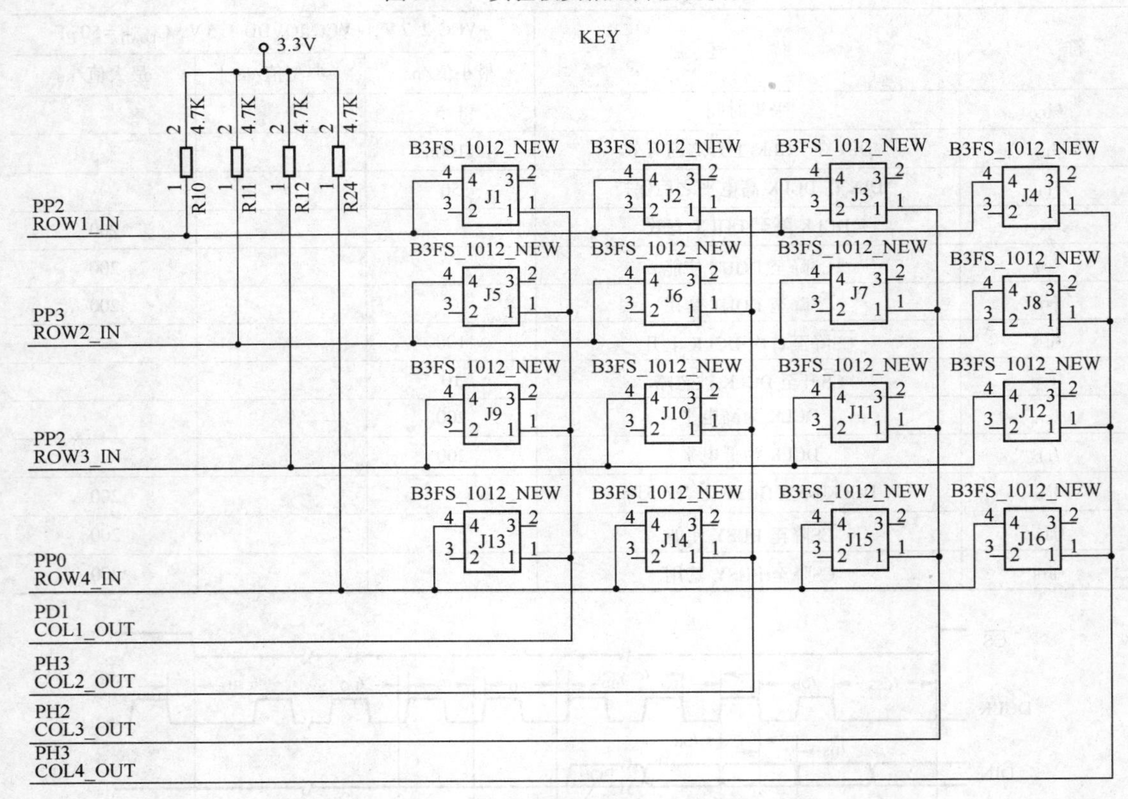

图 9-55 实验板上 4×4 矩阵按键接线图

表 9-19 信号分配

信　　号	M4 上的端口	信　　号	M4 上的端口
ROW1_IN	PP2	COL1_OUT	PD1
ROW2_IN	PN3	COL2_OUT	PH3
ROW3_IN	PN2	COL3_OUT	PH2
ROW4_IN	PD0	COL4_OUT	PM3

（续）

信　号	M4 上的端口	信　号	M4 上的端口
D3	PL0	D4	PL1
D5	PL2	D6	PL3
BUZZER	PM5		

软件消抖原理：如果按键较多，常用软件方法消抖，即检测出键闭合后执行一个延时程序，5~20 ms 的延时，让前沿抖动消失后再一次检测键的状态，如果仍保持闭合状态电平，则确认为真正有键按下。当检测到按键释放后，也要给 5~20 ms 的延时，待后沿抖动消失后才能转入该键的处理程序。

一般来说，软件消抖的方法是不断检测按键值，直到按键值稳定。实现方法：假设未按键时输入 1，按键后输入为 0，抖动时不定。可以做以下检测：检测到按键输入为 0 之后，延时 5~20 ms，再次检测，如果按键还为 0，那么就认为有按键输入，如图 9-56 所示。延时的 5~20 ms 恰好避开了抖动期。

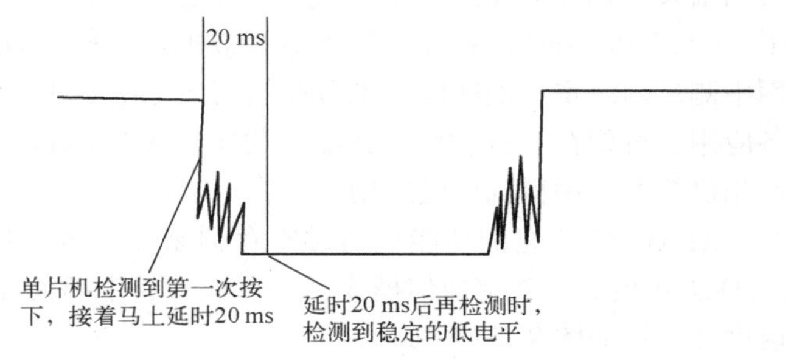

图 9-56　按键抖动特性

3. 三轴加速度传感器工作原理

（1）加速度传感器简介

加速度传感器是一种能够测量加速力的设备。加速力就是当物体在加速过程中作用在物体上的力，就好比地球引力。加速度计有两种：一种是线加速度计，另一种是角加速度计。

加速度是表征物体在空间运动本质的一个基本物理量。因此，可以通过测量加速度来测量物体的运动状态。例如，惯性导航系统就是通过飞行器的加速度来测量它的加速度、速度（地速）、位置、已飞过的距离、相对于预定到达点的方向等。通常还通过测量加速度来判断运动机械系统所承受的加速度负荷的大小，以便正确设计机械强度和按照设计指标正确控制运动加速度，以免机件损坏。对于加速度，常用绝对法测量，即把惯性型测量装置安装在运动体上进行测量。

加速度传感器的基本结构通常是质量-弹簧-阻尼二阶惯性系统。由质量块 m、弹簧 k 和阻尼器 C 所组成的惯性型二阶系统。质量块通过弹簧和阻尼器与传感器基座相连接。传感器基座与被测运动体相固连，因而随运动体一起相对于运动体之外惯性空间的某一参考点做相对运动。

由于质量块不与传感器基座相固连，因而在惯性作用下将在基座之间产生相对位移。质量块感受加速度并产生与加速度成比例的惯性力，从而使弹簧产生与质量块相对位移相等的伸缩变性，弹簧变形又产生与变形量成比例的反作用力。当惯性力与弹簧反作用力相平衡时，质量块相对于基座的位移与加速度成正比例，故可通过该位移或惯性力来测量加速度。

加速度器有很多类型：位移式加速度传感器、应变式加速度传感器和由陀螺仪（角速度传感器）改进的角加速度计等。按照原理可以分为变磁阻式、变电容式和霍尔式等。

（2）加速度传感器资源及特性

实验板中采用三轴数字加速度计 ADXL345。ADXL345 是 ADI 公司于 2008 年推出的采用 MEMS 技术具有 SPI 和 I^2C 数字输出功能的三轴加速度计，具有小巧轻薄、超低功耗、可变量程和高分辨率等特点。

ADXL345 只有 2 mm×5 mm×1 mm 的外形尺寸，面积大小相当于小拇指指甲盖的 1/3；在典型电压 V_S = 2.5 V 时功耗电流约为 25～130 μA，比先期采用模拟输出的产品 ADXL330 功耗典型值低了 70～175 μA；最大量程可达±16 g，另可选择±2 g、±4 g、±8 g 量程，可采用固定的 4 mg/LSB 分辨率模式，该分辨率可测得 0.25°的倾角变化。

ADXL345 提供一些特殊的运动侦测功能，可侦测出物体是否处于运动状态，并能敏感侦测出某一轴加速度是否超过了用户自定义门限，可侦测物体是否正在跌落。此外，还集成了一个 32 级 FIFO 缓存器，用来缓存数据以减轻处理器的负担。ADXL345 可在倾斜敏感应用中测量静态重力加速度，也可在运动甚至振动环境中测量动态加速度，非常适合于移动设备应用，可望在手机、游戏和定位设备、微小型导航设备、硬盘保护、运动健身器材、数码照相机等产品中得到广泛应用。

ADXL345 丰富的功能是通过寄存器来实现的。这些丰富的寄存器用以选择数据格式、FIFO 工作模式、数字通信模式、节点模式、中断使能以及修正各轴偏差等。实验板三轴加速度计实物如图 9-57 所示。

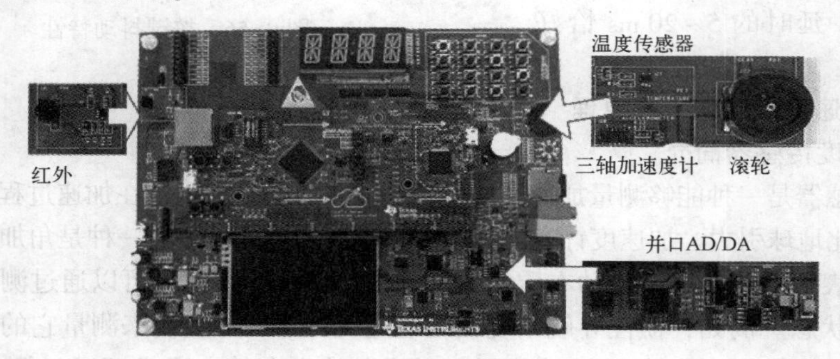

图 9-57　实验板三轴加速度计

（3）ADXL345 引脚配置和功能描述

ADXL345 引脚配置如图 9-58 所示。

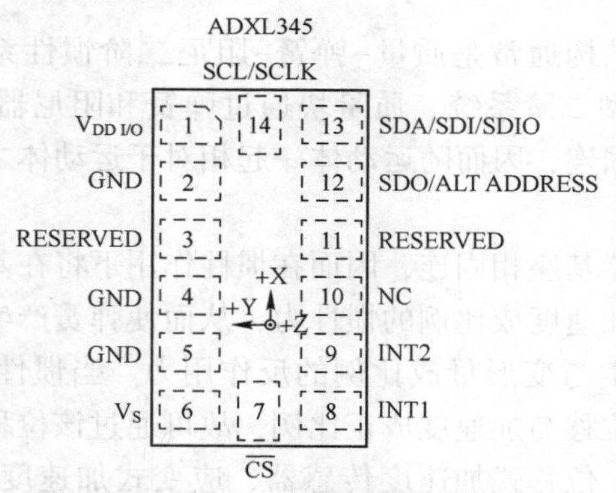

图 9-58　ADXL345 引脚配置（顶视图）

ADXL345 功能描述如表 9-20 所示。

表 9-20　ADXL345 引脚功能描述

引脚编号	引脚名称	描　述
1	$V_{DD\ I/O}$	数字接口电源电压
2	GND	该引脚必须接地
3	RESERVED	保留，该引脚必须连接到 VC 或保持断开
4	GND	该引脚必须接地
5	GND	该引脚必须接地
6	V_S	电源电压
7	$\overline{CS}$	片选
8	INT1	中断 1 输出
9	INT2	中断 2 输出
10	NC	内部不连接
11	RESERVED	保留，该引脚必须接地或保持断开
12	SDO/ALT ADDRESS	串行数据输出（SPI4 线）/备用 I^2C 地址选择（I^2C）
13	SDA/SDI/SDIO	串行数据（I^2C）/串行数据输入（SPI4 线）/串行数据输入和输出（SPI3 线）
14	SCL/SCLK	串行通信时钟，SCL 为 I^2C 时钟，SCLK 为 SPI 时钟

ADXL345 的内部功能图如图 9-59 所示。

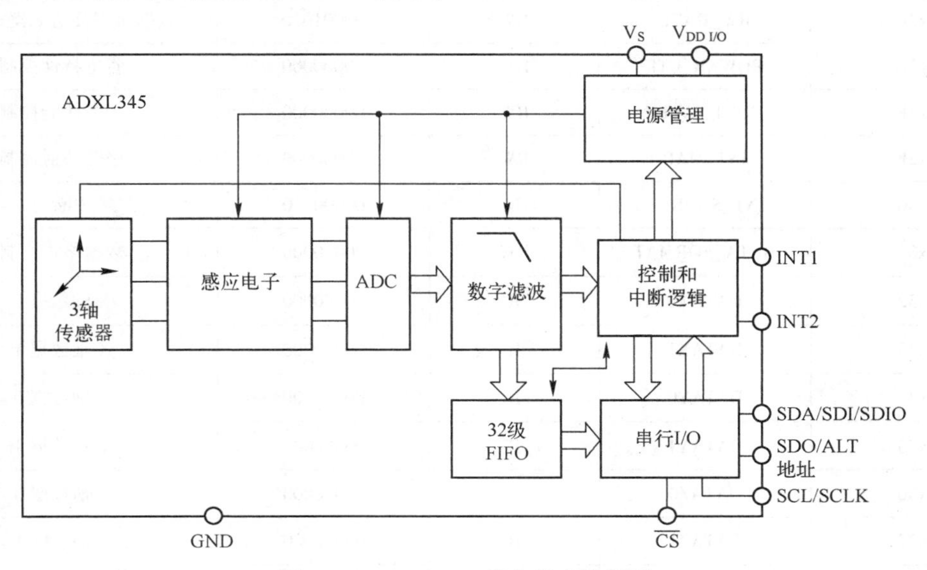

图 9-59　ADXL345 的内部功能框图

(4) ADXL345 的寄存器

ADXL345 的寄存器映射如表 9-21 所示。

表 9-21　寄存器映射表

寄存器地址	名　称	类　型	复 位 值	描　述
0x00	DEVID	R	11100101	器件 ID
0x01~0x1C	保留			保留,不操作
0x1D	THERSH_TAP	RW	00000000	敲击阈值
0x1E	OFSX	RW	00000000	X 轴偏移
0x1F	OFSY	RW	00000000	Y 轴偏移
0x20	OFSZ	RW	00000000	Z 轴偏移
0x21	DUR	RW	00000000	敲击持续时间
0x22	Latent	RW	00000000	敲击延迟
0x23	Window	RW	00000000	敲击窗口
0x24	THRESH_ACT	RW	00000000	活动阈值
0x25	THRESH_INACT	RW	00000000	静止阈值
0x26	TIME_INACT	RW	00000000	静止时间
0x27	ACT_TAP_STATUS	RW	00000000	轴使能控制活动和静止检测
0x28	THRESH_FF	RW	00000000	自由落体阈值
0x29	TIME_FF	RW	00000000	自由落体时间
0x2A	TAP_AXES	RW	00000000	单机/双击轴控制
0x2B	ACT_TAP_STATUS	R	00000000	单机/双击源
0x2C	BW_RATE	RW	00001010	数据速率及功率模式控制
0x2D	POWER_CTL	RW	00000000	省电特性控制
0x2E	INT_ENABLE	RW	00000000	中断使能控制
0x2F	INT_MAP	RW	00000000	中断映射控制
0x30	INT_SOURCE	R	00000010	中断源
0x31	DATA_FORMAT	RW	00000000	数据格式控制
0x32	DATAX0	R	00000000	X 轴数据 0
0x33	DATAX1	R	00000000	X 轴数据 1
0x34	DATAY0	R	00000000	Y 轴数据 0
0x35	DATAY1	R	00000000	Y 轴数据 1
0x36	DATAZ0	R	00000000	Z 轴数据 0
0x37	DATAZ1	R	00000000	Z 轴数据 1
0x38	FIFO_CTL	RW	00000000	FIFO 控制
0x39	FIFO_STATUS	RW	00000000	FIFO 状态

（5）常用的寄存器

1）BW_RATE。

BW_RATE 用来设定功耗模式和数据率，位定义如表 9-22 所示。LOW_POWER 位：0，正常模式；1，低功率模式。速率位：选择器件的带宽和数据速率，数据速率代码如表 9-23 所示。本实验设置为 0x18，数据速率 25 Hz。

表 9-22　寄存器 0x2C 位定义

D7	D6	D5	D4	D3	D2	D1	D0
0	0	0	LOW_POWER	速率			

表 9-23　数据速率

输出数据速率/Hz	带宽/Hz	速 率 代 码
400	200	1100
200	100	1011
100	50	1010
50	25	1001
25	12.5	1000
12.5	6.25	0111

2）POWER_CTL。

POWER_CTL 用来设定供电模式，位定义如表 9-24 所示，与 BW_RATE 配合，可设定数据率，默认值为 100 Hz。ADXL345 在正常供电情况下，能根据输出数据率大小自动调节功耗。如果要进一步降低功耗，将 BW_RATE 寄存器中的 LOW_POWER 位置位，进入低功耗模式。Link 位 ：1，连接；0，非连接。AUTO_SLEEP 位：0，非自动睡眠模式；1，自动睡眠模式。Measure 位：0，独立模式；1，测量模式。Sleep 位：0，正常模式；1，睡眠模式。Wakeup 位在睡眠模式下的读取频率设置如表 9-25 所示。本实验设置为 0x08。

表 9-24　寄存器 0x2D 位定义

D7	D6	D5	D4	D3	D2	D1	D0
0	0	Link	AUTO_SLEEP	Measure	Sleep	Wakeup	

表 9-25　Wakeup 位在 Sleep 模式下的读取频率设置

设　置		频率/Hz
D1	D0	
0	0	8
0	1	4
1	0	2
1	1	1

3）DATA_FORMAT。

DATA_FORMAT 寄存器的设置影响着数据寄存器中的数据格式，位定义如表 9-26 所示。DATA_FORMAT 的 8 位寄存器可控制 6 项设置，通过设置 SPI 位可设定 SPI 是采用 3 线还是 4 线接口模式，FULL_RES 位与 RANGE 位，用于设定加速度量程和对应的分辨率模式，SELF_TEST 位用于自检。INT_INVERT 为中断模式设置：0 为相对高电平中断；1 为相对低电平中断。RANGE 位设置如表 9-27 所示。本实验设置位 0x0B。

表 9-26　DATA_FORMAT 寄存器的位定义

D7	D6	D5	D4	D3	D2	D1	D0
SELF_TEST	SPI	INT_INVERT	0	FULL_RES	JUSTIFY	RANGE	

表 9-27　RANGE 位设置

设　置		频率/Hz
D1	D0	
0	0	±2 g
0	1	±4 g
1	0	±8 g
1	1	±16 g

4）OFSX、OFSY、OFSZ。

用来存储标定的 X、Y、Z 轴的偏移量，初始化传感器时使用。

（6）ADXL345 芯片连接图

ADXL345 有 I^2C 和 SPI 两种操作模式，本实验采用 I^2C 操作模式，此模式下 ADXL345 芯片的连接图、实验板上接线图如图 9-60、图 9-61 所示，接口线资源如表 9-28 所示。ALT ADDRESS 引脚处于高电平，器件的 7 位 I^2C 地址是 0x1D，随后为 R/W 位。CS引脚和 ALT ADDRESS 引脚连接至 $V_{DDI/O}$（实验时将 I/O 口输出置高，也可用杜邦线将其连接至 3.3 V 电压）。

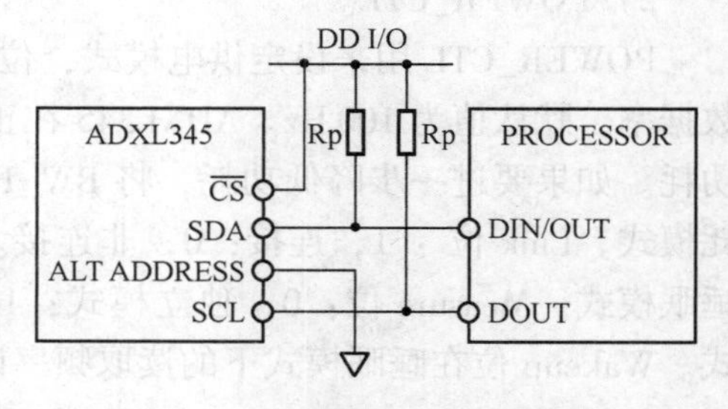

图 9-60　ADXL345 连接图（I^2C 模式）

表 9-28　加速度计接口线资源

加 速 度 计	CLK	PB5	
	ADX_INT	PE0	实验中没用到
	ADX_CS	PB4	输出高
	ADX_SDO	PE5	输出高
	ADX_SDI	PE4	

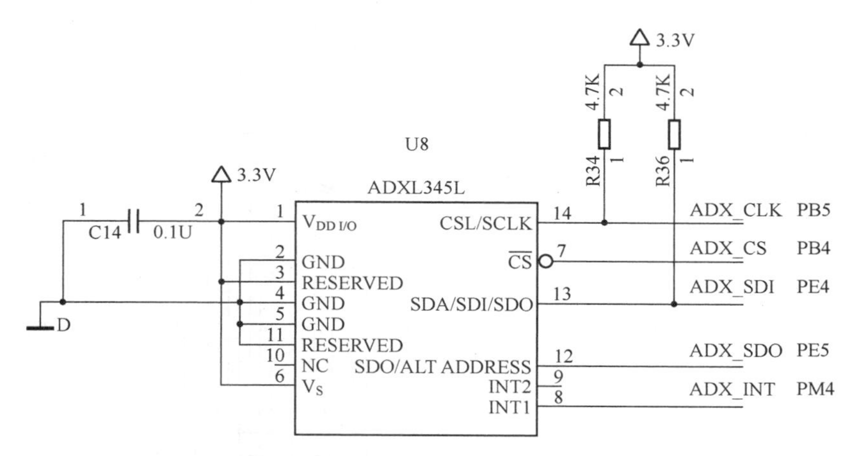

图 9-61　实验板上 ADXL345 连接图

4. 米字管工作原理

米字管是一种半导体发光器件，其基本单元是发光二极管，实验板实物图如图 9-62 所示。与传统的 LED 数码管相比，除了能显示 0~9 等数字外，米字管还能显示 26 个英文字母，因此其应用范围更广。

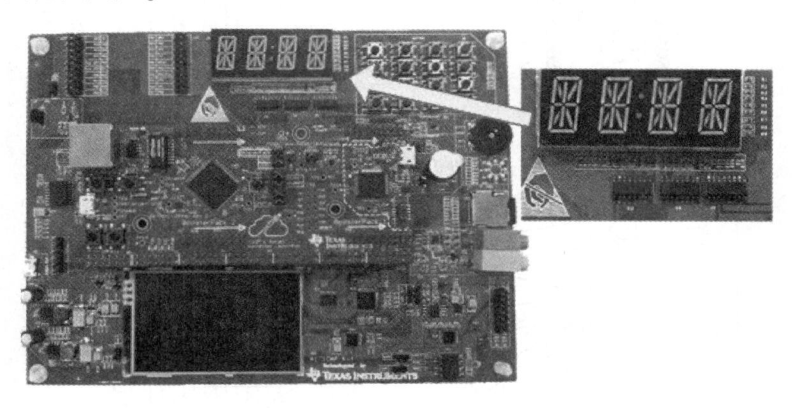

图 9-62　实验板米字管实物

米字管通常分为共阴极和共阳极两种。本实验使用共阴极米字管，原理如图 9-63 所示。共阴极米字管共有 18 个引脚，各段分别接高电平时，相应段会点亮，构成不同的组合，显示不同的数字或英文字母。例如，当引脚 1、2、3、4、5、8、9、10、12、13 和 14 接低电平，引脚 7、11、15、16、17 和 18 接高电平时米字管显示数字 0。

实验板上米字管接线图如图 9-64 所示，米字管由 3 个 PCA9557 芯片控制，其中第 1 个芯片（U4）控制米字管管选信号，即选择哪个米字管（4 个米字管和特殊引脚），后两个芯片（U5 和 U6）控制 7~18 引脚对应的码段，3 个芯片必须配合控制才能正确点亮米字管。

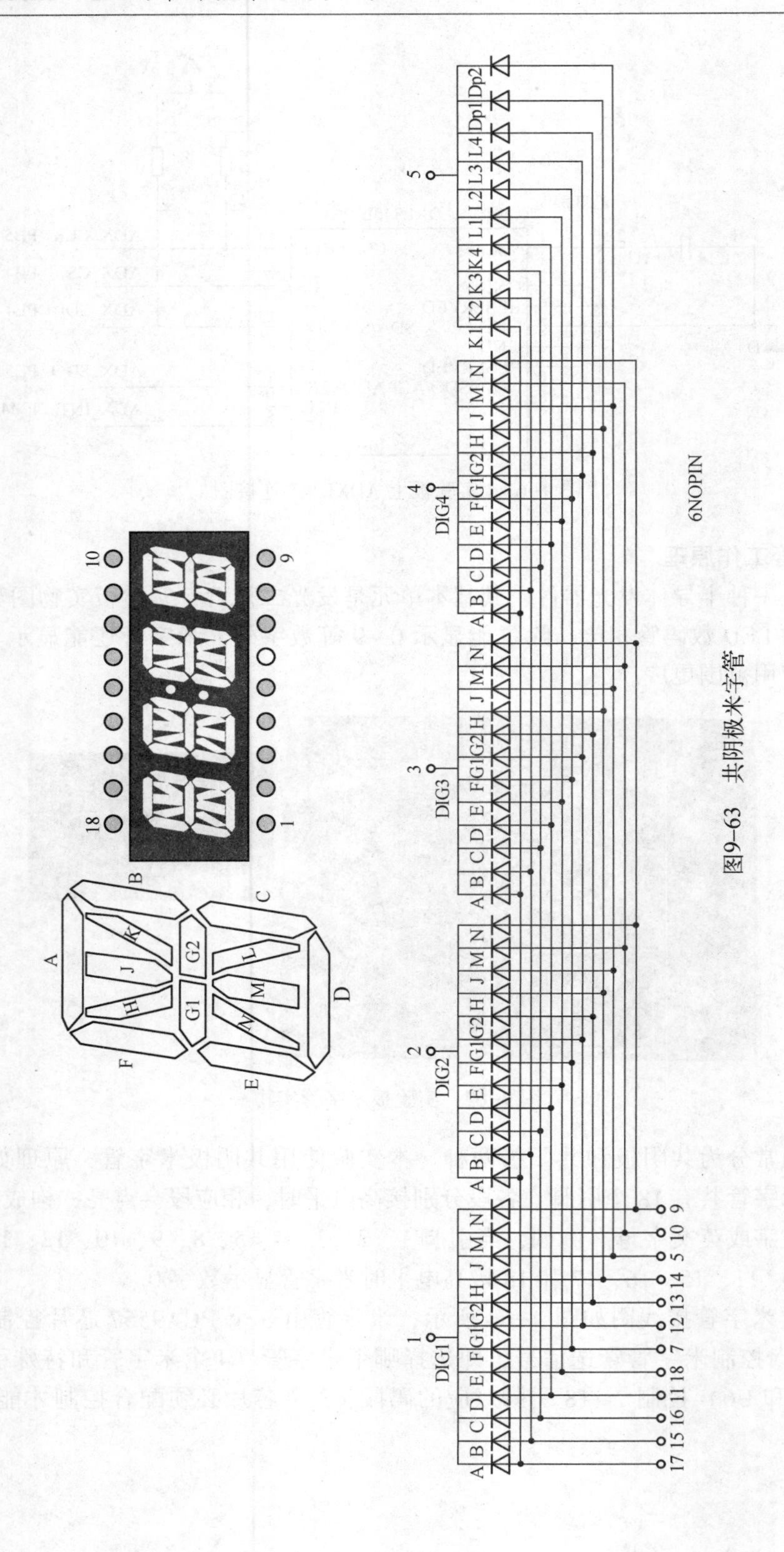

图9-63 共阴极米字管

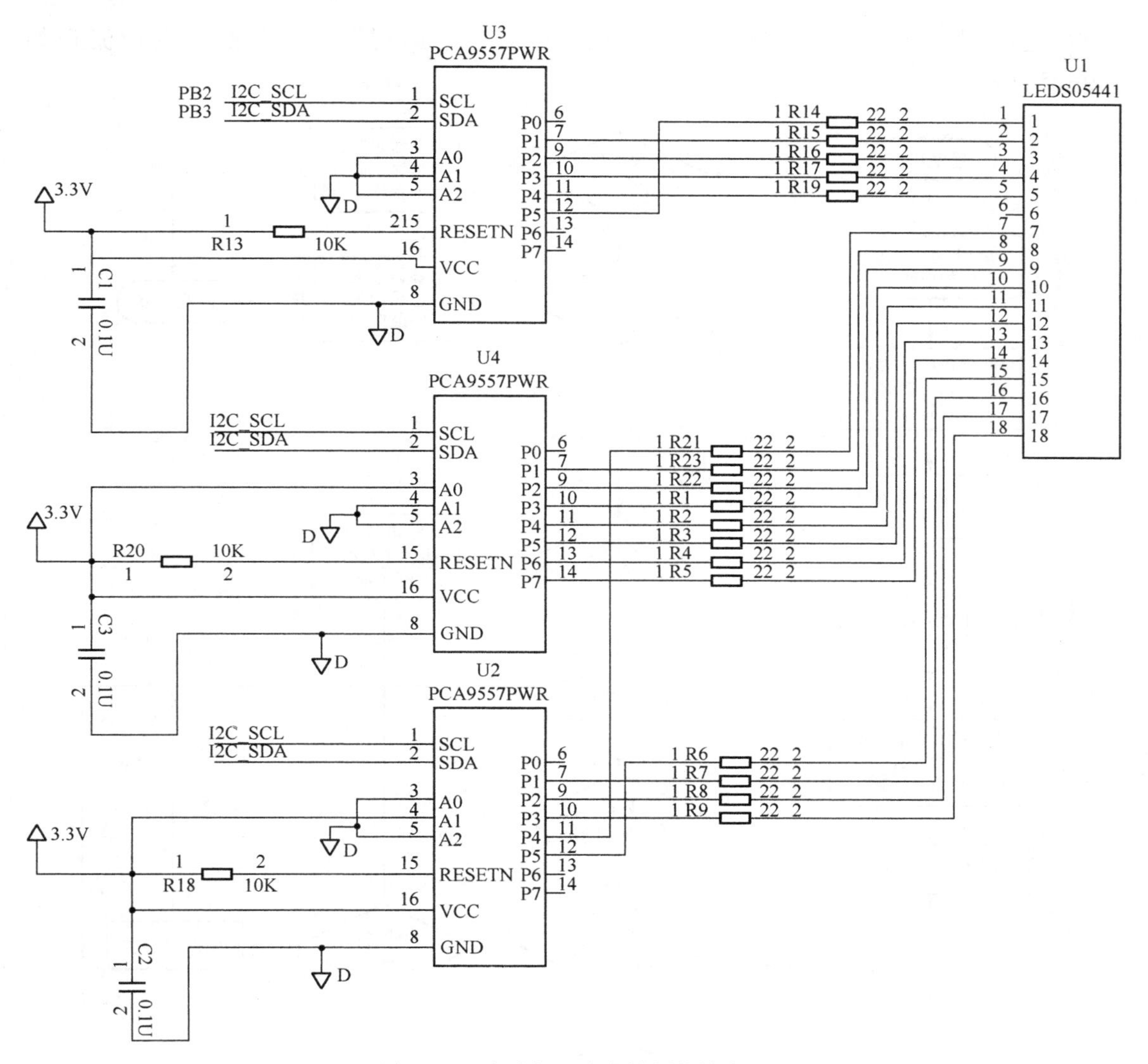

图 9-64　实验板上米字管硬件接线图

9.5　基于 TM4C1294 和加速度计的重力感应游戏

本实验综合了 TFT 液晶显示，三轴加速度传感器，UART 串口，蜂鸣器和矩阵键盘等模块，制作了一个重力感应躲避球的游戏。

9.5.1　重力感应游戏概述

在基于 TM4C1294 和加速度计的重力感应游戏实验中，TFT 液晶屏用来显示游戏界面，三轴加速度传感器用来控制小球的移动，UART 串口用来返回游戏失败或成功的信息，矩阵按键用来控制一些参数的设定。在这个游戏中，需要通过三轴加速度传感器来控制小球的移动来躲避障碍，吃红色小球减小通关难度，最后通关赢得胜利。此游戏设计流程如图 9-65 所示。

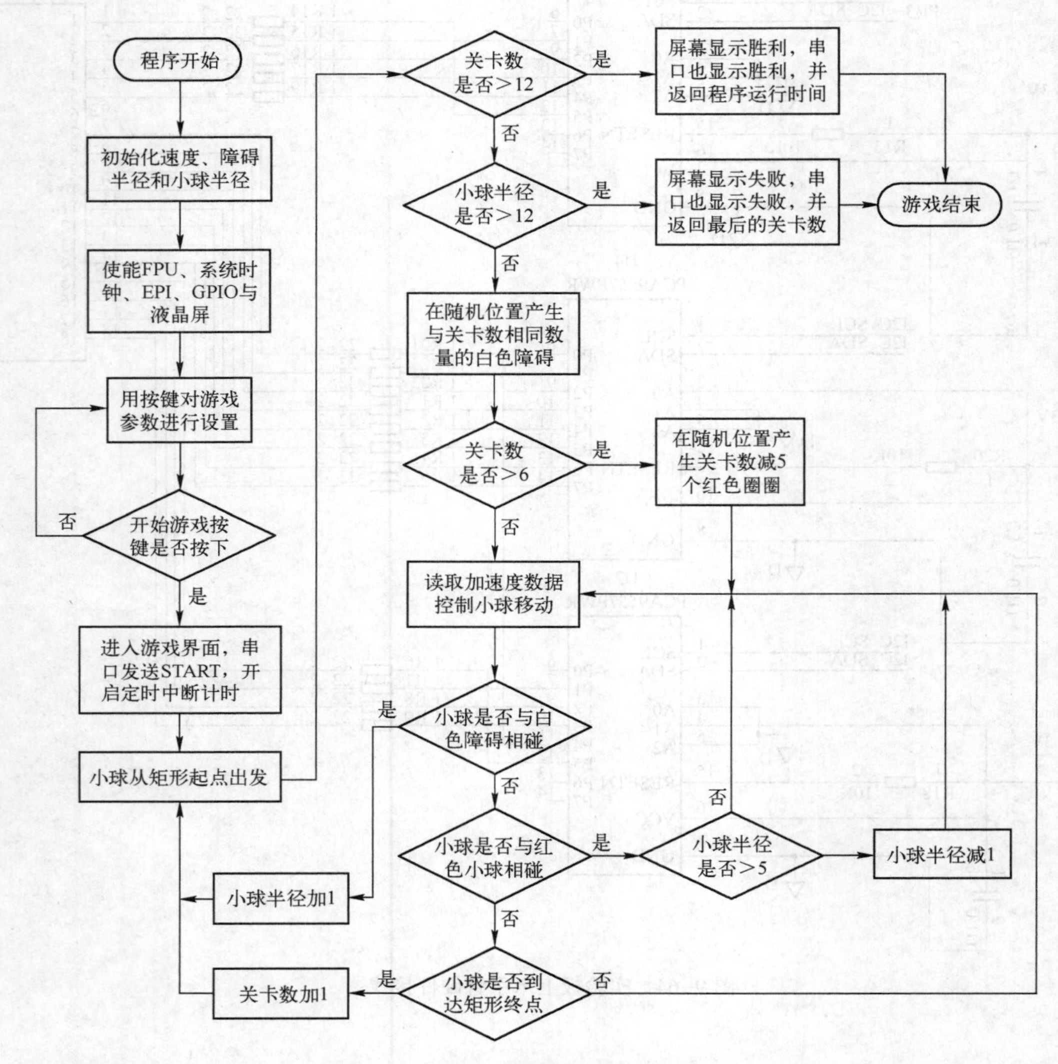

图 9-65　重力感应球游戏设计流程图

9.5.2　系统软件

程序关键实现代码如下。

(1) 产生随机障碍

此部分代码先通过 rand() 函数产生随机数，并根据液晶屏的边界来生成障碍矩形的随机坐标，然后通过此坐标绘制障碍。

```
random_x[n]=rand()%(180-5+1)+20;        //产生随机障碍
random_y[n]=rand()%(350-5+1)+30;
```

```
TFTLCD_DrawZhangAi(random_x[n],random_y[n],RZ);
delay();
```

（2）读取加速度传感器的值并控制小球移动

此部分代码先分别读取加速度传感器 X、Y、Z 方向的数据，将读取的数据进行处理，并根据数据控制小球移动的方向。

```
I2C_RECV_DATA[0]=SINGLE_read(SLAVE_ADDRESS_R,0x32);//单次读取 0x32 中的数据
I2C_RECV_DATA[1]=SINGLE_read(SLAVE_ADDRESS_R,0x33);
I2C_RECV_DATA[2]=SINGLE_read(SLAVE_ADDRESS_R,0x34);
I2C_RECV_DATA[3]=SINGLE_read(SLAVE_ADDRESS_R,0x35);
I2C_RECV_DATA[4]=SINGLE_read(SLAVE_ADDRESS_R,0x36);
I2C_RECV_DATA[5]=SINGLE_read(SLAVE_ADDRESS_R,0x37);
if(I2C_RECV_DATA[1]>16)
{
    I2C_RECV_DATA[1]=0xFF-I2C_RECV_DATA[1];
    I2C_RECV_DATA[0]=0xFF-I2C_RECV_DATA[0];
    mg[0]=I2C_RECV_DATA[0]*4+I2C_RECV_DATA[1]*1024+4;  //根据重力感应移动球
    if(mg[0]>150)
    {
        y=y-speed;
    }
}
else
{
    mg[0]=I2C_RECV_DATA[0]*4+I2C_RECV_DATA[1]*1024-10;
    if(mg[0]>150)
    {
        y=y+speed;
    }
}
if(I2C_RECV_DATA[3]>16)
{
    I2C_RECV_DATA[3]=0xFF-I2C_RECV_DATA[3];
    I2C_RECV_DATA[2]=0xFF-I2C_RECV_DATA[2];
    mg[1]=I2C_RECV_DATA[2]*4+I2C_RECV_DATA[3]*1024-28;
    if(mg[1]>150)
    {
        x=x-speed;
    }
}
else
{
```

```
    mg[1]=I2C_RECV_DATA[2]*4+I2C_RECV_DATA[3]*1024;
    if(mg[1]>150)
    {
        x=x+speed;
    }
}
```

（3）定时中断函数实现计时功能

此部分代码为定时中断函数的具体实现，Timer 中储存的值为当前游戏进行的时间，此时间用于游戏闯关成功后通过串口传输到上位机上。

```
void Timer0BIntHandler(void)
{
    unsigned long Status;
    TimerDisable(TIMER0_BASE, TIMER_B);              //禁止 Timer 计数
    Status=TimerIntStatus(TIMER0_BASE,true);         //获取当前 Timer 的中断状态
    if(Status==TIMER_TIMB_TIMEOUT)
    {
        Time1++;
        if(Time1>20000)
        {
            Time++;                                  //time 即为时间
            Time1=0;
        }
    }
    TimerIntClear(TIMER0_BASE, Status);              //清除 Timer 的中断
    TimerLoadSet(TIMER0_BASE, TIMER_B, g_ui32SysClock);    //设置 Timer 的装载值
    TimerEnable(TIMER0_BASE, TIMER_B);               //使能 Timer 计数
}
```

9.5.3 实验结果展示

重力感应球游戏结果如图 9-66 所示，其中图 9-66a 为重力球游戏初始化界面，在这个界面可以通过按键初始化各种参数，如 SPD 为游戏中小球步进的速度，DlR 为游戏中小球的半径大小，BrR 为障碍半径大小。图 9-66b 为游戏第一关的界面，界面的正上方为关卡数。游戏需要通过三轴加速度计控制小球从左上角的方框运动到右下角的方框中，且不能碰到障碍，碰到障碍蜂鸣器会发出警报，小球半径加 1，并返回原点。图 9-66c 为游戏第六关的界面，第六关会增加一个红色小球，通过碰触此小球可以减小小球的半径，减小闯关的难度。图 9-66d 为第十一关的游戏界面，如果在游戏中小球半径超过 12，程序将结束，并在上位机上显示游戏失败，且显示失败时关卡数。图 9-66e 为游戏结束界面，如果闯关数大于 12 关，则游戏结束，在液晶屏上显示游戏闯关成功，并在上位机上显示游戏闯关成功所用的时间。

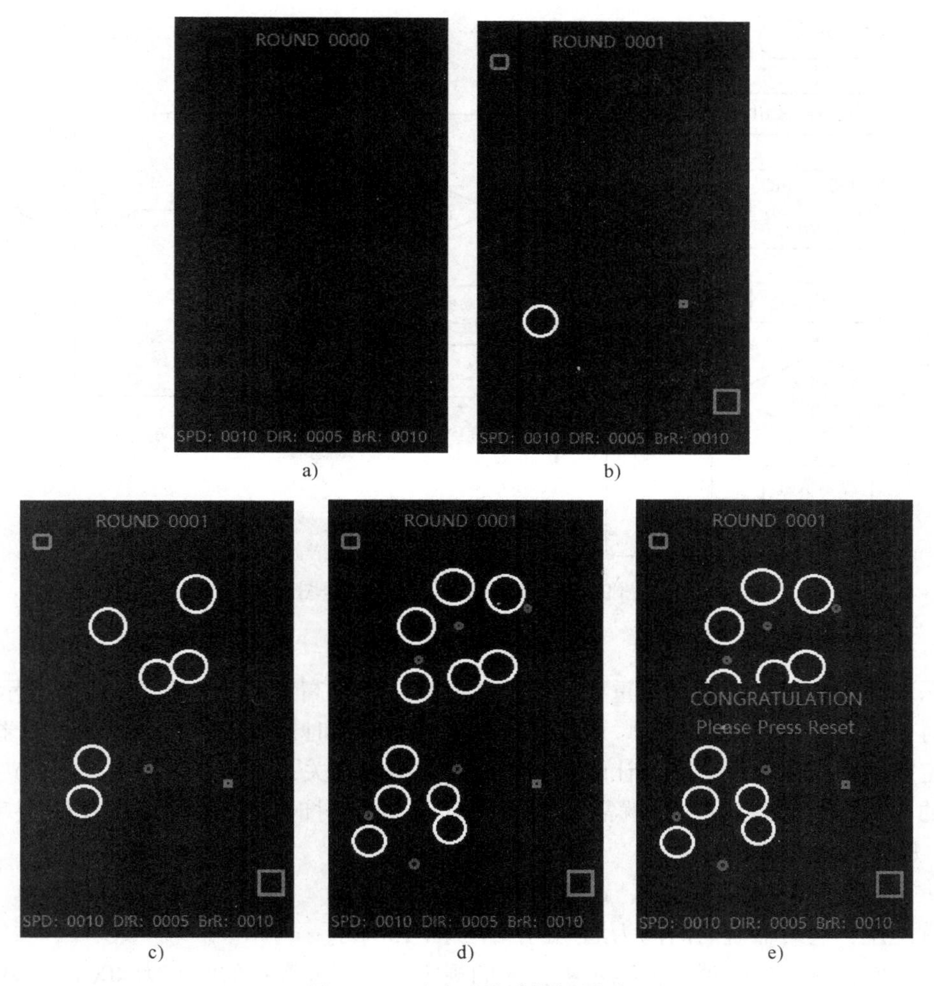

图 9-66　重力球游戏结果展示

a）重力球游戏初始化界面　b）重力球游戏第一关

c）重力球游戏第六关　d）重力球游戏第十一关　e）重力球游戏结束界面

9.6　基于 TM4C1294 的音乐播放器设计

本实验综合了 TFT 显示屏、触摸屏、蜂鸣器和 LED 灯等模块，制作了一个基于 TM4C1294 的音乐播放器。

9.6.1　音乐播放器设计思路概述

在基于 TM4C1294 的音乐播放器的设计中，TFT 显示屏用来显示用户操作界面，触摸屏用来作为用户的输入工具，蜂鸣器是音乐播放器的发生装置，LED 作为额外的信号提示源。通过定时器来精确控制蜂鸣器的发声频率从而发出音高准确的音符，进而完成整首歌的播放。整体系统流程图如图 9-67 所示。

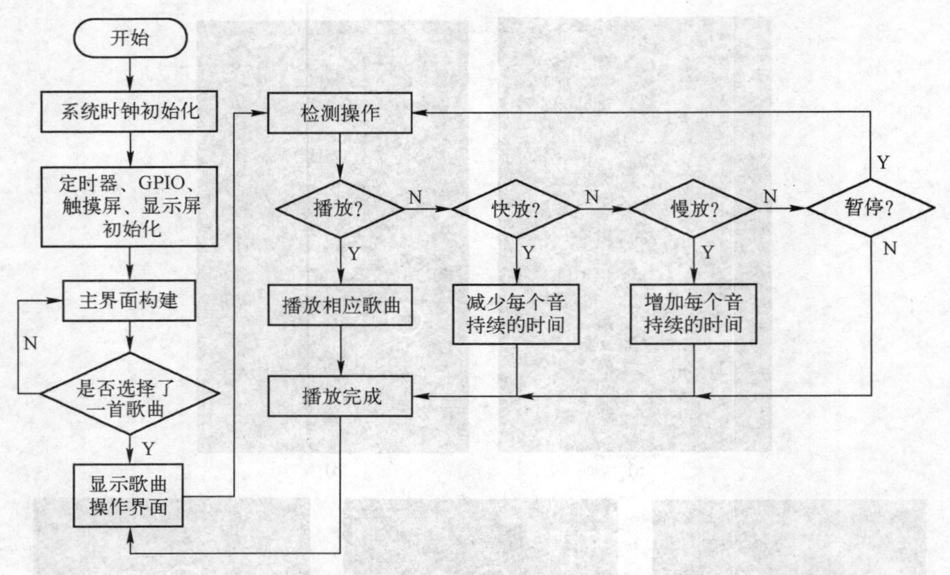

图 9-67　音乐播放器设计流程图

9.6.2　工作原理

音乐中每个音符包括两个最重要的元素，那就是“音高”和“时值”，音高表示声音的频率，时值表示音符持续的时间。通过单片机定时器的定时器中断，精确控制蜂鸣器的 I/O 口在规定时间内来回取反，从而让蜂鸣器按照规定时间开关，从而产生一定频率的声音。那么声音的频率如何改变呢，那就需要改变定时器的定时时间。例如，A 音的频率是 $f=440\,\text{Hz}$，那么其周期就是

$$T=1/f=1/440=2\,272\,\mu\text{s}$$

也就是说，定时器定时时间为周期的一半为 1 136 μs。

另一方面，音符的时值如何确定呢？人们规定一个四分音符的时间为 400 ms，八分音符就是 200 ms，以此类推，那么就可以设置另外一个延时来实现音符的时值。这样，确定好音符的音高和时值之后，就可以通过蜂鸣器发出相应的音符了。

9.6.3　软件设计

1. 触摸屏消抖

实验板上的触摸屏会有噪声的干扰，而且手指按压时，产生的按压点的数量很多，因此可以用一个均值滤波器来解决这个问题，即一次连续取 20 个点，再做平均处理。

```
TouchXData[20] = (TouchXData[0]+……+TouchXData[19])/20;
```

2. 图形界面显示

每一个界面的图像中都有四五个按键，按键可以通过画矩形框来完成，之后再利用 TFTLCD_ShowString 函数将按键名显示出来即可。

需要注意的是在切换界面时，需要进行清屏操作，这里编写了 void clear( ) 函数，其原理就是画黑点。

```
void clear()                                          //清屏
{
    uint32_t i,j;
    for(i=0;i<=240;i++)
    {
        for(j=100;j<=140;j++)
        {
            TFTLCD_DrawPoint(i,j,BLACK);
        }
    }
......
}
```

3. 乐句的记录方式

每一段乐句都由很多的音符组成，音符包含了“音高”和“时值”两部分，所以需要记录每一个音符的“音高”和“时值”。这里可以使用结构体数组来进行记录。

```
typedef struct
{
    uint32_t frequency;                               //发生频率
    float time;                                       //发生时间
}CNote;
#define T 0.2

CNote music1[] =
{{956,T},{852,T},{758,T},{956,T},{956,T},{852,T},{758,T},{956,T},{758,T},
{710,T},{638,2*T},{758,T}}
```

4. 音符的“音高”和“时值”的实现方式

前文讲述过实现的原理，这里不再赘述。具体代码如下。

```
void Sound(CNote *note)
{
    if(note->frequency! =0)
    {
        loadvalue = g_ui32SysClock * (note->frequency) /12000;
        TimerLoadSet(TIMER0_BASE, TIMER_B, 10);
        TimerEnable(TIMER0_BASE, TIMER_B);
    }
    SysCtlDelay(g_ui32SysClock * (note->time));
    TimerDisable(TIMER0_BASE, TIMER_B);
    TimerIntClear(TIMER0_BASE, TIMER_TIMB_TIMEOUT);
    //GPIOPinWrite(GPIO_PORTM_BASE, GPIO_PIN_5 , 0x20);
```

```
    SysCtlDelay(5);
}
void Timer0BIntHandler(void)
{
    unsigned long Status;
    TimerDisable(TIMER0_BASE, TIMER_B);
    Status=TimerIntStatus(TIMER0_BASE,true);
    if(Status= =TIMER_TIMB_TIMEOUT)
    {
        if(GPIOPinRead(GPIO_PORTM_BASE, GPIO_PIN_5)! =0x20)
        {
        GPIOPinWrite(GPIO_PORTM_BASE, GPIO_PIN_5 , 0x20);
        }
        else
        {
            GPIOPinWrite(GPIO_PORTM_BASE, GPIO_PIN_5 , 0xdf);
        }
    }
    TimerIntClear(TIMER0_BASE, Status);
    TimerLoadSet(TIMER0_BASE, TIMER_B,  loadvalue);
    TimerEnable(TIMER0_BASE, TIMER_B);
}
```

Sound 函数为单个音符的实现函数，其传入参数 *note 即为上一部分定义的音符的结构体变量。每个音符结构体变量都包含了一个表示频率的数字和一个表示时值的数字。代码中把表示频率的数字装载进定时器中，然后开启定时器中断，时间一到就会触发进入中断服务函数。中断服务函数的效果是一直将 M5 引脚的电平进行反转，即产生一个固定的震动频率，而且在函数出口前会重新装载定时器的定时值，这样就可以一直不停地按照特定的频率对 M5 引脚进行翻转，从而产生一定频率的声音。另外，把表示时值的数字用作 SysCtlDelay 的参数来延时，延时结束后就清空定时器装载值并关闭定时器中断。

要注意的是这个过程中的时序问题，这里先使能了定时器的中断使得每隔一段时间就会进入定时器中断服务函数，从而产生声音。对于主频在 100 MHz 的单片机来说，定时器中断服务函数的处理速度是很快的，只需要不到 1 μs 的时间，这相对于定时器中断的装载值的时间 1 ms 来说，是很短的，基本可以忽略，所以最后产生的声音频率是很准确的。因为这个中断服务函数的执行时间短，所以 SysCtlDelay 的实际延时时间也是很准确的。

9.6.4 实验结果展示

音乐播放器实验结果展示如图 9-68 所示，其中图 9-68a 为音乐播放器主界面，总共有 4 首乐曲可供选择播放，任意选择一首乐曲的相应按钮单击后即可进入乐曲操作界面。图 9-68b 为音乐播放器乐曲操作界面，单击“play”按钮开始播放当前乐曲；单击“stop”按钮暂停当前乐曲，若再次单击“play”按钮则会继续播放未完成部分；单击“speed up”

按钮会加快乐曲播放速度；单击“speed down”按钮会减慢乐曲播放速度；任意时刻单击“back”按钮会返回到主界面。

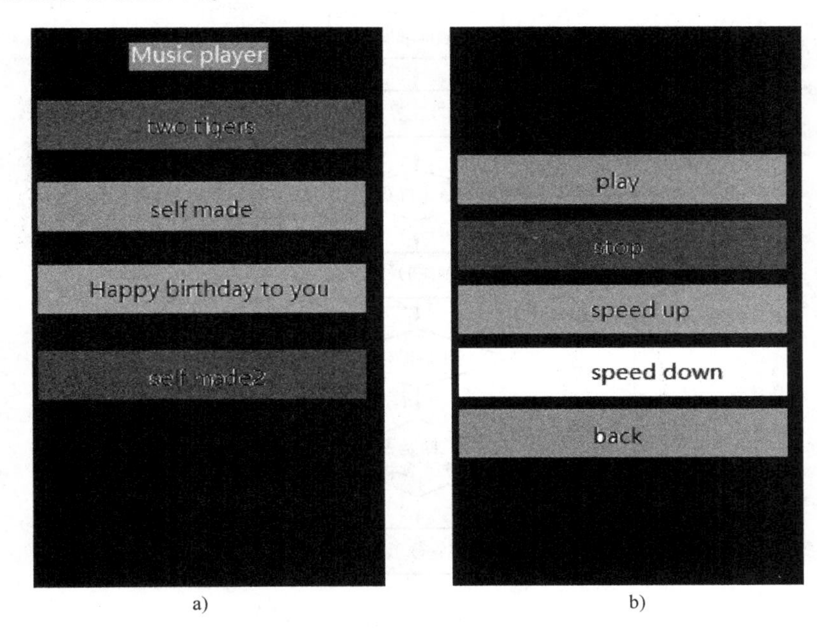

a)　　　　b)

图 9-68　音乐播放器实验现象展示

a）音乐播放器主界面　b）音乐播放器乐曲操作界面

9.7　基于 TM4C1294 贪吃蛇游戏设计

本实验采用 LED 灯、米字管、触摸屏、TFT 彩屏以及 I^2C 总线接收 5 个模块，制作了一个人机界面良好、功能丰富、有良好用户体验的贪吃蛇小游戏。

9.7.1　贪吃蛇游戏设计概述

游戏主体是利用触摸屏控制贪吃蛇的移动方向，吃到一定数量的“食物”后，可以加快速度（难度设置），判断吃到食物后会有相应的米字管显示当前分数，也可以设置一些其他得分效果，如蜂鸣器等。最后可以在游戏初始界面和游戏界面进行切换返回。采用自顶向下的代码设计方法，先设计游戏主题，再分块实现代码。主要由 TFT 彩屏界面绘制、触屏触发功能的实现、游戏流程的展现三部分组成。流程图如图 9-69 所示。

9.7.2　系统软件

1. 绘制屏幕

1）采用 TFTLCD_FillBlock( ) 函数绘制屏幕方块——各种功能键与移动的控制块。

2）采用系统编写的 TFTLCD_ShowString(uint32_t x, uint32_t y, char * p, uint32_t fColor, uint32_t bColor) 函数来显示字符串，给用户功能提示。

3）绘制蛇，形状大小可自行设计，使用 TTFLCD 的各种显示函数。

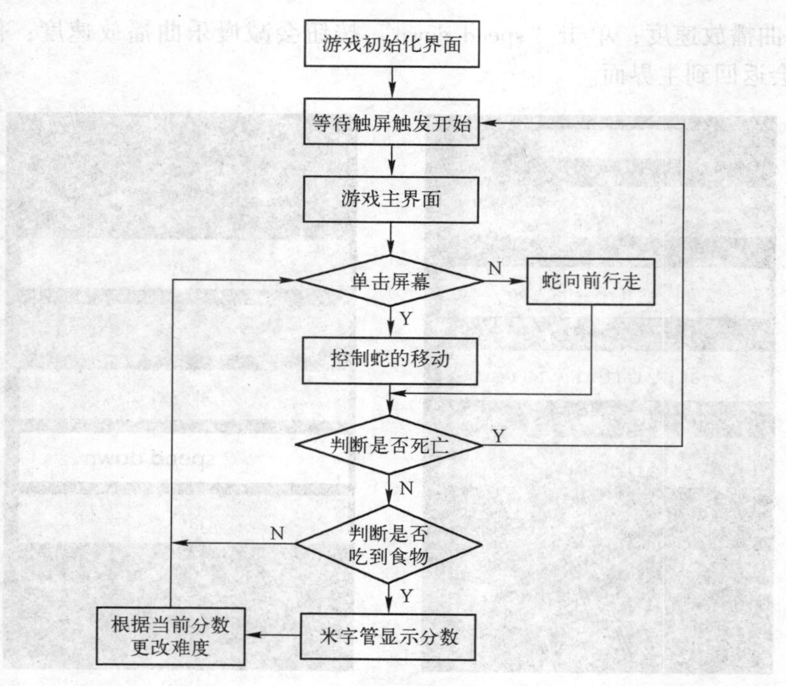

图 9-69　贪吃蛇游戏设计流程图

```
for(i=0;i<snake.node;i++)                    // snake.node 是蛇的长度
{
    TFTLCD_FillBlock(snake.x[i], snake.x[i]+7, snake.y[i], snake.y[i]+7,WHITE);
    TFTLCD_FillBlock(snake.x[i]+1, snake.x[i]+6, snake.y[i]+1, snake.y[i]+6,BLUE);//设计蛇的样
                                                                              //子,自行设计
}
//蛇的前进(snake[i] = snake[i-1]),显示的时候要把上一次显示的蛇消除掉,例如:
TFTLCD_FillBlock(last_snake.x[i], last_snake.x[i]+7, last_snake.y[i], last_snake.y[i]+7,BLACK);
for(i=snake.node-1;i>0;i--)
{
    snake.x[i] = snake.x[i-1];
    snake.y[i] = snake.y[i-1];
}
```

4）设置蛇的移动方向。

```
int Key(uint32_t *TouchXData, uint32_t *TouchYData)
{
    if((*TouchXData>=32)&&(*TouchXData<=93)&&(*TouchYData>=292)&&(*TouchYData<
=332))
    {
        GPIO_PORTM_DATA_R = 0x20; SysCtlDelay(300000);
        GPIO_PORTM_DATA_R = 0x00;
```

```
        return 2;
    }//左
    else if(( * TouchXData>=147)&&( * TouchXData<=206)&&( * TouchYData>=292) &&
    ( * TouchYData<=332))
    {
        GPIO_PORTM_DATA_R = 0x20; SysCtlDelay(300000);
        GPIO_PORTM_DATA_R = 0x00;
        return 1;
    }//右
    else if(( * TouchXData>=100)&&( * TouchXData<=139)&&( * TouchYData>=225) &&
    ( * TouchYData<=284))
    {
        GPIO_PORTM_DATA_R = 0x20;
        SysCtlDelay(300000);
        GPIO_PORTM_DATA_R = 0x00;
        return 3;
    }//上
    else if(( * TouchXData>=100)&&( * TouchXData<=139)&&( * TouchYData>=340) &&
    ( * TouchYData<=399))
    {
        GPIO_PORTM_DATA_R = 0x20;
        SysCtlDelay(300000);
        GPIO_PORTM_DATA_R = 0x00;
        return 4;
    }//下
    else {
            GPIO_PORTM_DATA_R = 0x00;
            return 0;
    }
}

    /*
```

调用 Key 函数，注意不能往相反方向。

```
    */
    snake.direction = Key(&TouchXData[5], &TouchYData[5]);
    /*1、2、3、4 表示右、左、上、下 4 个方向,通过这个判断来移动蛇头*/
    switch(snake.direction)
    {
        case 1:
            snake.x[0] += 8;
            break;
        case 2:
            snake.x[0] -= 8;
            break;
```

```
case 3:
    snake.y[0] -= 8;
    break;
case 4:
    snake.y[0] += 8;
    break;
}
```

编写 if((snake.x[0] == food.x) && (snake.y[0] == food.y)), 判断是否吃到食物，可通过蛇身的位置与食物位置是否相同来判断。若相同，则执行 snake.node++;使蛇的节数加 1；若不相同，则不执行 snake.node++，继续控制蛇的移动。

2. 获得触摸屏幕点

1）使用 SSI 总线数据读写模式，对触摸点进行数据读写，分别读取 240×400 的 touchx、touchy 数据。

2）加上 TOUCH_PointAdjust()函数使数据符合 240×400。

3）为了防止噪声并使触摸点更加精确，加入了防噪算法。算法加入一个 for 循环，取 10 次触控点，再取平均值的思想，成功解决了触摸不准的问题。

3. 吃到食物的效果展示

1）流水灯函数的编写。改变时钟为 1000000，可以使流水灯更有美感。

2）米字管的显示。这里为了显示 PrScore 字符和对应的得分，函数中使用结构体 Game.score 加一以对应得分。同时根据米字管显示原理，计算出米字管选通灯的 3 个 8 位二进制数表。

```
static const char tubeCodeTable[14][2] =
{ //    SegmLow, SegHigh
{     0x10,    0x3E    },    //    0
{     0x00,    0x18    },    //    1
{     0x70,    0x2C    },    //    2
{     0x70,    0x26    },    //    3
{     0x60,    0x32    },    //    4
{     0x70,    0x16    },    //    5
{     0x70,    0x1E    },    //    6
{     0x00,    0x26    },    //    7
{     0x70,    0x3E    },    //    8
{     0x70,    0x36    },    //    9
{     0x60,    0x3E    },    //    a
{     0x5A,    0x26    },    //    b
{     0x10,    0x1C    },    //    c
{     0x84,    0x18    },    //    d
};
```

让米字管显示最终得分 Game.score。

4. 游戏总体的初始化与 main 函数流程的编写

初始化用到的各个功能模块。

进入一个 while（1）循环，为游戏开始。

1）初始化。

```
food. yes = 1;            //1 表示需要出现新食物;0 表示已经存在食物
snake. life = 0;          //0 表示活着;1 表示死亡
snake. direction =3;      //初始方向
```

游戏初始界面，主要为绘制“Start!”键，循环直到单击开始进入游戏主界面。

2）游戏主界面设计，包括 4 个按键、绘制边界、食物，以及蛇及其展示的字符串（分数）。

3）GamePlay()游戏函数，通过按下触摸屏幕上的图案进行游戏。

9.7.3　实验结果展示

贪吃蛇游戏如图 9-70 所示，其中图 9-70a 为游戏初始界面，按“Start!”开始游戏。图 9-70b 为游戏界面，上下左右 4 个屏幕按键控制小蛇，中间是分数。图 9-70c 为米字管界面，可以显示当前分数，死亡结束时清 0。图 9-70d 为游戏结束界面，死亡以后显示总得分，并且可以继续按“Start!”开始游戏。

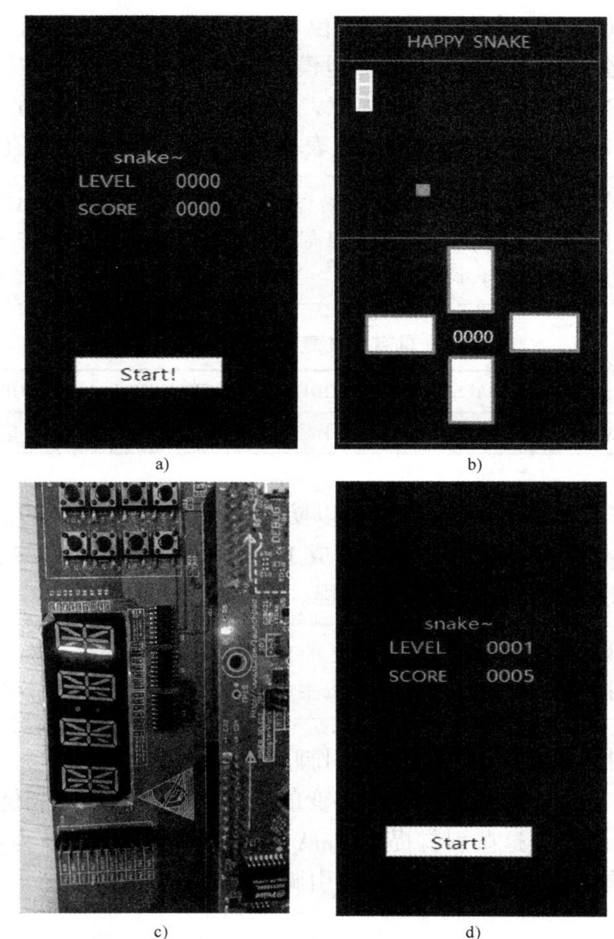

a)　b)　c)　d)

图 9-70　贪吃蛇游戏实验展示

a）贪吃蛇游戏初始化界面　b）贪吃蛇游戏界面

c）贪吃蛇游戏米字管分数显示界面　d）贪吃蛇游戏结束界面

附　录

附录 A　TM4C1294 引脚定义

GPIO 信号具有复用硬件功能。表 A-1、表 A-2 列出了所有 GPIO 引脚及其模拟和数字复用功能。当配置成输入时，除了 PB0 和 PB1 最高可承受 3.6 V 电压，其他所有 GPIO 引脚都可以承受 5 V 电压。将 GPIO 备用功能选择（GPIOAFSEL）寄存器和 GPIODEN 寄存器中相应的位置位，并使用表所示的数字编码配置 GPIO 端口控制（GPIOPCTL）寄存器中的 PMCx 位域，即可启用数字复用硬件功能。表中的模拟信号也能耐受 3.3 V 电压，通过清零 GPIO 数字使能（GPIODEN）寄存器的 DEN 位可对其进行配置。AINx 模拟信号所具备的内部电路能确保它们不会超过 VDD 的电压，但模拟性能规范仅适用于以下条件：I/O 引脚的输入信号在 0V<VIN<VDD 范围之间。请注意，每个引脚必须单独编程；表格中的列并没有任何分组的意思。表 A-1 中的灰色单元格代表相应 GPIO 引脚的默认值。

📖 所有的 GPIO 引脚在复位时都被配置为 GPIO 功能，而且是三态的（GPIOAFSEL=0、GPIODEN=0、GPIOPDR=0、GPIOPUR=0、GPIOPCTL=0），但是表 A-1 中列出的这些引脚除外。上电复位（POR）或确认 RST 都会将引脚恢复为默认设置。

表 A-1　具有非 0 复位值的 GPIO 引脚

GPIOPins	DefaultState	GPIOAFSEL	GPIODEN	GPIOPDR	GPIOPUR	GPIOPCTL
PC[3:0]	JTAG/SWD	1	1	0	1	0x1

GPIO 提交控制寄存器提供了保护层，以防止对重要硬件信号的意外编程，其中包括 JTAG/SWD 信号和 NMI 信号。就算是不配置成 JTAG/SWD 或 NMI 信号，而是把它们配置成备用功能，这些引脚也必须遵循提交控制过程。

📖 如果器件在复位的时候初始化失败，硬件会切换到 TDO 输出表明初始化失败。因此，在板子设计的过程中，设计者不应该把 TDO 引脚作为敏感程序应用的 GPIO 口，否则在切换的时候，会影响到设计。

TM4C1294 的硬件主要提供两种方式的引脚。

1）高速的 GPIO 引脚：这些引脚提供多变的、可编程驱动能力和优化的电压输出。

2）低速的 GPIO 引脚：这些引脚提供 2 mA 的输出强度并且设计为对输入电压敏感。设计为低速的 GPIO 引脚是 PJ1。其他的 GPIO 引脚都有高速的能力。

📖 引脚 PL6 和 PL7 虽然工作在高速模式，但只有 4 mA 的驱动能力。GPIO 寄存器控制的驱动强度、转换速率、开漏对这些引脚没有影响。这些没有影响的寄存器如下：GPIODR2R、GPIODR4R、GPIODR8R、GPIODR12R、GPIOSLR、GPIOODR。

📖 引脚 PM[7:4]虽然工作在高速模式，但只支持 2 mA、4 mA、6 mA、8 mA 的驱动能力，没有 10 mA 和 12 mA 的驱动能力。除了 GPIODR12R，所有标准的 GPIO 寄存器控制都适用于这些引脚。

表 A-2 GPIO 引脚和复用功能

IO	Pin	Analog or Specical Function	Digital Function（GPIOPCTLPMCx Bit Field Encoding）											
			1	2	3	4	5	6	7	8	11	13	14	15
PA0	33	—	U0Rx	I^{2}C9SCL	T0CCP0	—	—	—	CAN0 Rx	—	—	—	—	—
PA1	34	—	U0Tx	I^{2}C9SDA	T0CCP1	—	—	—	CAN0 Tx	—	—	—	—	—
PA2	35	—	U4Rx	I^{2}C8SCL	T1CCP0	—	—	—	—	—	—	—	—	SSI0Clk
PA3	36	—	U4Tx	I^{2}C8SDA	T1CCP1	—	—	—	—	—	—	—	—	SSI0Fss
PA4	37	—	U3Rx	I^{2}C7SCL	T2CCP0	—	—	—	—	—	—	—	—	SSI0XDAT0
PA5	38	—	U3Tx	I^{2}C7SDA	T2CCP1	—	—	—	—	—	—	—	—	SSI0XDAT1
PA6	40	—	U2Rx	I^{2}C6SCL	T3CCP0	—	USB0 EPEN	—	—	—	—	SSI0X DAT2	—	EPI0S8
PA7	41	—	U2Tx	I^{2}C6SDA	T3CCP1	—	USB0 PFLT	—	—	—	USB0 EPEN	SSI0X DAT3	—	EPI0S9
PB0	95	USB0 ID	U1Rx	I^{2}C5SCL	T4CCP0	—	—	—	CAN1 Rx	—	—	—	—	—
PB1	96	USB0 VBUS	U1Tx	I^{2}C5SDA	T4CCP1	—	—	—	CAN1 Tx	—	—	—	—	—
PB2	91	—	—	I^{2}C0SCL	T5CCP0	—	—	—	—	—	—	—	USB0 STP	EPI0S27
PB3	92	—	—	I^{2}C0SDA	T5CCP1	—	—	—	—	—	—	—	USB0 CLK	EPI0S28
PB4	121	AIN10	U0CTS	I^{2}C5SCL	—	—	—	—	—	—	—	—	—	SSI1Fss
PB5	120	AIN11	U0RTS	I^{2}C5SDA	—	—	—	—	—	—	—	—	—	SSI1Clk
PC0	100	—	TCK/ SWCLK	—	—	—	—	—	—	—	—	—	—	—
PC1	99	—	TMS/ SWDIO	—	—	—	—	—	—	—	—	—	—	—
PC2	98	—	TDI	—	—	—	—	—	—	—	—	—	—	—
PC3	97	—	TDO/ SWO	—	—	—	—	—	—	—	—	—	—	—
PC4	25	C1—	U7Rx	—	—	—	—	—	—	—	—	—	—	EPI0S7
PC5	24	C1+	U7Tx	—	—	—	—	—	RTC CLK	—	—	—	—	EPI0S6
PC6	23	C0+	U5Rx	—	—	—	—	—	—	—	—	—	—	EPI0S5
PC7	22	C0—	U5Tx	—	—	—	—	—	—	—	—	—	—	EPI0S4
PD0	1	AIN15	—	I^{2}C7SCL	T0CCP0	—	C0o	—	—	—	—	—	—	SSI2XDAT1
PD1	2	AIN14	—	I^{2}C7SDA	T0CCP1	—	C1o	—	—	—	—	—	—	SSI2XDAT0
PD2	3	AIN13	—	I^{2}C8SCL	T1CCP0	—	C2o	—	—	—	—	—	—	SSI2Fss
PD3	4	AIN12	—	I^{2}C8SDA	T1CCP1	—	—	—	—	—	—	—	—	SSI2Clk
PD4	125	AIN7	U2Rx	—	T3CCP0	—	—	—	—	—	—	—	—	SSI1XDAT2
PD5	126	AIN4	U2Tx	—	T3CCP1	—	—	—	—	—	—	—	—	SSI1XDAT3

（续）

IO	Pin	Analog or Speciecal Function	Digital Function（GPIOPCTLPMCx Bit Field Encoding）											
			1	2	3	4	5	6	7	8	11	13	14	15
PD6	127	AIN5	U2RTS	—	T4CCP0	—	USB0 EPEN	—	—	—	—	—	—	SSI2XDAT3
PD7	128	AIN6	U2CTS	—	T4CCP1	—	USB0 PFLT	—	—	NMI	—	—	—	SSI2XDAT2
PE0	15	AIN3	U1RTS	—	—	—	—	—	—	—	—	—	—	—
PE1	14	AIN2	U1DSR	—	—	—	—	—	—	—	—	—	—	—
PE2	13	AIN1	U1DCD	—	—	—	—	—	—	—	—	—	—	—
PE3	12	AIN0	U1DTR	—	—	—	—	—	—	—	—	—	—	—
PE4	123	AIN9	U1RI	—	—	—	—	—	—	—	—	—	—	SSI2XDAT0
PE5	124	AIN8	—	—	—	—	—	—	—	—	—	—	—	SSI2XDAT1
PF0	42	—	—	—	—	—	EN0 LED0	M0 PWM0	—	—	—	—	SSI3 XDAT1	TRD2
PF1	43	—	—	—	—	—	EN0 LED2	M0 PWM1	—	—	—	—	SSI3 XDAT0	TRD1
PF2	44	—	—	—	—	—	—	M0 PWM2	—	—	—	—	SSI3 Fss	TRD0
PF3	45	—	—	—	—	—	—	M0 PWM3	—	—	—	—	SSI3 Clk	TRCLK
PF4	46	—	—	—	—	—	EN0 LED1	M0 FAULT0	—	—	—	—	SSI3 XDAT2	TRD3
PG0	49	—	—	I^2C1SCL	—	—	EN0 PPS	M0 PWM4	—	—	—	—	—	EPI0S11
PG1	50	—	—	I^2C1SDA	—	—	—	M0 WM5	—	—	—	—	—	EPI0S10
PH0	29	—	U0RTS	—	—	—	—	—	—	—	—	—	—	EPI0S0
PH1	30	—	U0CTS	—	—	—	—	—	—	—	—	—	—	EPI0S1
PH2	31	—	U0DCD	—	—	—	—	—	—	—	—	—	—	EPI0S2
PH3	32	—	U0DSR	—	—	—	—	—	—	—	—	—	—	EPI0S3
PJ0	116	—	U3Rx	—	—	—	EN0 PPS	—	—	—	—	—	—	—
PJ1	117	—	U3Tx	—	—	—	—	—	—	—	—	—	—	—
PK0	18	AIN16	U4Rx	—	—	—	—	—	—	—	—	—	—	EPI0S0
PK1	19	AIN17	U4Tx	—	—	—	—	—	—	—	—	—	—	EPI0S1
PK2	20	AIN18	U4RTs	—	—	—	—	—	—	—	—	—	—	EPI0S2
PK3	21	AIN19	U4CTs	—	—	—	—	—	—	—	—	—	—	EPI0S3
PK4	63	—	—	I^2C3SCL	—	—	EN0 LED0	M0 PWM6	—	—	—	—	—	EPI0S32
PK5	62	—	—	I^2C3SDA	—	—	EN0 LED2	M0 PWM7	—	—	—	—	—	EPI0S31
PK6	61	—	—	I^2C4SCL	—	—	EN0 LED1	M0 FAULT1	—	—	—	—	—	EPI0S25
PK7	60	—	U0RI	I^2C4SDA	—	—	RTC CLK	M0 FAULT2	—	—	—	—	—	EPI0S24
PL0	81	—	—	I^2C2SDA	—	—	—	M0 FAULT3	—	—	—	—	USB0 D0	EPI0S16

（续）

IO	Pin	Analog or Specical Function	Digital Function（GPIOPCTLPMCx Bit Field Encoding）											
			1	2	3	4	5	6	7	8	11	13	14	15
PL1	82	—	—	I^2C2SCL	—	—	—	PhA0	—	—	—	—	USB0 D1	EPI0S17
PL2	83	—	—	—	—	—	C0o	PhB0	—	—	—	—	USB0 D2	EPI0S18
PL3	84	—	—	—	—	—	C1o	IDX0	—	—	—	—	USB0 D3	EPI0S19
PL4	85	—	—	—	T0CCP0	—	—	—	—	—	—	—	USB0 D4	EPI0S26
PL5	86	—	—	—	T0CCP1	—	—	—	—	—	—	—	USB0 D5	EPI0S33
PL6	94	USB0DP	—	—	T1CCP0	—	—	—	—	—	—	—	—	—
PL7	93	USB0DM	—	—	T1CCP1	—	—	—	—	—	—	—	—	—
PM0	78	—	—	—	T2CCP0	—	—	—	—	—	—	—	—	EPI0S15
PM1	77	—	—	—	T2CCP1	—	—	—	—	—	—	—	—	EPI0S14
PM2	76	—	—	—	T3CCP0	—	—	—	—	—	—	—	—	EPI0S13
PM3	75	—	—	—	T3CCP1	—	—	—	—	—	—	—	—	EPI0S12
PM4	74	TMPR3	U0CTS	—	T4CCP0	—	—	—	—	—	—	—	—	—
PM5	73	TMPR2	U0DCD	—	T4CCP1	—	—	—	—	—	—	—	—	—
PM6	72	TMPR1	U0DSR	—	T5CCP0	—	—	—	—	—	—	—	—	—
PM7	71	TMPR0	U0RI	—	T5CCP1	—	—	—	—	—	—	—	—	—
PN0	107	—	U1RTS	—	—	—	—	—	—	—	—	—	—	—
PN1	108	—	U1CTS	—	—	—	—	—	—	—	—	—	—	—
PN2	109	—	U1DCD	U2RTS	—	—	—	—	—	—	—	—	—	EPI0S29
PN3	110	—	U1DSR	U2CTS	—	—	—	—	—	—	—	—	—	EPI0S30
PN4	111	—	U1DTR	U3RTS	I^2C2SDA	—	—	—	—	—	—	—	—	EPI0S34
PN5	112	—	U1RI	U3CTS	I^2C2SCL	—	—	—	—	—	—	—	—	EPI0S35
PP0	118	C2+	U6Rx	—	—	—	—	—	—	—	—	—	—	SSI3XDAT2
PP1	119	C2-	U6Tx	—	—	—	—	—	—	—	—	—	—	SSI3XDAT3
PP2	103	—	U0DTR	—	—	—	—	—	—	—	—	—	USB0 NXT	EPI0S29
PP3	104	—	U1CTS	U0DCD	—	—	—	—	RTC CLK	—	—	—	USB0 DIR	EPI0S30
PP4	105	—	U3RTS	U0DSR	—	—	—	—	—	—	—	—	USB0 D7	—
PP5	106	—	U3CTS	I^2C2SCL	—	—	—	—	—	—	—	—	USB0 D6	—
PQ0	5	—	—	—	—	—	—	—	—	—	—	—	SSI3 Clk	EPI0S20
PQ1	6	—	—	—	—	—	—	—	—	—	—	—	SSI3 Fss	EPI0S21
PQ2	11	—	—	—	—	—	—	—	—	—	—	—	SSI3 XDAT0	EPI0S22
PQ3	27	—	—	—	—	—	—	—	—	—	—	—	SSI3 XDAT1	EPI0S23
PQ4	102	—	U1Rx	—	—	—	—	—	DIVS CLK	—	—	—	—	—

参考文献

[1] ARM Limited. Cortex-M4 Technical Reference Manual [Z]. 2010.
[2] Texas Instruments. Tiva™ TM4C1294NCPDT Microcontroller Data SHEET [Z]. 2014.
[3] Texas Instruments. Tiva™ C Series TM4C1294 Connected LaunchPad Evaluation Kit [Z]. 2014.
[4] Texas Instruments. TivaWare™ Peripheral Driver Library [Z]. 2014.
[5] Texas Instruments. TivaWare™ Graphics Library for C Series User's Guide [Z]. 2014.
[6] Texas Instruments. TivaWare™ USB Library for C Series User's Guide [Z]. 2014.
[7] Texas Instruments. Tiva™ C Series TM4C129x ROM User's Guide [Z]. 2014.
[8] 王宜怀．嵌入式系统原理与实践——ARM Cortex-M4 Kinetis 微控制器 [M]. 北京：北京电子工业出版社，2012.
[9] 李建忠．单片机原理及应用 [M]. 2 版．西安：西安电子科技大学出版社，2012.
[10] 青岛东合信息技术有限公司．Cortex-M3 开发技术及实践 [M]. 西安：西安电子科技大学出版社，2013.
[11] 奚海蛟．ARM 体系结构与外设接口实战开发 [M]. 北京：北京航空航天大学出版社，2012.
[12] 刘火良．单片机与嵌入式：STM32 库开发实战指南 [M]. 北京：机械工业出版社，2013.
[13] 廖义奎．ARM Cortex-M4 嵌入式实战开发精解——基于 STM32F4 [M]. 北京：北京航空航天大学出版社，2013.
[14] 叶朝辉．TM4C123 微处理器原理与实践 [M]. 北京：清华大学出版社，2014.
[15] 姚文详．宋岩．ARM Cortex-M3 权威指南 [M]. 北京：北京航空航天大学出版社，2009.
[16] 杨东轩，王嵩．ARM Cortex-M4 自学笔记——基于 Kinetis K60 [M]. 北京：北京航空航天大学出版社，2013.
[17] 喻金钱，喻斌．STM32F 系列 ARMCortex-M3 核微控制器开发与应用 [M]. 北京：清华大学出版社，2011.
[18] 黄智伟，王兵，朱卫华．STM32f32 位 ARM 微控制器应用设计与实践 [M]. 北京：北京航空航天大学出版社，2012.
[19] 孙雪飞．例说 TI ARM Cortex-M3——基于 LM3S9B96 [M]. 北京：北京航空航天大学出版社，2013.
[20] 何宾．Cortex-M3 可编程片上系统原理及应用 [M]. 北京：化学工业出版社，2013.
[21] 沈建良．STM32F10X 系列 ARM 微控制器入门与提高 [M]. 北京：北京航空航天大学出版社，2013.
[22] 肖广兵．ARM 嵌入式开发实例——基于 STM32 的系统设计 [M]. 北京：电子工业出版社，2013.
[23] 卢有亮．基于 STM32 的嵌入式系统原理与设计 [M]. 北京：机械工业出版社，2013.